건축
구조와 시공의 만남

신 경재 · 이 도범 공역

도서출판 건밀도씨

머리말

건축 기술이 다양화·고도화하여 전문적으로 분화(分化)해 가면 그 사이에 접점 영역이 생기게 된다. 접점 영역의 문제는 예를 들면, 설계 단계에서 건축과 설비, 구조와 설비 등이 잘 알려져 있으나 다른 분야와의 관련도 많다. 게다가 시공 단계가 되면 시공과의 관련에서 새로운 접점이 많이 생기게 된다. 이같은 문제는 기술의 진보와 함께 점점 더 복잡해지고 있는 것이 현 실정이다.

접점 영역은 각각 전문 분야에서 간과하기 쉬워 자주 문제를 일으키고 있다. 이것은 첫째 타인의 전문 분야에 개입하지 않는다는 의식이 있다든지 다른 전문 분야에 관한 지식이 불충분하다든지이며, 둘째 각자가 자기의 전문 분야를 중대사로 보고 건축물 전체를 보지 않는 경향이 있다. 예를 들면, 구조하는 사람은 구조를 중시하는 경향이 있고, 시공하는 사람은 공정이나 시공성을 가장 중점으로 하는 경향이 있다. 이에 기초를 두고 계획·구조·설비·시공 등이 조화를 이룬 건축물을 짓기 위해서는 접점 문제에 대해서「이 경우 무엇을 가장 중시해야 하는가?」를 각기 기술자가 자기의 전문 분야들을 초월하여 적절한 종합적 판단을 해야 하며, 또 이러한 연습을 꾸준히 해야 한다.

건축물은 설계 단계에서 실제 시공에 이르는 사이에 몇 개의 점검 단계가 있어 갖가지 접점 조정을 하게 된다. 그러나 어떤 단계에서도 계획 당초는 면밀하게 접점 조정을 하더라도 부분적으로 설계 변경을 하였을 때는 매우 바쁜 나머지 접점의 조정을 충분히 하지 못하는 경우가 있다.

현장에서는 실제 시공을 목전으로 하여 접점 조정의 마지막 기회이므로 설계 단계에서 생긴 접점을 다시 한번 검토하여 의문이 남지 않도록 시공도에 반영해야 한다. 이때의 판단 잘못이나 간과는 그릇된 시공이나 잘못된 제품을 만들게 된다. 만약 그렇다면 재손질이나 재제작을 위해 다시 하게 되어 노력적으로나 경제적으로도 손실이 상당히 크다. 준공 후에 나타나는 결함은 분쟁의 원인이 되어 제품 책임(Product Liability)을 묻게 된다. 이런 일이 없도록 현장에서는 광범위한 접점 문제의 조정이 가장 중요한 업무의 하나가 되고 있다. 그리고 이 해결 방식 여하가 현장 작업을 원활하게 진행할 수 있는지 여부의 요체가 된다.

현장 담당자에게 있어서는 설계의 의도를 정확히 파악한 시공이 중요하며 그렇게 하기 위해서는 건축 전반에 대한 폭 넓은 소양이 필요하다. 또 충분히 검토한 시공도라도 시공 도중에 도면대로 마감할 수 없다는 것을 깨닫는 부분이 자주 있어 꽤 복잡한 것이 아닌 한 대책을 즉시 결정해야 하는 경우가 많다. 이 경우도 여러 종류의 접점 문제를 안고 있는 경우가 있으므로 이들도 포함한 종합 판단과 함께 정확한 대책을 지시해야 한다.

이 책은 앞에서 기술한 바와 같은 시공에 관련되는 접점 중 구조와 관련되는 문제를 다룬 것이다. 구조 관련 문제는 마감 공사와는 달리 시공 중 안전성 뿐만 아니라 공사 목적물인 건축물의 구조 안전성에 관계되는 것이 많고, 또다시 할 수 밖에 없는 문제이므로 신중한 대책을 필요로 한다. 그 필요한 대책은 다음과 같다.

① 설계와 시공에서 상호 반영을 요하는 것
   a) 시공 시점에서 설계시에 가정하고 있는 사항을 확인해야 하는 것(지정 사항을 특기한다. 예를 들면, 재료 강도, 지내력, 현장 치기 말뚝의 되메우기 흙의 상대 밀도 등)
   b) 설계에 시공 방법을 상정하고 시공시에 이것을 만족시켜야 하는 것(시공 방법을 특기한다. 예를 들면, PC 부재의 긴장 시기, 합성보의 시공법 등)
   c) 현장 상황이 설계 시점에서 상정하고 있던 것과 다르므로 설계 내용을 수정해야 하는 것(설계로 피드백한다. 설계도대로 시공하여 문제가 생길 때는 현장에도 절반의 책임은 있다)
   d) 현장 상황으로 볼 때 시공 방법이 한정되기 때문에 설계 내용을 일부 수정해야 하는 것(설계로 피드백한다)

② 시공 조건이 건축물의 구조 강도·특성에 영향을 끼치는 것(예를 들면, 깊은 굴착 공사, 역타 공법 등)

③ 시공에 있어서 구조적 고려와 함께 처리해야 하는 것(예를 들면, 콘크리트의 이어붓기 처리, 1기 공사와 2기 공사의 접속 등)

④ 합리적인 가설 설비의 계획(가설 설비의 적당 여부는 원가면에도 많은 영향을 주고, 건축물 본체의 품질에도 많은 영향을 끼친다)
    a) 공사 목적물을 가설 설비로서 이용하는 경우(예를 들면, 작업 바닥의 보강)
    b) 가설 설비의 계획(예를 들면, 흙막이벽, 흙막이 동바리, 선시공 철골 기둥 구조, 비계 등)

현재 우리 나라의 건축 생산 기술은 세계적으로 앞서 있으므로 상당한 난공사라도 시간적·경제적인 제약을 도외시하면 불가능한 것은 없다고 본다. 그러나 과거의 사고 예를 보면 기술적으로 곤란한 공사일수록 실패 예가 적고 비교적 쉬운 공사일수록 실패가 많은 듯하다. 이것은 기술적으로 쉬운 공사에서는 이것을 경시하여 충분한 검토를 제대로 하지 않거나 신중한 시공을 하지 않은 데서 비롯된 것이라고 생각된다. 항상 조심해야 할 것이다.

2000. 1
역자

목 차

제 1 장 흙막이벽 ... 19

1.1 흙막이벽의 계산법 ── 19

- (1) 흙막이벽의 지수성과 측압 ... 19
- (2) 측압 분포 ... 20
- (3) 삼각형 분포의 측압 ... 21
- (4) Rankine · Résal 식 ... 22
  - 계산 예 1 측압의 계산 ... 24
- (5) 적용의 한계 ... 26
- (6) 사다리꼴 분포의 측압 ... 28
- (7) 인접 건물의 영향 등 ... 28
- (8) 응력 산정과 변형 계산 ... 30
- (9) 실용적인 해법 ... 31
- (10) 가상 지점 구하는 법 ... 35
  - (a) 수동 토압법의 경우 35
  - (b) 가상 지점법의 경우 36
- (11) 밑동 묻힘 길이 ... 36
  - (a) 주동측 측압과 수동측 토압 저항의 검토 37
  - (b) 지지 말뚝으로서의 검토 40
  - (c) 히빙에 대한 검토 41
  - (d) 보일링에 대한 검토 43
  - 계산 예 2 밑동 묻힘 길이의 계산 ... 37

(12) 굴착 저면의 안정···45
 (a) 히빙(heaving) 45   (b) 보일링(boiling) 45
 (c) 파이핑(piping) 45   (d) 액상화(quick sand) 46
 (e) 지반 부풀음 46   (f) 리바운드(rebound) 47
참고 문헌 47

1.2 자립형 흙막이벽의 계산법 ———————————————— 48
(1) 점착 높이··48
(2) 자립형 흙막이···48
(3) 응력 산정·변형 계산과 단면 검토···49
 계산예 3 자립형 흙막이벽의 변형(1차 굴착 완료시)··························52
(4) 버팀대 해체 후 응력·변형의 증가···54
 계산예 4 자립형 흙막이벽의 변형(1단 버팀대 해체시)·······················56
(5) k_h, E_s 구하는 법··58
 (a) 사질토의 경우 60   (b) 점성토의 경우 61
 (c) 특별히 구별하지 않는 경우 62
(6) 밑동 묻힘 길이의 계산··68
(7) 소일 시멘트 부분의 계산···69
 계산예 5 자립형 흙막이벽 밑동 묻힘 부분의 검토·····························72
참고 문헌 77

1.3 허용 응력 ————————————————————————— 78

1.4 연속 지중벽의 구조체에 대한 이용 ———————————— 85
(1) 지하 외벽으로서의 이용···86
(2) 내진벽 겸용 지하 외벽으로서의 이용··87
(3) 벽 말뚝으로서의 이용··89
(4) 지반 앵커로서의 이용··90
참고 문헌 91

제 2 장   흙막이 버팀대식 오픈 컷 공법 (strut 공법) 93

2.1 흙막이 동바리의 계산법 — 93
    (1) 흙막이 동바리의 계획 ··············93
    (2) 측압 분포 ··············94
    (3) 응력 산정과 변형 계산 ··············95
    (4) 적재 하중 ··············96
    (5) 온도 응력 ··············97
    (6) 각 부분 설계 ··············99
        (a) 띠장 **99**   (b) 버팀대(strut) **101**
        (c) 귀잡이보 **101**   (d) 버팀대 지지 말뚝 **101**
    (7) 프리로드 공법 (preload system) ··············103
    (8) 디테일의 주의점 ··············104
    참고 문헌 **107**

2.2 흙막이 계획과 구조체와의 관계 — 108
    (1) 흙막이벽과 구조체 ··············108
    (2) 흙막이 동바리와 구조체 ··············109
    (3) 띠장과 기둥 철골 ··············111

제 3 장   역타 공법 (top down method) 115

3.1 역타 계획 — 115
3.2 선시공 철골 기둥 구조 — 119
    (1) 선시공 철골 기둥 구조의 개요 ··············119
    (2) 선시공 철골 기둥 구조의 시공 방식 ··············120
        (a) 지하수가 있는 경우 **121**   (b) 지하수가 없는 경우 **122**
    (3) 선시공 철골 기둥의 현행 설계 방식 ··············123
    (4) 설계법의 제안 ··············125
        (a) 선시공 철골 기둥 구조의 설계 순서 **125**

(b) 선시공 철골 기둥 구조의 배치 **125**
(c) 부담 하중의 계산 **126**　　(d) 선시공 말뚝의 설계 **133**
(e) 상부 구체의 보강 설계 **133**　　(f) 선시공 철골 기둥 철골의 설계 **133**
(g) 수중 되메우기용 토사의 선정 **136**　(h) 주각 밑동 묻힘 부분의 설계 **137**
[계산예 6] 선시공 철골 기둥 철골의 주각 밑동 묻힘부의 계산 ·················**147**
참고 문헌 **152**

3.3 역타부의 이어붓기 ──────────────────────── 154
(1) 역이어붓기부의 처리 방법 ···**154**
　　(a) 직접법 **155**　　(b) 주입법 **157**　　(c) 충전법 **159**
(2) 역이어붓기부의 역학 성상 ···**159**
　　(a) 압축 강도 **159**　　(b) 전단 강도 **159**
　　(c) 실시 구조물의 기둥 이어붓기부에 대한 측정 **161**
(3) 역이어붓기부의 디테일 ··**162**
　　(a) 이어붓기부의 조건 **162**　　(b) 이어붓기 저부의 형상 **162**
　　(c) 공기 빼기 구멍 등 **163**　　(d) 지하 외벽의 경우 **163**
　　(e) 일반벽의 경우 **164**　　(f) 주입법 **164**
　　(g) 충전법 **164**
(4) 역이어붓기 처리의 검사·관리 ···**165**
참고 문헌 **165**

제4장　계측 관리　　　　　　　　　　　　　　　　　　　167

4.1 주변 지반에 대한 영향 ──────────────────────── 167
(1) 흙막이벽의 변위·변형에 의거한 영향 ··**168**
　　(a) 주변 지반의 침하량과 영향 범위 **169**
　　(b) 인접물의 현상태 조사 **170**
(2) 흙막이벽에서 토사가 새어나옴 ···**171**
(3) 강제 배수에 따른 영향 ··**173**
[계산예 7] 압밀 침하량의 계산···**177**

(4)　말뚝이나 흙막이벽의 시공에 수반한 영향 ················· 182
　　(5)　진동으로 인한 다짐 ················· 184
　　(6)　가설 잔존물 기록 ················· 184
　　(7)　흙막이 말뚝의 인발에 따른 영향 ················· 184
　　(8)　기타 영향 ················· 185
　　(9)　사전 조사와 기록 ················· 186
　　(10)　허용 침하량 ················· 186
　　참고 문헌　188

4.2　계측 관리 — 188
　　(1)　측정·관찰의 중요성 ················· 188
　　(2)　계측 항목과 그 빈도 ················· 189
　　(3)　관리 목표값 ················· 191
　　　(a)　흙막이벽의 토압·수압에 대한 안전성　191
　　　(b)　흙막이벽의 변위·변형량과 지하 외벽의 마감　192
　　　(c)　주변 지반의 침하 허용량　192
　　(4)　긴급 대책 ················· 193
　　　(a)　긴급 대책 요령의 예　194
　　참고 문헌　203

제5장　가설 공사　205

5.1　작업 바닥의 보강 — 205
　　(1)　바닥 적재 하중 ················· 206
　　(2)　이동 기계 하중 ················· 206
　　(3)　고정 기계 하중 ················· 215
　　(4)　허용 응력 ················· 215
　　계산예 8　작업 바닥의 보강 계산 ················· 215
　　참고 문헌　224

5.2　정치식 크레인의 지지 — 225

(1) 크레인의 지지 방법 ·· 225
(2) 크레인 하중과 응력 계산 ··· 226
(3) 허용 응력 ·· 229
(4) 건물 바깥에 설치하는 크레인 ·· 229
  계산예 9 크레인 지지부의 보강 계산 ·································· 230
참고 문헌 238

제6장 지반과 기초의 문제   239

6.1 예상과 다른 지반 ─────────────────── 239
(1) 지지 지반의 확인 ·· 239
(2) 토질 조사 ·· 240
(3) 직접 지정 ·· 240
(4) 연약층의 치환 ·· 241
(5) 어스극(earth極)의 묻어넣기 ·· 241
(6) 지내력 시험의 한계 ·· 242

6.2 부동 침하의 요인 ─────────────────── 243
(1) 부동 침하 현상의 발생 ·· 243
(2) 지층 구성에 기초를 둔 것 ·· 244
(3) 점토층의 압밀 ·· 244
(4) 조성된 대지 ·· 245
(5) 지하 매설물·지하 공동 ·· 246
(6) 말뚝 지정 ·· 246
(7) 건축물의 중량 분포 ·· 247
(8) 리바운드·리셋 ·· 248
(9) 기타 ·· 248
  (a) 지반의 액상화 248   (b) 지지 말뚝의 파괴 248
  (c) 단층 248   (d) 인접 건물의 상호 간섭 249
  (e) 흙의 측방 이동 249

(10) 부동 침하 대책(expansion joint) ··250
　　　참고 문헌　251

6.3　2기로 나눈 공사의 접속 —————————————————— 251
　　　(1)　접속시 문제점 ···251
　　　(2)　바닥 레벨의 변동 요인 ···252
　　　(3)　바닥 레벨의 변동 해석 ···253
　　　(4)　접속 요령의 결정 ···254
　　　(5)　추적 조사 ···255
　　　(6)　기타 문제점 ···257
　　　(7)　앞으로의 적용에 대한 제언 ···257
　　　참고 문헌　259

제 7 장　철근 콘크리트 공사 　　　　　　　　　　　　　　　　　　259

7.1　콘크리트의 이어붓기 ———————————————————— 259
　　　(1)　콘크리트는 결함 재료? ···259
　　　(2)　이어붓기부는 콘크리트의 약점 ···260
　　　(3)　이어붓기 재령과 이어붓기 강도의 관계 ···261
　　　(4)　이어붓기면의 처리 방법과 이어붓기 강도의 관계 ·······························262
　　　　　(a)　이어붓기 강도비　262　　(b)　수평 이어붓기의 경우　265
　　　　　(c)　수직 이어붓기의 경우　266　　(d)　인장 강도비, 휨 강도비　267
　　　　　(e)　전단 강도비　268
　　　(5)　철근을 이용한 결합 효과 ···270
　　　(6)　이어붓기 위치의 선정 ···271
　　　참고 문헌　273

7.2　균열 대책 ——————————————————————————— 274
　　　(1)　균열의 원인과 형태 ···275
　　　(2)　허용 균열 폭 ···276
　　　(3)　균열 대책의 방식 ···277

(4) 설계면에서의 균열 대책 ··277
　　　　(a) 균열이 발생하기 쉬운 형상 **278**　　(b) 균열을 분산시킨다. **279**
　　(5) 균열 유발 줄눈(수축 줄눈) ···281
　　　　(a) 유발 줄눈의 설정 **281**　　(b) 유발 줄눈의 효과 **282**
　　(6) 시공면에서의 균열 대책 ···286
　　　　(a) 건조 수축량의 허용 한계 목표값 **286**
　　　　(b) 설계 내용의 재평가 **286**　　(c) 콘크리트의 제조 **286**
　　　　(d) 콘크리트의 부어넣기·다지기 **287**
　　　　(e) 부어넣기 후의 조치 **289**　　(f) 양생 **290**
　　　　(g) 거푸집의 해체 **292**
　　(7) 불의의 사건에 대한 대응 ···292
　　(8) 폐기 콘크리트의 조치 ··293
　　참고 문헌 **293**

7.3 콘크리트의 결함과 보수 ──────────────── 294
　　(1) 콘크리트의 결함 ··294
　　(2) 곰보의 보수 ···295
　　　　(a) 곰보의 원인 **295**　　(b) 곰보의 정도 **296**
　　　　(c) 곰보의 보수 방법 **298**　　(d) 곰보의 보수 효과 **299**
　　(3) 균열의 보수 ···300
　　　　(a) 균열에 따른 영향 **300**　　(b) 균열의 조사 **301**
　　　　(c) 균열의 보수 **302**
　　(4) 중성화에 대해서 ···304
　　　　(a) 중성화 속도 **304**　　(b) 피복 두께의 중요성 **305**
　　　　(c) 곰보에서 일어나는 중성화 **305**　　(d) 균열에서 일어나는 중성화 **306**
　　　　(e) 이어붓기부에서 일어나는 중성화 **307**
　　참고 문헌 **307**

7.4 양생 중인 콘크리트와 진동 ──────────────── 308
　　(1) 진동원 ··308

(2) 진동의 크기 ·· 310

(3) 콘크리트 강도에 끼치는 진동의 영향 ······································ 312

(4) 철근과의 부착 강도에 끼치는 진동의 영향 ····························· 313

    (a) 철근과 콘크리트를 동시에 진동시키는 경우   313

    (b) 콘크리트를 진동시키는 경우   314

    (c) 철근만을 진동시키는 경우   314

(5) 수직 이어붓기 강도에 끼치는 진동의 영향 ····························· 315

    (a) 무근 콘크리트 보에 수직 진동을 주는 경우   315

    (b) 철근 콘크리트 보에 처짐 진동을 주는 경우   316

(6) 수평 이어붓기 강도에 끼치는 진동의 영향 ····························· 317

참고 문헌   318

7.5 임시 서포트의 효과 ──────────────── 318

(1) 시공 방법이 가구 응력에 끼치는 영향 ··································· 318

(2) 가구 모델 ··· 320

(3) 해석 ··· 320

(4) 해석 결과 ··· 321

(5) 임시 서포트의 효과 ··· 324

참고 문헌   325

7.6 각 부분 디테일 ──────────────── 325

(1) 가설 개구 ··· 325

    (a) 구조적인 조치   326

(2) 철근의 용접 ·· 327

    (a) 이음 용접   327   (b) 조립 용접(교점 용접)   328

(3) 철근 되구부리기 ·· 330

(4) 보 관통 구멍 ·· 331

(5) 배근 ··· 332

    (a) 정착의 기본 방식   332   (b) 이음 위치의 기본 방식   333

    (c) 갈고리를 필요로 하는 곳   333   (d) 갈고리의 배치   334

(e) 스터럽 334   (f) 철근의 피복 두께 334
(g) 인서트 335
참고 문헌 336

제 8 장 철골 공사   337

8.1 부분 용입 용접의 활용 ——— 337
(1) 용접부의 허용 응력 ·········337
(2) 부분 용입 용접의 강도 ·········338
참고 문헌 340

8.2 철골 용접의 요점 ——— 341
(1) 용접이 갖는 결점 ·········341
(2) 용접성 ·········341
(3) 용접 열영향 ·········342
    (a) 변형과 잔류 응력 342
    (b) 용접 열영향부의 재질 변화, 경화·취화 344
    (c) 균열 346
(4) 용접 기술 레벨 ·········348
    (a) 철골의 설계와 시공 348   (b) 등급류별 이미지 349
    (c) 용접 시공 계획 350
(5) 비파괴 검사의 신뢰성 ·········352
    (a) 비파괴 검사법의 특징 353
    (b) 결함의 검출 정밀도와 검출 확률 354
    (c) 육안 검사의 중요성 357
참고 문헌 357

8.3 고력 볼트 마찰 접합 ——— 358
(1) 세트의 제품 정밀도 ·········358
(2) 마찰면의 처리 ·········359
(3) 조립 정밀도 ·········361

　　　　　(a)　재료의 공차　361　　　　(b)　가공(절단·조립) 정밀도　361
　　　　　(c)　현장 조립 정밀도　361　　(d)　용접 변형　362
　　　　　(e)　플랜지에 닿아 구부러짐　362
　　　(4)　조이기 정밀도 ··362
　　　참고 문헌　364

8.4　주각 베이스 모르터 ─────────────────────── 364
　　　(1)　베이스 모르터의 3공법 ··364
　　　(2)　베이스 플레이트 아래의 틈 ··366
　　　참고 문헌　367

8.5　합성보 구조 ─────────────────────────── 367
　　　(1)　스터드 커넥터 ··367
　　　(2)　처짐과 캠버 ···369
　　　　　(a)　매단 거푸집 공법　369　　(b)　받침 기둥 공법　369
　　　(3)　진동 특성 ··370
　　　　　(a)　보의 고유 진동수　370　(b)　보의 동처짐　372　(c)　충격력　373
　　　(4)　진동의 서한도 ··373
　　　(5)　바닥보의 진동 측정 ···374
　　　　계산 예 10　합성보 구조의 진동 특성 ··376
　　　참고 문헌　380

8.6　각 부분 디테일 ──────────────────────── 380
　　　(1)　디테일의 선정 요인 ··380
　　　　　(a)　구조의 연속성　381　　　(b)　국부 변형 방지　381
　　　　　(c)　인성 확보　381　　　　　(d)　용접에 따른 제문제　381
　　　　　(e)　치수 오차의 도피　382　 (f)　다른 재와의 접합　382
　　　　　(g)　시공 장소　382　　　　　(h)　시공성　382
　　　　　(i)　작업 공간 확보　383　　 (j)　경제성　384
　　　　　(k)　생산성 향상　384
　　　(2)　용접 변형·잔류 응력 대책 ···386

(a) 용접 변형의 종류　386　　(b) 설계상의 변형 대책　386
(c) 시공상의 변형 대책　387　　(d) 변형 바로잡기　389
(e) 잔류 응력 대책　389　　(f) 용접 결함 대책　389

(3) 임시 용접 ···391
(4) 기둥 보 접합 부분 ···392
    (a) 기둥 플랜지 관통 형식과 보 플랜지 관통 형식　392
(5) 주각 ···395
(6) 웨브 이음의 볼트 배열 ···397
(7) 기타 ···400
    (a) 보 철골의 세장비　400　　(b) 마감재의 편심 재하　400
    (c) 보의 처짐 대책　402　　(d) 논스캘럽(noncallop) 공법　402
    (e) 엔드 태브　404　　(f) 보 관통 구멍　406
    참고 문헌　408

제9장 시공 계획과 시공 기록　　　　　　　　　　　　　　　　　411

제 1 장 흙막이벽

1.1 흙막이벽의 계산법

(1) 흙막이벽의 지수성과 측압

흙막이벽은 지하 굴착에 앞서 지반 속에 시공하여 흙막이 동바리와 함께 흙막이 구조를 구성하여 지반을 지지하면서 굴착 공사를 진행하는 것이다. 그러므로 흙막이벽에 작용하는 측압(토압·수압 등)과 흙막이벽에 생기는 변위·변형을 미리 될 수 있는 한 정확히 예측하여 굴착 중에는 항상 안정한 상태로 흙막이 구조를 유지할 수 있도록, 또 변형을 가급적 작게 하여 주변 지반에 대한 영향을 적게 하도록 계획하고, 시공시에도 만전을 기해서 해야 한다.

현재 일반적으로 쓰이고 있는 흙막이벽의 기성제 널말뚝류는 다음과 같으며, 이것들은 지수 성능면에서 보았을 때 정밀하고 양호하게 시공하였을 경우 그 순위는 ① 철근 콘크리트 연속 지중벽, ② 소일 시멘트 주열(柱列), ③ 버팀 기둥 가로 널말뚝(이것을 이용한 공법을 토목에서는 Berlinoise method라고 한다), ④ 시트 파일·트렌치 시트 등이다. 다만, 버팀 기둥 가로 널말뚝에는 지수 성능이 없다. 흙막이벽 뒷면에 가해지는 측압의 크기는 이 지수 성능에 관계가 있다. 예를 들면, 투수성이 큰 지층에 대해서는 지수성이 높은 흙막이벽을 선정해야 하므로 이때의 수압은 수압 계수가 크게 되는 데, 대해서 투수성이 작은 지층에서는 높은 지수성을 필요로 하지 않고 이 경우는 수압 계수도 감소된다. 게다가 지하수가 없는 지층에 대해서는 흙막이벽에 지수성을 필요로 하지 않고 수압 계수도 제로(0)이다.

그러나 지수벽의 선택은 지하수에 대한 지수성이나 지하수 처리의 난이도 뿐만 아니라 공사 장소, 지질의 경연(硬軟), 토질의 종류, 굴착 규모와 형상, 굴착 공사 기간, 발생하는 응력의 크

사진 1.1 소일 시멘트 주열 흙막이벽(1차 굴착 완료·1단 버팀대 가설 전)

사진 1.2 철근 콘크리트 연속 지중벽의 축조(철근망의 세우기)

기 등으로 봐서 필요한 강도와 강성(剛性)을 얻을 수 있도록 계획하고, 또 주변 상황, 소음, 진동, 공사 기간, 경제성의 면에서도 검토하여 종합적으로 선정해야 한다.

또한 건물 설계 단계에서도 지하 부분의 시공에 대해서 위에서 기술한 굴착 공사의 가능성과 난이성을 검토해 두어야 한다. 현재의 시공 기술로서는 상당한 난공사(연약 지반의 경우 등)라도 기술적으로 불가능하다고는 할 수 없으나 예상 외의 공사비와 공사 기간을 필요로 하는 경우가 있어 그 때문에 불가능하게 되어 계획을 변경해야 하는 경우도 있을 수 있으므로 항상 주의해야 한다.

(2) 측압 분포

측압(lateral earth pressure)이란 흙막이벽 뒷면에 수평으로 작용하는 하중을 말하며, 기본적으로는 토압과 수압으로 나눠 생각할 수 있으나 대개의 경우는 토압과 수압을 같은 형태로 다루고 있다. 그 밖에 상황에 따라서는 지표면 하중이나 인접 구조물의 중량(「(7)항, 인접 건물의 영향 등」 참조) 등에 따른 지중 응력의 수평 성분이 부가되는 경우가 있다.

일반적으로 흙막이 뒷면에 작용하는 측압의 크기는 깊이와 함께 증대한다. 이것은 측압은 흙입자(soil particle) 내 유효 응력의 수평 성분이며, 흙입자 내의 유효 응력은 깊이가 증대함과 동시에 증대하기 때문이다. 그러나 흙막이벽 뒷면에 작용하는 측압의 크기는 앞에서 기술한 바와 같은 토질의 종류, 지하 수위나 지반의 투수성과 흙막이벽의 지수성 등만으로 결정하는 것이 아니고, 측압 분포도 단순히 깊이에 비례하는 것도 아니다. 이같은 토질 상수 외에 지하수의 공급량, 굴착 공사 기간, 굴착 진척도, 흙막이벽의 휨 강성, 변형량, 밑둥 묻힘(근입, 밑둥 넣기 ; embedment) 길이, 배수 방법 등 많은 원인으로 영향을 받는 것이며, 이것은 과거에 실측된 많은 측압 측정 예에서도 알 수 있다.

측압의 값이나 분포 형상은 이러한 복잡한 요인의 영향을 받으므로 그 추정 방법은 이론적인 연구에 따르기보다도 실측값을 기본으로 하여 짜맞춘 경험적인 방법이 많이 쓰이고 있다.

(3) 삼각형 분포의 측압

흙막이 설계 시공 지침(일본 건축 학회편, 1988)에 따르면 흙막이벽 뒷면에 작용하는 측압 분포의 사고 방식에는 2종류가 있는데, 첫째는 앞에서 기술한 바와 같은 대개 측압 변동 요인을 총괄하여 그림 1.1 및 식(1.1)에 나타낸 바와 같이 원칙적으로 깊이에 비례하여 증대하는 삼각형 분포로 되어 있다. 둘째는 (6)항에서 기술하는 사다리꼴 분포로 되어 있다.

식(1.1)의 K는 측압 계수라고 하며 표 1.1의 범위의 값을 취하고 있다.

$$p_z = K \cdot \gamma_t \cdot z \quad \cdots\cdots\cdots\cdots\cdots\cdots\cdots\cdots\cdots\cdots\cdots\cdots\cdots (1.1)$$

이때, p_z : 깊이 z에 대한 측압(t/m^2)

K : 측압 계수

γ_t : 흙의 습윤 단위 체적 중량(t/m^3)

z : 깊이(m)

식(1.1)은 비교적 강성이 작은 철근 콘크리트조 등의 흙막이벽에 대한 대략 측압 실측 결과를 기본으로 하여 결정된 것이며 토압·수압을 구별하지 않고 일괄하여 다루고, 또한 지하수의 영향이나 지표면 하중(상재 하중이라고도 한다)의 영향도 포함하여 생각하는 것으로 다음 항의 Rankine · Résal식을 간략화한 것이다.

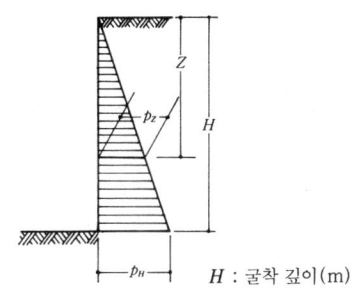

그림 1.1 측압 분포(삼각형)

H : 굴착 깊이(m)

표 1.1 측압 계수

지 반		측압 계수 K
모 래 지 반	지하 수위가 얕은 경우	0.3~0.7
	지하 수위가 깊은 경우	0.2~0.4
점 토 지 반	연약한 점토	0.5~0.8
	단단한 점토	0.2~0.5

(4) Rankine · Résal식

Rankine과 Résal이 연구한 주동 토압식은 다음과 같다.

$$p_z = \{\gamma_t(z-z_w) + \gamma' z_w + q\} \tan^2(45° - \frac{\phi}{2}) - 2c \tan(45° - \frac{\phi}{2}) + \gamma_w z_w \cdots (1.2)$$

이때, p_z : z의 깊이에 대한 주동 토압(t/m^2)

γ_t : 흙의 습윤 단위 체적 중량(t/m^3)

γ' : 흙의 수중 단위 체적 중량(t/m^3)

γ_w : 물의 단위 체적 중량(t/m^3)

q : 지표면 하중(t/m^2)

ϕ : 흙의 내부 마찰각(도)

c : 흙의 점착력(t/m^2)

z : 지표면으로부터의 깊이(m)

z_w : 지하 수위면으로부터의 깊이(m)

여기서 γ, ϕ, c 등의 토질 상수는 샘플링으로 채취한 불교란 시료(흐트러지지 않은 시료)로 실내 시험을 하여 구한 것인데 토층에 따라 달라진다. 따라서 지층의 적층 상태(積層 狀態)가 한결같지 않은 경우는 유사한 토층을 뭉친 다음 각기 토층에 따라서 토질 상수를 설정하게 되므로 위 식에서 알 수 있듯이 측압값에 불연속을 생기게 하는 경우가 있다(그림 1.2). 이것은 표 1.1에 따라서 측압 계수를 정하는 경우도 토층에 따라서 다른 값을 설정하는 것은 마찬가지다.

일반적으로 점토에서는 ϕ를 0으로 하여 c만을 생각하고, 모래에서는 c를 0으로 하여 ϕ만을 고려한다. 현실의 토질은 그림 1.3에 나타낸 바와 같이 점토·실트·모래가 혼합된 것이므로 c나 ϕ도 값을 가진 것이 많다. 모래층이나 자갈층에서도 뭉쳐 굳어진 것(洪積層)에서는 c를 평가할 수 있는 것이 많다($5\,t/m^2$ 정도 이하). 사질토에서는 불교란 시료를 채취할 수 없어 ϕ를 실내 실험적으로 구할 수 없으므로 표준 관입 시험*의 N값으로 구한다. 그 환산식을 다음

「표준 관입 시험」: 사질토의 상대 밀도, 점성토의 반죽질기(consistency)를 구하는 현위치 시험의 방법 중 하나이다. 로드 선단에 표준 관입 시험용 샘플러를 설치하여 보링 구멍에 삽입하고 무게 63.5 kg의 해머를 75 cm 높이에서 자유 낙하시켜 지층에 30 cm 관입시키는 데 요하는 타격 횟수를 측정한다. 이 타격 횟수가 N값이다.

N값에서 토질의 역학적 성질, 지내력, 지반 반력 계수, 지반의 액상화(quick sand) 현상 등을 추정할 수 있으므로 널리 이용되고 있다(KS F 2307).

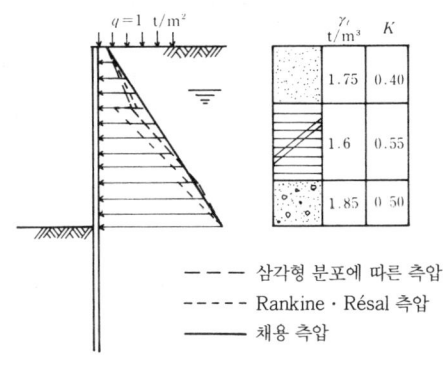
그림 1.2 토압 분포의 불연속

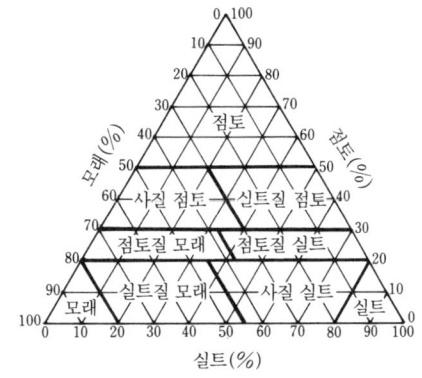
그림 1.3 토질형을 결정하는 삼각 좌표

에 나타낸다. 이들 식의 결과는 아무리 다르다고 해도 어느 것이나 그 정밀도는 반드시 좋지 않다는 것을 명기하여 종합적으로 판단하고 하한값을 채용하는 편이 바람직하다. 또 전석(轉石)을 포함한 지층이나 입자 지름(粒徑)이 큰 자갈층에서는 N값을 과대 평가하는 일이 있으므로 주의해야 한다.

$$\left.\begin{array}{ll} \text{오사키(大崎)식} & \phi = \sqrt{20N} + 15 \\ \text{후쿠오카(福岡)식} & \phi = \sqrt{11.7N} + 21 \\ \text{다나무식} & \phi = \sqrt{12N} + 25 \quad \text{입도 분포가 좋은 모난 입자} \\ & \phi = \sqrt{12N} + 20 \quad \text{입도 분포가 좋은 둥근 입자} \\ & \phi = \sqrt{12N} + 20 \quad \text{입도가 한결같은 모난 입자} \\ & \phi = \sqrt{12N} + 15 \quad \text{입도가 한결같은 둥근 입자} \\ \text{펙(Peck)식} & \phi = 0.3N + 27 \end{array}\right\} \cdots\cdots (1.3)$$

또, N값에서 다음 식으로 점성토에 대한 $c(\text{kg}/\text{cm}^2)$를 추정할 수 있다.

$$\left.\begin{array}{ll} \text{실트질 점토} & c = \dfrac{N}{15} \\ \text{부드러운 점토} & c = \dfrac{N}{15} \sim \dfrac{N}{6} \\ \text{단단한 점토} & c = \dfrac{N}{30} \sim \dfrac{N}{15} \end{array}\right\} \cdots\cdots (1.4)$$

식(1.2)는 토압과 상수위 이상 깊이의 수압이나 지표면 하중의 효과를 이론적으로 다루고 있다. 이때 상수위 이상 깊이 흙의 단위 체적 중량은 수중 중량이다. 수중 중량은 엄밀하게는 흙의 간극비(void ratio)와 포화도(「제4장 4.1 주변 지반에 대한 영향 (3) 강제 배수에 따른 영향」 참조)에 따라서 다르지만 약산적으로는 습윤 단위 체적 중량에서 0.9~1.0 t/m³를 뺀 값으로 하면 된다. 흙의 단위 체적 중량 등의 표준을 표 1.2[5)]에 나타낸다.

표 1.2 흙의 일반적인 물리적 성질

흙 의 종 류	단위 체적 중량(t/m³)		간극률 $n(\%)$	간극비 $e(\%)$	함수비 $w(\%)$
	건조 상태	포화 상태			
느슨한 균등 모래	1.43	1.89	46	85	32
조밀한 균등 모래	1.75	2.09	34	51	19
느슨한 혼합 입자 모래	1.59	1.99	40	67	25
조밀한 혼합 입자 모래	1.86	2.16	30	43	16
대소 입자 섞인 퇴적 점토	2.12	2.32	20	25	9
연질 퇴적 점토	-	1.77	50	120	45
경질 퇴적 점토	-	2.07	37	60	22
연질 유기 점토	-	1.43	75	300	110
경질 유기 점토	-	1.58	66	190	70
연질 벤토나이트	-	1.27	84	520	194

계산 예 1 측압의 계산

지층 구성과 토질 정수를 다음 표와 같이 한다(그림 1.2 참조).

깊이(m)	층 두께(m)	토 질	평균 N값 $\overline{N}$	단위 체적 중량 $\gamma_t(t/m^3)$	내부 마찰각 $\phi(°)$	점착력 $c(t/m^2)$	측압 계수 K
0~4.0	4.0	실트 섞인 모래	12	1.75	30	0	0.40
4.0~9.0	5.0	실트질 점토	3	1.60	25	3.0	0.55
9.0~	3.0	자갈 섞인 모래	50 이상	1.85	45	2.0	0.50

굴착 깊이 : GL-12.0 m

지하 수위 : GL-3.0 m

지표면 하중 : $q=1.0$ t/m²

(1) Rankine · Résal식에 따른 측압

GL±0

$$p_a = 1.0^{*1} \times \tan^2\left(45° - \frac{30°}{2}\right)$$

$$= 0.33 (t/m^2)$$

GL-4.0 m 위

$$p_a = (1.75 \times 3.0 + 0.85^{*2} \times 1.0 + 1.0^{*1}) \times \tan^2\left(45° - \frac{30°}{2}\right) + 1.0^{*3}$$

$$= 3.36 (t/m^2)$$

GL−4.0 m 아래

$$p_a = (1.75 \times 3.0 + 0.85 \times 1.0 + 1.0) \times \tan^2\left(45° - \frac{25°}{2}\right) - 2 \times 3.0 \times \tan\left(45° - \frac{25°}{2}\right) + 1.0$$

$$= 0.06 (t/m^2)$$

GL−9.0 m 위

$$p_a = (1.75 \times 3.0 + 0.85 \times 1.0 + 0.60^{*4} \times 5.0 + 1.0) \times \tan^2\left(45° - \frac{25°}{2}\right) - 2 \times 3.0$$

$$\times \tan\left(45° - \frac{25°}{2}\right) + 6.0^{*3} = 6.28 (t/m^2)$$

GL−9.0 m 아래

$$p_a = (1.75 \times 3.0 + 0.85 \times 1.0 + 0.60 \times 5.0 + 1.0) \times \tan^2\left(45° - \frac{45°}{2}\right) - 2 \times 2.0$$

$$\times \tan\left(45° - \frac{45°}{2}\right) + 6.0 = 6.08 (t/m^2)$$

GL−12.0

$$p_a = (1.75 \times 3.0 + 0.85 \times 1.0 + 0.60 \times 5.0 + 0.95^{*5} \times 3.0 + 1.0) \times \tan^2\left(45° - \frac{45°}{2}\right)$$

$$- 2 \times 2.0 \times \tan\left(45° - \frac{45°}{2}\right) + 9.0 = 9.57 (t/m^2)$$

(주) *1 지표면 하중

*2 잔모래의 수중 단위 체적 중량 γ'는 $(\gamma_t - 0.9) t/m^3$로 하였다.

*3 수압

*4 실트질 점토의 γ'는 $(\gamma_t - 1.0) t/m^3$로 하였다.

*5 자갈 섞인 모래의 γ'는 $(\gamma_t - 0.9) t/m^3$로 하였다.

(2) 삼각형 분포에 따른 측압

GL±0

$$p_a = 1.0 \times 0.40$$

$$= 0.40 (t/m^2)$$

GL−4.0 m

$$p_a = (1.75 \times 4.0 + 1.0) \times 0.40$$

$$= 3.20 (t/m^2)$$

GL−9.0 m
$$p_a = (1.75 \times 4.0 + 1.60 \times 5.0 + 1.0) \times 0.55$$
$$= 8.80 (t/m^2)$$
GL−12.0 m
$$p_a = (1.75 \times 4.0 + 1.60 \times 5.0 + 1.85 \times 3.0 + 1.0) \times 0.50$$
$$= 10.78 (t/m^2)$$

(3) 설계용 측압

위에서 산정한 측압값을 그림 1.2에 기입하면

Rankine · Résal에 따른 측압 : 점선

삼각형 분포에 따른 측압 : 파선

이 되며 불연속선 또는 절선을 나타낸다. 이것을 계산상의 편의를 위해 약간 안전측이 되는 직선으로 치환하여

GL±0 $p_{a1} = 0.40 (t/m^2)$
GL−12.0 m $p_{a2} = 10.8 (t/m^2)$ 로 한다(실선).

(5) 적용의 한계

표 1.1은 지반, 토질의 대략적인 종별에 대해서 설정하고 있으므로 이들에 주어진 수치에는 상당한 차이가 있다. 이것은 비교적 휨 강성이 작은 철근 콘크리트조 등의 흙막이벽에 대한 측압 실측 결과에서 실측지(實測地)의 지반, 토질을 개괄적으로 분류하여 각각에 대해서 대개 그 최대값과 최소값의 폭을 결정하고 있는 것이다. 따라서 실제로 적용하는 경우는 앞에서 기술한 측압의 변동 요인을 고려하고 표의 수치를 참고로 하여 결정하면 된다. 이때 식(1.2)의 Rankine · Résal식을 이용한 검토도 하고 이들 결과에 뚜렷한 차이가 나지 않는지 여부를 확인해야 한다.

더구나 이 표 수치의 근거가 된 공사 현장은 토질 조건이 상당히 나쁜 것이나 굴착 깊이가 깊은 것이 포함되어 있다. 그러나 충적 점토층에서 볼 수 있는 바와 같은 특히 연약한 점토나 실트질 등 연약 지반의 경우는 표의 값보다도 큰 측압 계수를 나타내는 경우도 있다. 예를 들면, 정규 압밀 정도와 미압밀 점토층의 경우나 예민비(銳敏比)가 높은 점토(10 이상), 함수비가 높고 컨시스턴시 지수(conistency index)가 작은 점토 등이 이에 해당하므로 이러한 경우는 특히 측압값 결정시에 주의해야 한다. 또 차수 공법을 사용하는 경우와 같이 큰 수압을 받는 흙막

이벽에도 적용할 수 없다고 생각해야 한다. 이 경우는 토질 조사를 하여 지층의 토질 상수를 구한 다음 식(1.2)의 Rankine · Résal식으로 산정해야 한다.

「**압밀**」: 점토에 압축 응력이 가해지면 흙 속의 간극수가 시간적 지연을 수반하면서 배수되어 서서히 압축되는 현상을 말하며, 이때의 응력을 압밀 응력이라고 한다.

압밀 응력이 현재 받고 있는 흙덮이압(유효 압밀 응력)과 같고 압밀이 일단 완료된 상태를 정규 압밀, 압밀 현상이 진행 중인 상태를 미압밀이라고 한다. 정규 압밀 상태의 점토는 약간의 지하 수위 저하에 의해서도 미압밀 상태가 될 수 있다. 또 과거에 현재 받고 있는 응력 이상의 압밀 응력으로 압밀을 받은 일이 있는 상태를 과압밀이라고 하고, 이때의 최대 압축력을 선행 하중이라고 한다. 압밀 응력이 선행 하중 이내이면 압밀 침하는 비교적 작지만 선행 하중을 초과하면 침하량의 증대는 급히 커지게 된다. 이때의 압밀 응력을 압밀 항복 응력이라고 한다.

압밀 현상은 점토층의 투수성이 작으므로 장기에 걸쳐서 계속되는 수가 많다.

「**예민비**」: 점토는 자꾸 이기면(교란하면) 함수량이 같아도 압축 강도가 저하한다. 이 성질을 예민성이라고 하고, 이것을 정량적으로 나타낸 것을 예민비 S_t라고 한다.

점토의 불교란 시료의 1축 압축 강도를 q_u, 함수량을 바꾸지 않고 자꾸 이긴 시료의 1축 압축 강도를 q_{u1}으로 하면

$$S_t = \frac{q_u}{q_{u1}}$$

S_t는 이 값이 클수록 교란을 받았을 때의 강도 저하가 뚜렷한 것을 뜻한다.

「**반죽질기**」: 점성토의 변형 또는 유동에 대한 저항성을 말하며, 주로 함수량에 따라서 좌우된다.

자연 함수비를 w, 액성 한계를 w_L, 소성 한계를 w_P라고 하면 $(w_L - w_P)$를 소성 지수라고 하고 I_P로 나타내진다. 이 값이 클수록 점성토로서의 성질이 강하고, 작아지면 사질토로서의 성질이 강해진다.

액성 한계란 점토가 소성 상태에서 유동 상태로 옮겨 가는 한계에 상당하는 함수비를 말하고, 소성 한계란 점토가 소성 상태에서 고형 상태로 옮겨 가는 한계에 상당하는 함수비를 말한다.

또, $(w_L - w)/I_P$를 상대 조도(相對 稠度)라고 하고, 이것을 백분율로 나타낸 것을 컨시스턴시 지수(consistency index)라고 하고 I_C로 나타낸다.

$$I_C = \frac{w_L - w}{w_L - w_P} \times 100 = \frac{w_L - w}{I_P} \times 100 (\%)$$

또, 다음 식의 I_L을 액성 지수라고 한다.

$$I_L = \frac{w - w_P}{w_L - w_P} \times 100 = \frac{w - w_P}{I_P} \times 100 = 100 - I_C (\%)$$

자연 함수비 w가 소성 한계 w_P에 가까울수록, 즉 I_C가 1에, I_L이 0에 가까울수록 단단하여 안정된 점토이며, w가 w_L에 가까울수록, 즉 I_C가 0에, I_L이 1에 가까울수록 연약하고 불안정한 점토라는 것을 나타낸다. 또 I_L은 점성토 지반의 응력 이력(應力 履歷) 판단에도 역할을 하고, 정규 압밀 점토에서는 I_L은 1에 가깝고, 과압밀 점토에서는 0에 가깝다. 즉, I_L은 압밀된 정도에 따라서 1∼0 사이에 있을 때가 많다. 또한 대단히 예민한 점토에서는 I_L이 1보다 많고, 매우 과압밀한 점토에서는 I_L이 0보다 작은 경우가 있다.

컨시스턴시는 점토 뿐만 아니라 콘크리트 등의 고점성 물질이나 점탄성 · 소성을 가진 도료 등에도 쓰인다.

「**차수 공법**」: 지하 수위 이하의 굴착 공사에서는 지하수 처리가 필요하다. 이때 지수성이 높은 흙막이벽을 체수층을 관통하여 그 하부의 불투수층에 관입하면 이 체수층에 대해서는 차수한 것이 된다. 이와 같이 굴착 범위의 체수층(지반 부풀음의 우려가 있는 피압수층이 있는 경우는 이 층도 포함)을 모두 차수하면 강제 배수가 필요없게 되어 배수량을 격감시킬 수 있다. 이 공법을 차수 공법이라고 한다.

차수 공법은 배수 처리비가 고액이 될 경우, 하수관의 배수 처리 능력이 부족한 경우 등과 같이 배수 처리가 곤란한 지역에 사용된다. 또, 굴착 주변의 지하 수위를 저하시키지 않으므로 강제 배수에 따른 압밀 침하가 없어지므로 이런 관점에서 채용하는 경우가 있다.

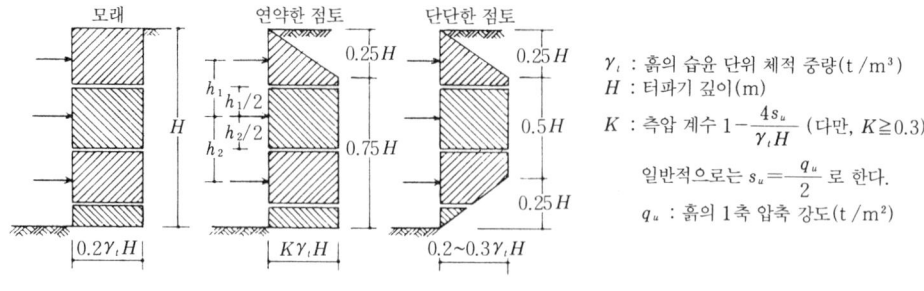

그림 1.4 측압 분포(사다리꼴)

(6) 사다리꼴 분포의 측압

흙막이 설계 시공 지침(일본 건축 학회편, 1988)에 나타내져 있는 또 하나의 측압 분포의 사고 방식은 **그림 1.4**에 나타낸 바와 같은 사다리꼴 분포형을 가정한 것이다. 이것은 원래는 띠장이나 버팀대의 설계에 적용하기 위한 것인데 흙막이벽에 대해서도 경미한 것에 대해서는 이용할 수 있다.

이 사다리꼴 분포형은 테르자기와 펙(Terzaghi & Peck)이 비교적 휨 강성이 작은 흙막이벽을 대상으로 한 많은 버팀대 반력의 실측 결과에서 측압 분포를 역산적(逆算的)으로 구하여 결정한 것이며, 경험적으로 구한 것이다. 버팀대는 굴착 진척에 따라서 가설(架設)하고 구조체의 축조에 따라서 차례로 철거한다. 흙막이벽의 변형은 이같은 각 단계로 순차적으로 변화하고 이에 따라서 버팀대 축력도 상당히 변동된다. 일반적으로 흙막이벽의 최대 변형이나 버팀대 축력은 버팀대 가설시보다도 버팀대 철거시 쪽이 크게 되며 이것은 흙막이벽의 강성이 작을수록 뚜렷하다. 테르자기와 펙은 이같은 버팀대 응력에서 측압 분포를 정정적(靜定的)으로 역산(逆算)에 따라 구하고 이것을 포락(包絡)하도록 정한 것이지 진짜 측압 분포를 나타낸 것은 아니다.

또 이들은 모두 배수에 따라서 지하 수위가 저하한다는 전제로 이뤄지고 있으므로 피압수를 가진 체수층(滯水層)이 흙막이벽으로 차수(遮水)되는 경우와 같이 배수에 의해서도 수위 저하가 바람직하지 않을 때나 앞 항 「(5) 적용의 한계」에서 기술한 바와 같이 특히 연약한 점토나 실트질 등 연약 지반의 경우에는 적용할 수 없다고 생각해야 할 것이다. 이같은 경우는 토질 조사로 지층의 토질 상수를 조사한 다음 Rankine · Résal 식으로 구한 측압 분포에 따라야 한다.

(7) 인접 건물의 영향 등

시가지에서는 흙막이벽에 근접하여 건물 등의 구조물이 있는 경우가 많다. 이런 경우는 인접 건물로 인한 흙막이벽에 대한 영향과 굴착으로 인한 인접 건물에 대한 영향에 대해서 신중히 검토해야 한다.

먼저 인접 건물로 인한 흙막이벽에 대한 영향에 대해서는 상당히 넓은 범위에 걸쳐서 인접 건물이 흙막이벽에 닿아 있는 경우는 흙막이벽 계획시에 흙막이벽에 가해지는 측압 분포에 이 건물 중량으로 인한 지중 응력의 수평 성분을 가산한다. 이것은 건물 뿐만 아니라 근접한 지상에 적재 하중(지표면 하중) $q(t/m^2)$가 실린 경우에 대해서도 마찬가지이며, 토압에 대해서는 지표면이 q/γ_t 분만큼 높게 되어 굴착 깊이가 크게 되는 것과 같은 효과를 준다. 따라서 이 같은 하중에 대한 측압 계수는 토질에 대한 것과 같은 값을 사용한다. 또 대지(垈地)에 접하여 일반 도로가 있는 경우나 대지 내를 공사용 차량이 통과하는 경우도 차량 하중으로서 1.0∼1.5 t/m² 정도의 지표면 하중을 예상해 두어야 한다.

인접 건물이 부분적으로 흙막이벽에 닿아 있지 않으면 이로 인한 지중 응력의 분포를 부시네스크(Boussinesq) 이론 등(건축 기초 구조 설계 지침 「제4장 4.3 침하량의 계산」참조, 일본 건축 학회편, 1988)으로 구하고, 흙막이벽에 작용하는 국부적인 측압으로서 고려한다.

경사지를 굴착하는 경우는 **그림 1.5** (a)와 같이 편토압을 받게 된다. 이때 통상 계산을 하면 좌우 흙막이벽에 다른 측압을 구하는 것이 되는데, 좌우 흙막이벽에 생기는 측압은 흙막이 버팀대로 평형해야 하는 것이므로 큰 쪽의 측압(높이가 높은 쪽, 그림의 오른쪽)에 따라서 측압이 작은 왼쪽의 흙막이벽은 압력을 받게 되어 수동 토압이 생겨 측압의 합력(合力)으로서는 좌우 같은 값이 된다는 것을 잊어서는 안된다. 또 동 그림 (b)와 같이 지층의 성층(成層) 상황이 경사져 있고 흙막이벽 좌우에 토질이 달라지므로 측압 계수가 좌우에서 다른 값이 될 때도 마찬가지의 상태로 된다.

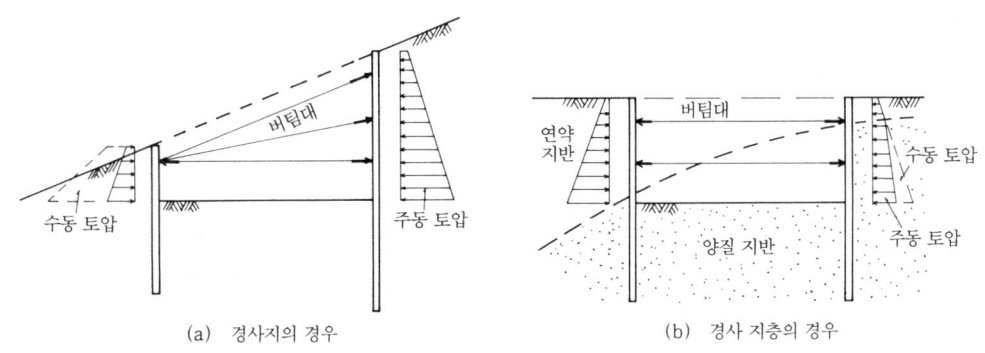

(a) 경사지의 경우   (b) 경사 지층의 경우

그림 1.5 편토압

또 굴착으로 인접 건물이나 도로 등의 주변 지반에 영향을 주는 것이 예상된다. 이에 대해서는 「제4장 4.1 주변 지반에 대한 영향」에서 기술한다.

(8) 응력 산정과 변형 계산

흙막이벽은 굴착 저면보다 아래쪽으로 밑동 묻힘되어 있으나 측압을 받으면 안쪽으로 변위한다. 먼저 자립 상태의 경우는 **그림 1.6**(a)와 같이 변형하고, 다음에 1단 버팀대를 가설하여 굴착을 진행하면 동 그림 (b)와 같이 변형한다. 굴착 저면에서 아래쪽의 흙막이벽에는 뒷면에서 작용하는 측압에 대해서 안쪽에 수동 토압이 생기고(**그림 1.7**), 흙막이벽은 지중의 어떤 점에 지점(支點)이 생기는 상태(가상 지점, 뒤에서 기술한다)로 변형한다. 다단 버팀대의 경우는 **그림 1.6** (c)와 같이 흙막이벽이 변형한 상태 그대로 2단째의 버팀대를 가설하고 다시 굴착을 진행하여 차례로 이것을 반복하므로 흙막이벽은 동 그림 (d)와 같이 변형한다.

이러한 변형의 진행 상태는 양질 지반의 경우와 연약 지반의 경우에서는 밑동 묻힘부에서 저항이 달라지므로 그 양상이 약간 달라지지만 지중에 가상 지점이 생기는 상태는 버팀대를 가설

사진 1.3 단버팀대 가설·2차 굴착 중

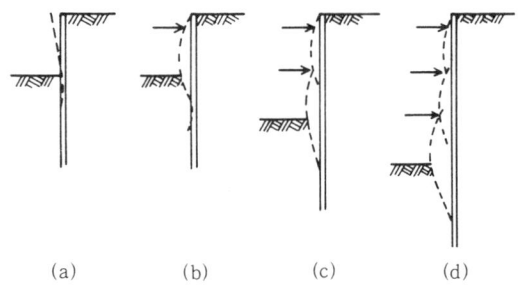

그림 1.6 굴착의 진행과 흙막이벽의 처짐

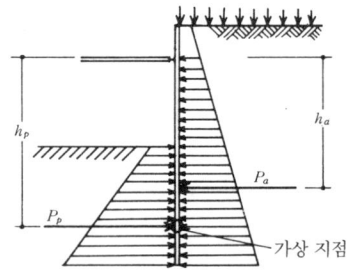

그림 1.7 흙막이벽 뒷면과 앞면의 토압 분포

한 각 단계에서 마찬가지이다. 흙막이벽 뒷면에 작용하는 측압의 크기나 분포는 이러한 변형의 변화에 따라 변하고 있다. 거기다 흙막이벽의 변형에는 압축력에 따른 버팀대의 수축도 가해지고 있다. 이 압축력도 굴착 진척에 따라서 변한다.

이와 같이 측압이나 흙막이벽의 응력, 버팀대 축력의 값 등은 흙막이벽의 변형 조건을 도입한 매우 복잡한 부정정(不靜定) 문제가 되는 것이다. 그러나 측압의 문제는 시공 진척 상태와의 상관성 등 미해명된 문제가 많고, 또한 지층 구성의 변화, 토질의 불균질성, 수위의 변동, 타 공사(현장 치기 말뚝 등)의 영향 등의 지질 조건, 시공 조건이 관계한다는 것을 생각할 수 있어 엄밀하게는 단순하게 논할 수 없는 문제이다. 그래서 편의적으로 측압의 크기와 분포는 위에서 기술한 여러 조건에서 독립하여 다루고 흙막이벽의 많은 실측 결과에서 경험적으로 타당하다고 생각되는 값을 사용하여 흙막이벽의 변형이나 시공 진척 등에 관계없이 일정 불변한 것이라고 가정하기로 한다.

이와 같이 외력을 일정하다고 가정하면 흙막이벽이나 흙막이 동바리의 해석은 그 구조 조건을 모델화함으로써 부정정 문제이지만 이론적으로 구할 수 있다. 그러나 해명되지 않은 문제의 하나로 굴착 저면 이상 깊이로 밑동 묻힘된 흙막이벽의 지지 성상이 있다. 이것은 밑동 묻힘 부분의 흙막이벽 변형과 함께 그 뒷면에 작용하는 측압과 안쪽에 생기는 수동 토압의 문제이며, 이것도 앞에서 기술한 측압과 마찬가지로 여러 가지 조건에 지배되어 매우 복잡한 문제이다. 그래서 이 문제에 대해서도 경험적으로 구한 많은 실측 결과를 토대로 단순한 모델로 치환하여 해석하고 있다.

흙막이벽에 생기는 응력이나 변형의 계산은 이렇게 많고 큰 가정하에 이뤄지고 있으므로 설계자의 판단으로 정하지 않으면 안되는 사항이 많다. 그리고 이러한 가정하에 앞에서 기술한 각 시공 단계에서 생기는 흙막이벽의 변형 성상의 변화를 근거로 하여 원칙적으로 각 시공 단계마다 응력과 변형을 구하게 된다. 따라서 구해진 풀이에 대해서는 그 전제가 된 가정 조건을 꼭 이해해 두어야 한다.

(9) 실용적인 해법

흙막이벽의 해법에는 많은 실측 결과를 근거로 하여 몇 가지 실용적인 방법이 발표되어 있다. 이것들은 「흙막이 설계 시공 지침」(일본 건축 학회편, 1988)과 「흙막이 설계 실례집」(일본 건축 학회편, 1982)이나 다른 전문서 등 속에 해설되어 있는데 이 중 잘 이용되고 있는 방법

표 1.3 흙막이벽의 해법

측압분포	계산법	해법
삼각형분포	약 산 법 (누가식 단순보법)	① 수동 토압법(버팀대 축력 일정) ② 수동 토압법(버팀대 축력 수정) ③ 가상 지점법(버팀대 축력 일정) ④ 가상 지점법(버팀대 축력 수정)
삼각형분포	정 산 법	⑤ 탄소성법(버팀대 축력 일정) ⑥ 탄소성법(버팀대 탄성 지지) ⑦ 가상 지점법(버팀대 축력 일정) ⑧ 가상 지점법(버팀대 탄성 지지)
사다리꼴분포	약 산 법	⑨ 단순보법 ⑩ 연속보법

을 표 1.3에 나타낸다. 이것들은 경험적인 방법에 의거한 것이 많고 계산식에 적용하는 수치의 가정이 계산 결과에 많은 영향을 끼치므로 채용 수치 선정시에는 신중히 검토해야 한다.

표 중 ①에서 ④와 ⑨·⑩은 약산법이므로 손계산으로 할 수 있으나 ⑤에서 ⑧은 정산법 (精算法)이고 고차 부정정(不靜定)이 되므로 컴퓨터의 힘을 빌려야 한다.

①~④의 약산법은 모두 누가식 단순보법이고, 굴착 각 단계에서 단순보로서의 응력을 구하고 이것을 차례로 가산해 가는 것이며 종래부터 많이 쓰여온 방법이다. 그 방법은 다음과 같다.

a. 버팀대 가설 후는 그 버팀대 지점은 부동(不動)으로 한다.
b. 가설된 버팀대와 다음에 기술하는 가상 지점 사이를 스팬으로 하는 단순보로서 응력을 구한다.

①·②의 「수동 토압법」은 넓은 뜻에서는 가상 지점법에 포함할 수 있다. 지반이 비교적 양질일 때에 적용할 수 있고 흙막이벽의 굴착 밑바닥보다 아래쪽에 가정하는 수동 토압의 합력 작용점을 가상 지점의 위치로 상정(想定)한다. 최종 굴착 단계에서는 흙막이벽의 밑동 묻힘부에 가정하는 수동 토압의 합력 작용점이 가상 지점이 된다. 수동 토압을 가정하는 깊이 범위는 주동측 측압과의 평형(equilibrium)으로 구하는데 이 깊이를 「평형 깊이」라고 한다. **그림 1.7**에 나타낸 바와 같이 최하단 버팀대보다 아래쪽에 대해서 고려하고, 흙막이벽 뒷면에 작용하는 주동측 측압과 수동 토압의 평형으로 구한다.

③·④의 「가상 지점법」은 좁은 뜻의 가상 지점법으로 연약 지반의 굴착에서 흙막이벽을 그 아래쪽의 양질 지반(N값 약 10 이상)까지 연장하여 밑동 묻힘한 경우 그 양질 지반 위치에 가상 지점을 상정하는 것이며, 이 지지점 위치는 굴착 각 단계에서 항상 일정하다고 생각한다. 양질 지반에 대한 밑동 묻힘 깊이는 1.0 m 이상으로 한다. 밑동 묻힘 길이를 길게 하면 밑동 묻힘

부에 고정도(固定度)를 고려할 수 있다.

이같은 방법은 응력 계산은 할 수 있으나 변형 계산은 실상에 맞출 수 없다는 결점이 있다. 응력 계산만을 대상으로 하는 것이면 최대 응력을 구하면 되므로 각 굴착 단계에 대해서 계산할 필요는 없고, 통상의 경우는 최하단 버팀대 가설 직전의 시점과 최종 굴착 단계의 2가지 사례에 대해서 계산하면 된다. 그러나 휨 모멘트, 전단력의 최대값은 드물게 위에서 기술한 2가지 사례에 한정되지 않을 경우도 있으므로 주의해야 한다.

「버팀대 축력 일정」이란 다음과 같이 가정하는 것이다.
 a. 상단 버팀대에 생긴 축력은 하단 버팀대 가설 후에도 변하지 않는다.
 b. 버팀대에 생긴 축력에 따른 수축량을 그 지지점의 변위로 한다.
 c. 상단 버팀대의 지지점 변위는 하단 버팀대 가설 후에도 변하지 않는다.

그림 1.8은 버팀대 축력에 대한 많은 실측 결과를 개념적으로 나타낸 것이다. 다단 버팀대의 경우 상단 버팀대의 축력은 굴착 진행에 따라서 증가하고, 하단 버팀대가 가설되면 약간 감소하는 경향이 있으나(그림 1.8의 1점 쇄선) 여기서는 이것을 일정하게 변화하지 않는다고 (그림 1.8의 실선) 가정한 것이다.

「버팀대 축력 수정」이란 하단 버팀대를 가설하면 상단 버팀대의 측압 부담 폭이 감소하므로 이것을 평가하여 버팀대 축력에 수정을 가하는 것이다(그림 1.8의 점선).

⑤~⑧은 컴퓨터를 이용하는 것으로 ⑤·⑥은 ①·②에, ⑦·⑧은 ③·④에 대응한다.

「탄소성법」이란 다음과 같이 가정하는 것이다.
 a. 흙막이벽은 아래쪽에 무한 길이의 탄성체로 한다.
 b. 흙막이벽 밑동 묻힘부의 횡저항(수동 토압)은 흙막이벽 변위에 1차적으로 비례하는 것으로 하고, 또한 수동 토압값을 넘지 않는다.

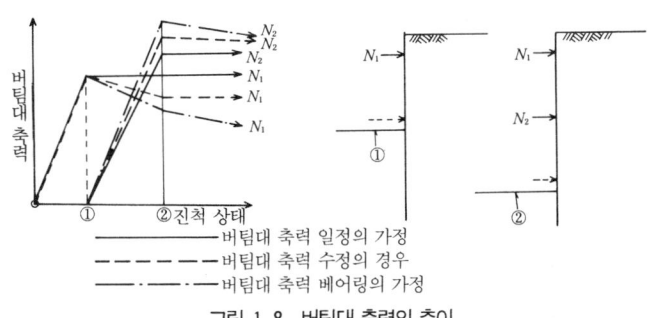

그림 1.8 버팀대 축력의 추이

이것은 밑동 묻힘 부분의 수동 토압 분포를 탄성적으로 구하면 굴착 저부에서 최대값을 나타내고 수동 토압값을 넘게 되어 이론적으로 이상하므로 굴착 저부 부근에 소성 영역을 상정하여 이 모순을 없애고 실상에 근접하도록 한 것이다. 탄소성법에는 이 밖에도 이에 여러 가지 조건을 부가한 방법이 몇 가지 제안되고 있다.

「버팀대 탄성 지지」란 다음과 같이 가정하는 것이다.

즉, "버팀대는 가설시 이후는 고유의 스프링 상수를 가진 탄성 베어링으로서 작용한다."

그러나 버팀대 축력은 굴착 진척에 따라서 변동하는 것이고 이에 따라서 흙막이벽의 응력 분포도 변하므로 이것을 고려하면 어떤 탄성 베어링을 가정하는가는 매우 복잡한 문제이다.

⑨·⑩의 「사다리꼴 분포」는 본래는 띠장·버팀대의 응력을 구하기 위한 것이어서 흙막이벽 각 시공 단계에서의 응력과 변형을 구할 수는 없으나 하중을 등분포라고 가정하므로 ①·②의 단순보법보다도 계산하기가 쉬우므로 경미한 흙막이벽의 검토에 쓸 수 있다.

흙막이벽의 실용적인 해법의 사고 방식 개요는 다음과 같다. 이들 해법은 굴착의 규모·기간, 지층 상태, 주변 상황 등에 따라서 선정하지만 계산 결과에는 각각 상세함과 조잡함이 있다. 특히 주의해야 하는 것은 흙막이벽에 과대한 변형을 생기게 해서는 안된다는 것이다. 흙막이벽의 변형이 과대하게 되면 흙막이벽 뒷면 지반의 강도가 저하하여 측압 증가로 이어지며, 뚜렷한 경우는 지반 파괴가 생겨 측압이 급증하고 이따금 설계 측압을 초월하여 위험함과 동시에 주변 지반에 대한 영향도 커진다. 이것을 방지하기 위해서는 흙막이벽의 강성을 크게 하고 버팀대 간격을 작게 하며, 또 프리로드(preload)를 도입하고, 토질을 개량하는 등이 있다.

또한 흙막이벽의 계산법은 지층이나 굴착 조건 등에 따라서 좀더 합리적인 해법도 제안되고 있으므로 다른 문헌 등을 참고하기 바란다.

굴착 밑바닥 이상 깊이의 흙막이벽 밑동 묻힘부에 생기는 토압에 대해서는 미해명된 문제의 하나이지만 주동측 측압을 구하는 방식은 다음과 같다.

a. 통상 Rankine·Résal 토압을 생각할 경우
b. 토압은 작용하지 않는다고 할 경우
c. 굴착 밑바닥에 대한 값 그대로 일정하다고 할 경우
d. 주동측 측압과 수동 토압이 같다고 할 경우

일반적으로는 c를 고려할 때가 많으나 「가상 지점법」의 경우는 d의 방법(즉, 어느 쪽도 고려하지 않는 것과 같다)이 적용된다. 어느 것이나 밑동 묻힘부는 될 수 있는 한 양질의 지반에

이르게 하는 것이 가장 바람직한 방법이다.

(10) 가상 지점 구하는 법

흙막이벽의 응력이나 변형을 계산으로 풀 경우에는 굴착 밑바닥보다 아래쪽에 생기는 가상 지점 위치를 구해야 한다. 가상 지점 구하는 법에도 몇 가지 방법이 있으나 약산법으로서는 「(9) 실용적인 해법」에서 기술한 바와 같이 2가지 방법이 있다.

이론적인 것으로서는 지중에 생기는 제1부동점 위치를 가상 지점으로 하는 방법이 있는데 이에 대해서는 「제1장 1.2 자립형 흙막이벽의 계산법」에서 기술한다.

(a) 수동 토압법의 경우

이것은 비교적 양질인 지반의 경우이며 흙막이벽의 밑동 묻힘 부분에 상정하는 수동 토압의 합력 위치를 가상 지점으로 가정한다.

여기서 수동 토압에 대해서 설명한다. Rankine·Résal에 의한 수동 토압식은 다음과 같이 나타낼 수 있다.

$$p_p = \{\gamma_t(z-z_w)+\gamma \cdot z_w + q\}\tan^2(45°+\frac{\phi}{2})+2c\tan(45°+\frac{\phi}{2})+\gamma_w \cdot z_w \cdots (1.5)$$

이때, p_p : z의 깊이에 대한 수동 토압(t/m^2)

기타 기호는 식(1.2)와 같다.

흙막이벽 뒷면에 작용하는 주동측 측압과 이 수동 토압의 평형은 **그림 1.9**에서 최하단 버팀대보다 아래쪽에 대해서 생각하고 수평 방향 힘의 평형으로부터

$$P_p = P_a \cdots\cdots\cdots(1.6)$$

또, 최하단 버팀대 위치에 관한 양 토압 모멘트의 평형으로부터

$$P_p \cdot h_p = P_a \cdot h_a \cdots\cdots\cdots(1.7)$$

이때, P_a : 주동측 측압의 합력

P_p : 수동 토압의 합력

h_a : 최하단 버팀대에서 주동측 측압 합력까지의 거리

h_p : 최하단 버팀대에서 수동 토압의 합력까지의 거리

이 두 식을 만족하도록 밑동 묻힘 길이($h_{p2}+h_{p3}$)를 구한다. 수직 방향의 힘은 무시한다. 여기서 두 식은 다음과 같다.

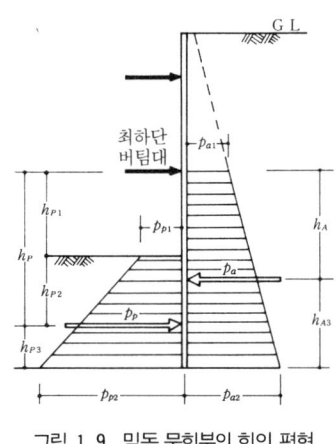

그림 1.9 밑동 묻힘부의 힘의 평형

표 1.4 흙막이벽 밑동 묻힘부의 고정도

토 질	N값	고정도
사 질 토	$N \geqq 50$	0.5 이하
	$50 > N \geqq 30$	0.4 이하
	$30 > N \geqq 20$	0.3 이하
	$20 > N \geqq 15$	0.2 이하
	$15 > N$	0
점 성 토	$N \geqq 20$	0.5 이하
	$20 > N \geqq 15$	0.4 이하
	$15 > N \geqq 10$	0.3 이하
	$10 > N \geqq 5$	0.2 이하
	$5 > N$	0

$$P_p = \frac{(p_{p1}+p_{p2})}{2} \cdot (h_{p2}+h_{p3}) \qquad P_a = \frac{(p_{a1}+p_{a2})}{2} \cdot (h_{a2}+h_{a3})$$

식(1.7)에서 구한 밑동 묻힘 길이는 평형 깊이인데 이것을 직접 구하는 것은 고차 연립 방정식이 되어 다소 귀찮으므로 손계산으로 할 경우는「반복 계산」으로 구하는 편이 편리하다. 실제 밑동 묻힘 길이는 안전을 생각해서 평형 깊이의 1.2배 이상으로 하지만 가상 지점(핀 지지)은 평형 깊이일 때의 수동 토압의 합력의 높이로 봐도 된다.

(b) 가상 지점법의 경우

연약 지반의 경우는 흙막이벽의 밑동 묻힘을 연약 지반 아래쪽의 양질 지반(N값 약 10 이상)에 이르게 하여 밑동 묻힘하고 이 부분에 가상 지점을 상정한다. 가상 지점은 통상은 핀 지지이지만 밑동 묻힘 길이를 길게 잡아 충분히 고정했다고 생각되는 경우(N값 50 이상의 사력 층류에서는 흙막이벽 두께의 4배 이상, 통상 지층에서는 5 m 정도 이상)에는 고정도를 고려할 수 있다. 밑동 묻힘 부분 지반의 N값이 50 이하일 때는 N값에 대응하는 고정도의 표준으로서 표 1.4와 같은 값이 있다.

(11) 밑동 묻힘 길이

흙막이벽의 밑동 묻힘 길이는 주동측 측압과 수동 토압 저항과의 관계 외에 자중 등을 지지하는 말뚝으로서, 또 히빙이나 보일링 현상을 확실히 방지할 수 있도록 계획해야 한다.

다음에 이들 검토법을 기술하지만 계산 근거는 편의적인 것으로 생각하여 밑동 묻힘 길이에 대해서도 계산 결과의 수치(안전율 등)만 취하는 것이 아니고 안전 제일로 생각하여 안정감 있는 프로포션(proportion)을 선택하도록 항상 주의해야 한다.

(a) 주동측 측압과 수동측 토압 저항의 검토

이 검토는 「(10) 가상 지점 구하는 법」에서 기술한 요령으로 하여 수평 방향 힘의 평형과 양 토압 모멘트의 평형에 대해서 검토한다. 그림 1.9에서

$$P_p \geqq P_a$$

$$\frac{P_p \cdot h_p}{P_a \cdot h_a} = F_1 \quad \cdots\cdots\cdots\cdots\cdots\cdots\cdots\cdots\cdots\cdots\cdots\cdots\cdots\cdots\cdots (1.8)$$

로 하면 F_1은 안전율이며 1.2 이상이 필요하다. P_a를 최하단 버팀대 높이보다 아래쪽 측압의 합력으로 하는 것은 약간 안전측으로 예상한 것이다. 실제 밑동 묻힘 길이는 안전을 보아 평형 깊이의 1.2배 이상으로 한다.

연약 지반에서는 그 아래쪽 양질 지반까지 밑동 묻힘한다는 것도 이미 기술하였다. 만약 밑동 묻힘 지반이 연약한 점성토층이라든지 부드러운 사질층뿐이므로 양질의 지반에 정착할 수 없는 경우는 약액 주입이라든지 배수 공법 등으로 지반을 개량해야 하는 경우가 있다. 이에 대해서는 뒤에서 기술하는 히빙이나 보일링의 대책으로서도 유효하다.

계산 예 2 밑동 묻힘 길이의 계산

지층 구성과 토질 정수는 다음 그림 및 표와 같다고 본다.

깊이(m)	토 질	N	$\gamma_t(t/m^3)$	$C(t/m^2)$	$\phi(°)$
0~11.5	사질점토	3~4	1.60	3.0	25
11.5~	자갈섞인실트질모래	15~20	1.80	2.0	30

굴 착 깊 이 : GL−12.0 m

지 하 수 위 : GL−3.0 m

지 표 면 하 중 : $q = 1.0 \, t/m^2$

흙 막 이 벽 : 소일 시멘트 주열 550, @ 450

심   재 : H−400×200×8×13 $I = 23,700(cm^2)$, @ 900

밑동 묻힘 깊이 : 5.0 m(GL−17.0 m)

(1) 주동 토압과 수동 토압의 평형에 따른 검토

측압 계산 결과 다음과 같은 값을 구했다(계산 과정은 생략).

$p_{a1} = 5.84(t/m^2)$ $p_{p1} = 6.93(t/m^2)$

$p_{a2} = 11.3(t/m^2)$ $p_{p2} = 27.1(t/m^2)$

$$P_a = \frac{p_{a1}+p_{a2}}{2}(h_a+h_{a3}) = \frac{5.84+11.3}{2} \times 8.50 = 72.8(\text{t})$$

$$P_p = \frac{p_{p1}+p_{p2}}{2}(h_{p2}+h_{p3}) = \frac{6.93+27.1}{2} \times 5.00 = 85.1(\text{t})$$

$$\frac{P_p}{P_a} = \frac{85.1}{72.8} = 1.17 \cdots\cdots\cdots\cdots\cdots\cdots\cdots\cdots\cdots\cdots\cdots\cdots\cdots\cdots①$$

$$h_a = \frac{h_a+h_{a3}}{3} \cdot \frac{p_{a1}+2p_{a2}}{p_{a1}+p_{a2}} = \frac{8.50}{3} \cdot \frac{5.84+2\times11.3}{5.84+11.3} = 4.70(\text{m})$$

$$ha_3 = \frac{h_a+h_{a3}}{3} \cdot \frac{2p_{a1}+p_{a2}}{p_{a1}+p_{a2}} = \frac{8.50}{3} \cdot \frac{2\times5.84+11.3}{5.84+11.3} = 3.80(\text{m})$$

$$h_{p2} = \frac{h_{p2}+h_{p3}}{3} \cdot \frac{p_{p1}+2p_{p2}}{p_{p1}+p_{p2}} = \frac{5.00}{3} \cdot \frac{6.93+2\times27.1}{6.93+27.1} = 2.99(\text{m})$$

$$h_{p3} = \frac{h_{p2}+h_{p3}}{3} \cdot \frac{2p_{p1}+p_{p2}}{p_{p1}+p_{p2}} = \frac{5.00}{3} \cdot \frac{2\times6.93+27.1}{6.93+27.1} = 2.01(\text{m})$$

$$h_p = h_{p1}+h_{p2} = 3.50+2.99 = 6.49(\text{m})$$

$$M_a = P_a \cdot h_a = 72.8 \times 4.70 = 342.2(\text{tm})$$

$$M_p = P_p \cdot h_p = 85.1 \times 6.47 = 522.3(\text{tm})$$

$$\frac{M_p}{M_a} = \frac{522.3}{342.2} = 1.61 \cdots\cdots\cdots\cdots\cdots\cdots\cdots\cdots\cdots\cdots\cdots\cdots\cdots\cdots②$$

식①, ②에 나타낸 안전율과 흙막이 구조 전체의 안정감에서 밑동 묻힘 길이를 5.0 m (흙막이벽 전체 길이 17.0 m)로 정한다.

주) 앞에서 기술한 바와 같이 수치상에서의 안전율은 약간 큰 듯이 보이지만 여기에는 상당한 오차를 내포하고 있다고 보이므로 구조 전체가 갖는 안정성 있는 프로포션을 중시하는 데 항상 주의해야 한다.

(2) 특성값(β)에 따른 검토

이 방법은「제1장 1.2 자립형 흙막이벽의 계산법 (6) 밑동 묻힘 길이의 계산」에서 기술한 『경험적인 표준』을 구하는 것이다.

밑동 묻힘부 지반의 변형 계수 $E_s = 200 \sim 250(\text{kg/cm}^2)$

심재의 단면 2차 모멘트 $I = 23,700(\text{cm}^4)$

심재의 탄성 계수 $E = 2.1 \times 10^6 (\text{kg/cm}^2)$

$$\beta = \sqrt[4]{\frac{E_s}{4EI}}$$

$$= \sqrt[4]{\frac{200 \sim 250}{4 \times 2.1 \times 2.37 \times 10^{10}}}$$

$$=5.63\sim5.95\times10^{-3}(\text{cm}^{-1})$$

$$\frac{1}{\beta}=1.78\sim1.68(\text{m})$$

밑동 묻힘 길이 5.00 m는 $1/\beta$(특성 길이)의 2.9배 정도이며, 지반은 비교적 양호하므로 좋은 것으로 본다.

주) 지반의 변형 계수 E_s 구하는 법은 앞에서 기술한 「제1장 1.2 (5) k_h, E_s 구하는 법」을 참조하기 바란다.

밑동 묻힘부 지반의 N 값 15~20을 사용하여

그림 1.25에서 $E_s \fallingdotseq 250$

그림 1.26에서 $k_h \fallingdotseq 100/B^\alpha = 6$

그림 1.26에서 $k_h \fallingdotseq 5$

흙막이벽의 수동측 부담 폭 B는 심재 플랜지 폭의 2배로 하고 $\alpha=3/4$으로 하였다. 소일 시멘트 부분은 무시하였다.

그러므로 $E_s = k_h \cdot B = 200 \sim 250(\text{kg}/\text{cm}^2)$

(3) 히빙에 대한 검토

밑동 묻힘 부분의 지층은 비교적 양질이므로 히빙에 대한 검토는 본래 필요없지만 계산 예로서 한다.

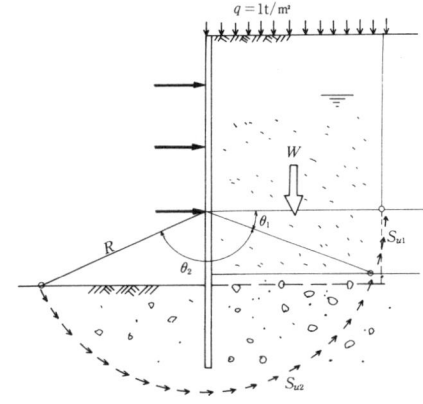

$\theta_1 = 17.5°$

$\quad = 0.305$(라디안)

$\theta_2 = 142.0°$

$\quad = 2.478$(라디안)

$S_u = C + \sigma' \tan$

로 하고 σ'는 지하 수위 이상 깊이 흙의 단위 체적 중량을 수중 중량으로 하여 각기 층의 평균 깊이에 대한 값으로 하면

0~11.5 m의 사질 점토층의 평균 깊이를 10.0 m, 11.5 m 이상 깊이의 자갈 섞인 실트질 모래층의 평균 깊이를 15.0 m로 하여

$\sigma'_1 = 1.6 \times 3.0 + 0.6 \times 7.0 + 1.0 = 10.0(\text{t}/\text{m}^2)$

$\sigma'_2 = 1.6 \times 3.0 + 0.6 \times 8.5 + 0.9 \times 3.5 + 1.0 = 14.1(\text{t}/\text{m}^2)$

그러므로

$S_{u1} = 3.0 + 10.0 \times \tan 25° = 7.66(\text{t}/\text{m}^2)$

$$S_{u2} = 2.0 + 14.1 \times \tan 30° = 10.13 (t/m^2)$$

따라서
$$M_d = (1.6 \times 11.5 + 1.8 \times 0.5 + 1.0) \times R^2/2$$
$$= 10.15 \times R^2$$
$$M_r = (7.66 \times 0.305 + 10.13 \times 2.478) \times R^2$$
$$= 27.44 \times R^2$$
$$F_h = \frac{M_r}{M_d} = \frac{27.44}{10.15} = 2.7 \quad \text{그러므로 안전하다.}$$

(4) 보일링에 대한 검토

밑동 묻힘부 지층의 흙입자 비중 $G_s = 2.60$

밑동 묻힘부 지층의 자연 간극비 $e = 0.60$

으로 하면 한계 동수 물매 i_c는
$$i_c = \frac{G_s - 1}{1 + e} = \frac{2.60 - 1}{1 + 0.6}$$
$$= 1.00$$

동수 물매 i는
$$i = \frac{h_1}{h_1 + 2D_f} = \frac{9.0}{9.0 + 2 \times 5.0}$$
$$= 0.47$$

그러므로 안전율 F_b는
$$F_b = \frac{i_c}{i} = \frac{1.00}{0.47} = 2.11$$

이 되어 좋다고 본다.

(b) 지지 말뚝으로서의 검토

흙막이벽에 가해지는 모든 수직 하중에 대해서 지지 말뚝으로서 양질 지반에 확실히 정착되어 안전하다는 것을 확인한다. 수직 하중에는 흙막이벽의 자중(철근 콘크리트계 흙막이벽에서는 특히 자중이 크다), 버팀대 동바리의 자중과 적재 하중, 경사 버팀대를 사용할 때나 경사 어스 앵커 공법의 경우는 버팀대 축력이나 앵커 하중의 수직 성분 등이 있다(그림 1.10, 1.11). 아일랜드 공법(island method)의 경사 버팀대에서는 반대로 인발력이 작용한다(그림 1.12). 또한 역타 공법(逆打 工法 ; top down method)에서의 경사 버팀대에서는 선시공 철골

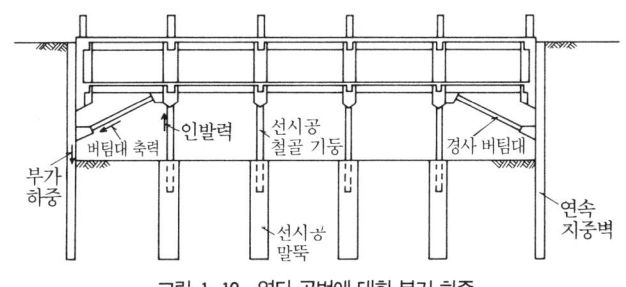
그림 1.10 역타 공법에 대한 부가 하중

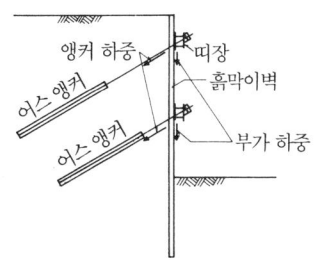
그림 1.11 어스 앵커 공법에 대한 부가 하중

기둥에 인발력이 생긴다(**그림 1.10**, 「제3장 3.2 선시공 철골 기둥 구조」 참조). 더구나 주변 지반에 뚜렷한 침하가 생각될 때에는 흙막이벽과의 사이에 부(負) 마찰력(negative friction)이 생겨 이것이 부가 하중으로서 작용하므로 주의해야 한다. 그러나 본래는 뚜렷한 침하가 생기지 않게 하는 계획이 중요하다.

말뚝으로서의 지지력이 충분치 않으면 흙막이벽이 침하하여 버팀대 동바리에 휨 모멘트나 비틀림 등 2차 응력이 생기게 되어 위험하다. 또한 굴착 초기는 흙막이벽 양쪽에 정(正) 마찰력이 존재하는 경우라도 굴착 진행에 따라서 안쪽의 마찰력이 소멸하여 지지력이 저하하므로 밑동 묻힘 부분만으로 지지력을 발휘하도록 고려해야 한다.

(c) 히빙에 대한 검토

히빙은 연약한 점성토 지반을 굴착하는 과정에서 흙막이벽 바깥쪽의 흙의 중량(지표면 하중을 포함)에 의해서 하부 지반이 굴착 밑바닥으로 돌아 들어가 굴착 저면의 흙이 쌓여 가는 현상이다(**그림 1.13**). 만약 이 현상이 일어나면 중대한 사고로 이어지므로 신중히 검토해야 한다.

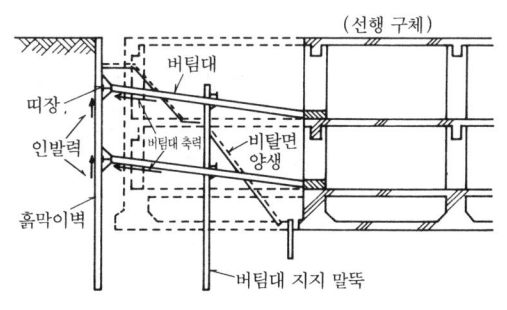

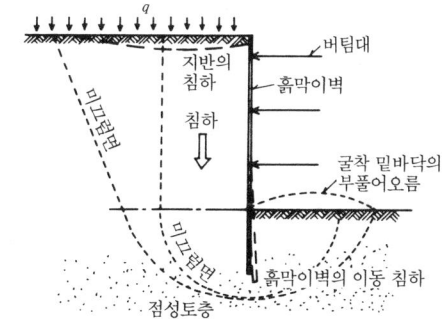

그림 1.12 아일랜드 공법에 대한 인발력

그림 1.13 히빙의 설명도

「네거티브 프릭션(부(負) 마찰력)」: 압밀 침하를 하고 있는 지층을 관통하여 그 하부의 양질 지반에 밑동 묻힘된 지지 말뚝에는 그 주위에 하향 마찰력이 작용한다. 이것을 부(負) 마찰력(negative friction)이라고 한다. 말뚝에 대해서 주변 지반의 침하가 클 때에 생기고 상당히 큰 값이 되는 경우가 있어 자주 장해를 일으킨다.

굴착 깊이가 비교적 얕은 경우에서도 히빙 현상이 생긴 사례가 있으므로 얕은 굴착의 경우라도 주의해야 한다.

다만, 강성이 큰 흙막이벽이 연약 지반을 관통하여 그 하부의 양질 지반에 밑동 묻힘되어 있는 경우는 이 밑동 묻힘부를 통과하는 그런 히빙 파괴는 잘 생기지 않는다고 생각되므로 검토를 생략해도 된다. 밑동 묻힘 길이는 흙막이벽 두께의 1.5배 이상, 또한 1.0 m 이상으로 한다.

히빙 파괴에 대한 검토법은 몇 가지 발표되어 있지만 결정적인 방법으로서 인정된 것은 없다. 이 주된 사고 방식은 다음과 같이 분류할 수 있다.

a. 히빙 현상을 굴착 저면보다 위쪽 흙의 중량(지표면 하중을 포함)과 그 아래쪽 지반의 지지력과의 관계로 생각하는 것
b. 히빙 파괴를 흙의 미끄럼 현상에 따른 것이라고 생각하고 미끄럼면을 가정하여 이 미끄럼면에 따른 흙의 전단 저항 모멘트와 파괴 모멘트와의 관계로 생각하는 것
c. b와 마찬가지이지만 굴착 부분을 유한 길이로서 3차원적으로 다루는 것

이 모두가 설정한 가정 조건에 특징이 있으므로 지반이나 굴착 상황에 따라서 적용하는 것이 좋다.

이 중에서 가장 많이 이용되는 방법은 b 중 구규준 개정식으로 **그림 1.14**에서 미끄럼(sliding)을 일으키려고 하는 흙의 중량 W(지표면 하중을 포함)에 따른 파괴 모멘트 M_d에 대해서 가상한 슬라이드 원법(slide circular arc analysis)에 따른 흙의 전단 강도 s_u의 저항 모멘트 M_r이 크게 되면 좋다고 생각하는 것이다.

즉,

$$\left. \begin{array}{l} M_d = \dfrac{R^2}{2}(h \cdot \gamma + q) \\ M_r = R^2 \cdot s_u \cdot \theta \end{array} \right\} \quad \cdots\cdots\cdots\cdots\cdots\cdots\cdots\cdots\cdots\cdots\cdots\cdots\cdots\cdots (1.9)$$

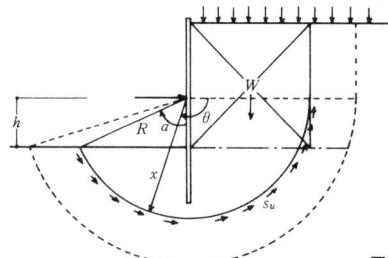

그림 1.14 히빙의 검토

$$F_h = \frac{M_r}{M_d} = \frac{2 \cdot s_u \cdot \theta}{h \cdot \gamma + q} \quad \cdots\cdots\cdots\cdots\cdots\cdots\cdots\cdots\cdots\cdots\cdots\cdots\cdots\cdots\cdots\cdots\cdots\cdots\cdots \quad (1.10)$$

이때, M_d : 미끄럼 파괴 모멘트

M_r : 전단 저항 모멘트

R : 가상 슬라이드 원의 반경

θ : 가상 슬라이드 원의 원호각(radian)

γ : 미끄럼을 일으키려고 하는 흙의 평균 단위 체적 중량

q : 지표면 하중

s_u : 토질의 비배수(非排水) 전단 강도

F_h : 히빙에 대한 안전율

슬라이드 원의 반경은 적당히 가정하여 검토하면 된다. 지층이 변화하여 토질 상수가 다를 때는 각각에 대해서 설정하고 각각의 원호 길이는 ($R \times \theta_i$)로 구하여 합계한다. 연약 지반 하부에 양질 지반이 있는 경우 히빙 파괴의 원호는 이 양질 지반 위쪽 가장자리에 닿는 것이 가장 큰 원호가 된다. 히빙에 대한 안전율은 1.2~1.5로 하는 것이 좋다.

그러나 위에서 기술한 검토 방법은 편의적인 것으로 이 검토에 따라서도 반드시 안전이 보증된다고는 할 수 없다. 그래서 한 가지 방법에만 따를 뿐만 아니라 될 수 있으면 다른 2, 3가지 방법으로도 검토하는 것이 바람직하다. 만약 연약층 아래쪽에 양질 지반이 있는 경우는 될 수 있는 한 강성이 큰 흙막이벽을 이 층에 밑동 묻힘하여 히빙의 우려가 없도록 하는 것이 가장 좋다.

(d) 보일링에 대한 검토

보일링이란 지하수를 포함하는 느슨한 사질 지반을 굴착하는 과정에서 생기는 현상이다. 흙 입자 사이를 흐르는 물은 침투압을 띠고 있어 이것이 흙입자에 작용하여 이 압력이 흙의 수중에서의 유효 중량을 초과하면 마치 비등(沸騰)하는 상태로 되어 굴착 저면을 파괴하는 현상이며, 흙속 약한 부분에서 차례로 발생한다(그림 1.15).

보일링에 대한 검토는 다음과 같다.

a. 흙입자간의 과잉 간극 수압을 흙의 중량으로 억제하는 방식

b. 침투 수압에 따른 동수 구배(hydranlic gradient)를 한계 동수 구배 이하가 되도록 하는 방식

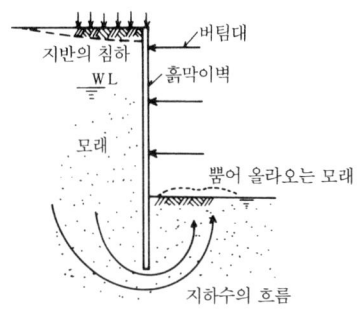

그림 1.15 보일링의 설명도

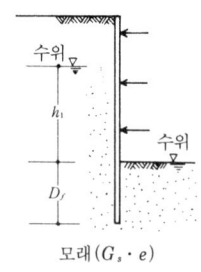

그림 1.16 보일링의 검토

이 중 b의 동수 구배가 모래 지반의 한계 동수 구배보다 작은지를 확인하는 방법을 이용하는 경우가 많다. 그림 1.16에서

$$\left.\begin{array}{l} i_c = \dfrac{(G_s-1)}{(1+e)} \\ i = \dfrac{h_1}{(h_1+2 \cdot D_f)} \end{array}\right\} \quad \cdots\cdots\cdots\cdots\cdots\cdots\cdots\cdots\cdots\cdots\cdots\cdots\cdots\cdots (1.11)$$

$$F_b = \dfrac{i_c}{i} \quad \cdots\cdots\cdots\cdots\cdots\cdots\cdots\cdots\cdots\cdots\cdots\cdots\cdots\cdots\cdots\cdots\cdots\cdots\cdots\cdots (1.12)$$

이때, i_c : 지반의 한계 동수 구배

i : 침투 수압에 따른 동수 구배

G_s : 밑동 묻힘 부분의 흙입자 비중

e : 밑동 묻힘 부분 흙의 자연 간극비

h_1 : 굴착 밑바닥으로부터의 지하 수위 높이(수두차)

D_f : 흙막이벽의 밑동 묻힘 길이

F_b : 보일링에 대한 안전율

여기서 G_s는 모래층에서는 일반적으로 2.5~2.7의 범위에 있고, 표준적인 흙에 대한 e는 표 1.2에 나타낸 바와 같이 느슨한 모래층에서 1.1, 단단하게 다져진 모래층에서 0.8 정도가 가장 큰 값이다. 보일링 현상은 급격한 붕괴 사고로 이어지는 경우가 있으므로 안전율 F_b는 될 수 있는 한 높은 값(1.5 이상)을 채용하는 것이 바람직하다.

(12) 굴착 저면의 안정

(a) 히빙(heaving)

이미 기술한 바와 같이 히빙에 대한 수치적인 검토법은 어느 것이나 각각의 가정 조건하에 이뤄지는 것이며, 명확한 이론적 정설은 아직 없다. 따라서 검토 결과를 과신할 것이 아니라 굴착 진척에 맞춰서 측정 관찰을 면밀히 하여 만일 히빙의 징후가 인지되면 조기에 확인하고 대책을 서둘러 사고를 미연에 방지해야 한다.

히빙 현상은 굴착 저면이 솟아오르는 것(부풀어오름)인데 이 현상이 일어나는 단계에서는 굴착 중이므로 솟아오름 현상을 굴착 저면에서 발견하기 어려운 경우가 많다. 따라서 흙막이벽의 침하, 흙막이벽 주변 지반의 침하나 수평 이동의 상태, 버팀대 지지 말뚝의 부상(들뜸), 흙막이벽의 밑동 묻힘 부분의 변형(경사계를 이용한 계측) 등 기타 현상에서 종합적으로 판정하게 된다.

흙막이벽에 근접하여 굴착 토사를 수북히 쌓거나 중량 차량이 통행하거나 하면 미끄럼 파괴 모멘트를 크게 하여 히빙 현상을 조장하게 되므로 히빙의 우려가 있는 지반을 굴착할 때는 이런 일을 절대로 해서는 안된다.

또 앞 항 「(11) (c) 히빙에 대한 검토」에서 기술한 바와 같이 연약층 아래쪽에 양질 지반이 있는 경우는 될 수 있는 한 강성이 큰 흙막이벽을 이 층에 밑동 묻힘하여 히빙의 걱정이 없도록 해두는 것이 바람직하다. 연약 지반이 깊이 계속되어 있어 그런 조치를 할 수 없어 히빙의 위험성이 높은 경우는 지반 개량을 하여 지층의 전단 강도를 늘려 안전율을 크게 하는 등 조치를 해야 한다.

(b) 보일링(boiling)

보일링은 지하수의 굴착 저면으로부터의 상향 침투압으로 생기는 것이어서 수압이 작은 초기 단계에서는 통상의 용수(湧水)와 구별하기 어렵다. 그러나 만약 굴착 밑바닥에서 용수가 생기면 보일링의 가능성이 있다고 보아 서둘러 확인함과 동시에 바로 대책을 강구해야 한다.

대책으로서는 깊은 우물을 설치하는 등의 방법이 있으며 이로써 굴착 저면 부근에서의 수위를 낮추고 침투압을 감소시켜서 물의 흐름 방향을 바꿔야 한다.

(c) 파이핑(piping)

파이핑 현상은 보일링과 원리적으로 같은 현상이지만 주로 점성토층에서 일어나며 점성토 중

약한 부분이 지하수가 갖는 침투압에 의해서 국부적으로 침식되어 구멍을 만들어 물이 분출하는 현상이다. 버팀대 지지 말뚝 등 박아넣기 말뚝이나 현장 축조 말뚝 주위에서 일어나는 경우가 있으며 과거에 뚫은 보링 구멍이 물길이 되어 일어나는 경우도 있다. 파이핑의 검토에 대해서는 아직까지 적당한 방법이 없다고 한다.

(d) 액상화(quick sand)

액상화(quick sand)는 앞에서 기술한 상향 수류(上向 水流)가 갖는 침투압과 흙입자의 수중 중량이 같게 되었을 때 생기는 현상으로 보일링에 이르기 직전의 상태라고 보면 된다. 액상화 현상이 생기면 흙은 액체상으로 되어 완전히 강도를 잃으므로 광범위하게 이 상태가 생기면 굴착 공사는 매우 위험하게 된다.

지하 수위 이하의 모래 지반이 지진 등의 진동을 받으면 침투압이 크게 되어 흙의 유효 응력이 감소하여 다른 조건과 겹치면 액상화 현상이 생기는 경우가 있다.

(e) 지반 부풀음

그림 1.17에 나타내는 바와 같이 굴착 밑바닥 가까이에 점성토층이 있고 그 아래에 피압수(被壓水)를 가진 체수층(滯水層)이 있으면 이 압력이 불투수층인 점성토층 하부에 상향으로 작용하여 부풀음 현상을 일으키는 수가 있다.

이 검토는 최종 굴착 단계를 대상으로 하여 피압수층보다 상부 지층의 중량과 피압수가 가진 수압을 비교함으로써 한다. 동 그림에서

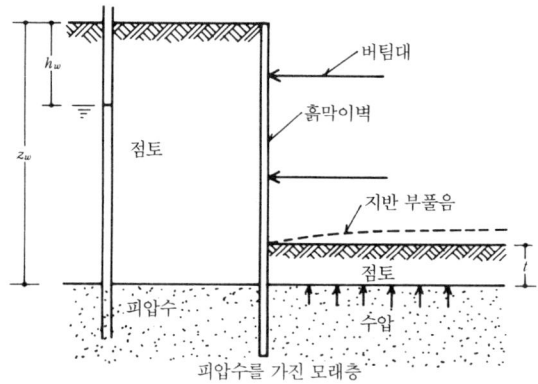

그림 1.17 피압수로 인한 지반 부풀음의 설명

「피압수층」: 불투수층 아래에 있는 체수층 중 지하수의 수두가 그 위치에서의 체수층 상부 경계면보다도 높은 상태의 지하수를 피압수라고 하고 이와 같은 지하수를 띤 체수층을 피압수층이라고 한다. 불투수층에 낀 체수층의 수원(水源)이 산 등 높은 곳에 있어 낙차(落差)를 가지고 있는 경우에 생긴다.

$$F_p = \frac{\gamma_t \cdot t}{\gamma_w (z_w - h_w)} \quad \cdots\cdots\cdots\cdots\cdots\cdots\cdots\cdots\cdots\cdots\cdots\cdots (1.13)$$

이때, γ_t : 굴착 저면에서 피압수층의 위쪽 가장자리까지 지층의 단위 체적 중량

t : 굴착 저면에서 피압수층의 위쪽 가장자리까지의 두께

z_w : 지표면에서 피압수층 위쪽 가장자리까지의 심도

h_w : 지표면에서 피압 수두까지의 거리

$\gamma_w(z_w - h_w)$는 피압 수압을 나타낸다. F_p는 부풀음에 대한 안전율이며, 1.2 이상이 필요하다. 이 식에서 만약 부풀음의 우려가 있을 때는 피압수층에 이르는 깊은 우물을 파 강제 배수를 하여 피압 수두를 낮추든지, 흙막이벽을 피압수층 아래의 불투수층으로 밑동 묻힘하여 차수(遮水)하든지 해야 한다.

파이핑의 항에서 기술한 바와 같이 아래층에 피압수층을 가진 불투수층에서는 말뚝 주위나 과거에 뚫은 보링 구멍 등 인위적인 약한 부분이 있으면 여기서부터 피압수가 분출하여 보일링이나 파이핑 현상을 일으키는 경우가 있으므로 주의해야 한다.

(f) 리바운드(rebound)

리바운드 현상도 굴착 밑바닥의 부상 현상이지만 이제까지 기술해 온 것과 달리 위험한 것은 아니다. 이것은 굴착으로 인한 배출토 때문에 굴착 밑바닥 이상 깊이 지층의 지중 응력이 감소하고 이 때문에 지반이 팽창하여 부상한 상태가 된 것이다. 이에 관해서는 「제3장 3.2 선시공 철골 기둥 구조 (4) (c) 부담 하중 계산」에서 자세히 기술한다.

참 고 문 헌

1) 日本建築學會 ; 建築基礎構造設計規準・同解說(1974)

2) 日本建築學會 ; 山留め設計施工指針(1974)

3) 日本建築學會 ; 建築基礎構造設計指針(1988)

4) 日本建築學會 ; 山留め設計施工指針(1988)

5) 地建工業株式會社 ; 技術資料

1.2 자립형 흙막이벽의 계산법

(1) 점착 높이

점착력을 가진 흙(점성토 등)에서는 어떤 깊이까지는 흙막이를 하지 않아도 수직으로 굴착할 수 있다. 이와 같이 흙이 자립할 수 있는 높이(점착 높이라고 한다)는 Rankine의 토압식에서 지하 수면 이상의 흙을 대상으로 전체 토압량 P를 0으로 하여

$$h = \frac{2c}{\gamma}$$

지표면 하중이 있는 경우는 이것을 고려해야 하므로

$$h = \frac{2c}{\gamma} - \frac{2q}{\gamma} = \frac{2(c-q)}{\gamma} \quad \cdots\cdots\cdots\cdots\cdots\cdots\cdots\cdots (1.14)$$

이때, h : 흙의 점착 높이(m)

c : 흙의 점착력(t/m^2)

γ : 흙의 단위 체적 중량(t/m^3)

q : 지표면 하중(t/m^2)

이 식에 따르면 지표면 하중이 얼마 안되면 $3\,t/m^2$ 정도의 점착력을 가진 지층에서도 높이 3m 가까이까지 자립하게 된다. 그러나 적당한 안전율을 예상해야 하며, 자립한 상태에서는 건조 때문에 균열이 생기거나 강우로 인한 흡수로 토질의 성상이 변하므로 어디까지나 일시적인 것으로 생각하여 높이는 2m 정도까지, 기간은 길어야 2~3주 정도까지로 보는 것이 타당할 것이다. 이 한계를 초월하는 경우는 흙막이벽을 설치해야 한다.

(2) 자립형 흙막이

굴착 깊이가 얕은 경우나 깊은 굴착에서 흙막이 동바리를 사용하는 경우에서도 흙막이벽 지표에 가까운 최상부는 캔틸레버 보 형식으로 하여 자립시키는 경우가 많다. 이 경우 흙막이벽 두부의 변위는 앞에서 기술한 흙의 점착 높이 이내이면 비교적 작지만 이것을 초월하면 급히 증대하기 시작하여 흙막이벽에 변형이 생기면 더욱더 증대한다. 흙막이벽의 변위나 변형이 커지면 「제 4 장 4.1 주변 지반에 대한 영향」에서 기술하는 바와 같이 굴착 주변의 지반을 느슨하게 하

여 지반 침하를 일으키고 매설관이나 근접한 구조물에 영향을 주게 되므로 주의해야 한다. 자립할 수 있는 높이의 한계는 보통 3 m 정도까지로 하는 것이 좋고, 지반이 양호한 경우라도 4 m 정도까지에서 그치는 것이 바람직하다. 자립형 흙막이벽은 밑동 묻힘부 지반의 저항으로 지지하는 것이므로 밑동 묻힘부의 지반을 느슨하게 하지 않도록 주의해야 한다. 그리고 흙막이벽에 생기는 변위나 변형량을 미리 될 수 있는 한 정확히 예측한 다음에 굴착시에는 측정 관찰을 하여 안전을 확인하면서 공사를 진행하는 등 신중히 배려해야 한다.

(3) 응력 산정·변형 계산과 단면 검토

자립형 흙막이벽에 측압이 가해지면 그림 1.18 (a)처럼 변형하고 (b)와 같은 휨 모멘트가 생긴다. 이 계산에는 Chang의 방법을 사용하는 것이 편리하다. 여기서 사용하는 Chang의 방법이란 지반의 탄성 성상(지반 반력 계수, 다음 항 참조)을 깊이에 관계없이 일정한 것으로 하고, 또 흙막이벽의 밑동 묻힘 길이는 반무한 길이로 볼 수 있듯이 충분히 길다고 가정하여 탄성 바닥 위의 보 이론에 따라서 간결한 계산식을 도입한 것이다. 이 방식은 건축 기초 구조 설계 지침(일본 건축 학회편, 1988)의 「6.4절, 말뚝의 수평 내력」해설에도 나와 있으므로 참조하기 바란다.

그림 1.18에 따라서 지중부에 생기는 최대 휨 모멘트 M_{max} 는

$$M_{max} = \frac{P_a}{2\beta} \{(1+2\beta h)^2 + 1\}^{1/2} \exp[-\beta l_m] \quad \cdots \cdots (1.15)$$

최대 전단력 Q_{max} 는

$$Q_{max} = P_a \quad \cdots \cdots (1.16)$$

사진 1.4 자립형 흙막이벽(1차 굴착시)

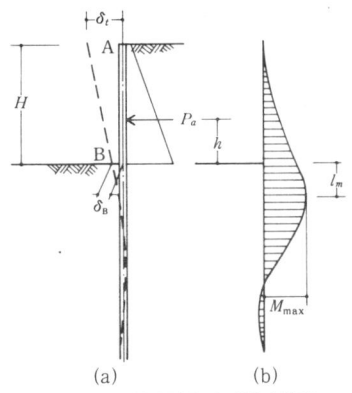

그림 1.18 자립형 흙막이벽의 변형

두부의 변위량 δ_t는

$$\delta_t = P_a \left[\frac{(1+\beta h)(1+\beta H+\beta^2 Hh)}{2EI\beta^3} - \frac{h^3}{6EI} \right] \quad \cdots\cdots\cdots\cdots\cdots (1.17)$$

또 굴착 저면에 대한 흙막이벽의 변위량 δ_B는

$$\delta_B = P_a \left[\frac{1+\beta h}{2EI\beta^3} \right] \quad \cdots\cdots\cdots\cdots\cdots\cdots\cdots\cdots\cdots\cdots\cdots\cdots\cdots\cdots (1.18)$$

이때,

$$\beta = \sqrt[4]{\frac{k_h B}{4EI}} \;:\; 특성값(\text{cm}^{-1}) \quad \cdots\cdots\cdots\cdots\cdots\cdots\cdots\cdots\cdots (1.19)$$

$$l_m = \frac{1}{\beta}\tan^{-1}\frac{1}{1+2\beta h} \;:\; \begin{array}{l}최대\ 모멘트를\\ 생기게\ 하는\ 깊이(\text{cm})\end{array} \quad \cdots\cdots\cdots\cdots (1.20)$$

P_a : 측압의 합력(kg)

k_h : 수평 방향 지반 반력 계수(kg/cm^3)

H : 지표면에서 굴착 저면까지의 거리(cm)

h : 굴착 저면에서 측압 합력의 작용점까지의 거리(cm)

B : 흙막이벽의 수동 측압 부담 폭(cm)

E : 흙막이벽의 탄성 계수(kg/cm^2)

I : 흙막이벽의 단면 2차 모멘트(cm^4)

지반 반력 계수의 값은 사질층에서는 아래층으로 내려감에 따라서 크게 되는 경향이 있으나 이 경우는 처짐 곡선의 제 1부동점(뒤에 기술한다) 깊이의 지표면에서 1/3의 점에 대한 지반 반력 계수의 값을 일정값으로서 채용하면 된다. 또, 밑동 묻힘 길이가 반무한 길이라는 가정에 대해서는 밑동 묻힘 길이 l이 $1/\beta \times \pi$ 이상이면 충분하다고 한다.

$\beta(\text{cm}^{-1})$는 특성값이라고 하고, 그 역수 $1/\beta(\text{cm})$은 특성 길이라고 한다. 이것들은 흙막이벽이나 말뚝의 수평 저항을 고려하는 관계로 중요한 의미를 갖는 값이다. 흙막이벽이나 말뚝 상부에 수평력이 가해지면 **그림 1.19**와 같이 변형한다. 이 처짐 곡선이 원래의 축과 교차하는 점, 즉 변위 0의 점을 부동점

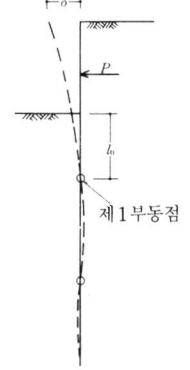

그림 1.19 제 1부동점

이라고 하고 이 중 가장 상부에 있는 것을 제 1부동점이라고 한다. 제 1부동점은 변위가 0이므

로 이것을 가상 지점이라고 하면 선시공 철골 기둥이나 반입 가대의 지지 말뚝 등과 같이 지반에 밑동 묻힘된 지지 기둥의 성상(좌굴 길이 등)을 구할 때에 편리하다.

제1부동점을 생기게 하는 깊이 l_0는 흙막이벽이나 지상에서 수평력을 받는 말뚝에 대해서는

$$l_0 = \frac{1}{\beta} \tan^{-1} \frac{1+\beta h}{\beta h} \quad \cdots\cdots (1.21)$$

지표면에서 수평력만을 받는 말뚝에 대해서는

$$l_0 = \frac{\pi}{2\beta} = 1.57 \frac{1}{\beta} \quad \cdots\cdots (1.21')$$

식(1.21)에서 수평력을 받는 높이 h가 높아 $\beta h > \pi$로 되면 l_0는 $1/\beta$에 가깝다.

자립형 흙막이벽 두부의 처짐 계산을 간단히 하기 위해 **그림 1.18**의 B점을 고정점이라고 생각하고 삼각형 분포의 측압을 받는 캔틸레버 보로 계산하는 경우가 있는데 이 경우는 두부의 변위를 과소 평가하게 된다. B점은 완전 고정이 아니고 지반에 묻어넣어진 탄성 고정 상태이므로 여기서 회전하여 흙막이벽 두부의 수평 변위가 증가하게 된다. B점 이상 깊이의 지반이 연약하거나 흙막이벽의 휨 강성이 작은 경우는 이 고정점의 회전량은 무시할 수 없는 값이 되어 흙막이벽의 변위에 끼치는 영향이 크게 되므로 주의해야 한다. 식(1.17)에 나타낸 두부의 변위 δ_t는 B점을 고정으로서 구한 캔틸레버 보로서의 처짐, B점의 수평 변위, B점의 처짐각에 따른 두부 변위의 합계가 된다.

흙막이벽의 단면 검토는 휨 모멘트에 대해서

$$\sigma_b = \frac{M_{max}}{Z} \leq f_b \quad \cdots\cdots (1.22)$$

이때, Z : 흙막이벽의 단면 계수(cm^3)

σ_b : 존재 휨 응력(kg/cm^2)

f_b : 허용 휨 응력(kg/cm^2)

전단력에 대해서는

$$\tau = \frac{Q_{max}}{A_w} \leq f_s \quad \cdots\cdots (1.23)$$

이때, A_w : 흙막이벽의 전단 단면적(cm^2)

τ : 존재 전단 응력(kg/cm^2)

f_s : 허용 전단 응력(kg/cm^2)

에 따라서 검토한다. 휨 모멘트, 전단력은 통상 1 m당에 대해서 구하고 있으므로 소일 시멘트 주열이나 버팀 기둥 가로 널말뚝 공법인 경우의 심재(心材)에 대해서는 $Z \cdot A_w$의 값도 1 m당의 값으로 한다. A_w는 심재의 웨브 단면적(춤은 전체 춤)이다.

변형의 한계에 대해서는 주변 상황에 따르기 때문에 수치를 일률적으로 나타내기 어렵지만 될 수 있는 한 적은 쪽이 좋은 것은 자명하므로

$$\delta_t \leq \frac{H}{200}, \text{ 또한 } 3\,\text{cm 이하} \quad\quad\quad\quad\quad\quad (1.24)$$

정도로 그치는 것이 바람직하다.

계산 예 3 자립형 흙막이벽의 변형(1차 굴착 완료시)

지층 구성은 **계산 예 1** 과 같은 것으로 한다.

흙막이벽   소일 시멘트 주열 550ϕ @450
　　　　심재 H－400×200×8×13 @900
　　　　1차 굴착 깊이 $H=3.0\,\text{m}$

(1) 측압의 계산

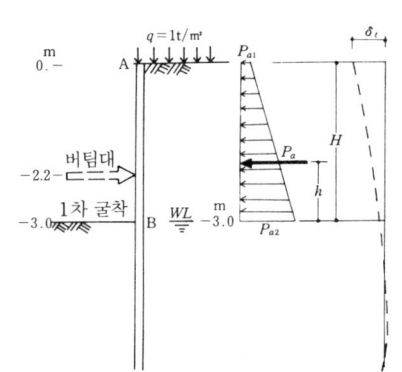

$$p_{a1} = 1.0 \times 0.40 = 0.40 (\text{t}/\text{m}^2)$$
$$p_{a2} = (1.75 \times 3.0 + 1.0) \times 0.40 = 2.50 (\text{t}/\text{m}^2)$$
$$P_a = \frac{p_{a1} + p_{a2}}{2} H$$
$$\quad = \frac{0.40 + 2.50}{2} \times 3.00 = 4.15 (\text{t}/\text{m})$$
$$h = \frac{H}{3} \frac{2p_{a1} + p_{a2}}{p_{a1} + p_{a2}}$$
$$\quad = \frac{300}{3} \frac{2 \times 0.40 + 2.50}{0.40 + 2.50} = 113.8 (\text{cm})$$

(2) 특성값(β)의 계산

밑동 묻힘부 지반(실트질 점토)의 평균 N 값, $\overline{N} = 3$에서 표 1.7~1.11을 사용하여

$$E_s = k_h \cdot B \fallingdotseq 40 (\text{kg}/\text{cm}^2)$$

로 한다. B는 심재 플랜지 폭의 2배로 하고, $\alpha = 3/4$으로 하였다. 또, 소일 시멘트 부분은 무시하였다.

심재의 단면 2차 모멘트 $I = 23,700 (\text{cm}^4)$

$$\beta = \sqrt[4]{\frac{k_h B}{4EI}} = \sqrt[4]{\frac{40}{4 \times 2.1 \times 10^6 \times 2.37 \times 10^4}} = 3.76 \times 10^{-3} \, (\text{cm}^{-1})$$

(3) 흙막이벽 두부의 변위량 δ_t 등

$$\delta_t = p_a \left[\frac{(1+\beta h)(1+\beta H + \beta^2 Hh)}{2EI\beta^3} - \frac{h^3}{6EI} \right]$$

$$= 4.15 \times 10^3 \left[\frac{(1+3.76 \times 10^{-3} \times 113.8)(1+3.76 \times 10^{-3} \times 300 + 3.76^2 \times 10^{-6} \times 300 \times 113.8)}{2 \times 2.1 \times 10^6 \times 2.37/0.9 \times 10^4 \times 3.76^3 \times 10^{-9}} \right.$$

$$\left. - \frac{113.8^3}{6 \times 2.1 \times 10^6 \times 2.37/0.9 \times 10^4} \right]$$

$= 2.61 \, (\text{cm})$ $\delta_t \fallingdotseq H/115$로 되어 약간 크지만 좋다.

굴착 저면에 대한 흙막이벽의 변위량 δ_B는

$$\delta_B = P_a \left[\frac{1+\beta h}{2EI\beta^3} \right]$$

$$= 4.15 \times 10^3 \left[\frac{1 + 3.76 \times 10^{-3} \times 113.8}{2 \times 2.1 \times 10^6 \times 2.37 \times 10^4 / 0.9 \times 3.76^3 \times 10^{-9}} \right]$$

$= 1.01 \, (\text{cm})$ $\delta_B \fallingdotseq H/300$이므로 좋다.

(4) 흙막이재의 검토

최대 휨 모멘트가 생기는 깊이 l_m

$$l_m = \frac{1}{\beta} \tan^{-1} \frac{1}{1+2\beta h} \quad *1)$$

$$= \frac{1}{3.76 \times 10^{-3}} \tan^{-1} \frac{1}{1 + 2 \times 3.76 \times 10^{-3} \times 113.8}$$

$$= 131 \, (\text{cm})$$

(주) *1) $\tan^{-1}(\ )$는 플랜지로 계산한다. $180° = \pi$.

최대 휨 모멘트 M_{max}

$$M_{max} = \frac{P_a}{2\beta} \{(1+2\beta h)^2 + 1\}^{\frac{1}{2}} \exp(-\beta l_m) \quad *2)$$

$$= \frac{4.15 \times 10^3}{2 \times 3.76 \times 10^{-3}} \{(1 + 2 \times 3.76 \times 10^{-3} \times 113.8)^2 + 1\}^{\frac{1}{2}} \times e^{-3.76 \times 10^{-3} \times 131}$$

$$= 7.11 \times 10^5 \, (\text{kgcm/m})$$

(주) *2) $\exp(a) = e^a$

최대 전단력 Q_{max}

$$Q_{max} = P_a$$

$$=4.15\times10^3 \text{ (kg/m)}$$

흙막이벽 심재의 휨 응력

심재의 단면 계수 $Z=1,190/0.9=1,320(\text{cm}^3/\text{m})$

$$\sigma=\frac{M_{max}}{Z}$$

$$=\frac{7.11\times10^5}{1,320}$$

$$=539(\text{kg/cm}^2) < f_b=1,600(\text{kg/cm}^2), (\text{SS400})$$

흙막이벽 심재의 전단 응력

심재의 전단 단면적 $A_w=0.8\times40/0.9=35.5(\text{cm}^2/\text{m})$

$$\tau=\frac{Q_{max}}{A_w}$$

$$=\frac{4.15\times10^3}{35.5}=117(\text{kg/cm}^2) < f_s=924(\text{kg/cm}^2), (\text{SS400})$$

(5) 밑동 묻힘 길이

이 예의 경우 자립 시점에서의 밑동 묻힘 길이는 충분하므로 검토를 생략한다. 또한 특성 길이($1/\beta$)는

$$1/\beta=1/3.76\times10^{-3}=270(\text{cm})$$

이므로 실제 밑동 묻힘 길이는 $1/\beta\times4.6$ 정도이다.

(4) 버팀대 해체 후 응력·변형의 증가

일반적으로 흙막이벽의 응력이나 변형은 버팀대 해체 철거 후에 최대값이 생기게 된다. 자립형 흙막이벽 두부의 처짐에 대해서도 1단 버팀대 철거 후 그 아래에 완성된 구조체에 접하여 흙막이벽이 자립하는 상태로 되었을 때가 가장 커진다.

사진 1.5 자립형 흙막이벽(버팀대 철거시)

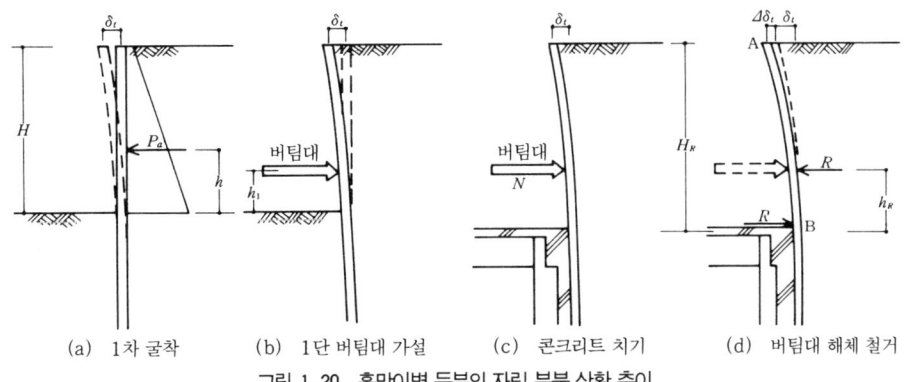

(a) 1차 굴착   (b) 1단 버팀대 가설   (c) 콘크리트 치기   (d) 버팀대 해체 철거

그림 1.20 흙막이벽 두부의 자립 부분 상황 추이

그림 1.20은 흙막이 버팀대식 오픈 컷 공법에 대한 흙막이벽 두부의 자립 부분에 대해서 지하 공사 시공 진척에 따른 상황 변화를 나타낸 것이다. 동 그림의 (a)는 1차 굴착 완료 시점이며, 흙막이벽은 자립형으로 되어 두부에는 δ_t의 처짐이 생긴다. 이어서 동 그림 (b)와 같이 1단 버팀대를 가설한 다음 2차 굴착을 개시하면 버팀대 축력은 증가하기 시작한다. 2차 굴착 부분의 흙막이벽은 굴착 안쪽으로 변형하므로 흙막이벽 두부의 변위는 약간 감소하는 경향이 있으며, 이것은 지반이 연약할수록 나타나기 쉬우나 두부의 변위는 변화하지 않는 것으로 본다. 이것은 이후 시공이 진척되어도 같다.

요즘은 버팀대 가설 직후에 프리로드를 도입하는 경우가 많다(「제2장 2.1 흙막이 동바리의 계산법 (7) 프리로드 공법」참조). 이 경우는 도입 시점에서 흙막이벽을 밀어 되돌리게 되므로 δ_t가 약간 감소하지만 대개 움직이지 않는 경우가 많다. 식(1.17), (1.18)에는 프리로드 효과를 가미하지 않았다. 또 프리로드를 도입한 경우는 버팀대 축력은 부담하는 측압이 증대하여 존재 축력이 도입 축력을 넘게 되기까지는 축력 증가로 되어 나타나지 않는다.

굴착이 최종 굴착에 이른 후 구조체 축조를 차례로 위쪽으로 진행함과 동시에 차례로 버팀대를 해체 철거해 나간다. 그리고 동 그림 (c)와 같이 1단 버팀대 바로 아래 구조체(보통은 지하 2층 구조체, 지하 1층 바닥)의 시공을 완료한 후에 동 그림 (d)와 같이 1단 버팀대를 해체한다. 그러면 흙막이벽은 버팀대 축력이 해방됨과 동시에 자립 높이가 커져 두부의 처짐은 $\Delta \delta_t$만큼 증가한다. 이 상태가 자립형 흙막이벽 두부의 변위가 가장 크게 되는 단계이다.

이 처짐의 증가분 $\Delta \delta_t$는 그림 1.20 (d)와 같이 1단 버팀대에 생기고 있던 축력 N이 반대로 흙막이벽에 작용한다(t/m로 환산한다)고 생각하여 식(1.17)의 계산 방식에 따라서 구하기도 한다. 다만, 이 경우는 식(1.17)의 조건과 달리 완성된 구조체에 흙막이벽이 접해 있으므로 B 점의 변위는 없는 것으로 한다.

$$\varDelta \delta_t = R \left[\frac{(1+\beta h_R) H_R h_R}{2EI\beta} - \frac{h_R^3}{6EI} \right] \quad \cdots\cdots\cdots\cdots\cdots\cdots\cdots\cdots (1.25)$$

이때, $\varDelta \delta_t$: 흙막이벽 두부 처짐의 증가분(cm)
R : 흙막이벽에 작용하는 버팀대 축력의 반력(t/m)
H_R : 지표면에서 구조체 바닥까지의 거리(cm)
h_R : 굴착 저면에서 버팀대 축력 반력 지점까지의 거리(m)

지하 구조체의 콘크리트를 부어넣으면 버팀대의 부담 면적이 감소하므로 버팀대 축력 또한 감소한다고 생각되므로 흙막이벽에 가해지는 반력 R은 부담 면적이 감소한 상태에서의 값으로 해도 될 것이다. 만약 버팀대에 프리로드를 도입하고 있는 경우는 이 도입 축력과 위에 기술한 감소값 중 어느 쪽인가 큰 쪽의 값에 따르게 된다.

또 위 식은 B 점의 변위를 0으로 두고 푼 것이지만 완성된 콘크리트 구조체에는 건조 수축이 생기므로 이것을 고려하면 처짐은 더욱더 증가하는 경향이 있다.

휨 모멘트와 전단력도 **그림 1.20** (d)의 상태에서는 증가한다. 휨 모멘트의 증가분 $\varDelta M$은 다음 식으로 나타내진다.

$$\varDelta M = R \cdot h_R \left\{ 1 + \frac{\beta}{\pi} (h_R - h_1) - \frac{1}{\pi} \tan^{-1} \frac{1}{1+2\cdot\beta\cdot h} \right\} \cdots\cdots\cdots (1.26)$$

그러나 약간 복잡하므로 { } 안을 1로 하여

$$\varDelta M = R \cdot h_R \quad \cdots\cdots\cdots\cdots\cdots\cdots\cdots\cdots\cdots\cdots\cdots\cdots\cdots\cdots\cdots\cdots (1.27)$$

로 해도 큰 차이는 없다.

전단력의 증가분 $\varDelta Q$는 다음 식과 같다.

$$\varDelta Q = R \quad \cdots\cdots\cdots\cdots\cdots\cdots\cdots\cdots\cdots\cdots\cdots\cdots\cdots\cdots\cdots\cdots\cdots\cdots (1.28)$$

이들 증가 응력을 식(1.15) 및 식(1.16)에 가하여 단면을 검토한다.

계산 예 4 자립형 흙막이벽의 변형(1단 버팀대 해체시)

계산 예 3 에 계속

이 예의 경우 2단째 버팀대는 GL−5.5 m에 가설되어 있어 1단째 버팀대에 생기는 계산상의 압축 축력은 12.8 t/m이다. 이에 대해서 프리로드를 도입하여 도입 축력을 6.0 t/m로 하고 있다.

(1) 버팀대 축력의 반력 R의 계산

$p_{a1}=1.0\times 0.40=0.40(\text{t}/\text{m}^2)$

$p_{a3}=(1.75\times 3.7+1.0)\times 0.40=2.99(\text{t}/\text{m}^2)$

$N=(0.40+2.99)\times 3.7/2=6.27(\text{t}/\text{m})$

위에 기술한 N은 프리로드 축력 $6.0\,\text{t}/\text{m}$보다 크므로 $R=6.27(\text{t}/\text{m})$로 한다.

(2) 흙막이벽 두부의 변위 증가량 $\Delta\delta_t$

$$\Delta\delta_t=R\left[\frac{(1+\beta h_R)H_R h_R}{2EI\beta}-\frac{h_R^3}{6EI}\right]$$

$$=6.27\times 10^3\left[\frac{(1+3.76\times 10^{-3}\times 150)\times 370\times 150}{2\times 2.1\times 10^6\times 2.37/0.9\times 10^4\times 3.76\times 10^{-3}}\right.$$

$$\left.-\frac{150^3}{6\times 2.1\times 10^6\times 2.37/0.9\times 10^4}\right]$$

$$=1.25(\text{cm})$$

$H_R=3.70\,\text{m}$
$h_R=1.50\,\text{m}$

그러므로 전체 변위량 $\Sigma\delta_t$는

$\Sigma\delta_t=\delta_t+\Delta\delta_t$

$=2.61+1.25$

$=3.86(\text{cm})$

전체 변위량은 약 4 cm가 되어 약간 크다. 따라서 버팀대 가설 높이를 조금 더 올리는 것이 바람직하다고 생각된다.

(3) 흙막이벽의 증가 휨 모멘트 ΔM

$\Delta M=R\cdot h_R$

$=6.27\times 10^3\times 1.50\times 10^2$

$=9.41\times 10^5\,(\text{kgcm}/\text{m})$

그러므로 전체 휨 모멘트 ΣM은

$\Sigma M=M+\Delta M$

$=7.15\times 10^5+9.41\times 10^5$

$=16.56\times 10^5\,(\text{kgcm}/\text{m})$

(4) 흙막이벽의 증가 전단력 ΔQ

$\Delta Q=R$

$=6.27\times 10^3\,(\text{kg}/\text{m})$

> 그러므로 전체 전단력 ΣQ는
>
> $$\Sigma Q = Q + \Delta Q$$
> $$= 4.15 \times 10^3 + 6.27 \times 10^3$$
> $$= 10.42 \times 10^3 \,(\text{kg}/\text{m})$$
>
> (5) 흙막이벽 심재의 검토
>
> 심재의 단면 계수 $Z = 1,320 (\text{cm}^3/\text{m})$
>
> $$\sigma = \frac{\Sigma M}{Z}$$
> $$= \frac{16.56 \times 10^5}{1,320}$$
> $$= 1,255 (\text{kg}/\text{cm}^2) \ < f_b = 1,600 (\text{kg}/\text{cm}^2), \,(\text{SS400})$$
>
> 심재의 전단 단면적 $A_w = 35.5 (\text{cm}^2/\text{m})$
>
> $$\tau = \frac{\Sigma Q}{A_w}$$
> $$= \frac{10.42 \times 10^3}{35.5}$$
> $$= 293.5 (\text{kg}/\text{cm}^2) \ < f_s = 924 (\text{kg}/\text{cm}^2), \,(\text{SS400})$$

(5) k_h, E_s 구하는 법

k_h는 수평 방향 지반 반력 계수라고 하며 단위 면적의 지반을 수평 방향에 단위 길이만큼 변위시키는 데 요하는 힘($\text{t}/\text{m}^2 \cdot \text{cm}$ 또는 kg/cm^3)이라고 생각하면 된다.

k_h에 말뚝 폭(또는 지름) B를 곱한 것은 지반의 변형 계수라고 하며 E_s(t/m^2 또는 kg/cm^2)로 나타낸다. 즉,

$$E_s = k_h \cdot B \quad\quad\quad\quad\quad\quad\quad\quad\quad\quad\quad (1.29)$$

E_s는 지반에 관해서 재료 역학에 대한 탄성 계수와 같은 취급을 하지만 탄성 계수 그 자체는 아니다.

k_h나 E_s의 값은 토질에 따라서 값이 일정하지 않고 지반 종별이나 그 역학 정수 외에 변위량이나 말뚝 폭에도 관계가 있다는 것이 밝혀졌다. 그림 1.21은 지반의 평판 재하 시험*에 대한 하중-침하 관계의 예이다. 이 관계 곡선의 구배는 수직 방향 지반 반력 계수 $k_v (=\tan\theta)$

---

*일본 토질 공학회(JSF) : 지반의 평판 재하 시험 방법(JSF : T25)에 따른 것임.

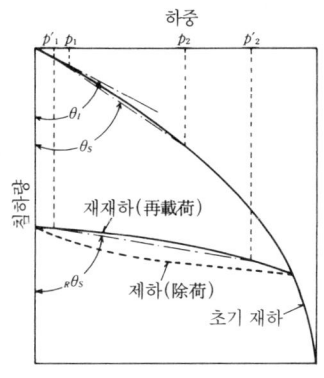
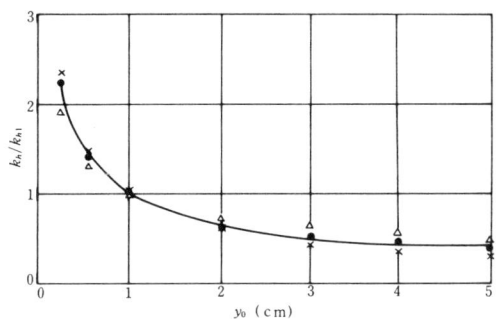

그림 1.21 평판 재하 시험에 대한 하중
         -침하 곡선

그림 1.22 지반 반력 계수와 변위의 관계

라고 하며 이 값은 그림과 같이 재하 각 단계에 따라서 시시각각으로 변하고 있다. 수평 재하 시험에서의 수평 방향 지반 반력 계수 k_h도 같은 경향을 보인다. 따라서 k_v에 대해서나 k_h에 대해서도 변위의 어떤 단계에서의 값을 구하는지는 대상으로 하는 문제가 어느 정도의 재하 과정에 상당하는가에 따라서 선정해야 한다.

그림 1.22는 변위량 y와 k_h의 관계를 나타낸 것으로 변위량은 변위 $y=1\,\mathrm{cm}$일 때의 값을 기준값 k_{h1}으로 하고 이것과의 비(比)로 하여 무차원화하여 나타낸 것이다. 그림에 나타낸 바와 같이 k_h 값은 변위가 증가하면 급속히 작아지지만 $y=1\,\mathrm{cm}$를 넘으면 저하하는 비율이 작아져 k_{h1}의 1/2~1/3 정도의 일정값에 가깝게 된다.

더구나 k_h의 값은 말뚝 지름(폭)에 따라서도 달라 말뚝 지름 30~50 cm를 경계로 하여 이보다 말뚝 지름이 작으면 저하가 크고, 이보다 크면 저하율은 작아져 거의 일정값에 가까운 경향이 있다. 예를 들면, 연속 흙막이벽의 경우는 폭 30 cm 말뚝의 경우에 비하여 약 1/2~1/5 정도로 저하한다.

이처럼 지반 반력의 값이나 변형량은 지반의 종류, 변위량, 말뚝 지름 등에 따라서 복잡하게 변화한다. 또 k_h의 값은 깊이에도 관계하여 깊이가 늘어남과 동시에 증대한다. 이것은 특히 사질 지반에서 분명하지만 이것을 고려하면 다루기가 좀더 복잡하게 되어 이 책에서 기술하는 범위의 문제로서는 실무적이 아니므로 깊이에 관계없이 일정하게 다룬다. 또 k_h는 재하 횟수(반복 재하), 재하 속도에 따라서도 변화하는 것이 알려져 있지만 이것도 생략한다.

일반적으로 말뚝의 수평 저항에 지배적인 영향을 끼치는 깊이는 지표면에서 $1/\beta$(특성 길이)까지라고 되어 있으므로 이 깊이 범위의 흙이 한결같이 보이는 경우는 이 층에 따른 1층계의 지반이라고 보면 된다. 또 2층계 지반의 경우는 상하층의 k_h 값에 뚜렷한 차이(100배 정도 이상)가 나면 위에 기술한 깊이는 $1.5/\beta$ 정도가 되는데 이러한 극단적인 2층계 지반은 드물며 통상은 겨우 10~20배 정도이므로 이 정도면 위층에만 따른 1층계 지반으로 봐도 큰 차이는 없다.

수평 방향 지반 반력 계수 k_h나 지반의 변형 계수 E_s를 구하는 방법은 다음에 기초를 두고 있다.

① 말뚝의 수평 재하 시험 결과
② 지반의 평판 재하 시험 결과
③ 보링 구멍 내에 대한 수평 재하 시험 결과
④ 실내 토질 시험 결과
⑤ 이론 해석 결과

이 중 ①의 말뚝의 수평 재하 시험에 따른 방법은 가장 신뢰성이 높은 수치를 얻을 수 있고, 그림 1.23에 나타낸 바와 같은 간단한 장치로 구할 수 있다. 다른 방법에 따른 추정은 상당한 오차가 따르는 경우가 많다.

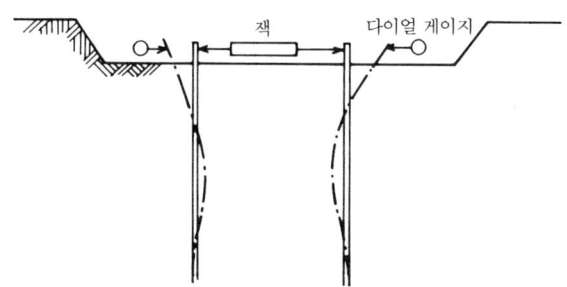

그림 1.23 간단한 수평 재하 시험 방법

앞에서 기술한 바와 같이 k_h 값이나 E_s 값에 대해서는 변위량, 말뚝 폭 등에 따른 비선형성(非線形性)이 밝혀졌다. 그래서 종래의 데이터는 말뚝머리 변위 또는 지표면 변위가 1 cm 정도일 때의 k_h 값이나 E_s 값을 기준값 k_{h1} 또는 E_{s1}으로서 구하는 것이 많은데 이러한 기준을 나타내지 않은 것도 있어 편차가 상당히 있는 것으로 되어 있다.

다음에 종래부터 구해 온 데이터를 사질토의 경우, 점성토의 경우, 특별히 구별하지 않고 평가하는 경우로 나눠 기술한다.

(a) 사질토의 경우

표준 관입 시험의 N값과 수평 지반 반력 계수 k_h 간에는 거의 비례 관계가 있다[1]고 하지만, 그 관계는 상당히 넓은 범위에 흩어져 있어

$$k_h = 0.1 \sim 1.0 N \, (\text{kg}/\text{cm}^3) \cdots\cdots\cdots\cdots\cdots\cdots\cdots\cdots\cdots\cdots\cdots\cdots (1.30)$$

또 다음과 같은 식이 제안되고 있다[3].

$$\left.\begin{array}{ll} \text{정규 압밀된 모래(지하 수중)} & E = 7N \\ \text{정규 압밀된 모래} & E = 14N \\ \text{과압밀된 모래(지하 수중)} & E = 14N \\ \text{과압밀된 모래} & E = 28N \end{array}\right\} \cdots\cdots\cdots\cdots\cdots (1.31)$$

이때, E : 지반의 영계수(kg/cm^2)

N : 기초 저면에서 아래쪽으로 B(footing 폭)까지의 표준 관입 시험의 N값의 평균값

E는 E_s와 거의 같다고 생각하면 된다. 과압밀된 모래란 홍적층(洪積層), 사구 절토(砂丘切土), 진동 롤러 다짐 모래 등을 말한다. 자갈층에 대해서는 E를 작게 평가할 가능성이 크다고도 한다.

(b) 점성토의 경우

지반이 점성토일 경우는 토질 조사에 따라서 채취한 불교란 시료를 사용하여 실내 토질 시험으로 한 1축 압축 시험 결과로 구할 수 있다. 시료가 교란되어 있으면 E_s가 작아지므로 파괴시의 변형도로 봐서 교란되어 있는지 여부를 판정한다. 파괴시의 변형도가 홍적 점성토일 경우 3% 이하, 충적 점성토일 경우 5% 이하이면 흐트러짐 쪽이 적다고 봐도 된다.

포화 점성토 지반의 경우 다음과 같은 관계가 제안되고 있다[3].

$$\left.\begin{array}{ll} \text{홍적 점토} & E_s = 400c \\ \text{충적 점토} & E_s = 50c \end{array}\right\} \cdots\cdots\cdots\cdots\cdots\cdots\cdots\cdots (1.32)$$

이때, c : 흙의 점착력(kg/cm^2)

Terzaghi는 점성토에 대해서 다음과 같은 식을 부여하고 있다[6].

$$k_h = \frac{20 k_{h0}}{B} \, (\text{kg}/\text{cm}^3) \cdots\cdots\cdots\cdots\cdots\cdots\cdots\cdots\cdots\cdots (1.33)$$

「홍적층(洪積層)」 : 지질 연대 중 제 4기 전반의 홍적세(洪積世, 약 200만년 전부터 1만년 전 사이)에 퇴적한 지층의 총칭으로 충적층(沖積層) 아래에 분포하고, 일반적으로 고결도(固結度)가 높아 안정하다. 기초 지반으로는 일단 신뢰할 수 있는 지층이다.

「충적층(沖積層)」 : 지질 연대 중에서도 가장 새로운 제 4기 충적세(1만년 전부터 현재까지)에 수성 퇴적(水成 堆積)으로 만들어진 지층의 총칭으로 일반적으로 연약한 것이 많다.

표 1.5 점토의 컨시스턴시와 k_{h0}

점토의 컨시스턴시	단단함	아주 단단함	뭉쳐 굳어짐(固結)
q_u (kg/cm²)	1~2	2~4	4 이상
k_{h0} (kg/cm³)	1.5~3	3~6	6 이상
제안값	2.5	5	10

이때, B : 말뚝의 지름

k_{h0} : 30 cm×30 cm의 재하판을 이용한 평판 재하 시험으로 구한 지반 반력 계수로 표 1.5와 같이 부여하고 있다.

(c) 특별히 구별하지 않는 경우

평판 재하 시험이나 보링 구멍을 이용한 측방 재하 시험(pressure meter 시험, LLT, KKT 등)으로 E를 직접 구할 수 있다.

말뚝의 수평 재하 시험 결과에서 역산한 수평 지반 반력 계수를 지표면에서 $1/\beta$까지 깊이 범위의 N값의 평균값을 사용하여 [7]

$$\left. \begin{array}{l} 사질토 \quad k_{h1} = 0.2N \text{ (kg/cm}^3) \\ 점성토 \quad k_{h1} = 1.5q_u \text{ (kg/cm}^3) \end{array} \right\} \quad \cdots\cdots (1.34)$$

위 식의 점성토의 식은 $q_u = N/8$ (q_u : 점성토의 1축 압축 강도 kg/cm²)로 하면 사질토의 식과 거의 같아진다.

보링 구멍을 이용한 구멍 내 수평 재하 시험의 실측값에서 다음에 기술하는 관계식이 제안되고 있으나[8] 이것도 상당히 편차가 나는 데이터로 통계적으로 구한 것이다.

$$k_h = 0.691 \times \overline{N}^{0.406} \text{ (kg/cm}^3) \quad \cdots\cdots (1.35)$$

이 식의 $\overline{N}$는 지표면에서 깊이 4 m까지 범위의 평균 N값을 사용하고 있다.

강관 말뚝의 수평 재하 시험으로 구한 것으로 다음과 같은 식이 있다[9].

$$\left. \begin{array}{l} 점성토 지반 \quad k_{h1} = 0.82N^{0.50} \\ 사질토 지반 \quad k_{h1} = 0.61N^{0.46} \end{array} \right\} \quad \cdots\cdots (1.36)$$

이때, N : 지표면에서 $1/\beta$까지 범위의 평균 N값

마찬가지로 [10]

$$k_{h1} = \frac{0.03735(EI)^{0.4984} N^{0.5488}}{B^{2.46}} \text{ (kg/cm}^3) \quad \cdots\cdots (1.37)$$

이때, EI : 말뚝의 휨 강성

B : 말뚝의 지름

박아넣기 PC 말뚝의 수평 재하 시험에서 구한 것으로 다음과 같은 식이 있다[11]. N은 지표면에서 깊이 3m 범위의 평균 N값을 사용하고 있다.

$$\left.\begin{array}{ll} \text{점성토} & k_{h1}=1.2N \\ \text{점토, 모래, 호층} & k_{h1}=0.38N \\ \text{사질토} & k_{h1}=0.12N \end{array}\right\} \quad \cdots\cdots (1.38)$$

지반이 비교적 균질하다고 볼 수 있는 경우는 다음 식과 같은 것이 있다[1].

$$E_s = I_p B(1-\nu^2)k_v \quad \cdots\cdots (1.39)$$

이때, I_p : 재하판의 형상 계수

(재하면이 강(剛)한 원형일 경우 : 0.79)

B : 재하판의 지름(30 cm)

ν : 시험 지반의 푸아송비

(예를 들면, 사질토에서는 0.3, 점성토에서는 0.5)

$k_v : \Delta p / \Delta S$

Δp : 대상으로 하는 하중의 범위(kg/cm^2)

ΔS : Δp에 대응하는 침하(cm)

보링 구멍 내 수평 재하 시험(pressure meter 시험) 결과로 구한 다음과 같은 식이 있다[12].

$$\left.\begin{array}{ll} \text{점성 지반} & E_s = 170 q_u \ (kg/cm^2) \\ \text{사질 지반} & E_s = 16N \ (kg/cm^2) \end{array}\right\} \quad \cdots\cdots (1.40)$$

말뚝의 최대 휨 모멘트 발생 위치 부근에 대한 변형 계수를 사용하여[13]

$$k_{h1} = \frac{E_s}{1.2 B^{3/4}} \ (kg/cm^3) \quad \cdots\cdots (1.41)$$

이때, $\left.\begin{array}{l} E_s = E_0/3 \\ E_s = E_c \\ E_s = 7N \end{array}\right\} \quad \cdots\cdots (1.42)$

E_s : 보링 구멍 내에 대한 수평 재하 시험에서 구한 변형 계수

E_0 : 지름 30 cm의 재하판을 이용한 재하 시험으로 구한 변형 계수

E_c : 1축 또는 3축 압축 시험으로 구한 변형 계수

말뚝의 수평 재하 시험에서 지표면에서 말뚝 길이의 1/3까지 깊이 범위의 평균 N 값을 사용하여 [7), 14)]

$$k_{h1} = \frac{5.0N}{B^{3/4}} \quad \cdots\cdots\cdots\cdots\cdots\cdots\cdots\cdots\cdots\cdots\cdots\cdots\cdots\cdots\cdots\cdots (1.43)$$

일본 도로 협회의 설계 지침에서는 다음의 식을 채용하고 있다 [15)]. 또한 고려해야 할 지반의 범위는 설계 지반면에서 $1/\beta$ 까지의 깊이로 하고 있다.

$$k_h = \frac{k_{h1}}{\delta^{1/2}} \; (\text{kg/cm}^3) \quad \cdots\cdots\cdots\cdots\cdots\cdots\cdots\cdots\cdots\cdots\cdots (1.44)$$

이때,

$$k_{h1} = \frac{\alpha \cdot E_0}{B^{3/4}} \; (\text{설계 지반면에서의 수평 변위량을 1 cm로 하였을 때의 } k_h \text{ 값})$$

$$\cdots\cdots\cdots\cdots\cdots\cdots\cdots\cdots\cdots\cdots\cdots\cdots\cdots\cdots\cdots\cdots\cdots\cdots\cdots (1.45)$$

E_0 : 표 1.6에 나타낸 방법으로 구한 지반의 변형 계수(kg/cm²)

δ : 설계 지반면에서의 말뚝의 수평 변위(cm)

α : 지반의 변형 계수 E_0 구하는 법에 대응하는 계수로 표 1.6에 나타낸 값

또한 식(1.45)와 표 1.6에 따라서 N값으로 k_{h1}을 구할 수 있다.

표 1.6 지반의 변형 계수 E_0와 대응하는 계수 α

E_0 (kg/cm²)	α
보링 구멍 내에서 한 측정 결과로 구한 값	0.8
1축 또는 3축 압축 시험으로 구한 값	0.8
표준 관입 시험의 N값으로 추정한 값 ($E_0 = 28N$)	0.2

$$k_{h1} = \frac{\alpha \cdot E_0}{B^{3/4}} = \frac{0.2 \times 28N}{B^{3/4}} = \frac{5.6N}{B^{3/4}} \quad \cdots\cdots\cdots\cdots\cdots (1.46)$$

건축 기초 구조 설계 규준・동해설(일본 건축 학회편, 1974)에서는 일반적으로 사용하고 있는 말뚝의 휨 강성이나 말뚝 지름, 통상 지반의 변형 계수 범위 등을 고려하여 실용적으로 다음과 같은 식을 제안하고 있다 [1)].

$$\left.\begin{array}{ll} \text{원형 단면 말뚝} & k_h \cdot B \fallingdotseq 0.56 E_s \\ \text{H 형강 말뚝} & k_h \cdot B \fallingdotseq 0.49 E_s \end{array}\right\} \quad \cdots\cdots\cdots\cdots\cdots (1.47)$$

지진파 등이 탄성 지반을 전파할 때의 전단파 속도(剪斷波 速度)에서 영계수를 계산할 수

있다[3].

$$E = \frac{2(1+\nu)\gamma \cdot {}_s v^2}{g} \quad \cdots\cdots\cdots\cdots\cdots\cdots\cdots\cdots\cdots\cdots\cdots (1.48)$$

이때, ${}_s v$: 전단파 속도

ν : 푸아송비

γ : 단위 체적 중량

g : 중력 가속도

다만, 이 식으로 구한 E는 미소 변형에 대응하는 값이므로 **그림 1.24**에 따라서 저감할 필요가 있다.

이상과 같이 지반 반력 계수 k_h나 변형 계수 E_s의 추정법에 대해서 과거의 연구 결과를 몇 가지 기술하였다. 이들 추정법에 따른 값을 N 값과의 관계에 대해서 정리한 것을 **그림 1.25~1.27**에 나타낸다. 이 중 N 값이 15 이하의 것에 대해서 **표 1.7~1.9**에 나타낸다. 이것들 중 식(1.32)와 식(1.33)에 대해서는 $N = q_u/8$, $c = q_u/2$로서 계산한다. 또 **그림 1.26**과 **표 1.8**은 식 중에 $B^{-\alpha}$ ($\alpha = 1 \sim 3/4$)를 포함한 것을 정리한 것이고, $B^{-\alpha} = 1$로서 정리되어 있

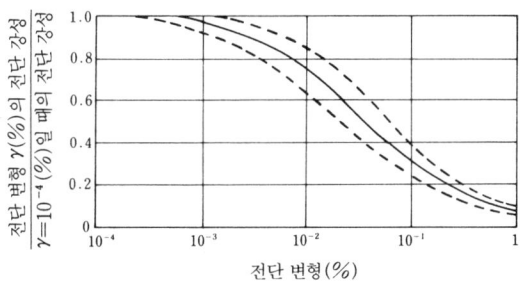

그림 1.24 모래의 전단 변형에 대한 전단 강성비의 변화

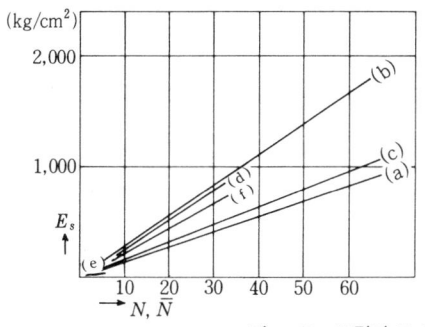

a : 식(1.31), 정규 압밀 모래
b : 식(1.31), 과압밀 모래
c : 식(1.40), 사질토
d : 식(1.32), 홍적 점토
e : 식(1.32), 충적 점토
f : 식(1.40), 점성토

그림 1.25 N 값과 E_s와의 관계

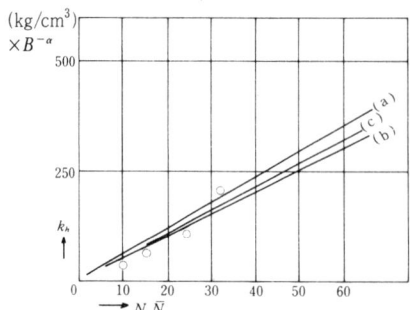

그림 1.26 N값과 $k_h \cdot B^{-\alpha}$와의 관계

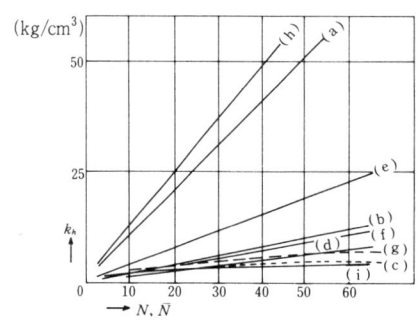

그림 1.27 N값과 k_h와의 관계

표 1.7 N값과 E_s와의 관계 (kg/cm²)

$N, \overline{N}$값	2	4	6	8	10	12	15
식(1.31), 정규 압밀 모래	28	56	84	112	140	168	210
식(1.31), 과압밀 모래	56	112	168	224	280	336	420
식(1.40), 사질토	32	64	96	128	160	192	240
식(1.32), 홍적 점토				200	250	300	375
식(1.32), 충적 점토	6.25	12.5	18.8				
식(1.40), 점성토	42.5	85	128	170	213	255	319

표 1.8 N값과 k_h값과의 관계 ($\times B^{-\alpha}$, kg/cm³)

$N, \overline{N}$값	2	4	6	8	10	12	15
식(1.41)	11.7	23.3	35	46.7	58.3	70	87.5
식(1.43)	10	20	30	40	50	60	75
식(1.46)	11.2	22.4	33.6	44.8	56	67.2	84
식(1.33), 단단한 점토				30	38.6	47.1	60

표 1.9 N값과 k_h값과의 관계 (kg/cm³)

$N, \overline{N}$값	2	4	6	8	10	12	15
식(1.30), 사질토	0.2~2.0	0.4~4.0	0.6~6.0	0.8~8.0	1.0~10	1.2~12	1.5~15
식(1.34), 사질토	0.4	0.8	1.2	1.6	2.0	2.4	3.0
식(1.36), 사질토	0.84	1.15	1.39	1.59	1.76	1.91	2.12
식(1.38), 사질토	0.24	0.48	0.72	0.96	1.2	1.44	1.8
식(1.38), 호층	0.76	1.52	2.28	3.04	3.8	4.56	5.7
식(1.34), 점성토	0.38	0.75	1.13	1.50	1.88	2.25	2.81
식(1.36), 점성토	1.16	1.64	2.01	2.32	2.59	2.84	3.18
식(1.38), 점성토	2.4	4.8	7.2	9.6	12.0	14.4	18.0
식(1.35)	0.92	1.21	1.43	1.61	1.76	1.90	2.07

다. 따라서 동 그림의 세로축과 표의 단위는 「$\times B^{-\alpha}$ (cm⁻¹)」가 된다. **표 1.7~1.9**는 자세한 값을 기재하지만 사용할 때는 사사오입한 수치로 한다. 이들 그림이나 표를 보면 점성토와 사질토에서는 N값이 같은 값이라도 그 평가가 다르게 나타나고 있다. 또 이들 그림이나 표를 비교하면 그 결과는 상당히 편차가 있다. 또, 이제까지 발표된 실측 데이터의 일부를 **표 1.10**에 나타낸다. 실측 데이터는 추정법을 근거로 한 것도 많지만 그 값도 상당히 차이가 나는 것으로 되어 있다. 이들의 원인은 각기 데이터를 구한 지반이나 말뚝이 상당히 다른 점에 있다. 따라서 각기 추정법은 각각 적용 한계가 있다고 생각되므로 이들의 추정법을 사용하는 경우 현시점에서는 이 정도로서도 달라지는 것은 피할 수 없다고 본다. 건축 기초 구조 설계 지침(일본 건축 학회편, 1988)에서는 이들 추정식의 평균적인 k_h값으로서 다음과 같은 식을 들고 있다.

표 1.10 E_s의 개략값

토 질	N값	E_s(kg/cm²)	토 질	N값	E_s(kg/cm²)
롬	10 이하	100~250	사질 실트	5 이하 8~10	~50 50~100
점토, 실트질 점토	5 이하 8~15	~100 150~300	모래	10 이하 15~30	~100 150~400
사질 점토	5 이하 10~15	~100 150~250	자갈	40~50	300~600

표 1.11 식(1.49)에 따른 $k_h \cdot E_s$값

N값	2	3	4	5	6	8	10	12	15
k_h값	0.7	1.0	1.4	1.8	2.1	2.8	3.5	4.2	5.3 (kg/cm³)
E_s값	30	40	55	70	85	115	140	170	210 (kg/cm²)

$$k_h = \frac{0.8 \cdot E_0}{B^{3/4}} \quad \cdots\cdots\cdots\cdots\cdots\cdots\cdots\cdots\cdots\cdots\cdots\cdots\cdots\cdots\cdots\cdots\cdots\cdots\cdots\cdots (1.49)$$

이 식은 식(1.45)와 같다. E_0를 평균 N값으로 추정하는 경우는 $E_0 = 7N$으로 하고 있다. E_0를 표준 관입 시험의 N값으로 추정하고, 또 소일 시멘트 주열이나 버팀 기둥 가로 널말뚝 공법의 심재로서 잘 쓰이고 있는 폭 200 mm의 H형강을 고려하면(B는 일반적인 방식에 따라서 플랜지 폭의 2배로 하였다) $k_h \cdot E_s$값은 표 1.11과 같다.

또한 k_h나 E_s와 β와의 관계는 4제곱근에 비례하는 것이므로, 예를 들면 k_h나 E_s에 5~10배의 오차가 있었다고 해도 β는 1.50~1.78배의 오차(100배에서 3.16배)로 그치게 된다.

(6) 밑동 묻힘 길이의 계산

자립형 흙막이벽 밑동 묻힘 길이의 계산은 동바리를 가진 흙막이벽 밑동 묻힘 길이의 계산과 같은 방식으로 한다. 다만, 주동 토압과 수동 토압에 따른 모멘트의 평형은 흙막이벽 밑동 묻힘부 하단에 관해서 구한다.

그림 1.28에서 모멘트의 평형

$$P_p h_p = P_a h_a \quad \cdots\cdots\cdots\cdots\cdots\cdots\cdots\cdots\cdots\cdots\cdots\cdots\cdots\cdots\cdots\cdots\cdots\cdots\cdots\cdots\cdots\cdots (1.50)$$

이때, P_a : 측압(주동 토압)의 합력

P_p : 수동 토압의 합력

h_a : 흙막이벽 밑동 묻힘부 하단에서 측압 합력까지의 거리

h_p : 흙막이벽 밑동 묻힘부 하단에서 수동 토압 합력까지의 거리

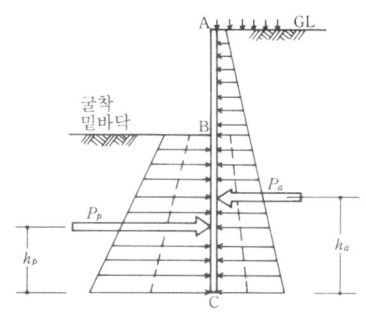

점선은 버팀 기둥 가로 널말뚝의 경우
그림 1.28 밑동 묻힘 부분의 힘의 평형

사진 1.6 버팀 기둥 가로 널말뚝 흙막이

를 만족하는 밑동 묻힘 길이를 평형 깊이라고 한다. 실제의 밑동 묻힘 길이는 평형 깊이의 1.2배 이상, 또는 「평형 깊이+2 m」의 어느 것이나 큰 쪽의 값으로 한다. 이때,

$$\frac{P_p h_p}{P_a h_a} = F_1 \quad \cdots\cdots\cdots\cdots\cdots\cdots\cdots\cdots\cdots\cdots\cdots\cdots\cdots\cdots\cdots\cdots\cdots\cdots\cdots\cdots\cdots\cdots\cdots\cdots\cdots\cdots\cdots (1.51)$$

F_1은 안전율이며 1.2 이상이 필요하다. 손계산으로 하는 경우는 밑동 묻힘 길이를 적당히 가정한 다음에 위 식의 F_1이 1.2 이상이 되도록 「반복 계산」으로 구하는 것이 편리하다.

흙막이벽 공법이 버팀 기둥 가로 널말뚝일 경우는 밑동 묻힘 부분의 수동 토압을 버팀 기둥(soldier pile)의 폭에 대해서 저감해야 한다. 저감은 지반의 변형 계수 E_s 등을 구할 때와 같이 종래부터 하던 일반적인 방식으로 말뚝 폭의 2배에 상당하는 토압으로 하면 될 것이다. 또 주동측 측압에 대해서는 말뚝 폭에 상당하는 토압이라고 생각해도 된다고 본다.

소일 시멘트 주열일 경우는 토압에 관해서는 어느 것이나 전체 폭을 생각해도 좋다고 본다. 이 경우는 소일 시멘트 부분의 강도를 점검해야 한다.

밑동 묻힘 길이의 결정은 식(1.50)에 따른 양 토압의 평형 계산 외에 수직 하중에 대한 지지 말뚝으로서의 검토, 또한 토질에 따라서는 히빙, 보일링 등에 대한 검토를 해야 한다. 이들에 대해서는 「제1장 1.1 흙막이벽의 계산법 (11) 밑동 묻힘 길이」의 항을 참조하기 바란다.

자립형 흙막이벽은 밑동 묻힘 부분의 저항으로 자립케 하는 정정 구조이므로 가령 굴착 깊이가 얕은 경우일지라도 가볍게 보지 말고 신중하게 계획해야 한다. 앞에서 기술한 동바리를 가진 흙막이벽의 「밑동 묻힘 길이」의 항에서도 기술한 바와 같이(계산을 경시하는 것은 아니지만) 계산 결과의 수치보다도 형상이나 치수에 안정감이 있는 프로포션을 선택하도록 항상 주의해야 한다. 종래부터 경험적으로 말해 온 밑동 묻힘 길이의 개략적인 값은 말뚝 등의 수평 저항에 지배적으로 영향을 끼치는 특성 길이($1/\beta$)의 $2\sim\pi$배 정도라고 생각한다. 이것은 식(1.15) 이하의 전제로 되어 있는 반무한 길이라는 가정을 만족케 하기 위해서도 바람직한 것이며 이렇게 하면 식(1.50), (1.51)은 충분히 성립한다.

(7) 소일 시멘트 부분의 계산

소일 시멘트 부분의 계산은 여기서는 소일 믹싱 월(SMW) 설계 시공 지침(일본 재료 학회 편, 1988)에 따라서 하였다. 계산의 진행 방법은 「 계산 예 5 밑동 묻힘 부분의 검토」를 참조하기 바란다.

표 1.12 시멘트계 현탁액의 배합 예

시멘트(kg)	벤토나이트(kg)	물(l)	첨가제	비빔량(l)	$W/C(\%)$
380	50	859		1,000	226

소일 시멘트는 원위치대로의 토질과 시멘트계 현탁액(시멘트 밀크에 벤토나이트, 增粘劑 등의 첨가재를 넣어 비빈 것)을 혼합 교반한 것으로 그 강도는 현탁액의 배합으로 한 것보다도 원토질의 종류에 좌우되는 경우가 많다. 이 문제에 대해서는 현상태에서는 데이터가 적어 앞에서 기술한 설계 시공 지침으로도 일반성 있는 지침을 만들 수 없는 상태이다. 그러나 사질토, 실트질토류(점토를 제외)에 대해서는 표 1.12에 나타낸 배합으로 4주 압축 강도 F_c는 $10\,\text{kg}/\text{cm}^2$ 정도를 얻을 수 있다. 이에 대해서 안전율을 2로 하여 허용 압축 응력 f_c는

$$f_c = \frac{F_c}{2} \quad \cdots\cdots\cdots\cdots\cdots\cdots\cdots\cdots\cdots\cdots\cdots (1.52)$$

허용 전단 응력 f_s는

$$f_s = \frac{F_c}{2 \times 3} \quad \cdots\cdots\cdots\cdots\cdots\cdots\cdots\cdots\cdots\cdots (1.53)$$

으로 한다.

소일 시멘트 주열 흙막이벽에는 소일 파일에 대한 심재의 배치에 전체 구멍 배치(全孔 配置)와 간격 구멍 배치(隔孔 配置)가 있다. 전체 구멍 배치의 경우는 그림 1.29 (a)에 나타낸 바와 같이 측압에 따른 소일 시멘트의 펀칭 전단 내력(punching shear stress)만 검토해도 된다. 그림에서

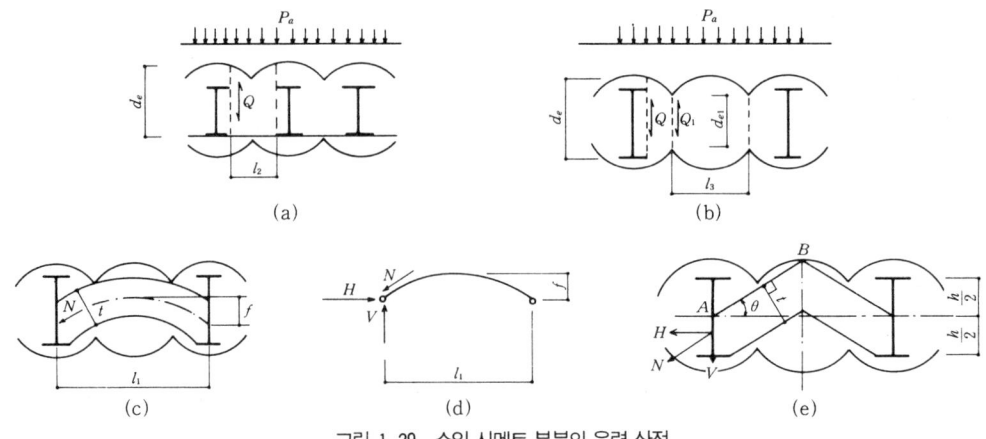

그림 1.29 소일 시멘트 부분의 응력 산정

$$Q = \frac{p_a \cdot l_2}{2} \quad \cdots\cdots\cdots\cdots\cdots\cdots\cdots\cdots\cdots\cdots\cdots\cdots\cdots\cdots\cdots\cdots\cdots\cdots\cdots\cdots\cdots (1.54)$$

$$\tau = \frac{Q \times 10^3}{b \cdot d_e} \leqq f_s \quad \cdots\cdots\cdots\cdots\cdots\cdots\cdots\cdots\cdots\cdots\cdots\cdots\cdots\cdots\cdots\cdots\cdots (1.55)$$

이때, Q : 전단력(t)

p_a : 단위 폭당 측압(t/m)

l_2 : 심재의 안치수 간격(m)

τ : 전단 응력(kg/cm²)

b : 단위 폭(cm)

d_e : 유효 두께(cm)

간격 구멍 배치의 경우는 동 그림 (b)에 나타낸 바와 같이 식(1.54) 및 식(1.55) 외에 식(1.56), (1.57)에 따른 펀칭 전단 내력을 검토한다.

$$Q_1 = \frac{p_a \cdot l_3}{2} \quad \cdots\cdots\cdots\cdots\cdots\cdots\cdots\cdots\cdots\cdots\cdots\cdots\cdots\cdots\cdots\cdots\cdots\cdots\cdots\cdots (1.56)$$

$$\tau_1 = \frac{Q_1 \times 10^3}{b \cdot d_{e1}} \leqq f_s \quad \cdots\cdots\cdots\cdots\cdots\cdots\cdots\cdots\cdots\cdots\cdots\cdots\cdots\cdots\cdots\cdots (1.57)$$

이때, Q_1 : SMW(soil mixing wall)의 잘록한 부분에 생기는 전단력(t)

τ_1 : SMW의 잘록한 부분에 생기는 전단 응력(kg/cm²)

l_3 : SMW의 잘록한 부분 간격(m)

d_{e1} : SMW의 잘록한 부분에 대한 유효 두께(cm)

측압에 대해서는 동 그림 (c)·(d)에 나타낸 바와 같이 소일 시멘트가 아치 작용으로 저항하는 것으로 생각하고 동 그림 (e)의 요령으로 압축 응력 σ를 검토한다.

$$\left. \begin{array}{l} V = \dfrac{p_a \cdot l_1}{2} = Q_0 \\[2mm] V = \dfrac{p_a \cdot l_1^2}{8f} = \dfrac{Q_0}{\tan\theta} \\[2mm] N = \sqrt{V^2 + H^2} = \dfrac{Q_0}{\sin\theta} \end{array} \right\} \quad \cdots\cdots\cdots\cdots\cdots\cdots\cdots\cdots\cdots (1.58)$$

$$t = \frac{1}{2}(h\cos\theta + B\sin\theta) \quad \cdots\cdots\cdots\cdots\cdots\cdots\cdots\cdots\cdots\cdots\cdots\cdots (1.59)$$

$$\sigma = \frac{N \times 10^3}{b \cdot t} \leqq f_c \quad \cdots\cdots\cdots\cdots\cdots\cdots\cdots\cdots\cdots\cdots\cdots\cdots\cdots\cdots\cdots\cdots (1.60)$$

이때, Q_0 : 지점에 생기는 전단력(t)

  V : 지점 반력(t)

  H : 지점 수평 반력(t)

  N : 아치 축력(t)

  f : 아치 라이즈(cm)

  t : 아치 두께(cm)

  l_1 : 심재 중심 간격(m)

  h : 심재 춤(cm)

  B : 심재 플랜지 폭(cm)

이같은 경우 소일 시멘트 부분의 유효 단면적은 굴착측을 H 형강의 면까지 굴착하는 것을 고려하고 산정해야 한다.

계산예 5 자립형 흙막이벽 밑동 문힘 부분의 검토

흙막이벽 소일 시멘트 주열 450 @ 350

심 재 H-294×200×8×12 $I = 11,300\,\mathrm{cm}^4$ @ 700

밑동 문힘 GL-7.00 m

지층 구성과 토질 상수

깊이(m)	층 두께(m)	토 질	N값	단위 체적 중량(t/m³)	내부 마찰각(°)	점착력(t/m²)
0~1.1	1.1	성 토	1.6	0		
1.1~2.2	1.1	모래 섞인 점토	3~4	1.6	25	1.5
2.2~4.5	2.3	실트질 모래	6~14	1.7	30	1.0
4.5~6.0	1.5	실트 섞인 모래	6~11	1.7	30	1.5
6.0~		실트질 모래	5~8	1.7	28	1.5

(1) 측압의 계산

측압 계수를 0.40으로 한다.

$p_{a1} = 1.0 \times 0.40 = 0.40 (\mathrm{t/m^2})$

$p_{a2} = (1.0 + 1.6 \times 2.1) \times 0.4 = 1.74 (\mathrm{t/m^2})$

$P_a = \dfrac{0.40 + 1.74}{2} \times 2.10 = 2.25 (\mathrm{t/m})$

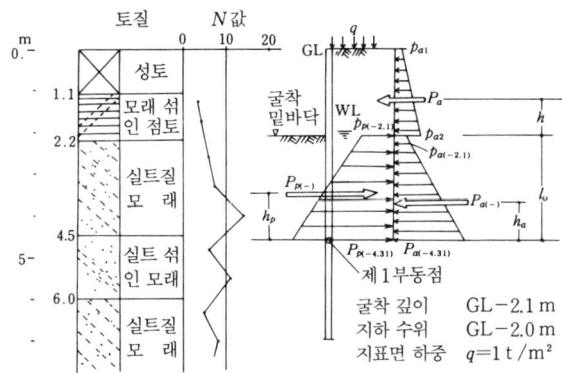

$$h = \frac{210}{3} \frac{2 \times 0.40 + 1.74}{0.40 + 1.74} = 83.1 \text{(cm)}$$

(2) 응력 계산

밑동 묻힘부 지반의 평균 N값은 약 8.2이므로 표 1.7~1.11을 사용하여 $E_s = k_h \cdot B \fallingdotseq 100 \text{ kg/cm}^2$로 한다.

다만, $B = 20 \times 2$ cm, $\alpha = 3/4$으로 하고 소일 시멘트 부분은 무시한다.

$$\beta = \left(\frac{E_s}{4EI}\right)^{\frac{1}{4}}$$

$$= \left(\frac{100}{4 \times 2.1 \times 10^6 \times 1.13 \times 10^4}\right)^{\frac{1}{4}}$$

$$= 5.70 \times 10^{-3} \text{ (cm}^{-1})$$

$$M_{max} = \frac{P_a}{2\beta} \{(1+2\beta h)^2 + 1\}^{\frac{1}{2}} \exp\left[-\tan^{-1} \frac{1}{1+2\beta h}\right]$$

$$= \frac{2.25}{2 \times 5.70 \times 10^{-3}} \{(1 + 2 \times 5.70 \times 10^{-3} \times 83.1)^2 + 1\}^{\frac{1}{2}}$$

$$\times \exp\left[-\tan^{-1} \frac{1}{1 + 2 \times 5.70 \times 10^{-3} \times 8.31}\right] = 269 \text{(tcm/m)}$$

$$Q_{max} = P_a$$

$$= 2.25 \text{(t/m)}$$

최대 휨 모멘트가 생기는 깊이를 구하면

$$l_m = \frac{1}{\beta} \tan^{-1} \frac{1}{1+2\beta h}$$

$$= \frac{1}{5.70 \times 10^{-3}} \tan^{-1} \frac{1}{1 + 2 \times 5.70 \times 10^{-3} \times 83.1}$$

$$= 83.2 \text{(cm)}$$

두부의 변위를 구하면

$$\delta_t = P_a \left[\frac{(1+\beta h)(1+\beta H+\beta^2 Hh)}{2EI\beta^3} - \frac{h^3}{6EI} \right]$$

$$= 2.25 \times 10^3 \left[\frac{(1+5.70\times10^{-3}\times83.1)(1+5.70\times10^{-3}\times210+5.70^2\times10^{-6}\times210\times83.1)}{2\times2.1\times10^6\times1.13\times10^4/0.7\times5.70^3\times10^{-4}} \right.$$

$$\left. - \frac{83.1^3}{6\times2.1\times10^6\times1.13\times10^4/0.7} \right]$$

$$= 0.72(\text{cm}) ≒ H/290 \quad \text{OK}$$

(3) 단면 검토

$$H-294\times200\times8\times12 @ 700 \quad Z=771(\text{cm}^3)$$

$$\sigma_b = \frac{M_{\max}}{Z}$$

$$= \frac{269\times10^{-3}\times0.7}{771} = 0.24(\text{t}/\text{cm}^2) \quad < f_b \quad \text{OK}$$

$$\tau = \frac{Q_{\max}}{A_w}$$

$$= \frac{2.25\times0.7}{29.4\times0.8} = 0.07(\text{t}/\text{cm}^2) \quad < f_s \quad \text{OK}$$

(4) 밑동 묻힘부의 검토

제1부동점이 생기는 깊이는

$$l_0 = \frac{1}{\beta} \tan^{-1} \frac{1+\beta h}{\beta h}$$

$$= \frac{1}{5.70\times10^{-3}} \tan^{-1} \frac{1+5.70\times10^{-3}\times83.1}{5.70\times10^{-3}\times83.1}$$

$$= 221 \text{ cm} (= GL-431 \text{ cm})$$

제1부동점까지의 깊이에 대한 주동·수동 토압의 평형을 생각한다. 굴착 깊이까지의 측압은 (1)에서 계산한 값으로 한다.

$$p_{a(-2.1)} = (1.0+1.6\times2.0+0.6\times0.1)\tan^2(45-30/2) - 2\times1.0\times\tan(45-30/2)+0.1$$

$$= 0.55(\text{t}/\text{m}^2)$$

$$p_{a(-4.31)} = (1.0+1.6\times2.0+0.6\times0.2+0.7\times2.11)\tan^2(45-30/2) - 2\times1.0$$

$$\times \tan(45-30/2)+2.31 = 3.45(\text{t}/\text{m}^2)$$

$$p_{p(-2.1)} = 2\times1.0\times\tan(45+30/2)$$

$$= 3.46(\text{t}/\text{m}^2)$$

$$p_{p(-4.31)} = (0.6 \times 0.1 + 0.7 \times 2.11)\tan^2(45+30/2) + 2 \times 1.0 \times \tan(45+30/2) + 2.21$$
$$= 10.29(\text{t/m}^2)$$

$$P_{a(-)} = \frac{0.55+3.45}{2} \times 2.21$$
$$= 4.42(\text{t/m})$$

$$P_{p(-)} = \frac{3.46+10.29}{2} \times 2.21$$
$$= 15.2(\text{t/m})$$

$$h_a = \frac{221}{3} \cdot \frac{2 \times 0.55+3.45}{0.55+3.45} = 83.8(\text{cm})$$

$$h_p = \frac{221}{3} \cdot \frac{2 \times 3.46+10.29}{3.46+10.29} = 92.2(\text{cm})$$

밑동 묻힘부 선단에 관한 양 토압의 모멘트를 구한다.

$$M_a = P_a(h+l_0) + P_{a(-)} \cdot h_a$$
$$= 2.25(83.1+221.0) + 4.42 \times 83.8$$
$$= 1,055(\text{tcm/m})$$

$$M_p = P_{p(-)} \cdot h_p$$
$$= 15.2 \times 92.2 = 1,401(\text{tcm/m})$$

$$F_1 = \frac{M_p}{M_a}$$
$$= \frac{1,401}{1,055} = 1.33 \quad > 1.2 \quad \text{OK}$$

실제 밑동 묻힘 길이(l)와 특성 길이($1/\beta$)의 관계를 조사해 본다.

$$l = 7.00 - 2.10 = 4.90(\text{m})$$

$$\frac{1}{\beta} = \frac{10^{-2}}{5.70 \times 10^{-3}} = 1.75(\text{m})$$

$$\frac{l}{1/\beta} = \frac{4.90}{1.75} = 2.80 \quad \text{OK}$$

히빙, 보일링에 대한 검토는 생략한다.

(5) 소일 시멘트 부분의 검토

소일 시멘트의 4주 압축 강도 F_c는 최소 $10\,\text{kg/cm}^2$를 구할 수 있는 것으로 하여 안전율을 2로 하면

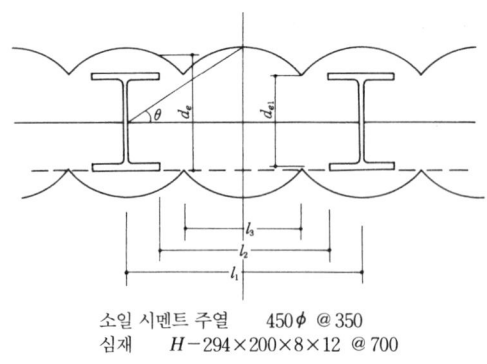

소일 시멘트 주열　450φ @ 350
심재　$H-294 \times 200 \times 8 \times 12$ @ 700

$f_c = F_c/2 = 5(\text{kg}/\text{cm}^2)$

$f_s = F_c/6 = 1.7(\text{kg}/\text{cm}^2)$

제1부동점에 대한 수동 토압과 주동 토압의 차 p 는

$p = p_p - p_a = 10.29 - 3.45 = 6.84(\text{t}/\text{m}^2)$

그림에서

$l_1 = 0.70(\text{m})$　　$l_2 = 0.50(\text{m})$　　$l_3 = 0.35(\text{m})$

$d_e = 35(\text{cm})$　　$d_{e1} = 28(\text{cm})$

$\theta = \tan^{-1}(225/350) = 32.7°$

그러므로

$Q = \dfrac{p \cdot l_2}{2}$

$= \dfrac{6.84 \times 10^3 \times 0.50}{2} = 1{,}710(\text{kg}/\text{m})$

$\tau = \dfrac{Q}{b \cdot d_e}$

$= \dfrac{1{,}710}{100 \times 35} = 0.49(\text{kg}/\text{cm}^2) \quad < f_s \quad \text{OK}$

$Q_1 = \dfrac{p \cdot l_3}{2}$

$= \dfrac{6.84 \times 10^3 \times 0.35}{2} = 1{,}197(\text{kg}/\text{m})$

$\tau_1 = \dfrac{Q_1}{b \cdot d_{e1}}$

$= \dfrac{1{,}197}{100 \times 28} = 0.43(\text{kg}/\text{cm}^2) \quad < f_s \quad \text{OK}$

$$N = \frac{Q_0}{\sin\theta}$$

$$= \frac{6.84 \times 10^3 \times 0.70}{2 \cdot \sin 32.7°} = 4,431 (\text{kg/m})$$

$$t = \frac{1}{2}(h \cdot \cos\theta + B \cdot \sin\theta)$$

$$= \frac{1}{2}(29.4 \times \cos\theta + 20.0 \times \sin\theta) = 17.8(\text{cm})$$

$$\sigma = \frac{N}{b \cdot t}$$

$$= \frac{4,431}{100 \times 17.8} = 2.49(\text{kg/cm}^2) < f_c \quad \text{OK}$$

참 고 문 헌

1) 日本建築學會 ; 建築基礎構造設計規準・同解說(1974)
3) 日本建築學會 ; 建築基礎構造設計指針(1988)
4) 日本建築學會 ; 山留め設計施工指針(1988)
6) 建築鋼管杭硏究會 ; 建築の分野における鋼管杭の諸問題(S. 58. 3)
7) 橫山幸滿 ; くい構造物の計算法と計算例 : 山海堂(1977. 11)
8) 福岡正巳・宇都一馬 ; ボーリング孔を利用した基礎地盤の橫方向k値測定について : 土と基礎・特集號 No. 1(1959. 8)
9) 山肩邦男・富永晃司 ; 打込み鋼管杭の橫抵抗に關する統計的檢討 : 第14回土質工學硏究發表會講演集(S. 54. 6)
10) 萩原庸嘉 ; 鋼管杭の水平抵抗 : 第14回土質工學硏究發表會講演集(S. 54. 6)
11) 橋詰尙慶 ; PC杭の水平抵抗 : 第14回土質工學硏究發表會講演集(S. 54. 6)
12) 岸田英明・中井正一 ; 地盤反力~變位關係の非線形性 : 土と基礎(1977. 8)
13) 吉中龍之進 ; 橫方向地盤反力係數 : 土木技術資料(10-1), (1968. 1)
14) 淺間・足立 ; くいの水平方向地盤反力係數について : 第6回土質工學硏究發表會講演集(S. 46. 6)

15) 日本道路協會 ; 道路橋示方書·同解說, Ⅰ·共通編 Ⅳ·下部構造編(1980. 5)
16) 日本材料學會 ; ソイルミキシングウォール(SMW) 設計施工指針(1988. 1)

1.3 허용 응력

흙막이벽이나 흙막이 동바리는 특별한 경우를 제외하고 가설적(假設的)인 구조물로서 다룬다. 이때 가설물로서 사용되는 기간은 건물 지하 부분의 규모(주로 굴착 깊이)에 따라서 다르지만 통상은 1년 정도 이내로 하는 경우가 많다. 이 정도의 사용 기간에서는 그 설계에 채용해야 할 허용 응력으로서 「기한부 구조물의 설계·시공 매뉴얼·동해설」(일본 건축 학회편, 1986)에서는 단기 허용 응력을 채용하고 있다. 한편 건축 기초 구조 설계 규준(일본 건축 학회편, 1974)에는 흙막이용 가설재의 안전성을 중시하여 그 허용 응력으로서 「흙막이벽·버팀대·띠장 등 가설재의 허용 응력은 각 재(材)에 대해서 장기 허용 응력과 단기 허용 응력의 평균값(이하, 중기 허용 응력이라고 한다) 이하의 값으로 한다」고 규정하고 있어 양자 사이에 차이가 있었다. 그러나 1988년에 발행된 「흙막이 설계 시공 지침」(일본 건축 학회편, 1988)에서는 다른 규준과의 정합(整合)을 도모하고 원칙적으로 단기 허용 응력에 따른다고 하면서도 다음과 같이 하고 있다.

① 형강재는 「강구조 설계 규준」에 나타내진 장기 허용 응력과 단기 허용 응력의 평균값 이하의 값으로 한다.
② 철근 및 콘크리트는 「철근 콘크리트 구조 계산 규준·동 해설」에 나타낸 단기 허용 응력으로 한다.

이것은 흙막이용 강재는 임대재(lease材)를 사용하는 경우가 많은 것을 이유로 한 것이지만 그 배후에는 다음과 같은 흙막이벽에 가해지는 외력이나 흙막이 동바리의 구조적인 불확실성을 고려한 것으로 볼 수 있다.

1) 흙막이벽 뒷면에 작용하는 측압 분포는 경험적으로 정해진 것으로 그 값에 명확하지 않은 점이 있어 계산 결과만을 과신할 수 없는 점.
2) 흙막이벽은 지상에서 지중으로 시공하게 되므로 시공이 확실한지 직접 육안으로 확인할 수 없는 점.
3) 흙막이 동바리의 주요한 재료는 전용성을 고려한 것이 많아 이른바 재사용재이어서 원

래 변형, 원래 구부러짐, 녹, 흠 등으로 인한 성능 열화를 생각할 수 있는 점.

4) 흙막이 동바리 각 부재의 접점은 강성 확보가 불충분하고 조립 정밀도도 불충분하게 되기 쉽고, 정정 차수가 낮은 가구(frame, 架構)이므로 부분 파괴가 전체의 붕괴로 이어질 우려가 높은 점.

5) 굴착 공사 기간 중에 지진이 일어나면 지진동으로 측압이 증가한다. 흙막이벽의 사용 기간은 통상은 1년 정도 이내이므로 이 기간 내에 생각할 수 있는 지진의 기대값은 지역에 따라서 다르지만 그다지 큰 것은 아니다. 그러나 만일 굴착 공사 기간 중에 지진이 일어난 경우는 지진동에 따른 응력 증가분을 허용 응력으로 커버해야 한다.

6) 작용하는 하중이 커 만일 붕괴하면 큰 사고로 이어져 사회적으로도 상당한 영향을 끼친다는 점.

등이 있다. 그러므로 지하 공사의 안전 확보를 위해 내력적으로 여유가 없는 설계를 하는 것을 피해야 함은 물론이지만 허용 응력은 「건축 기초 구조 설계 규준(일본 건축 학회편, 1974)」이 장려하고 있는 중기 허용 응력을 채용하는 방식에 동감한다. 또한 접합용 보통 볼트, 고력 볼트,

표 1.13 철골의 중기 허용 응력

재종(mm)		압축	인장 (t/cm²)	전단 (t/cm²)	부 착 (kg/cm²)
SS400, SWS400	40 이하	표 1.15에 따름	2.00	1.15	
	40 초과	표 1.16에 따름	1.83	1.06	
SWS490	40 이하	표 1.17에 따름	2.75	1.59	$\frac{3}{100} Fc$ 또한 6.8 이하
	40 초과	표 1.18에 따름	2.50	1.44	

주) 부착은 단기 허용 응력을 나타냄.

표 1.14 용접부의 중기 허용 응력(t/cm³)

작업장소	재종	이음형식	압축	인장	전단
공장용접	SS400 SWS400	맞 대 기	2.00	2.00	1.15
		필 릿	1.15	1.15	1.15
	SWS490	맞 대 기	2.75	2.75	1.59
		필 릿	1.59	1.59	1.59
현장용접	SS400 SWS400	맞 대 기	1.80	1.80	1.04
		필 릿	1.04	1.04	1.04
	SWS490	맞 대 기	2.47	2.47	1.43
		필 릿	1.43	1.43	1.43

주) 공장 용접이란 「자동 용접 장치 등의 설치 기타 건설교통부 장관이 고도의 품질을 확보할 수 있다고 인정하여 정한 조건에 따라서 작업하는 경우」로서 현장 용접과는 다른 경우로 하였다.

표 1.15 $F=2.4\ t/cm^2$ 강재의 중기 허용 압축 응력(t/cm^2)

λ	f_c	λ	f_c	λ	f_c	λ	f_c	λ	f_c
1	2.00	51	1.72	101	1.09	151	0.525	201	0.296
2	2.00	52	1.71	102	1.08	152	0.518	202	0.293
3	2.00	53	1.70	103	1.06	153	0.511	203	0.290
4	2.00	54	1.69	104	1.05	154	0.505	204	0.288
5	2.00	55	1.68	105	1.04	155	0.498	205	0.285
6	2.00	56	1.67	106	1.02	156	0.492	206	0.282
7	1.99	57	1.65	107	1.01	157	0.485	207	0.279
8	1.99	58	1.64	108	0.994	158	0.479	208	0.277
9	1.99	59	1.63	109	0.980	159	0.473	209	0.274
10	1.99	60	1.62	110	0.967	160	0.467	210	0.271
11	1.99	61	1.61	111	0.953	161	0.462	211	0.269
12	1.98	62	1.60	112	0.939	162	0.456	212	0.266
13	1.98	63	1.59	113	0.926	163	0.450	213	0.264
14	1.98	64	1.57	114	0.912	164	0.445	214	0.261
15	1.97	65	1.56	115	0.899	165	0.440	215	0.259
16	1.97	66	1.55	116	0.885	166	0.434	216	0.256
17	1.97	67	1.54	117	0.871	167	0.429	217	0.254
18	1.96	68	1.53	118	0.858	168	0.424	218	0.252
19	1.96	69	1.51	119	0.844	169	0.419	219	0.250
20	1.95	70	1.50	120	0.831	170	0.414	220	0.247
21	1.95	71	1.49	121	0.817	171	0.409	221	0.245
22	1.94	72	1.48	122	0.804	172	0.404	222	0.243
23	1.94	73	1.46	123	0.791	173	0.400	223	0.241
24	1.93	74	1.45	124	0.778	174	0.395	224	0.238
25	1.93	75	1.44	125	0.766	175	0.391	225	0.236
26	1.92	76	1.43	126	0.754	176	0.386	226	0.234
27	1.92	77	1.41	127	0.742	177	0.382	227	0.232
28	1.91	78	1.40	128	0.730	178	0.378	228	0.230
29	1.90	79	1.39	129	0.719	179	0.373	229	0.228
30	1.90	80	1.37	130	0.708	180	0.369	230	0.226
31	1.89	81	1.36	131	0.697	181	0.365	231	0.224
32	1.88	82	1.35	132	0.687	182	0.361	232	0.222
33	1.88	83	1.33	133	0.676	183	0.357	233	0.220
34	1.87	84	1.32	134	0.666	184	0.353	234	0.219
35	1.86	85	1.31	135	0.657	185	0.350	235	0.217
36	1.85	86	1.29	136	0.647	186	0.346	236	0.215
37	1.85	87	1.28	137	0.638	187	0.342	237	0.213
38	1.84	88	1.27	138	0.628	188	0.339	238	0.211
39	1.83	89	1.25	139	0.619	189	0.335	239	0.209
40	1.82	90	1.24	140	0.611	190	0.331	240	0.208
41	1.81	91	1.23	141	0.602	191	0.328	241	0.206
42	1.80	92	1.21	142	0.593	192	0.325	242	0.204
43	1.80	93	1.20	143	0.585	193	0.321	243	0.203
44	1.79	94	1.19	144	0.577	194	0.318	244	0.201
45	1.78	95	1.17	145	0.569	195	0.199	245	0.199
46	1.77	96	1.16	146	0.561	196	0.311	246	0.198
47	1.76	97	1.15	147	0.554	197	0.308	247	0.196
48	1.75	98	1.13	148	0.546	198	0.305	248	0.195
49	1.74	99	1.12	149	0.539	199	0.302	249	0.193
50	1.73	100	1.10	150	0.532	200	0.299	250	0.191

표 1.16 $F=2.2\,\text{t/cm}^2$ 강재의 중기 허용 압축 응력(t/cm^2)

λ	f_c	λ	f_c	λ	f_c	λ	f_c	λ	f_c
1	1.83	51	1.60	101	1.05	151	0.525	201	0.296
2	1.83	52	1.59	102	1.04	152	0.518	202	0.293
3	1.83	53	1.58	103	1.03	153	0.511	203	0.290
4	1.83	54	1.57	104	1.02	154	0.505	204	0.288
5	1.83	55	1.56	105	1.01	155	0.498	205	0.285
6	1.83	56	1.55	106	0.993	156	0.492	206	0.282
7	1.82	57	1.54	107	0.981	157	0.485	207	0.279
8	1.82	58	1.53	108	0.969	158	0.479	208	0.277
9	1.82	59	1.52	109	0.957	159	0.473	209	0.274
10	1.82	60	1.51	110	0.945	160	0.467	210	0.271
11	1.82	61	1.50	111	0.933	161	0.462	211	0.269
12	1.81	62	1.49	112	0.921	162	0.456	212	0.269
13	1.81	63	1.48	113	0.909	163	0.450	213	0.264
14	1.81	64	1.47	114	0.897	164	0.445	214	0.261
15	1.81	65	1.46	115	0.885	165	0.440	215	0.259
16	1.81	66	1.45	116	0.873	166	0.434	216	0.256
17	1.80	67	1.44	117	0.861	167	0.429	217	0.254
18	1.80	68	1.43	118	0.849	168	0.424	218	0.252
19	1.80	69	1.42	119	0.837	169	0.419	219	0.250
20	1.80	70	1.41	120	0.825	170	0.414	220	0.247
21	1.79	71	1.40	121	0.813	171	0.409	221	0.245
22	1.79	72	1.39	122	0.801	172	0.404	222	0.243
23	1.79	73	1.38	123	0.789	173	0.400	223	0.241
24	1.78	74	1.36	124	0.777	174	0.395	224	0.238
25	1.78	75	1.35	125	0.765	175	0.371	225	0.236
26	1.77	76	1.34	126	0.754	176	0.386	226	0.234
27	1.76	77	1.33	127	0.742	177	0.382	227	0.232
28	1.76	78	1.32	128	0.730	178	0.378	228	0.230
29	1.75	79	1.31	129	0.719	179	0.373	229	0.228
30	1.75	80	1.30	130	0.708	180	0.369	230	0.226
31	1.74	81	1.29	131	0.697	181	0.365	231	0.224
32	1.74	82	1.27	132	0.687	182	0.361	232	0.222
33	1.73	83	1.26	133	0.676	183	0.357	233	0.220
34	1.72	84	1.25	134	0.666	184	0.353	234	0.219
35	1.71	85	1.24	135	0.657	185	0.350	235	0.217
36	1.71	86	1.23	136	0.647	186	0.346	236	0.215
37	1.70	87	1.22	137	0.638	187	0.342	237	0.213
38	1.70	88	1.21	138	0.628	188	0.339	238	0.211
39	1.69	89	1.20	139	0.619	189	0.335	239	0.209
40	1.68	90	1.18	140	0.611	190	0.331	240	0.208
41	1.67	91	1.17	141	0.602	191	0.328	241	0.206
42	1.66	92	1.16	142	0.593	192	0.325	242	0.204
43	1.66	93	1.15	143	0.585	193	0.321	243	0.203
44	1.65	94	1.14	144	0.577	194	0.318	244	0.201
45	1.65	95	1.12	145	0.569	195	0.315	245	0.199
46	1.64	96	1.11	146	0.561	196	0.311	246	0.198
47	1.63	97	1.10	147	0.554	197	0.308	247	0.196
48	1.62	98	1.09	148	0.546	198	0.305	248	0.195
49	1.61	99	1.08	149	0.539	199	0.302	249	0.193
50	1.60	100	1.06	150	0.532	200	0.299	250	0.191

표 1.17 $F=3.3\,\text{t/cm}^2$ 강재의 중기 허용 압축 응력(t/cm^2)

λ	f_c	λ	f_c	λ	f_c	λ	f_c	λ	f_c
1	2.75	51	2.23	101	1.17	151	0.525	201	0.296
2	2.75	52	2.21	102	1.15	152	0.518	202	0.293
3	2.75	53	2.19	103	1.13	153	0.511	203	0.290
4	2.75	54	2.17	104	1.11	154	0.505	204	0.288
5	2.75	55	2.15	105	1.09	155	0.498	205	0.285
6	2.74	56	2.13	106	1.07	156	0.492	206	0.282
7	2.74	57	2.11	107	1.05	157	0.485	207	0.279
8	2.74	58	2.10	108	1.03	158	0.479	208	0.277
9	2.73	59	2.08	109	1.01	159	0.473	209	0.274
10	2.73	60	2.06	110	0.989	160	0.467	210	0.271
11	2.72	61	2.04	111	0.971	161	0.462	211	0.269
12	2.72	62	2.02	112	0.954	162	0.456	212	0.266
13	2.71	63	2.00	113	0.937	163	0.450	213	0.264
14	2.71	64	1.98	114	0.920	164	0.445	214	0.261
15	2.70	65	1.96	115	0.904	165	0.440	215	0.259
16	2.70	66	1.94	116	0.889	166	0.434	216	0.256
17	2.69	67	1.92	117	0.874	167	0.429	217	0.254
18	2.68	68	1.89	118	0.859	168	0.424	218	0.252
19	2.67	69	1.87	119	0.845	169	0.419	219	0.250
20	2.66	70	1.85	120	0.831	170	0.414	220	0.247
21	2.65	71	1.83	121	0.817	171	0.409	221	0.245
22	2.64	72	1.81	122	0.604	172	0.404	222	0.243
23	2.63	73	1.79	123	0.791	173	0.400	223	0.241
24	2.62	74	1.76	124	0.778	174	0.395	224	0.238
25	2.61	75	1.74	125	0.766	175	0.391	225	0.236
26	2.60	76	1.72	126	0.754	176	0.386	226	0.234
27	2.59	77	1.70	127	0.742	177	0.382	227	0.232
28	2.58	78	1.68	128	0.730	178	0.378	228	0.230
29	2.57	79	1.66	129	0.719	179	0.373	229	0.228
30	2.56	80	1.64	130	0.708	180	0.369	230	0.226
31	2.55	81	1.62	131	0.697	181	0.365	231	0.224
32	2.54	82	1.59	132	0.687	182	0.361	232	0.222
33	2.52	83	1.57	133	0.676	183	0.357	233	0.220
34	2.50	84	1.55	134	0.666	184	0.353	234	0.219
35	2.49	85	1.53	135	0.657	185	0.350	235	0.217
36	2.47	86	1.50	136	0.647	186	0.346	236	0.215
37	2.46	87	1.48	137	0.638	187	0.342	237	0.213
38	2.44	88	1.46	138	0.628	188	0.339	238	0.211
39	2.43	89	1.44	139	0.619	189	0.335	239	0.209
40	2.41	90	1.42	140	0.611	190	0.331	240	0.208
41	2.40	91	1.39	141	0.602	191	0.328	241	0.206
42	2.39	92	1.37	142	0.593	192	0.325	242	0.204
43	2.37	93	1.35	143	0.585	193	0.321	243	0.203
44	2.35	94	1.33	144	0.577	194	0.318	244	0.201
45	2.34	95	1.30	145	0.569	195	0.315	245	0.199
46	2.32	96	1.28	146	0.561	196	0.311	246	0.198
47	2.30	97	1.26	147	0.554	197	0.308	247	0.196
48	2.28	98	1.24	148	0.546	198	0.305	248	0.195
49	2.26	99	1.22	149	0.539	199	0.302	249	0.193
50	2.25	100	1.19	150	0.532	200	0.299	250	0.191

표 1.18 $F=3.0\ \text{t/cm}^2$ 강재의 중기 허용 압축 응력(t/cm^2)

λ	f_c	λ	f_c	λ	f_c	λ	f_c	λ	f_c
1	2.50	51	2.07	101	1.16	151	0.525	201	0.296
2	2.50	52	2.05	102	1.14	152	0.518	202	0.293
3	2.50	53	2.04	103	1.12	153	0.511	203	0.290
4	2.50	54	2.02	104	1.10	154	0.505	204	06268
5	2.50	55	2.00	105	1.08	155	0.498	205	0.285
6	2.49	56	1.99	106	1.06	156	0.492	206	0.282
7	2.49	57	1.98	107	1.04	157	0.485	207	0.279
8	2.49	58	1.96	108	1.03	158	0.479	208	0.277
9	2.49	59	1.94	109	1.01	159	0.473	209	0.274
10	2.48	60	1.93	110	0.989	160	0.467	210	0.271
11	2.48	61	1.91	111	0.971	161	0.462	211	0.269
12	2.47	62	1.89	112	0.954	162	0.456	212	0.266
13	2.47	63	1.88	113	0.937	163	0.450	213	0.264
14	2.46	64	1.86	114	0.920	164	0.445	214	0.261
15	2.46	65	1.84	115	0.904	165	0.440	215	0.259
16	2.45	66	1.82	116	0.889	166	0.434	216	0.256
17	2.45	67	1.80	117	0.874	167	0.429	217	0.254
18	2.44	68	1.78	118	0.859	168	0.424	218	0.252
19	2.44	69	1.76	119	0.845	169	0.419	219	0.250
20	2.43	70	1.75	120	0.831	170	0.414	220	0.247
21	2.42	71	1.73	121	0.817	171	0.409	221	0.245
22	2.41	72	1.71	122	0.804	172	0.404	222	0.243
23	2.40	73	1.69	123	0.791	173	0.400	223	0.241
24	2.40	74	1.67	124	0.778	174	0.375	224	0.238
25	2.39	75	1.65	125	0.766	175	0.391	225	0.236
26	2.38	76	1.63	126	0.754	176	0.386	226	0.234
27	2.37	77	1.61	127	0.742	177	0.382	227	0.232
28	2.36	78	1.60	128	0.730	178	0.378	228	0.230
29	2.35	79	1.58	129	0.719	179	0.373	229	0.228
30	2.34	80	1.56	130	0.708	180	0.369	230	0.226
31	2.33	81	1.54	131	0.697	181	0.365	231	0.224
32	2.32	82	1.52	132	0.687	182	0.361	232	0.222
33	2.31	83	1.50	133	0.676	183	0.357	233	0.220
34	2.30	84	1.48	134	0.666	184	0.353	234	0.219
35	2.29	85	1.46	135	0.657	185	0.350	235	0.217
36	2.28	86	1.45	136	0.647	186	0.346	236	0.215
37	2.26	87	1.43	137	0.638	187	0.342	237	0.213
38	2.25	88	1.41	138	0.628	188	0.339	238	0.211
39	2.24	89	1.39	139	0.619	189	0.335	239	0.209
40	2.23	90	1.37	140	0.611	190	0.331	240	0.208
41	2.21	91	1.35	141	0.602	191	0.328	241	0.206
42	2.20	92	1.33	142	0.593	192	0.325	242	0.204
43	2.19	93	1.31	143	0.585	193	0.321	243	0.203
44	2.17	94	1.29	144	0.577	194	0.318	244	0.201
45	2.15	95	1.27	145	0.569	195	0.315	245	0.199
46	2.14	96	1.25	146	0.561	196	0.311	246	0.198
47	2.13	97	1.23	147	0.554	197	0.308	247	0.196
48	2.11	98	1.21	148	0.546	198	0.305	248	0.195
49	2.10	99	1.20	149	0.539	199	0.302	249	0.193
50	2.09	100	1.18	150	0.532	200	0.299	250	0.191

표 1.19 고력 볼트의 중기 허용 내력

고력 볼트의 종별	볼트 호칭 지름	볼트축 지름 (mm)	볼트축 단면적 (cm²)	볼트 유효 단면적 (cm²)	설계 볼트 장력 (t)	허용 전단력(t)		허용 인장력 (t)
						1면 마찰	2면 마찰	
F8T	M16	16	2.01	1.52	8.27	3.01	6.02	6.28
	M20	20	3.14	2.38	13.0	4.71	9.42	9.81
	M22	22	3.80	2.95	16.1	5.70	11.4	11.9
F10T	M16	16	2.01	1.52	10.3	3.77	7.54	7.79
	M20	20	3.14	2.38	16.1	5.89	11.8	12.2
	M22	22	3.80	2.95	20.0	7.13	14.3	14.7

주) 허용 전단력은 미끄럼 계수를 0.45로 하였다.

표 1.20 볼트의 중기 허용 내력(모재 및 볼트의 재질 SS400)

볼트 호칭 지름	볼트축 지름 (mm)	볼트축 단면적 (cm²)	허용 전단력 (t)		허용 지압력 (t)						허용 인장력 (t)
			1면 전단	2면 전단	판 두께 (mm)						
					4.0	4.5	6.0	8.0	9.0	10.0	12.0	
M12	12	1.13	1.27	2.54	1.80	2.03	2.70					1.70
M16	16	2.01	2.26	4.52	2.40	2.70	3.60	4.80				3.02
M20	20	3.14	3.53	7.07	3.00	3.38	4.50	6.00	6.75	7.50		4.71
M22	22	3.80	4.28	8.55	3.30	3.71	4.95	6.60	7.43	8.25	9.90	5.70

주) 전단력을 받는 볼트에서는 나사부가 전단면에 작용하지 않을 것.

용접 등은 앞에서 기술한 흙막이벽 설계 시공 지침에 따르면 단기 허용 응력을 채용해도 좋지만 접합부는 약점이 되기 쉬운 부분이므로 앞에서 기술한 이유에 의거하여 이들에 대해서도 중기 허용 응력을 채용하는 것이 타당하다고 본다.

표 1.13~1.20에 강재 관계의 중기 허용 응력을 현행 관계 제규준(일본 건축 학회)에서 구한 값을 나타낸다. 이 경우도 전용성을 고려한 강재 등의 가설재는 그 보수나 수리 등에 대해서 충분히 관리된 것이어야 함은 물론이다. 또 흙막이벽의 사용 기간이 더욱 장기에 걸칠 때나 중요한 공사로 좀더 안전성을 중시할 때는 허용 응력을 더욱 저감하는 것이 바람직하다. 이것은 위에서 기술한 외력이나 구조적인 불확실성은 중기 허용 응력을 채용했다고 해도 이것을 흡수하기가 곤란한 경우를 충분히 생각할 수 있기 때문이다.

철근 콘크리트 부재는 휨재로서 설계되는 경우가 많고, 이 경우는 상당한 인성(靭性)을 갖게 되어 전단력에 대해서도 콘크리트는 재료 안전율이 다른 것에 비해 크므로 여기에 단기 허용 응력을 채용하는 것은 지장이 없다고 본다. 표 1.21에 콘크리트와 철근의 단기 허용 응력을 나

표 1.21 콘크리트 · 철근의 단기 허용 응력(kg/cm²)

재료		압축	인장	전단	부착	
					윗면 철근	기 타
콘크리트	보통 것	$\frac{2}{3}F_c$	—	$\frac{1}{20}F_c$ 또한 $(7.5+\frac{3}{200}F_c)$ 이하	————	$\frac{3}{20}F_c$ 또한 $(20.3+\frac{3}{50}F_c)$ 이하
	말뚝(비수중 치기)	$\frac{1}{3}F_c$ 또한 140 이하	—	$\frac{1.5}{40}F_c$ 또한 $(5.6+\frac{4.5}{400}F_c)$ 이하		$\frac{4.5}{40}F_c$ 또한 $(15.2+\frac{4.5}{100}F_c)$ 이하
	말뚝(수중 치기)	$\frac{4}{9}F_c$ 또한 120 이하	—	$\frac{1}{30}F_c$ 또한 $(5.0+\frac{1}{100}F_c)$ 이하		$\frac{1}{10}F_c$ 또한 $(13.5+\frac{1}{25}F_c)$ 이하
철근	SR24	2,400	2,400	2,400	$\frac{3}{10}F_c$ 또한 13.5 이하	$\frac{9}{100}F_c$ 또한 20.3 이하
	SD30	3,000	3,000	3,000	$\frac{1}{10}F_c$ 또한 $(13.5+\frac{1}{25}F_c)$ 이하	$\frac{3}{20}F_c$ 또한 $(20.3+\frac{3}{50}F_c)$ 이하
	SD35	3,500	3,500	3,000		

주 1) 콘크리트란의 허용 부착 응력은 이형 철근에 대한 값을 나타낸다.
2) 철근의 전단란은 전단 보강에 사용하는 경우를 나타낸다.

타낸다. 또한 현장 치기 콘크리트 말뚝의 콘크리트 허용 응력은 앞에서 기술한 「흙막이 설계 시공 지침」과 「건축 기초 구조 설계 지침」(모두 일본 건축 학회편, 1988년도판)에서 약간 다른 값을 나타내고 있다. 이 중 후자의 것이 타당성이 높다고 생각되므로 표 1.21에는 이에 의거하여 값을 나타내 두었다.

1.4 연속 지중벽 구조체에 대한 이용

흙막이벽으로서의 철근 콘크리트 연속 지중벽은 과거 실시 예에서는 벽 두께가 600~1,200 mm도 있고, 각종 흙막이벽 중에서 가장 강고한 데다가 지수성도 양호하므로 흙막이벽으로서의 성능은 가장 뛰어나지만 비용적으로는 가장 고가이다. 이러한 흙막이벽에서도 본래는 지하 구조체를 축조하기 위한 가설물이지만 이것을 완전히 가설물로서 다룬다는 것은 불경제적이므로 이것을 구조체의 일부로서 이용하고자 하는 생각은 당연하다. 구조체에 대한 이용에는 다음과 같은 실례가 있다.

① 지하 외벽의 일부로서 이용하여 토압·수압에 저항시킨다.
② 지하 외벽의 일부 또는 전부로서 이용하고, 또한 내진벽으로서 이용한다.
③ 지지 말뚝(벽 말뚝)으로서 이용한다.
④ 지반 앵커로서 이용한다.

이 중 ②·③의 경우에 대해서는 그 디테일과 시공법에 따라서 소요의 구조 성능을 구할 수 있는지 여부를 "실험으로 확인된 특정 공법*"만이 실시 가능하다. 또한 ④를 적극적으로 이용할 경우는 평정·특별 승인을 요하는 것이라고 생각할 수 있다.

가설물을 영구 구조체로서 이용할 때에 주의해야 하는 것의 하나로 잔류 응력과 잔류 변형의 문제가 있다. 잔류 응력에 대해서는 가설물로서 사용하였을 때에 생긴 응력이 그대로 잔류하여 영구 구조체로서의 응력에 초기 응력으로서 가산되게 된다. 따라서 이와 같이 가산된 합성 응력이 재료가 가진 허용 응력을 초과하지 않도록 설계해야 한다. 이렇게 하기 위해서는 흙막이벽으로서의 존재 응력을 실제 상황을 충분히 반영한 정산법으로 컴퓨터를 이용하는 등(예를 들면, 표 1.3의 정산법) 하여 될 수 있는 한 정확히 파악해야 한다. 또는 반대로 영구시에 생긴 응력의 크기에 따라서 가설시에 발생하는 응력의 크기를 어떤 한도 내에 그치도록 해야 한다.

다음에 유해한 잔류 변형을 생기게 해서는 안된다. 흙막이벽에 큰 변형이 생기면 콘크리트에 균열이 생겨서 강성이 현저히 떨어지고 지하수가 침입하여 콘크리트의 중성화를 빠르게 하거나 내부의 철근을 부식시킬 우려가 있다.

(1) 지하 외벽으로서의 이용

철근 콘크리트 연속 지중벽의 축조는 통상 1패널의 폭을 6 m 정도 이내로 분할하여 1패널씩 시공하므로 패널 상호간에는 이음매(콘크리트의 이어붓기)가 생긴다. 이 부분에는 굴착시에 사용한 굴착 안정액으로 생긴 머드 케이크(mud cake)의 얇은 층이 끼어 있다. 머드 케이크는 지수성이 좋아 잘만 시공하면 이음매 부분에서 새는 누수는 거의 없으나 지진시 등의 진동으로 지수성을 파괴하는 경우를 생각할 수 있고, 드물게 굴착토 속의 점토가 이음매 부분에 부착되어 결함을 만드는 경우도 있으므로 지수성을 기대하지 않는 편이 낫다. 또 지진력의 부담도 기대할 수 없다.

그러므로 흙막이벽의 안쪽에 접하여 또 1장 현장 치기 철근 콘크리트의 벽을 만들어 지하 외벽을 구성한다. 그리고 흙막이벽은 토압만을 부담하고, 현장 치기한 지하 외벽에는 수압을 부담하게 함과 동시에 지진력에 대한 저항 요소의 하나가 된다고 생각해도 된다. 이것은 흙막이벽 안쪽 면은 굴착시에는 흙에 접한 면에 요철(凹凸)이 있어 굴착 완료 후 부착된 흙을 될 수 있는

---

* 실험으로 확인된 특정 공법 : 여기서는 사단 법인 일본 건축 센터의 평정(評定)을 받은 다음 일본 건설성 장관의 특별 승인을 취득한 것을 나타낸 것이다.

한 정성들여 제거하지만 전부 떨어지지 않아 현장 치기 콘크리트와는 일체로 될 수 없다. 그래서 지하수는 흙막이벽의 이음매 뿐만 아니라 이 틈으로도 침입한다고 봐도 되기 때문이다.

더구나 이 양자가 일체가 되지 않으므로 각각 따로따로 토압과 수압에 저항하는 것으로 봐도 된다. 그러나 이 경우에도 변형은 같다고 볼 수 있으므로 전단 연결재(shear connector, 전단력 지항 요소)가 필요하다. 양자의 접촉면은 앞에서 기술한 바와 같은 요철면(凹凸面)이므로 부착된 흙을 될 수 있는 한 정성들여 제거하고 나서 물로 깨끗이 씻은 다음 서로 긴결하는 수단을 적당히 배치해 두면 요철면의 전단 저항이나 콘크리트의 부착 효과를 기대할 수 있어 전단 연결재 효과가 있다고 생각해도 될 것이다.

(2) 내진벽 겸용 지하 외벽으로서의 이용

앞 항에서 기술한 바와 같이 철근 콘크리트 연속 지중벽은 폭 약 6 m 정도의 패널마다 이음매가 있다. 이 이음매는 콘크리트 이어붓기 뿐만 아니라 철근도 연속되어 있지 않다. 그래서 앞에서 기술한 머드 케이크를 정성들여 제거 청소하고 이어붓기부를 뭔가의 방법으로 접속하여 강도적으로나 강성적으로도 연속할 수 있으면 연속 지중벽을 내진벽으로서도 이용할 수 있어 토압·수압에 대해서도 좀더 합리적으로 저항시킬 수 있어 더욱 경제적이다.

이 연속시키는 수단은 대형 원도급 몇 개 회사가 각기 독자적으로 개발하여 공인 기관에서 인정한 것이 있다. 그러나 아무래도 흙속에 대한 공사이며 굴착 안정액 속에서 하는 작업이므로 이음매 부분에 대한 강도나 강성의 신뢰성을 어떻게 확보하는지가 문제이다. 굴착 정밀도의 확보는 물론 앞에서 기술한 바와 같은 부착된 머드 케이크나 점토 제거 등 문제점이 많이 있어 시

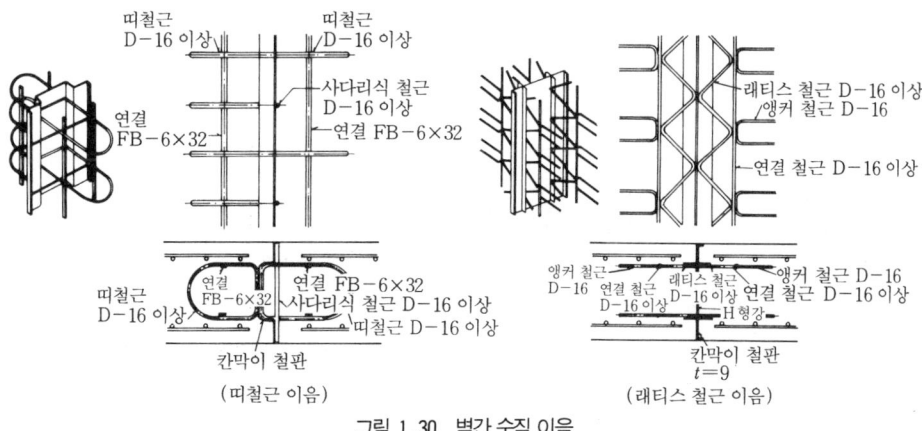

그림 1.30 벽간 수직 이음

공 중 품질 관리를 어떻게 정밀하게 하는가에 달려 있다.

그림 1.30~1.33은 일본의 모 업체가 한 실험의 일례이다[17]. 이 방식은 앞에서 기술한 패널 사이의 콘크리트 이어붓기부에 **그림 1.30**에 나타내는 디테일을 가진 이음 철물을 설치해 두고 시공 중에 부착된 머드 케이크나 슬라임은 노즐을 가진 로드를 삽입하여 회전시키면서 굴착 안정액을 고압으로 분사시켜서 세정 제거하는 방법을 취하고 있다.

그림 1.31은 이렇게 하여 축조한 후 흙속에서 파낸 실물 크기의 실험벽에서 압축형 전단 공시체를 잘라내 시험한 결과로 이음매부의 강도는 예측한 계산값에 대해서 충분하며, 강성에 대해서도 전혀 지장이 없다는 것을 확인했다고 보고되고 있다.

그림 1.32는 앞에서 기술한 것과 같은 일련의 실험으로 연속 지중벽과 나중 치기 구조체 콘크리트의 일체성을 구하기 위해 생각해 낸 시어 커넥터의 디테일을 나타낸 것이다. 또 **그림 1.33**은 땅속에서 파낸 실물 크기의 실험벽을 사용하여 나중 치기 콘크리트와 이 디테일로 결합한 공시체로 푸시 아웃(push out)형 전단 시험을 한 결과이다. 이 결과도 계산값과 비교적 잘 맞고 강성에 대해서도 지장이 없다고 보고되고 있다.

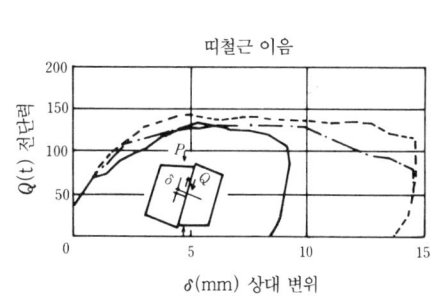
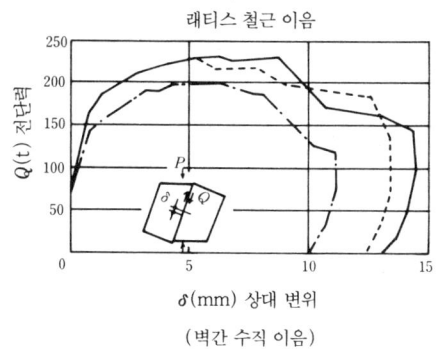

그림 1.31 실험 결과

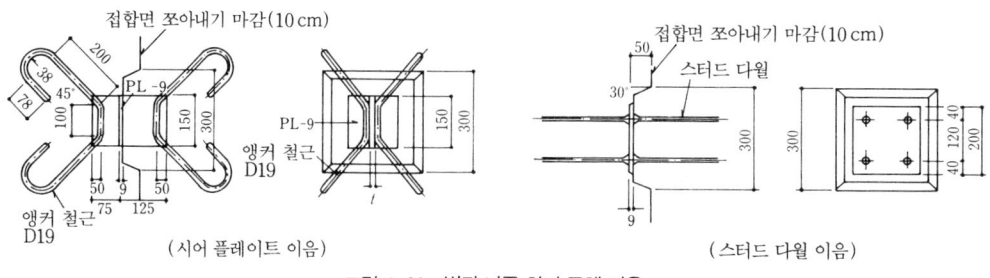

그림 1.32 벽과 나중 치기 구체 이음

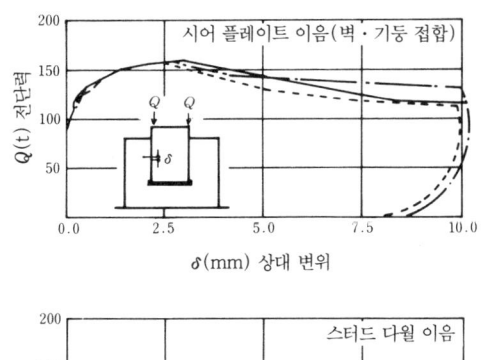
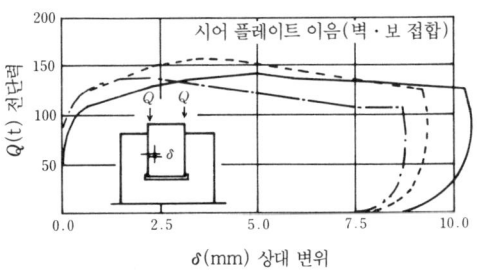
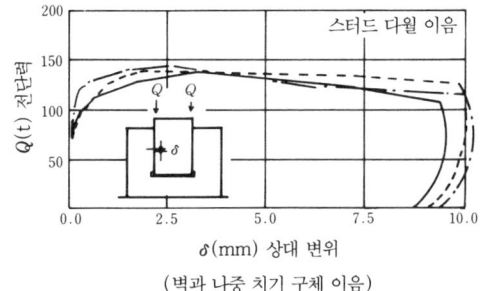

(벽과 나중 치기 구체 이음)

그림 1.33 실험 결과

(3) 벽 말뚝으로서의 이용

지중 연속벽을 말뚝으로서 이용하는 경우는 그 선단을 밀실한 사력층 등에 정착시켜서 지지 말뚝으로 해야 한다. 연속 지중벽의 밑동 묻힘이 깊은 경우는 밑동 묻힘 부분에 대해서 흙 사이의 마찰력을 평가할 수 있으나 굴착 부분에 대해서는 평가할 수 없다.

역타 공법을 채용할 경우 위에 기술한 바와 같이 연속 지중벽 선단을 지지층에 밑동 묻힘하고 있으면 건물 네 주위 연속벽에 가까운 부분의 역타 하중을 이 연속 지중벽으로 지지시킬 수 있으나 연속 지중벽 선단이 연약층에 머물러 있는 경우나 지지력이 부족한 경우 등은 벽 말뚝으로서 이용할 수 없으므로 건물 네 주위에도 선시공 철골 기둥을 설치해야 한다(「제3장 3.2 선시공 철골 기둥 구조 (4) (b) 선시공 철골 기둥 구조의 배치」 참조).

연속 지중벽을 말뚝으로서 이용하기 위해서는 선단 슬라임 처리 등에 대해서 통상 현장 치기 철근 콘크리트 말뚝의 시공과 마찬가지로 주의를 해야 한다. 선단 처리가 불충분하면 하중이 가해졌을 때에 침하가 크게 되어 말뚝으로서의 내력을 기대할 수 없다.

그림 1.34는 벽 말뚝에 대한 수직 재하 시험 결과의 일례이다[17]. 벽 말뚝과 비교하기 위해 축조된 말뚝은 벽 말뚝과 같은 단면적을 가진 어스 드릴 공법을 이용한 현장 치기 콘크리트 말뚝이다. 그림에 나타내는 바와 같이 벽 말뚝의 하중-침하의 관계는 종래 공법에 따른 말뚝과

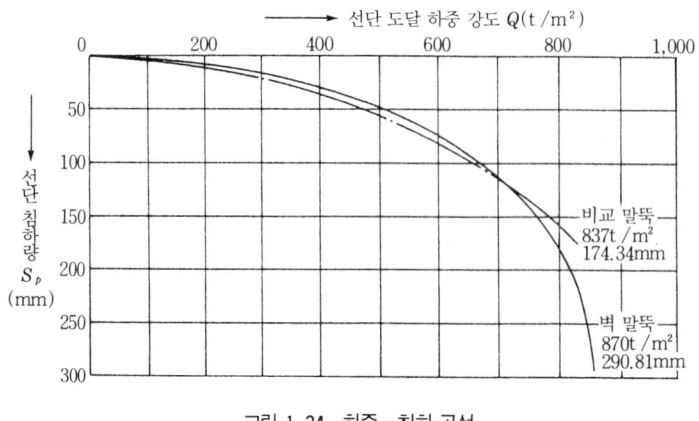

그림 1.34 하중-침하 곡선

아주 근사하여 좋은 결과를 얻었다고 보고되고 있다.

(4) 지반 앵커로서의 이용

연속 지중벽은 지진시에 생기는 로킹이나 전도 모멘트에 저항하는 요소로서 이용하는 경우를 생각할 수 있다. 이것은 상당히 긴 밑동 묻힘으로 하는 연속 지중벽에 대해서 생각할 수 있는 것이며, 전도 모멘트의 인장측 연속 지중벽을 인발 저항 앵커로 하는 것으로 일종의 인발 저항 말뚝이다. 또 압축측의 연속 지중벽도 지지 말뚝으로 할 수 있다.

이 경우 연속 지중벽의 주철근량은 인발 저항 말뚝으로 된다는 것을 고려하여 휨 모멘트에 대한 것 외에 연속 지중벽의 자중과 흙 사이의 마찰력이 인장 하중이 된 경우의 복합 응력에 대해서 배근해 두어야 할 것이다.

위에서 기술한 바와 같이 연속 지중벽을 구조체의 일부로서 이용할 경우는 당연한 것으로서 구조체와 일체가 되는 것이다. 따라서 그 자중도 구조체의 중량에 가해지게 된다. 예를 들면, 연약 지반에서 건물 중량을 말뚝으로 지지할 경우는 연속 지중벽의 중량도 말뚝의 부담 하중이 된다는 것을 잊어서는 안된다.

더구나 부(負) 마찰력(negative friction)이 생기는 지반에서는 적극적으로 절연 처리를 하고 있지 않을 때는 이 값도 말뚝의 부담 하중이 된다.

또한 연속 지중벽을 구조체의 일부로서 이용하고 있지 않을 때도 실제는 구조체와 일체로 되게 하는 경우가 많고, 연속 지중벽의 중량이나 부(負) 마찰력이 말뚝에 가해져 그 때문에 말뚝이 과부하로 되어 침하를 촉진하여 부동 침하를 일으키는 것을 생각할 수 있으므로 주의해야 한다.

참 고 문 헌

17) 日本建築センター ; ビルディングレター(1986. 1. 외)

제 2 장 흙막이 버팀대식 오픈 컷 공법 (strut 공법)

2.1 흙막이 동바리의 계산법

(1) 흙막이 동바리의 계획

흙막이 동바리는 버팀대(strut), 띠장, 귀잡이보, 버팀대 지지 말뚝 등으로 구성되며, 지하 굴착시에 흙막이벽에 가해지는 측압(토압·수압)을 안정된 상태로 지지하기 위한 가설물이지만 굴착 공사의 안전성 확보에 더해 매우 중요한 구조물이다.

흙막이 동바리의 배열은 건물 전체의 평면·기둥 배치(column arrangement) 등에 연관지어 평형이 좋고, 힘의 전달이 단순 명쾌하며, 또한 변형도 적게 되도록 계획해야 한다. 흙막이 동바리는 건물 평면이 정형(整形)인 경우는 일반적으로 강재를 사용하나 그렇지 않을 경우는 버팀대가 흙막이벽(띠장)에 대해서 직각으로 접하지 않으므로 띠장과의 맞춤으로 버팀대 축력의 분력이 생기게 되어 명확하지 않게 되므로 이런 경우나 특수한 굴착 조건에 따라서는 **그림 2.1**에 나타내는 바와 같이 철근 콘크리트조나 트러스 구조로 하는 경우가 있다. 또 띠장에 생기는 응력(주로 전단 응력)이 대단히 커지는 경우는 이것을 철근 콘크리트조로 하고 띠장을 강재

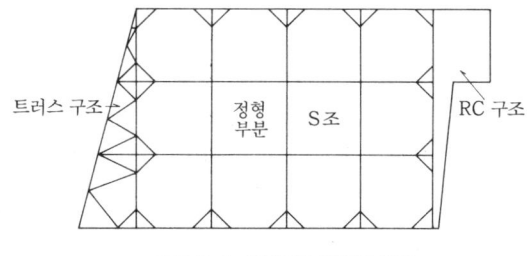

그림 2.1 흙막이 동바리의 종류

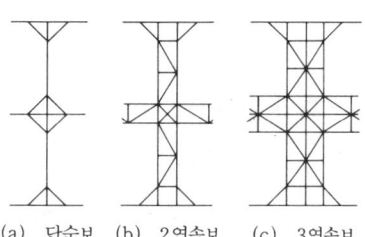

그림 2.2 강재 동바리의 조립법

로 하는 혼용 구조를 채용하는 경우가 있다.

강재 동바리를 사용하는 경우 버팀대 길이가 약 50 m를 넘으면 압축력으로 인한 수축량이나 온도 영향에 따른 내부 응력이 커져 좌굴할 위험성이 증대하므로 **그림 2.2**에 나타내는 바와 같이 2연속조나 3연속조의 방법으로 부정적 차수를 높일 필요가 있다. 또 만일 좌굴이 생기기 시작한 때에 보강 대책은 쉽게 할 수 있도록 생각해 두는 것도 필요하다. 역타 공법의 채용은 지하 각층의 바닥보가 매우 단단한 버팀대 역할을 하므로 이러한 경우에 안전성이 높다. 귀잡이보는 버팀대와 띠장 맞춤부의 인성 확보에 유효하다.

동바리의 제1단계는 흙막이벽 두부의 변위를 적게 하기 위해 될 수 있는 한 높은 지표에 가까이 하여 설치하는 것이 바람직하다. 흙막이벽 두부에 매우 단단한 두부끼리 연결하는 것도 유효하다. 동바리 깊이 방향의 간격은 건물 지하실의 층 높이와도 관계가 있고 흙막이벽의 강성에도 관계가 있지만 3.0~3.5 m 정도를 표준으로 한다.

동바리는 굴착이 끝나면 될 수 있는 한 빨리 가설해야 한다. 굴착은 계획에 따라 하되 부분적이나마 너무 파지 않도록 해야 한다. 버팀대 가설 후에 재킹(jacking)을 하거나 프리로드(preload)를 도입하는 것은 맞춤부의 융합을 좋게 하여 버팀대의 탄성 수축을 적게 하는 효과가 있으며, 흙막이벽의 변위·변형에 따른 주변 지반의 영향을 적게 할 수 있다. 또 버팀대 가설 후는 접합부 볼트 등이 헐겁지 않은지의 여부를 항상 점검함과 동시에 버팀대의 직선성에 주의해야 한다. 버팀대가 휘거나 하면 좌굴할 위험성이 있으므로 특히 주의해야 한다. 또 리바운드로 버팀대가 뚜렷하게 위로 볼록(凸)하게 되어 있으면 버팀대 지지 말뚝에 인발력이 생겨서 위험하다.

일반적으로 동바리 부재는 리스(lease)재를 쓰는 경우가 많다. 리스재는 몇 번이나 이용할 수 있으므로 그 사이에 원래 변형, 원래 구부러짐, 녹, 홈 등이 생기는 경우가 있다. 뚜렷한 결함이 있는 재료는 사용해서는 안된다. 또 이러한 리스재에 대해서는 보수·수리 등을 하여 성능 열화가 없도록 잘 관리해 두어야 한다.

(2) 측압 분포

흙막이벽에 가해지는 측압의 사고 방식에 대해서는 「제1장 1.1 흙막이벽의 계산법」에서 기술한 바와 같이 다음과 같은 것이 있다.

① 삼각형 분포

② 사다리꼴 분포

이것들은 모두 실측값을 기본으로 하여 조립된 경험적인 요소가 강한 것이다. 삼각형 분포의 측압은 Rankine·Résal의 주동 토압식을 바탕으로 간략화한 것인데 굴착 규모가 커지면 Rankine·Résal이 연구한 원래 식의 값을 구하고 이것을 삼각형 분포로 치환하여 사용하는 경우가 많다. 이들 측압 분포의 적용 한계에 대해서도 이미 기술한 바와 같다.

(3) 응력 산정과 변형 계산

띠장, 버팀대 등 흙막이 동바리에 생기는 응력과 변형의 계산은 앞에서 기술한 측압 분포에 의거하여 계산한다. 표 1.3「흙막이벽의 해법」에 나타낸 것 중 정산법을 이용할 경우는 동바리에 생기는 응력도 동시에 계산하지만 약산법을 이용할 경우는 각 단의 동바리가 부담하는 측압의 범위에 대해서는 다음과 같은 두 가지 방식을 생각할 수 있다.

① 1/2 분할법
② 아래층 분담법

이 중 1/2 분할법은 각 단 동바리는 그 상하 간격의 1/2씩의 측압을 부담한다고 생각하는 것이다. 최상단에 대해서는 2단째 동바리와의 중간점에서 위쪽 전부를 부담하는 것으로 하고, 최하단에 대해서는 그 위의 동바리와의 중간점에서 굴착 밑바닥까지의 1/2까지를 부담한다고 생각한다. 그림 1.4「측압 분포(사다리꼴)」에 이 방식을 도시한 것이다. 1/2 분할법에서는 상단 동바리에 대해서 위험측이 되는 경우가 있으므로 주의해야 한다.

아래층 분담법은 그림 2.3에 나타내는 바와 같이 각 단의 동바리가 1단 아래 동바리까지의 몫을 부담한다고 보면 된다. 최상단에 대해서는 2단째 동바리에서 위쪽 모두를 부담하는 것으로 하고, 최하단에 대해서는 최하단 버팀대에서 아래쪽 모두를 부담한다고 생각하면 된다.

띠장·버팀대의 응력을 구하고 단면 산정과 응력 계산시에는 지금까지 여러 곳에서 기술한

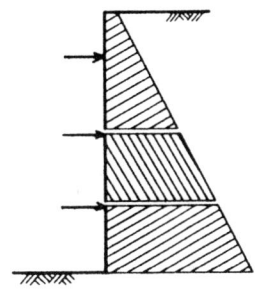

그림 2.3 하층 분담법

바와 같이 다음과 같은 것을 염두에 두어야 한다.

a. 측압 분포는 경험적으로 결정된 것이며 어디까지나 겉보기의 힘(力)이다. 흙막이벽에 생기는 변형은 굴착 진척에 따라서 변하고 이와 함께 흙막이벽 뒷면에 가해지는 측압도, 버팀대에 생기는 응력도 변동하는 것이다. 이와 같이 변형이나 측압도 시공 단계마다 변동하는 불확정한 것인데도 계산의 편의를 위해「시공 진척과 관계없이 일정」으로 하는 큰 가정이 있다.

b. 부재나 접합부의 강도가 부족하면 좋지 않은 것은 당연하므로 계산한 수치만 받아들이지 말고 전체의 프로포션을 중시하여 안정감 있는 부재나 접합부를 선정해야 한다. 구조 계산만으로 안전이 확보된다고 생각해서는 안된다.

c. 흙막이 동바리는 굴착 개시부터 구조체 축조까지의 가설 구조물이어서 리스재가 많고 재료는 반복 사용되므로 원래 변형, 원래 구부러짐, 녹, 흠 등 때문에 단면 성능이 열화하는 것이 있다.

d. 동바리의 교점은 해체 조립하기 쉽도록 간편한 방법으로 기계적으로 긴결하게 되어 있으므로 접합부의 강성이 작고 구조물로서의 정정 치수가 낮다.

따라서 내력적으로 여유가 없는 설계를 하는 것은 위험하므로 부재의 중요도에 따라서 적당한 안전율을 갖도록 고려해야 한다. 또한 대표적인 버팀대를 선정하고 토압계를 편성하여 버팀대에 생기는 축력을 직접 계측하여 계산값과 비교하여 안전 관리의 하나의 지표로 하는 것은 좋은 일이다. 굴착 평면이 부정형인 경우는 흙막이 동바리에 가해지는 힘이 언밸런스가 되기 쉬우므로 주의해야 한다.

(4) 적재 하중

버팀대 위에 적재 하중이 실리는 것이 예정될 때는 실제 상황에 따라서 하중값을 결정한다. 다만, 적재 예정이 없는 경우라도 자중 외에 $0.5\,t/m$ 정도의 하중을 고려해 두는 것이 바람직하다.

시공 후는 실제 적재 하중 상태를 끊임없이 관찰하여 과하중이 되지 않도록 주의함과 동시에 각 부분에 이상이 없는지 여부를 점검한다. 또한 다량의 하중을 적재하는 것은 응력적으로 가능하더라도 바람직한 것은 아니다. 만약 버팀대가 좌굴하기 시작했을 때 등은 보강(補強)·보강(補剛) 대책을 바로 해야 한다. 그렇지 않으면 나중에 문제가 생길 우려가 있다.

(5) 온도 응력

강재 버팀대에서는 그 축력이 굴착 각 단계에서 정상 상태에 있어도 상당히 변동한다는 것이 알려져 있다. 이 원인의 거의는 온도 응력에 의거한다. **그림 2.4**는 이것을 나타낸 것으로 버팀대 축력의 증감은 기온 변동에 연동(連動)한다는 것을 알 수 있다.

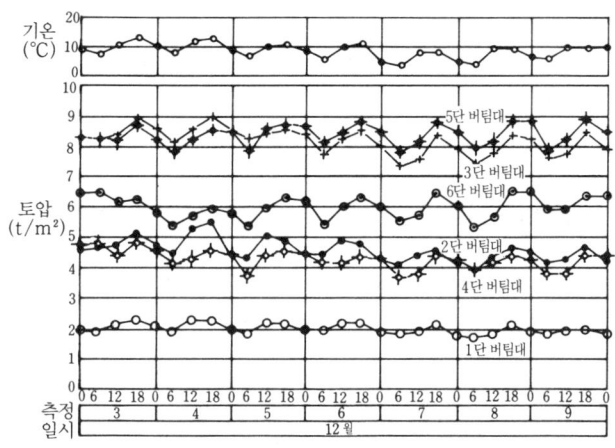

그림 2.4 기온과 버팀대 응력 실측값과의 관련

이 온도 응력은 상당히 큰 값이 되는 경우가 많으므로 버팀대 설계 시점에서 고려해야 한다. 그렇게 하기 위해서는 온도 응력의 값을 예측할 필요가 있다.

버팀대에 생기는 온도 응력은 온도 상승이 클수록 크게 된다는 것은 말할 나위도 없지만 버팀대 양단의 고정도에도 영향을 준다. 이 고정도란 흙막이벽의 변형 성상이며, 흙막이벽의 강성(剛性)과 흙막이벽 뒷면 지반의 탄성 성상에 관계한다. 온도 응력을 구하는 일반식은 다음과 같다[18].

$$\Delta P = \frac{K_E \cdot A_S \cdot E_S \cdot \alpha \cdot T \cdot L}{K_E \cdot L + 2 \cdot A_S \cdot E_S} \quad \cdots\cdots\cdots\cdots\cdots (2.1)$$

이때, ΔP : 버팀대에 생기는 온도 응력(t)

K_E : 버팀대 양단의 스프링 상수(t/cm)

A_S : 버팀대의 단면적(cm²)

E_S : 버팀대의 탄성 계수(t/cm²)

L : 버팀대의 전체 길이(cm)

α : 버팀대재의 선팽창 계수(1/℃)

T : 버팀대의 온도 변화량(℃)

위 식에 의해서 임의의 버팀대에 생기는 온도 응력을 계산할 수 있으나 상당히 번잡하므로 간략법으로서 다음과 같은 방식이 있다.

① 버팀대 양단을 완전 고정으로서 산정한 것
② 버팀대 양단을 완전 고정으로서 산정한 값에 저감률을 곱한 것
③ 버팀대 양단을 탄성 고정으로 하고 스프링 상수를 가정하여 산정한 것
④ 실측 최대 온도 응력을 가정한 것
⑤ 일률적으로 일정값을 가정한 것

상기한 ①의 버팀대 양단을 완전 고정으로 한 경우의 온도 응력은 다음 식(2.2)로 나타낼 수 있다.

$$\Delta P = A_s \cdot E_s \cdot \alpha \cdot t \quad \cdots\cdots\cdots\cdots\cdots\cdots\cdots\cdots\cdots (2.2)$$

이때, t : 기온 변화량(℃)

버팀대의 온도 변화량은 여러 가지 조건의 영향을 받아서 정확히 파악하기 어려우므로 기온 변화량과 같게 하고 있다. 버팀대 온도와 기온과의 관계는 다단 버팀대의 경우라도 1단 버팀대와 최하단 버팀대 사이에 어떤 차이는 보이지 않는 것 같다. 이 방법은 산정이 쉽고 안전측이지만 과대하게 평가하므로 비경제적으로 되기 쉽다.

②는 실측 데이터에 따르면 온도 응력의 개략적인 값은 버팀대 양단을 고정으로 한 경우의 20~60% 정도의 범위에 있으므로 [19], [20] 약산하면 다음 식(2.3)과 같다.

$$\Delta P = k \cdot A_s \cdot E_s \cdot \alpha \cdot t \quad \cdots\cdots\cdots\cdots\cdots\cdots\cdots\cdots\cdots (2.3)$$

강재 버팀대에 재킹으로 조인 정도의 경우는 $k=0.2\sim0.3$, 프리로드를 계산 축력의 50% 이상으로 한 경우는 $k=0.4\sim0.5$를 제안하고 있다. 또 k는 흙막이벽의 종류와 강성, 지반의 종별, 밑동 묻힘부의 N값, 버팀대의 간격·길이 등에 관계하는 것으로 보고 이들의 영향도를 구하여 중회귀식(重回歸式)을 제안하고 있는 경우가 있다[21]. 버팀대에 생기는 온도 응력은 이 밖에 버팀대의 열흡수량, 재킹 도입 하중, 버팀대의 가설 시기에도 영향이 있다고 한다. 실측 데이터의 개략적인 값은 1℃에 대해서 1~2 t 정도이다. 온도 변화량은 20℃를 넘는 것도 있으므로 주의해야 한다.

③의 버팀대 양단 스프링 상수의 산정은 횡방향 지반 반력 계수 k_h에 버팀대의 부담 면적을

곱하여 구하는 것[22), 23)], 지반과 흙막이벽의 강성을 고려한 미분 방정식을 풀어 추정하는 것[24)]이 있다. 전자는 흙막이벽의 강성이 고려되어 있지 않지만 실측값과 잘 일치한다고 보고되어 있다. 그러나 지반의 k_h 값의 평가에 상당한 오차를 수반할 우려가 있다. 후자는 4회의 미분 방정식으로 해야 하므로 계산이 번잡하게 되는 결점이 있다. 또, 버팀대 양단의 스프링 상수는 프리로드 도입시에 도입력과 변형과의 관계를 측정함으로써 구할 수 있다. 이렇게 하면 상당히 정확하게 구할 수 있으므로 버팀대 설계 시점에서의 추정을 확인할 수 있다.

④의 방법은 버팀대의 온도 응력이 앞에서 기술한 바와 같은 여러 가지 요인에 영향을 받기 때문에 실측값에 편차가 많아서 흙막이 구조의 종류에 따른 타당한 온도 응력을 결정하기가 곤란하다.

⑤의 방법은 종래의 경험으로 봐서 일정값의 온도 응력을 가정하는 것으로 토목 관계의 지침[25)~28)]에서는 특별히 계산하지 않는 경우에는 12~15 t을 가정하도록 정하고 있다.

(6) 각 부분 설계

(a) 띠장

띠장은 버팀대와 귀잡이보로 지지하며 흙막이벽에서 한결같은 측압을 받는 휨재로서 설계한다. 일반적으로 띠장은 불완전 연속보로서 다루지만 뚜렷한 변단면(變斷面)으로 하지 않고 동일 단면을 연속시켜야 한다. 또한 띠장에 휨 모멘트 외에 직교하는 띠장으로부터의 반력, 귀잡이보로부터의 축력 성분이 부가되는 경우는 이것을 고려해야 한다.

띠장과 버팀대의 접합부는 귀잡이보를 설치해 보강할 때가 많다. 귀잡이보 설치 방법으로는 버팀대에 대해서 45°, 30°의 두 종류가 있으며, 이때 띠장의 응력 산정용 유효 스팬 채용 방법은 귀잡이보 지점으로서의 유효성을 고려하여 가정한다.

설치 각도가 45°일 때의 유효 스팬 l_e는 **그림 2.5**에서

$$l_e = \frac{1}{2}(l_0 + l_1)\,(\text{m}) \quad\quad\quad\quad\quad (2.4)$$

로 하고 휨 모멘트 M, 전단력 Q는

$$\left. \begin{array}{l} M = \dfrac{1}{8} p \cdot l_e^2 \,(\text{tm}) \\[4pt] Q = \dfrac{1}{2} p \cdot l_e \,(\text{t}) \end{array} \right\} \quad\quad\quad\quad (2.5)$$

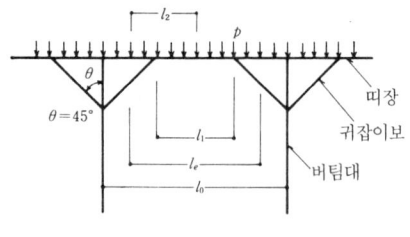
그림 2.5 45° 귀잡이보

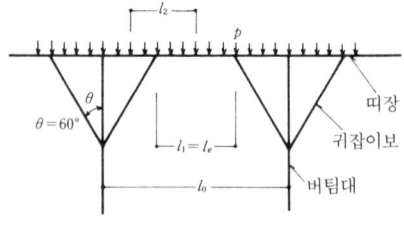
그림 2.6 60° 귀잡이보

축방향력 N 은

$$N = \frac{1}{2} p' \cdot l_0' + 1.4 p \cdot l_2 \text{ (t)} \quad \cdots\cdots\cdots\cdots\cdots\cdots\cdots (2.6)$$

이때, p : 띠장에 가해지는 측압(t/m)

　　　p' : 직행 방향의 띠장에 가해지는 측압(t/m)

　　　l_0' : 직행 방향 띠장의 스팬(m)

　　　l_2 : 귀잡이보의 측압 부담 폭(m)

설치 각도가 30°일 경우는 45°의 경우에 비하여 접점의 구속 효과가 뛰어나다는 것이 실험적으로 확인되고 있으므로 **그림 2.6**의 l_e를 취하여

$$\left. \begin{array}{l} M = \dfrac{1}{8} p \cdot l_e^2 \text{ (tm)} \\[6pt] Q = \dfrac{1}{2} p \cdot l_e \text{ (t)} \end{array} \right\} \quad \cdots\cdots\cdots\cdots\cdots\cdots\cdots (2.7)$$

로 하고 축방향력 N 은

$$N = \frac{1}{2} p' \cdot l_0' + 1.2 p \cdot l_2 \text{ (t)} \quad \cdots\cdots\cdots\cdots\cdots\cdots\cdots (2.8)$$

로 한다. 강제 띠장은 전단력에 대해서 단면이 부족한 경우가 많으므로 주의해야 한다. 띠장에 생기는 처짐 δ 는 유효 스팬 l_e를 사용하여 다음 식(2.9)로 구한다.

$$\delta = \frac{3 p \cdot l_e^4}{384 E \cdot I} \text{ (cm)} \quad \cdots\cdots\cdots\cdots\cdots\cdots\cdots (2.9)$$

이때, E : 띠장의 탄성 계수(t/cm²)

　　　I : 띠장의 단면 2차 모멘트(cm⁴)

따라서 $\delta \leq 15\,\text{mm}$, 또한 $\delta \leq l_e/300$ 정도가 되는 단면으로 한다. 띠장에 생기는 처짐은 그

대로 흙막이벽의 변형에 누가(累加)되므로 띠장은 될 수 있는 한 휨 강성이 큰 것을 채용하여 휨 변형을 작게 억제해야 한다.

(b) 버팀대(strut)

버팀대는 띠장 지점으로서의 반력과 온도 응력에 따른 압축력을 받음과 동시에 자중과 적재 하중에 따른 휨 모멘트를 받는 부재로서 설계한다. 버팀대의 좌굴 길이는 버팀대 구면 내의 좌굴에 대해서는 버팀대 교점의 간격을, 구면 외의 좌굴에 대해서는 버팀대 지지 말뚝의 간격으로 해도 좋다고 되어 있다. 그러나 버팀대 교점이나 버팀대와 지지 말뚝과의 긴결을 헐겁게 하지 않도록 하여 이 부분의 강성을 될 수 있는 한 높게 해두지 않으면 좌굴 길이가 앞에서 기술한 간격보다 크게 되어 좌굴 붕괴가 생기게 되므로 주의해야 한다.

띠장은 주로 휨 모멘트를 받는 재이므로 가령 과부하로 휨 항복 내력에 이르렀다고 해도 종국 내력에 대해서는 여유가 있다고 볼 수 있다(변형은 크게 된다). 한편, 버팀대는 주로 축방향력을 받는 재이어서 좌굴 저항을 주안점으로 해 설계하는 것이므로 원래 변형 등의 결함이 있으면 파괴되기까지 여유가 없다.

(c) 귀잡이보

귀잡이보는 띠장에 작용하는 측압으로 압축력을 받는 재로서 설계한다. 귀잡이보의 측압 부담 폭 l_2는 그림 2.5, 2.6에서

$$l_2 = \frac{1}{4}(l_0 + l_1)(\mathrm{m}) \quad \cdots\cdots\cdots\cdots\cdots\cdots\cdots\cdots\cdots\cdots\cdots\cdots\cdots\cdots\cdots\cdots\cdots (2.10)$$

축방향력 N은

$$N = \frac{p \cdot l_2}{\sin \theta}(\mathrm{t}) \quad \cdots\cdots\cdots\cdots\cdots\cdots\cdots\cdots\cdots\cdots\cdots\cdots\cdots\cdots\cdots\cdots\cdots (2.11)$$

귀잡이보는 버팀대·띠장에 볼트 접합되는 것이므로 볼트에 대해서도 위에서 기술한 축방향력 N에 의거하여 산정한다. 귀잡이보의 하중 부담률은 맞춤 시공의 정밀도를 좋게 해야 하므로 헐겁지 않도록 조립해야 한다. 귀잡이보는 버팀대에 비하여 응력이 작더라도 설치 디테일상 같은 재를 사용한다.

(d) 버팀대 지지 말뚝

버팀대 지지 말뚝은 버팀대 동바리의 자중과 버팀대 위의 적재 하중 등을 지지함과 동시에 버팀대의 구면 외 좌굴을 방지하기 위한 것으로, 이같은 하중으로 뚜렷한 침하가 생기지 않는 내

력이 필요하다. 구면 외 좌굴의 억제에 대해서는 버팀대에 가정한 축방향력의 2%를 채용하면 된다고 볼 수 있다. 이때 X방향의 버팀대 축력에 따른 것과 Y방향의 버팀대 축력에 따른 것을 동시에 가산해야 한다. 다단 버팀대의 경우는 각 단의 버팀대에 대해서 동시에 고려해야 한다.

버팀대는 버팀대 지지 말뚝에서 브래킷으로 받으므로 버팀대의 하중은 지지 말뚝에 대해서 편심하여 가해지게 된다. 편심 거리는 통상 35~40 cm 정도이지만 지지 말뚝의 수직 정밀도가 나쁘면 이에 따른 편심이 가해지므로 50 cm 정도의 편심으로 인한 모멘트를 고려하여 단면을 산정해 두어야 한다. 또한 지지 말뚝의 세우기 정밀도를 될 수 있는 한 올려 편심 거리를 작게 해야 하는 것은 말할 것도 없다. 또 버팀대 브래킷이나 그 설치부에 대해서도 이 편심 하중에 대해서 검토해 두어야 한다.

버팀대 지지 말뚝의 좌굴 길이로 가장 불리한 조건은 일반적으로 굴착 완료시의 상태로, 최하단 버팀대와 굴착 밑바닥 이상 깊이의 밑동 묻힘 부분에 상정하는 가상 지점간의 거리가 가장 길게 된다. 이 상태는 하중으로서도 최대가 되므로 이 조건에 대해서 양단 핀으로서 설계한다.

밑동 묻힘 부분에 상정하는 가상 지점(제1부동점)에 대해서는 「제1장 1.2 자립형 흙막이 벽의 계산 (3) 응력 산정과 변형 계산」에서 기술하였는데 버팀대 지지 말뚝에 대해서는 수평력을 받는 높이가 높으므로 다음 식(2.12)와 같이 하면 된다. 여기서 β는 특성값이다.

$$\left. \begin{array}{l} l_0 = \dfrac{1}{\beta} \\ \beta = \left(\dfrac{k_h \cdot B}{4 \cdot E \cdot I} \right)^{1/4} \end{array} \right\} \quad \cdots\cdots\cdots\cdots\cdots\cdots\cdots\cdots\cdots\cdots\cdots\cdots\cdots (2.12)$$

이때, l_0 : 제1부동점이 생기는 깊이(cm)

k_h : 수평 방향 지반 반력 계수(kg/cm^3)

E : 버팀대 지지 말뚝의 탄성 계수(kg/cm^2)

I : 버팀대 지지 말뚝의 단면 2차 모멘트(cm^4)

B : 버팀대 지지 말뚝의 폭(cm)

버팀대 지지 말뚝과 반입 가대 지지 말뚝 등을 겸하는 것은 바람직하지 않다. 부득이 겸용해야 하는 경우는 말뚝 지지력의 안전율을 높이고, 또 가대의 흔들림을 방지하기 위해 수평면·수직면에 브레이스를 충분히 배치하고 가구의 접점을 확실하게 고정하는 등 신중히 배려해야 한다.

(7) 프리로드 공법(preload system)

버팀대는 가설된 그대로는 이음이나 맞춤부가 헐렁해 그대로는 흙막이벽의 변위가 증대하므로 재킹하여 헐렁하지 않게 해야 한다. 거기다 적극적으로 프리로드를 도입하면 이 효과를 증대할 수 있다.

프리로드는 유압 잭으로 미리 계획적으로 버팀대에 축력을 주어 흙막이벽을 굴착 주위 지반에 밀어붙이도록 하는 것으로 그 이점은 다음과 같다.

a. 흙막이벽의 변형·응력 및 주변 지반에 대한 영향을 저감할 수 있다.
b. 미리 흙막이 동바리 전체의 안전성을 점검할 수 있다.
c. 버팀대 단부의 스프링 상수를 구할 수 있다.

프리로드가 흙막이벽의 변위·변형에 끼치는 효과는 주로 흙막이벽의 강성에 지배되며 지반의 경연(硬軟)에는 비교적 관계가 적다고 한다. 또 흙막이벽의 응력에 대한 것보다도 변형에 대한 효과가 크고, 특히 깊은 굴착에서 뚜렷하다. 이 때문에 주변 지반에 대한 영향을 많이 감소

사진 2.1 프리로드(재킹)

사진 2.2 프리로드 작업

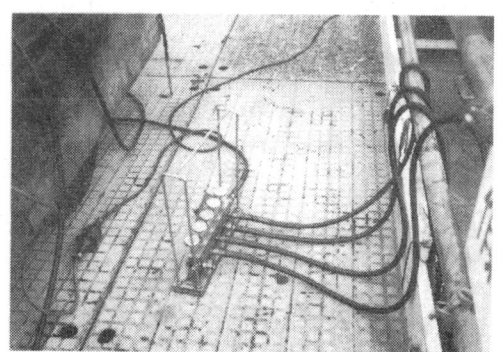

사진 2.3 프리로드(유압 파이프의 분기)

할 수 있다. 흙막이벽의 강성이 다른 경우 프리로드로 일정한 효과를 얻기 위해서는 강성이 낮은 흙막이벽일수록 높은 프리로드율을 필요로 한다[29].

프리로드율은 도입 축력의 계산 축력에 대한 비를 말하며 통상 30% 이상, 일반적으로는 50% 정도로 한다. 상황에 따라서는 70~80% 정도로 하는 경우가 있지만 온도 응력도 고려하여 과대한 축력이 되지 않도록 주의해야 한다. 도입은 1방향의 모든 버팀대에 대해서 동시에 균등하게 부여하는 것이 바람직하지만 버팀대의 수가 많고 유압 기구(機構)의 제약으로 2회 이상 나누어 하는 경우는 접점에 있는 도입을 마친 버팀대 축력은 인접 버팀대에 대한 축력 도입으로 감소하는 경우가 있다. 이것은 압력계로 확인할 수 있으나 이와 같은 경우에는 이 부분의 버팀대에 대해서 다음 공정에서 동시에 재도입할 필요가 있다. 상하 직교하고 있는 버팀대에 대해서는 하단 버팀대에서 도입한다.

프리로드 도입시는 직행 방향의 버팀대에 영향을 주지 않기 위해 버팀대 교차부 조임 볼트를 헐겁게, 또 잭 삽입부도 보강하지 않는 상태이므로 버팀대 브래킷 등을 이용하여 전단 연결재를 설치해 두어야 한다.

흙막이벽과 띠장 사이의 패킹에 모르터를 사용한 경우는 그 강도가 충분히 나왔는지를 확인한다. 도입 중은 버팀대의 꼬불꼬불(snaky-advancing)함에 주의하고 국부 좌굴·용접부의 파단이 없는지 여부 등 각 부분의 점검을 자세히 하면서 단계적으로 한다. 또 흙막이벽의 변위량을 측정한다. 도입 후는 잭 삽입부를 보강(補強)·보강(補剛)하고 조임 볼트나 헐거워진 각 곳의 볼트를 다시 죈다.

프리로드 도입시에 버팀대 양단부에서 도입 하중과 흙막이벽의 변위 관계를 정확히 측정하면 버팀대 양단의 스프링 상수를 구할 수 있어 온도 응력 산정 등에 이용할 수 있다. 실측 예에 따르면 지반 반력 계수 k_h는 굴착 밑바닥 이하 깊이에서는 사질토에서 $6N(\text{kg}/\text{cm}^3$, N은 표준 관입 시험의 N값), 점성토에서 $10s_u(\text{kg}/\text{cm}^3$, s_u는 비배수 전단 강도) 정도, 굴착 밑바닥 이상 깊이에서는 위에서 기술한 1.5~2.0배 정도라는 연구가 있다[30].

또한 흙막이벽의 응력이나 변형 계산시에 프리로드의 도입 효과를 반영한 방법이 제안되고 있으며[31] 앞으로는 이러한 방향으로 진행될 것으로 보고 있다.

(8) 디테일의 주의점

앞에서 기술한 바와 같이 버팀대 동바리는 가설 구조물로서 다루는 것이지만 이것에 생기는

사진 2.4 잭 삽입부의 補強·補剛

사진 2.5 흙막이벽과 띠장 사이의 패킹

응력은 상당히 크게 되는 것이다. 그러므로 부재의 중요도에 따른 단면 설계를 해야 하는 것은 이미 기술하였지만 각 부분의 디테일에 대해서도 주의해야 한다. 동바리는 정정 차수가 낮고 인성이 적은 구조물이므로 이 때문에 국부적인 좌굴이나 파괴가 전체 붕괴로 이어지기 쉽다. 다음에 강재 동바리에 대해서 통상 철골 구조로서의 유의점 외에 주의해야 할 점을 기술한다.

a. 일반적으로 동바리 부재는 리스재를 사용하는 경우가 많다. 리스재는 몇 번이나 사용되는 것이므로 그 사이에 원래 변형 등 흠이 생기는 경우가 있다. 뚜렷한 결함이 있는 재료는 사용해서는 안된다.

b. 흙막이벽과 띠장 사이의 틈은 측압을 띠장에 잘 전할 수 있는 만큼의 강도를 가진 패킹으로 충전한다. 최근에 이를 위한 패킹재가 개발되어 있으므로 이것을 사용하면 편리하다. 이 밖에 무수축 조강 모르터를 충전한다든지 경목재의 쐐기 먹임 등을 한다. 이때 패킹재는 흙막이벽과 띠장 양면에 면하여 접하도록 하는 것이 중요하고, 쐐기재의 경우는 2장 겹쳐서 사용하도록 한다.

c. 흙막이벽이 시공 오차로 평면적으로 직선이 안된 경우라도 띠장은 이에 덧붙일 것이 아니라 버팀대에 대해서 직각이 되도록 일직선으로 설치한다. 그렇게 하지 않으면 귀잡이재가 바르게 설치되지 않는다.

d. 띠장의 이음은 흙막이벽측에 덧판을 설치하지 않는 경우가 많아 단면 성능이 급감하는 장소로 되므로 적당한 길이의 재료를 짜맞춰 휨 모멘트가 거의 영(0)이 되는 점을 선택한

다. 또 전단력에 대한 검토도 필요하다. 일반적으로 이음 부분은 약점이 되는 경우가 많으므로 주의해야 한다.

e. 버팀대가 띠장에 닿는 부분은 응력 집중으로 띠장의 플랜지나 웨브가 국부적으로 좌굴할 때가 있다. 스티프너를 설치하거나 콘크리트를 메워 보강해야 한다. H형강의 띠장일 때는 플랜지 위쪽 뿐만 아니라 아래쪽도 보강해야 한다. 기타 이와 유사한 장소에서는 국부 응력에 대해서 검토해야 한다.

f. 버팀대는 될 수 있는 한 장척(長尺)으로 원래 변형이 없는 것을 사용한다. 이것은 약점이 되기 쉬운 이음 부분을 될 수 있는 한 적게 하기 위해서이다. 또 조립 정밀도를 높이기 위함과 동시에 꼬불꼬불하지 않도록 일직선으로 조립하는 것이 중요하다. 버팀대가 일직선으로 되지 않으면 편심으로 인한 2차 휨이 일어나 좌굴의 원인이 된다. 좌굴되기 시작하면 내력이 더욱 떨어져 흙막이 구조 전체가 붕괴할 우려가 있다.

g. 버팀대 교점에 작은 단면의 귀잡이재를 설치해 두면 버팀대의 구부러짐 변형을 예측할 수 있는 역할을 한다.

h. 버팀대의 이음은 편심이 생기지 않도록 하며 단면이 갖는 강도와 강성을 잘 전달할 수 있도록 한다. 이음이 약점이 되게 해서는 안된다.

i. 버팀대는 느슨하지 않도록 조립한다. 그렇게 하기 위해서는 모든 버팀대 도중에 잭을 삽입하여 잘 조이도록 한다.

j. 버팀대에는 존재 응력을 계측하기 위하여 토압계를 넣는 경우가 있다. 이 부분이나 앞에서 기술한 잭 부분은 버팀대의 단면 강성이 변화하는 부분이 되므로 보강에 주의하여 강성의 급변을 피한다. 또 이것들은 될 수 있는 한 휨 모멘트가 생기지 않는 곳에 삽입한다.

k. 띠장 브래킷이나 버팀대 브래킷 등의 용접부에 대해서도 강도 부족이 없도록 주의해야

사진 2.6 귀잡이보

사진 2.7 띠장의 우각부

한다.

1. 버팀대는 굴착 평면 중앙부에 약간 오목(凹)하게 설치한다. 이것은 굴착에 따른 리바운드에 대한 대책이고, 만약 리바운드로 버팀대가 상향으로 볼록(凸) 상태가 되면 버팀대 지지 말뚝에 인발력이 생겨서 위험하다. 오목하게 하는 치수는 굴착 면적·굴착 깊이에 따라서 달라지지만 20~50 mm 정도가 적당하다고 본다.

   굴착으로 리바운드가 생기지 않는다고 예상될 때는 버팀대를 수평으로 가설하는 것이 좋다.
m. X방향과 Y방향 버팀대의 교점, 버팀대와 버팀대 지지 말뚝의 교점은 잘 긴결하여 미끄러지거나 이동하거나 하지 않도록 될 수 있는 한 단단히 결합한다.
n. 흙막이벽 우각부에서는 띠장은 X방향과 Y방향에서 버팀대 춤만큼 높이에 차이가 나므로 코너 피스를 사용하는 등으로 접합에 주의한다. 이 부분에 설치하는 귀잡이재에 대해서도 마찬가지이다.
o. 버팀대 가설 후 재킹이나 프리로딩을 하면 각 부분의 이음이나 맞춤 볼트가 헐거워지는 경우가 있으므로 다시 조여야 한다.
p. 공사 중에는 항상 각 부분을 둘러보아 버팀대의 좌굴이나 볼트의 헐거움, 용접부의 파단 등 이상이 없는지 여부를 관찰해야 한다.

참 고 문 헌

18) 遠藤正明·川崎孝人 ; 山止め切梁に生じる溫度應力について : 日本建築學會論文報告集 No. 89(S. 38. 9)

19) 古藤田喜久雄·櫻木紀雄ほか ; 切ばり軸力變動値からの溫度應力の分離 : 日本建築學會大會學術講演梗槪集(關東) : 2673(S. 54. 9)

20) 多喜紀·朋田秀一ほか ; 溫度應力が山止め架構におよぼす影響について, その1, 溫度應力による山止め切梁の變化 : 日本建築學會大會學術講演梗槪集(關東) : 2972(S. 59. 10)

21) 靑木雅路·幾田悠康ほか ; 切梁解體時の山止め架構の擧動 : 日本建築學會大會學術講演梗槪集(九州) : 2897(S. 56. 9)

22) 幾田悠康 ; 山止め切梁の軸壓變化と氣溫 : 施工(1969. 1)

23) 吉田賢·安岡章ほか ; 山止め鋼製切梁の溫度應力推定の關する基礎的硏究 : 日本建築學會大會

學術講演梗槪集(近畿) : 1095(S. 55. 9)

24) 幾田悠康·丸岡正夫ほか ; 切梁の溫度應力に及ぼす地盤と山止め壁の影響 : 第13回土質工學硏究發表會 : 298(S. 53. 6)

25) 日本土木學會 ; トンネル標準示方書(開削編) 同解說(1986)

26) 日本道路公團 ; 設計要領·第6編, 橋梁下部構造, 假設構造物(1980)

27) 日本道路協會 ; 道路土工·擁壁·カルバート·假設構造物工指針(1987)

28) 日本道路協會 ; 共同溝設計指針(1986)

29) 古藤田喜久雄·沼上淸ほか ; 切梁プレロード工法による山留め壁の解析(その1 : 切梁プレロードの效果) : 日本建築學會大會學術講演梗槪集(東北) : 2818(S. 57. 10)

30) 靑木雅路·幾田悠康ほか ; 切梁プレロード時の地盤反力係數 : 日本建築學會大會學術講演梗槪集(東北) : 2817(S. 57. 10)

31) 古藤田喜久雄·沼上淸ほか ; 切梁プレロードの效果を考慮した山留め壁の解析法(その1) : 第17回土質工學硏究發表會 : 226(S. 57. 6)

2.2 흙막이 계획과 구조체와의 관계

(1) 흙막이벽과 구조체

요즘은 대지 전체에 지하실을 마련하는 건물이 많은데 흙막이벽은 지하 외벽의 거푸집을 겸하도록 계획하는 경우가 많다. 이때 흙막이벽 내면과 지하 외벽면의 여유 치수(계산상의 틈)를 어느 정도로 하는가는 다음과 같은 것을 감안하여 결정하면 된다.

① 흙막이벽의 수직 시공 정밀도
② 흙막이벽의 변위·변형량

흙막이벽의 수직 시공 정밀도에 대해서는 현재의 시공 기술로서는 충분한 기계 정비와 세심한 시공 관리를 하면 지층 속에 장해물이나 전석(轉石) 등이 없는 경우는 평균적으로 $1/300 \sim 1/400$ 정도의 수직 정밀도를 얻을 수 있으므로 여유 치수는 깊이의 $1/200$ 정도, 또한 최소 5 cm 정도를 예상해 두는 것이 적당하다고 본다. 또, 적어도 경사를 최대 $1/200$ 이내에 처리할 수 있도록 관리해야 한다.

흙막이벽의 변위·변형에 대해서는 「제1장 1.1 흙막이벽의 계산법」에서 기술한 바와 같이 굴착 규모·지층의 양부와 흙막이 구조 전체의 강성에 관계되므로 일률적으로 수치를 나타내기 어렵다. 그러나 변위·변형량이 커지면 주변 지반에 끼치는 영향도 커지므로 될 수 있는 한 작게 되도록 계획하고 이 값을 고려하여 여유 치수를 선정한다. 다만, 흙막이벽의 수직 정밀도에 따른 오차의 최대값은 굴착 저부에 생기고 흙막이벽의 변위·변형의 최대값은 일반적으로 굴착 깊이의 중간부에 생기므로 양쪽의 값을 단순히 더할 필요는 없다.

여유 치수는 소일 시멘트 주열 공법의 경우 심재 안쪽면까지 소일 시멘트를 삭제하므로 이 면에서의 치수로 한다. 버팀 기둥 가로 널말뚝 공법의 경우도 마찬가지이다. 철근 콘크리트 연속 지중벽의 경우는 수직 정밀도 외에 벽 두께의 오차(계획 치수보다도 두껍게 된다)가 더해지므로 이것도 포함한 치수로 한다. 또 지층에 따라서는 구멍벽이 붕괴되어 콘크리트가 국부적으로 고무 모양으로 부풀어오르는 경우가 있으므로 이 부분은 신중히 쪼아내면 된다. 다만, 굴착 밑바닥 부근 등과 같이 대단히 큰 토압, 수압을 받는 부분에서는 쪼아내기 작업시의 충격이 흙막이벽의 지수성에 나쁜 영향을 준다는 것을 생각할 수 있으므로 광범위에 걸친 쪼아내기 작업을 해서는 안된다. 시공 정밀도가 당초 예상한 여유 치수를 넘는 경우는 앞에서 기술한 바와 같은 장소에서는 흙막이벽을 쪼아내지 말고 구조체 쪽을 변경하여 대처하는 것이 옳다.

지하의 2중 슬래브 내에는 여러 종류의 피트(배수 피트, 오수 피트, 엘리베이터 피트 등)가 설치되는데 이것들은 흙막이벽에서 1 스팬 이상 안쪽으로 떼어서 설치하는 것이 바람직하다. 부득이 흙막이벽에 접하여 설치하고 일반부보다도 깊게 굴착해야 하는 경우는 국부적이라도 이에 따른 흙막이벽에 대한 영향을 검토해 두어야 한다.

(2) 흙막이 동바리와 구조체

흙막이 동바리는 사진 2.8과 같이 버팀대, 띠장, 귀잡이보, 버팀대 지지 말뚝 등으로 구성된다. 이들은 균형있게 배치되고 강도 확보와 함께 힘의 전달이 단순 명료해야 하지만 공사 목적물인 건물 본체의 시공에 지장을 주어서는 안된다. 이것은 버팀대 지지 말뚝 박아넣기 개시부터 동바리 철거 완료까지의 전공정에 걸쳐서 각 공정마다 검토해 두어야 하는 것이다. 반입 가대를 설치하는 경우에 대해서도 아주 똑같다.

우선 평면적으로 버팀대는 기둥의 위치를 피하여 배치하지만 귀잡이보에 대해서도 기둥을 피하는 것이 바람직하다. 또한 버팀대 위치가 보, 벽 등의 배근이나 굴착, 콘크리트 치기, 철골 현장 조립 등의 후속 작업에 지장이 없는지 여부를 충분히 검토해야 한다. 버팀대 지지 말뚝은 기

사진 2.8 흙막이 동바리와 반입 가대　　　　사진 2.9 흙막이 동바리

초판이나 바닥 슬래브를 관통하게 되므로 관통부는 개구 보강 요령으로 철근 보강을 하는데 보강이 용이한 위치를 선정해야 한다. 기초판 관통부는 지수 처리를 하여 건물 내부에 대한 지하수의 침입을 방지해야 한다.

　동바리를 설치하는 높이는 건물의 지하층 높이, 흙막이벽의 강성, 콘크리트 부어넣기 계획 등에 관계하지만 콘크리트 부어넣기 상단에 될 수 있는 한 가까이 하여 가설하는 것이 바람직하다. 이것은 콘크리트 부어넣기 후 버팀대 해체시에 흙막이벽의 변형 증가를 될 수 있는 한 적게 하기 위해서이다. 그러나 콘크리트의 상단과 띠장·버팀대 하단과의 간격은 적어도 철근 이음 길이만큼은 필요하다. 철근 이음은 될 수 있는 한 랜덤 조인트(random joint, 이음매가 한군데로 모이지 않게 하는 접합 방법)로 하기 바라지만 이와 같이 하면 앞에서 기술한 간격이 더욱 커져 흙막이벽의 변형이 증대하므로 변형 억제를 중시할 필요가 있다. 예를 들면, 기초보의 춤이 큰 경우는 최하단 버팀대 동바리를 기초보 상단에 될 수 있는 한 가까이에 설치하면 흙막이벽의 변형을 적게 할 수 있으나 측기둥의 주철근이나 지하 외벽의 세로 철근이 띠장 바로 아래에 두어지게 되므로 이 철근의 이음을 위해 몇 10 cm 간격을 취해야 한다. 이에 필요한 간격은 최하층의 경우 뿐만 아니라 콘크리트를 이어붓게 되는 각층 바닥 등의 위치에서도 동일하다.

　버팀대의 가설 높이와 지하 구조체의 바닥 높이(콘크리트 치기 높이)가 뚜렷이 떨어져 있는 경우는 우선 지하 외벽의 콘크리트를 띠장 아래까지 치고 위에서 기술한 관계에 가깝게 해야 한다(다음 항 참조). 이 경우는 지하 외벽 상단이 흙막이벽 지점이 되어 측압으로 인한 반력이 작용하므로 이들로써 지하 외벽에 생기는 휨 모멘트, 전단력을 구하고 단면 검토를 한 다음 필요하면 보강해야 한다.

　버팀대·띠장의 설치 높이는 $x \cdot y$ 방향에서 버팀대의 춤만큼 달라지므로 이것도 고려해야 한다.

또한 굴착·배토시 버팀대·띠장 위에 넘쳐 흐른 토사가 퇴적하는 경우가 있다. 이것은 최종 굴착 시점에서 깨끗이 청소해 두지 않으면 동바리 해체시에 콘크리트의 상단이나 이어붓기한 부분에 토사가 떨어져 청소에 품이 들게 된다. 청소가 불충분하면 콘크리트를 이어붓기한 부분의 부착 강도가 저하하여

사진 2.10 띠장 위의 토사

많은 문제가 생긴다(「제7장 7.1 콘크리트의 이어붓기」 참조).

(3) 띠장과 기둥 철골

지하층이 철골 철근 콘크리트조이고 흙막이벽에 접하는 외주 기둥에도 철골이 사용되는 경우, 예를 들면 **그림 2.7** (a)와 같은 경우는 띠장과 기둥 철골이 중복된다.

이것을 피하기 위해서는 다음과 같은 방책을 생각할 수 있으나 이것들 모두 문제가 없지는 않다.

a. 기둥 철골 부분은 띠장을 중지하든지, 연결 정도가 작은 부재를 넣는다.
b. 띠장을 해체 철거하고 나서 철골을 세운다.
c. 띠장이 기둥 철골 바깥쪽을 통하도록 흙막이벽을 바깥쪽으로 넓힌다.

이 중 a.에서는 띠장이 분단되게 된다(**사진 2.11**). 그래서 이 부분을 춤이 작은 부재로 접속하였다고 해도 강도나 강성이 현저한 불연속을 피할 수 없으므로 버팀대에 대한 힘의 전달이 언밸런스가 되는 부분이 된다. 흙막이벽에 가해지는 측압은 반드시 균등하게 작용하는 것이 아니므로 이 때문에 버팀대와의 접점에 회전을 일으키거나 띠장의 변위·변형이 커져 버팀대가 불안정하게 되어 매우 위험하다.

b.에서는 흙막이벽의 자립 부분이 높거나 변형이 커져 주위 지반에 영향을 끼치는 정도도 커진다. 맨 처음 계획 단계에서 강성이 큰 흙막이벽을 채용하였다고 해도 지하의 층 높이가 높은 경우는 비경제적이어서 실용적이지 못하다.

c.에서는 지하 외벽과 흙막이벽 사이에 띠장 폭만큼 틈이 생기게 된다. 현실적으로는 작업을 위해 좀더 넓은 공간이 필요하므로 그 몫만큼 굴착토량이나 되메우기량도 늘어나게 된다. 우선 대지 경계에서 후퇴해야 하므로 이것은 불가능하게 되는 경우가 많다.

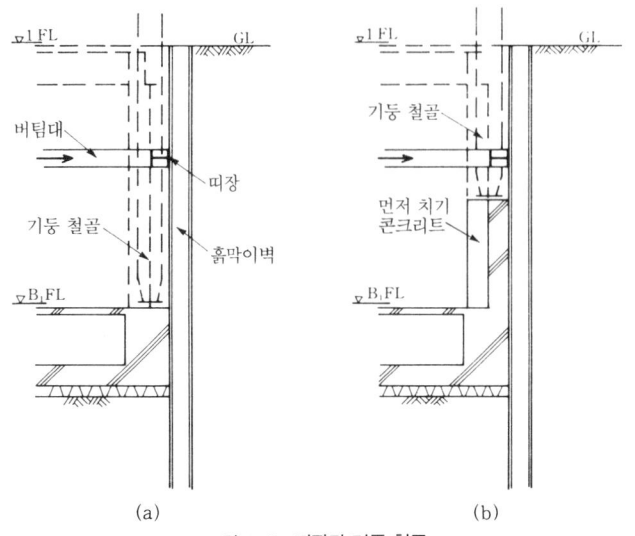

그림 2.7 띠장과 기둥 철골   　　사진 2.11 띠장의 분단

여기서 구조 구체를 SRC조로 하는 이유를 RC조와 비교하여 생각하면 다음과 같다.
① 장기 하중이 커 강도면에서 철골이 필요할 경우
② 지진 하중에 대해서 강도와 함께 인성(靭性)의 증가를 도모할 경우

이 밖에 행정 지도에 따른 경우가 있는데 이것은 ②의 사고(思考)에 의거한 것이다. ①은 스팬이 크다든지 적재 하중이 큰 경우 등 이어서 이러한 부분이 2층 바닥 이상의 지상 부분이 된다면 철골은 1층 바닥 위에서 사용하면 된다. ②는 고층 건물에서 '설계 지진력이 커지는 경우'이어서 이 경우는 가장 지진력이 큰 층(통상 1층)의 주각 부분에서 SRC로 할 필요가 있으므로 B1층에서 철골을 사용해야 한다. 지하층의 기둥을 SRC조로 설계할 경우는 위에서 기술한 방식에 의거하는 경우가 가장 많다.

이렇게 볼 때 주변 기둥의 철골은 반드시 B1층 바닥에서 세워 올릴 필요가 없이 **그림 2.7 (b)에 나타낸** 바와 같이 지하 외벽(외주 기둥을 포함) 중 띠장에서 아래쪽 콘크리트를 먼저 치기하고 콘크리트가 소요 강도를 발현한 후 버팀대 동바리를 해체 철거하여 그 위에서 철골을 세우면 SRC로 하는 목적에는 일치하게 된다. 이렇게 하면 흙막이벽을 지하 외벽에 접하여 설치할 수 있고, 또한 기둥이 SRC의 경우에서도 같은 단면의 띠장을 연속하여 설치할 수 있다. **사진 2.12**는 이렇게 해결한 예이다.

또한 앞 항에서 기술한 바와 같이 이 경우는 먼저 치기 콘크리트 상단이 흙막이벽의 지점이 되어 측압으로 인한 반력을 받으므로 그에 대한 검토를 해야 한다.

사진 2.12 그림 2.7 (b)의 실례

제 3 장   역타 공법(top down method)

3.1 역타 계획

    시가지 땅값이 높아짐에 따라 대지를 효과적으로 이용하기 위해 건물은 지상에서 높아짐과 동시에 지하로도 깊어지는 사례가 늘어나고 있다. 더구나 건물 지하 부분은 고층이 되는 지상 부분의 기초로서의 역할을 하므로 면적·깊이 모두 커져 지하 공사의 규모가 대형화되고 있다. 단단한 지반이면 별문제는 없지만, 연약 지반이고 지하 수위가 높은 지역에 대한 대규모 굴착에서는 작용하는 토압·수압이 크므로 흙막이벽은 지수성이 높고 흙막이 구조 전체는 강도·강성이 좋아야 한다. 그래서 앞에서 기술한 연약 지반이고 지하 수위가 높은 지역에서는 굴착 면적이 한 변 50 m 정도를 넘고 굴착 깊이도 깊어지면(지하 2층, 깊이 10 m 정도 이상) 강제 버팀대를 사용한 통상의 동바리에서는 온도 응력이나 버팀대의 압축 변형 때문에 버팀대가 구부러지기 쉬워져 좌굴할 위험성이 증대하므로 필연적으로 흙막이벽은 RC조의 연속 지중벽으로 하여 역타 공법(逆打 工法)을 선택하는 경우가 많다.

    역타 공법이란 건축물의 지하 구조체를 축조하는 공법의 하나로 먼저 1층 바닥을 축조한 후 그 아래쪽 지반의 굴착과 바닥 구조의 축조를 번갈아 가며 반복하면서 차례로 아래층으로 진행하고 끝으로 기초보를 축조하여 지하 구조체를 완성하는 것이므로, 통상의 순타 공법(順打 工法 ; bottom up method)이 굴착 완료 후 먼저 기초를 축조하고 그 다음에 차례로 아래층에서 위층으로 쌓아나가 듯이 시공해 가는 공법에 반대되는 것이다.

    이러한 역타 공법을 사용하는 이점은 다음과 같다.

    ① 튼튼한 바닥보를 버팀대로 하므로 앞에서 기술한 바와 같이 흙막이 구조로서 안전성이

높다.
② 1층 바닥을 작업 바닥으로서 이용할 수 있다.
③ 지상·지하에서 동시에 작업할 수 있으므로 공정을 단축할 수 있다.
④ 굴착과 구조체 시공을 번갈아 하므로 지반에 대한 제하 하중(除荷 荷重)이 오픈 컷 공법에 대한 경우보다도 적고 리바운드량이 감소한다.
⑤ 주변 지반에 대한 영향을 감소할 수 있다.

　이 중 ②는 시가지에서 하는 공사에서는 대지 내에 작업 공간으로서 사용할 수 있는 빈터가 없고, 또 인접지에도 차용할 수 있는 빈터가 없는 경우가 많으므로 역타 공법으로 먼저 1층 바닥을 축조하고 이것을 작업 공간으로 하면 이용도가 높고 효율도 좋다. 다만, 시공시 하중에 대해서 바닥 구조를 보강해야 한다(「제5장 5.1 작업 바닥의 보강」 참조).

　③은 동시 작업 공정에 의거하여 역타(逆打) 하중을 산출하고 선시공 철골 기둥 구조 설계를 하게 된다(다음 절 「3.2 선시공 철골 기둥 구조」 참조).

　④는 오픈 컷 공법으로는 굴착을 완료한 단계에서 제하 하중이 최대가 되어 이에 따라서 리바운드량도 최대값을 나타내는데 이 양은 최종 굴착과 함께 제거되어 버리므로 그후에 축조하는 건물의 침하는 중앙이 오목(凹)해지는 경향이 있다. 이에 대해서 역타 공법에서의 제하 하중은 역타 하중분만큼 적어지므로 리바운드량도 감소한다. 또 역타 시공 후에 리바운드하므로 최종 굴착 전에 시공한 부분은 중앙이 볼록(凸)하게 부상하는 경향이 있다. 이러한 리바운드가 생기는 것은 구조체에 강제 변형을 주게 되므로 가구(架構)에는 이 때문에 계산 외의 응력(부동 침하 응력)이 생기게 된다. 따라서 리바운드는 될 수 있는 한 적은 편이 좋다고 할 수 있다.

　⑤는 역타 공법에서는 버팀대 오픈 컷 공법과 마찬가지로 흙막이벽에 변형이 생긴 상태로 바닥보 콘크리트를 부어넣은 다음 프리로드를 부여할 수는 없다. 또 콘크리트는 건조로 수축하므로 이것이 흙막이벽의 변위를 증가시키게 되지만 버팀대가 되는 바닥보 콘크리트의 강성이 크므로 측압으로 인한 버팀대로서의 변형은 아주 무시할 수 있을 정도로 작다. 더구나 역타 공법에서는 일반적으로 강성이 큰 흙막이벽을 채용하므로 전체로서의 변형은 작게 되어 주변 지반에 대한 영향을 적게 할 수 있다.

　한편 역타 공법의 결점은 다음과 같다.
① 콘크리트의 수평 이어붓기 개소가 배로 늘어나고 더구나 그것은 역이어붓기가 된다.
② 영구 보 주철근·기초보 주철근과 선시공 철골 기둥이 겹친다.

③ 굴착 토사 반출용 가설 개구가 많이 필요하다.
④ 선시공 철골 기둥 및 기초 구조 축조나 역타 처리 때문에 공사비가 비싸진다.

이 중 ①은 콘크리트는 경화할 때에 수축 침하하는 것은 피할 수 없으므로 역이어붓기를 하면 역타부에 틈이 생기는 것은 자명하다. 그러므로 여러 가지 공법이 고안되고 있으나(「제3장 3.3 역타부의 이어붓기」 참조) 기둥이나 내진벽 등에 대해서 구조적으로 명확하지 못한 개소가 되기 쉽다. 지하 외벽의 역타부는 더욱 방수 성능을 필요로 하지만 주입 등 조치를 해도 완전한 시공 상태로 되지 않아 염려가 된다. 특히 외주 기둥에 철골이 들어가 있으면 철골의 뒤가 되는 부분이 되어 콘크리트 주위나 주입액 침투가 불충분하게 되기 쉬워 누수의 원인을 만들게 된다.

②는 영구 보 주철근·기초보 주철근을 선시공 철골 기둥을 피하여 통과해야 하므로(일부는 관통 배근할 수도 있다) 보 폭을 넓게 하는 등 조치를 해야 한다. 확폭을 맞춤 부분 정도로 하면 배근 디테일이 복잡해진다. 또 보 배근의 마감은 선시공 철골 기둥 세우기 정밀도에도 관계된다.

③은 일반적으로 굴착 토사의 수평 이동에는 불도저를, 수직 이동에는 클램셸을 사용하는데 이동 거리에는 한계가 있으므로 반출용 가설 개구를 많이 만들어야 한다.

역타 공법의 계획은 주로 역타 콘크리트의 부어넣기와 굴착 관계의 평면적·단면적인 상호 공정의 입안(立案)이다. 일반 지상 부분의 시공에서는 콘크리트 부어넣기시에는 아래층 거푸집 동바리가 남아 있는 상태이지만, 역타 공법의 경우는 콘크리트 부어넣은 후에 계속하여 그 아래 부분의 굴착 공사를 시작해야 하기 때문에 거푸집 동바리는 될 수 있는 한 빨리 제거할 필요가 있다. 그러므로 조강 콘크리트를 사용한다든지 보 철골 또는 가설 철골이나 위층 콘크리트에서 달 볼트를 이용한 달 거푸집 공법을 이용한다든지 한다. 그러나 가설재를 사용하는 달 거푸집 공법은 콘크리트의 소요 강도가 나오기까지는 가설재 철거를 할 수 없으므로 바닥면을 이용하는 후속 작업이 제약을 받게 되는 결점이 있다. 그러므로 굴착 면적이 어느 정도 넓을 때는 복수 공구로 나누어 택트(tact) 공정을 짜고 정상 작업을 계속하도록 계획하는 경우가 많다.

역이어붓기를 하는 높이는 기본적으로는 지하층의 층 높이에 따르지만 세부적으로는 다음과 같은 사항을 고려하여 결정한다.
① 먼저 치기하는 바닥보 콘크리트의 거푸집 동바리의 조립성, 작업성, 정밀도
② 동바리 철거 후 굴착 개시시의 작업성
③ 구조상 될 수 있는 한 응력이 적은 높이

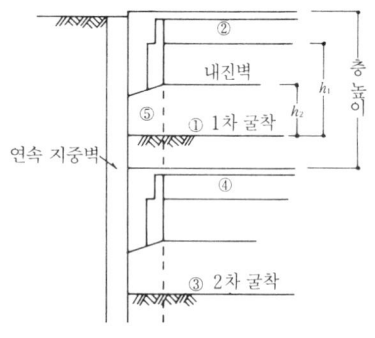

그림 3.1 역타 공법의 순서   사진 3.1 역타부의 굴착

④ 의장상 시공 줄눈 또는 마감 모르터(띠 모양으로 할 경우)가 같은 레벨이 되는 높이

역타 공법의 시공 순서는 다음과 같다(**그림 3.1**).

① 1차 굴착
② 1층 바닥, 보 콘크리트 치기
③ 2차 굴착
④ 지하 1층 바닥, 보 콘크리트 치기
⑤ 나중 치기부 콘크리트 치기
⑥ 이하 같은 요령으로 반복한다.

그림 3.1에서의 h_1은 바닥 슬래브 아래나 보 아래의 거푸집 동바리 조립 높이에 관계된다. 또 거푸집 동바리 재료의 짐처리, 소운반이나 굴착 개시시 불도저의 수평 동선 계획을 검토하여

「달 거푸집 공법」: 슬래브 거푸집·보 거푸집의 통상 지지 방법은 동바리를 조립하고 아래에서 지지하는(지주 공법) 데 대해서 달 거푸집 공법은 동바리를 사용하지 않는다. SRC 보이면 보 거푸집은 보 철골에서 달아매듯이 조립하고 슬래브 거푸집은 보 거푸집에서 지지한다. 슬래브 면적이나 두께가 커 슬래브 전체를 보 거푸집으로 지지할 수 없는 경우는 슬래브 중앙 부근 위쪽에 가설 철골보를 가설하고 여기에서 달아매듯이 조립한다. RC보의 경우는 달 거푸집 공법이 상당히 곤란하므로 억지로 적용하는 경우는 위층에 RC 보가 있으면 거기에서 1층분의 긴 달 볼트로 거푸집을 매다는 방법으로 한다.

가설(假設)보나 볼트를 사용할 경우에서 제거부가 치장 마감이 되는 경우는 처음부터 보기 흉하게 되지 않도록 계획하여 조치해야 한다.

「택트 공정」: 하나의 공구에 대한 작업 패턴이 많은 공구에 걸쳐서 반복되는 경우, 즉
1) 각 공구에 대한 작업 패턴이 거의 같은 것
2) 각 공구에 대한 작업량이 거의 같은 것
3) 반복 수가 많은 것

등이 있으면 효과 있는 공정 짜기 방법이며 초고층 빌딩에 대한 적용이 가장 대표적이다. 택트(tact) 공정은 당초 계획을 면밀하게 짜 두면 나중의 관리가 매우 쉬우나 반대로 택트 내 하나의 작업 공정이 변동되면 후속 작업 나아가서는 전공정에 영향을 끼치므로 변동 요인이 적은 공정에 적용하면 효과가 크다.

필요한 높이를 확보해야 한다. 기둥의 경우 그림에서의 h_2는 먼저 치기 콘크리트의 바닥 거푸집의 조립, 해체를 위해 최소 600 mm는 필요하며, 또 철근의 압접을 위해서는 350 mm, 더구나 압접 위치를 번갈아 400 mm 뗀다고 하면 750 mm 필요하다. 내진벽으로 둘러싸인 공간에서는 내진벽 아래에서 그 높이를 충분히 취하지 않는 경우가 많고, 이어붓기부에서 나온 철근을 급히 구부리는 경우가 있다. 급히 구부려 버리면 똑바로 펴지지 않아 결함의 원인이 되므로 주의해야 한다(「제7장 7.6 각 부분 디테일 (3) 철근의 되구부리기」 참조). 내진벽 이외의 일반벽은 전체 높이에 걸쳐서 콘크리트를 나중 치기하는 경우가 많다. 이런 벽에서는 콘크리트벽을 콘크리트 블록벽으로 변경할 수 있으면 더욱 이점이 많다. 기둥의 역타 높이를 층 높이 중간 부분으로 하면 이어붓기부를 휨 모멘트 반곡점 부근으로 할 수 있다. 또한 ⑤의 나중 치기 콘크리트는 구진주의 응력 증가를 피하기 위해 될 수 있는 한 빨리 부어넣기를 완료하는 것이 바람직하다.

흙막이벽의 휨 스팬이 가장 크게 되는 것은 ③의 굴착 종료, ④의 바닥보 콘크리트 치기 미완성 상태이며, 이러한 단계에서 흙막이벽의 응력·변형이 가장 크게 된다.

역타 공법은 건물의 본래 축조 순서의 역으로 시공하는 것이므로 구조적인 여러 문제는 역이어붓기부의 처리 방법 여하에 있다. 이 부분은 철근 이음부이므로 배근이 많아 나중 치기 콘크리트 상부에는 기포나 레이턴스가 생기기 쉽다. 이들 대책에 대한 연구는 종래부터 행해져 온 여러 공법이 제안되고 있어 상당히 신뢰성이 높다고 생각되나 현장 시공 실태는 구조상 아직 완전한 시공 상태라고 하기는 어려운 면이 있다. 그러나 시가지의 연약 지반에서의 대규모 굴착의 안전성이라는 입장에서 보면 현실정에서는 역타 공법이 뛰어난 공법보다 우수한 공법은 없다.

3.2 선시공 철골 기둥 구조

(1) 선시공 철골 기둥 구조의 개요 [32), 33)]

지하 구조체를 역타 공법으로 시공할 경우는 시공이 끝난 부분의 고정 하중이나 작업 하중(시공시 적재 하중이나 시공용 기계 하중 등을 말한다. 이하 이 고정 하중과 작업 하중을 모두 역타 하중이라고 한다)을 지하 구조체가 끝나고 역타 상태가 없어지기까지 지지해야 한다. 선시공 철골 기둥 구조는 이 목적을 위해 설치되는 것이어서 가설적인 구조물로서 다루기 때문에 경제성이 강하게 요구되지만 동시에 그 합리성과 안전성은 시공 중 안전 확보 뿐만 아니라 시공

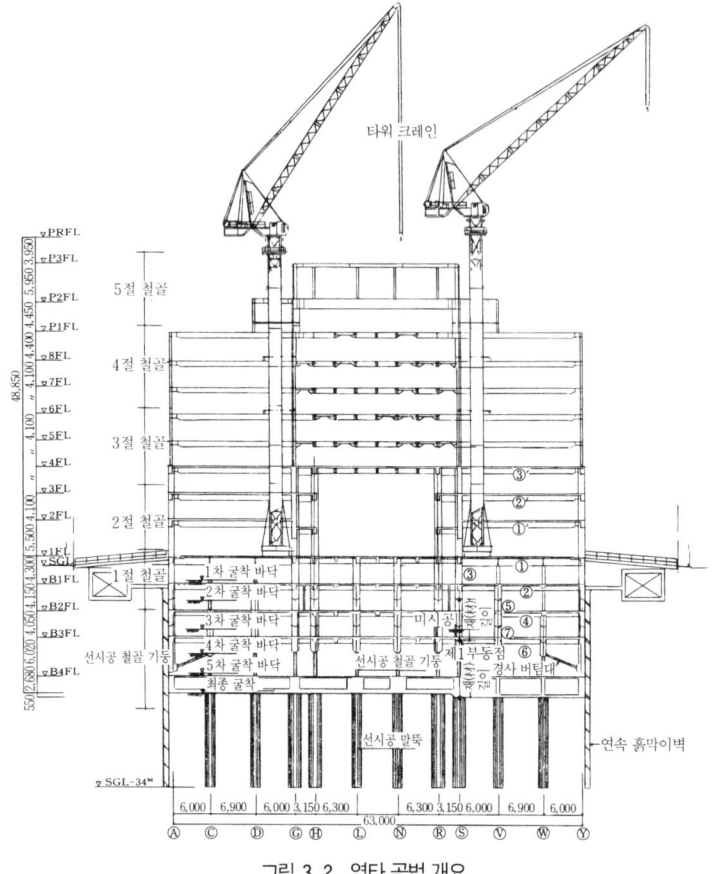

그림 3.2 역타 공법 개요

후 구조체의 품질 확보에서도 매우 중요한 과제이다.

역타 공법으로 지하 구조체를 시공한 예는 1960년 무렵부터 볼 수 있는데 역타 하중을 지지하기 위한 공법은 그 당시에 개발된 기술을 토대로 응용하면서 공사의 조건이나 상황에 따라서 여러 가지로 고안되어 현재 일반적으로 **그림 3.2**의 역타 공법 개요도에 나타낸 바와 같은 선시공 철골 기둥과 선시공 말뚝(현장 치기 콘크리트 말뚝)을 짜맞춘 합성 구조 방식이 정착되게 되었다.

(2) 선시공 철골 기둥 구조의 시공 방식

표 **3.1**은 선시공 철골 기둥 구조의 대표적인 시공 방식을 분류한 것이며 선시공 말뚝의 축조 공법과 선시공 철골 기둥의 세우기 고정 방식의 관계를 나타낸 것이다. 선시공 말뚝의 축조 공법은 통상 현장 치기 콘크리트 말뚝의 축조 공법과 아주 똑같다.

표 3.1 선시공 철골 기둥 구조의 시공 방식

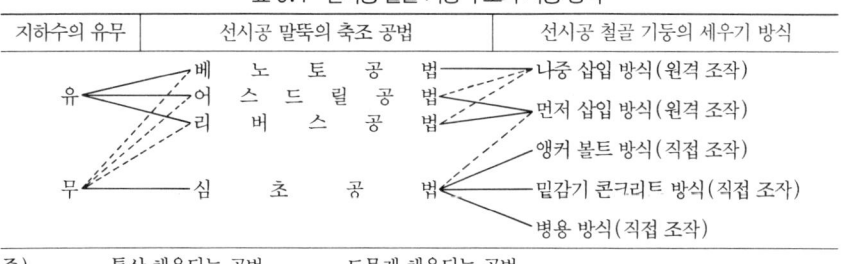

주) ──── 통상 채용되는 공법 ----- 드물게 채용되는 공법

공법 선택시 가장 지배적인 조건은 굴착 깊이 범위에 대한 지하수의 상태이며, 이 밖에 지반의 지층 구성·구성 토질의 종류와 그 상대 밀도 등이 감안된다.

또 선시공 철골 기둥의 세우기 고정 방식도 지하수의 유무에 좌우된다. 지하수가 있는 경우는 말뚝의 축조나 철골 세우기 등 모든 작업을 지상에서의 원격 조작으로 굴착 안정액(물 또는 이수) 속에서 해야 하지만 지하수가 없는 경우는 말뚝 구멍 내에서 인력으로 직접 작업할 수도 있다.

(a) 지하수가 있는 경우

지하수가 있는 경우의 선시공 말뚝 시공에는 베노토 공법, 어스 드릴 공법, 리버스 공법이 채용된다. 굴착시에는 지하 수압을 억제하기 위해 굴착 안정액이 필요하며 말뚝 축조는 이 굴착 안정액 속에서 해야 한다. 또한 선시공 철골 기둥의 세우기 고정은 그 주각부를 말뚝 콘크리트에 밑동 묻힘함으로써 이뤄지는데 이것을 지상에서 원격 조작으로 굴착 안정액 속에서 한다.

선시공 철골 기둥은 기둥재가 도중에서 절단된 그런 베이스 플레이트가 없는 형상으로 해야 하며, 이 철골 기둥 세우기와 말뚝 콘크리트 부어넣기의 시공 순서에 따라서 「철골 나중 삽입 방식」과 「철골 먼저 삽입 방식」이 있다. 어느 것이나 밑동 묻힘부의 말뚝 콘크리트가 철골 기둥의 자중을 지탱하는 데 충분한 강도에 이르기까지(통상 12~18시간) [34] 선시공 철골 기둥을 지상 부분에서 정확한 정해진 위치에 임시로 지지해 두어야 한다.

1) 철골 나중 삽입 방식

말뚝 콘크리트 부어넣기가 끝나면 선시공 철골 기둥의 주각 밑동 묻힘 부분을 말뚝 콘크리트에 삽입하여 고정하는 방식이다.

「굴착 안정액」: 현장 축조 말뚝 또는 연속 지중벽 등을 지하 수위 이하에 걸쳐서 시공할 경우 공벽의 붕괴나 구멍 밑바닥에서 생기는 보일링을 막기 위해 구멍 속에 충전하는 액체. 통상 어스 드릴, 리버스, 클램셀 등의 케이싱을 사용하지 않는 공법에서는 벤토나이트 용액(泥水라고도 한다), 폴리머 용액 등을, 베노토 등의 케이싱을 사용하는 공법에서는 보통 물(淸水라고도 한다)을 사용한다. 공벽의 붕괴나 보일링을 막기 위해서는 그 수위를 주위 지하 수위에서 2 m 정도 이상 위쪽에 유지하도록 해야 한다.

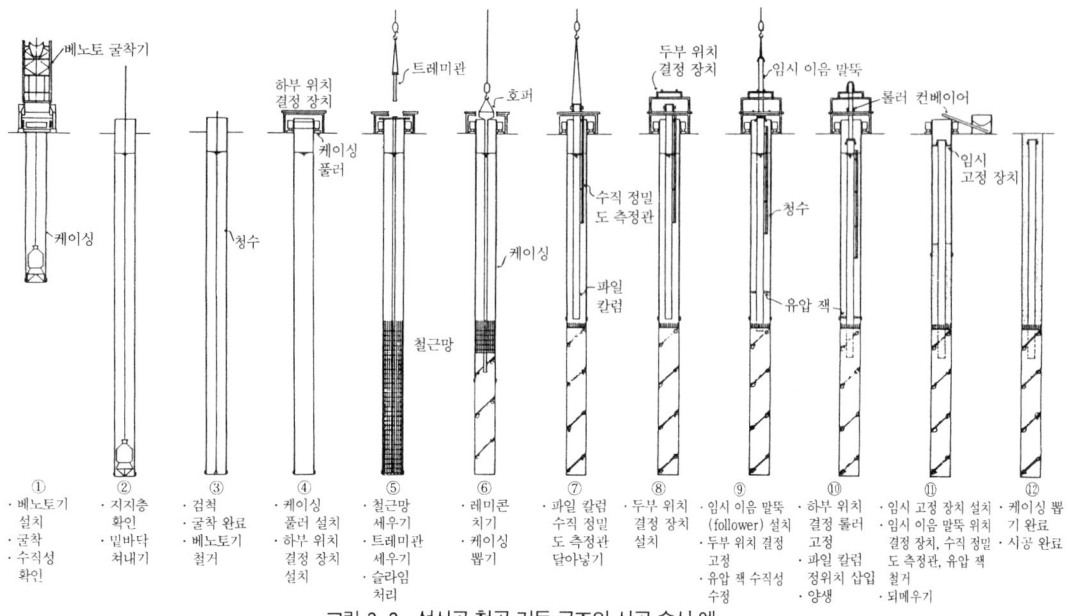

그림 3.3 선시공 철골 기둥 구조의 시공 순서 예

    이 방식은 말뚝 굴착시에 공벽 붕괴를 막기 위해서 말뚝 전체 길이에 걸쳐서 케이싱을 사용할 경우(베노토 공법 등)에 채용하는 것이고, 콘크리트를 부어넣을 때에 이 케이싱을 인발하여 (뽑아) 회수해야 하므로 이런 시공 순서로 된다. 또한 굴착 중에는 지하 수압을 억제하기 위해 굴착 안정액으로서 물(이 경우는 이수에 대해서 청수[淸水]라고도 한다)을 사용한다.

    그림 3.3에 이 방식(베노토 공법, 철골 나중 삽입 방식)을 이용한 선시공 철골 기둥 구조의 시공 순서 일례를 나타낸다.

  2) 철골 먼저 삽입 방식

    말뚝 굴착 완료 후 먼저 선시공 철골 기둥을 구멍 속에 삽입하여 임시로 지지한 다음 말뚝 콘크리트를 부어넣어 고정하는 방식이다.

    이 방식은 말뚝 굴착시 공벽 보호와 지하 수압 억제를 굴착 안정액(이 경우는 이수를 사용한다)으로 하는 등 말뚝 콘크리트 부분에 케이싱을 사용하지 않는 경우(어스 드릴 공법, 리버스 공법 등)에 채용하는 것이다. 또한 말뚝 굴착을 이같은 공법을 이용할 경우는 선시공 철골 기둥의 세우기 고정을 철골 나중 삽입 방식으로 시공할 수도 있다.

  (b) 지하수가 없는 경우

    지하수가 없는 경우의 선시공 말뚝 축조는 일반적으로 심초 공법을 이용할 때가 많다(베노토 공법, 어스 드릴 공법으로 할 수도 있다). 선시공 철골 기둥의 세우기 고정은 선시공 말뚝 축조 완료 후 말뚝 구멍 속에 사람이 들어가 직접 조작할 수가 있다.

　선시공 철골 기둥의 형상은 베이스 플레이트식이며, 주각 고정 방식에 따라서「앵커 볼트 방식」,「밑감기 콘크리트 방식」및 이들의「병용 방식」이 있다.

　이같은 공법은 말뚝 상단 마감이나 앵커 볼트 설치, 철골 기둥 고정 등을 인력을 이용해 구멍 내에서 작업할 수 있으므로 모든 작업을 육안으로 확인할 수 있어 양호한 정밀도를 얻을 수 있다.

　1)　앵커 볼트 방식

　말뚝 콘크리트 부어넣기 후 말뚝 상단을 소정 높이로 마감하고 미리 묻어넣어 둔 앵커 볼트로 베이스 플레이트식 선시공 철골 기둥을 세워 고정하는 방식이다. 통상 철골조에서의 노출 형식 주각 마감과 아주 똑같다.

　2)　밑감기 콘크리트 방식, 병용 방식

　말뚝 콘크리트를 부어넣은 다음 선시공 철골 기둥을 앵커 볼트를 사용하지 않고 임시로 지지한 다음 밑감기 콘크리트를 부어넣어 고정하는 방식이다.

　이 방식은「철골 먼저 삽입 방식」의 일종으로 볼 수 있으나 베이스 플레이트 아래의 나중 치기 콘크리트 높이가 낮은 것이 특징이다. 그러나 콘크리트를 베이스 플레이트 아래에 충분히 충전하도록 시공하는 것이 중요하다.

　또한 1)의「앵커 볼트 방식」으로 선시공 철골 기둥을 고정한 다음 밑감기 콘크리트를 부어넣는「병용 방식」의 예도 있다.

(3)　선시공 철골 기둥의 현행 설계 방식

　선시공 철골 기둥 구조는 앞에서 기술한 바와 같이 선시공 철골 기둥과 선시공 말뚝으로 이뤄지는데 단순한 철골 기둥이나 현장 치기 콘크리트 말뚝이라면 가정(仮定) 하중이나 허용 응력 등의 설계 조건을 부여함으로써 각각 설계법이 정해지고 있다[3), 35)]. 그러나 선시공 철골 기둥을 말뚝 콘크리트에 밑동 묻힘하여 고정하는 합성 구조 방식의 선시공 철골 기둥 구조에 대해서는 현실적으로 많은 실시 예가 있는데도 선시공 철골 기둥과 말뚝 콘크리트의 응력 전달 등의 성상(性狀)이나 기구(機構)가 아직 해명되지 않아 설계법도 확립되어 있지 않다.

　필자가 입찰한 20여 사례에 가까운 선시공 철골 기둥 구조의 실시 예에 대해서 주각 밑동 묻힘부의 응력 전달에 대한 설계의 기본적인 방식을 분류하면 다음과 같은 3종류가 있다.

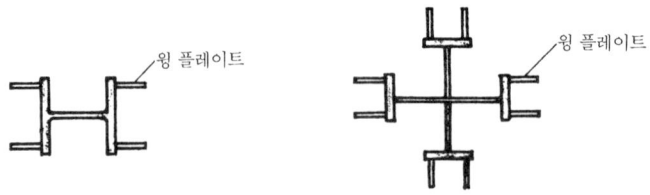

그림 3.4 주각 밑동 묻힘부의 윙 플레이트

① 철골과 콘크리트의 부착
② 철골 기둥 하단에 대한 지압
③ 스터드 다월(stud dowel)의 전단 내력

이 중 ①은 선시공 철골 기둥의 주각부를 말뚝 콘크리트에 밑동 묻힘하여 그들간의 부착력을 기대하는 방식이다. 이 경우 부착 면적을 늘리기 위해 주각 밑동 묻힘 부분에 윙 플레이트를 설치하는 경우가 있다(**그림 3.4**). ②는 선시공 철골 기둥의 밑동 묻힘 부분의 하단면과 말뚝 콘크리트 사이의 지압력을 기대하는 방식이다. 그러나 선시공 철골 기둥의 주각 밑동 묻힘부보다 아래쪽에 부어넣어져 있는 말뚝 콘크리트가 긴 경우에는 콘크리트의 침하 현상[36),37)] 때문에 지압력은 기대할 수 없다고 보는 것이 좋다. ③은 선시공 철골 기둥의 주각 밑동 묻힘 부분에 스터드 다월을 수평으로 설치하여 전단 내력을 기대하는 설계법이다.

주각 밑동 묻힘부의 응력 전달에 관해서는 이상과 같은 방식이 있으며 어떤 실시 예에 있어서도 ①을 주체로 생각하고 여기에 ② 또는 ③, 혹은 ② 및 ③을 부가하는 설계 방법을 채용하고 있지만 설계 방식에 통일성이 없어 설계자에 따라서 그 판단에 큰 차이가 있다. 또 채용하고 있는 각기 허용 응력의 값도 크게 편차가 나서 이것도 설계자에 따른 차이가 크다.

선시공 철골 기둥 구조는 가설적인 구조물이지만 시공 중 안전이나 시공 후 구조체의 품질 확보에 깊게 관계되는 중요한 구조물이므로 설계자에 따라서 판단이 크게 달라지는 것은 문제이다. 그래서 이 응력 전달 기구를 해명하여 어떤 설계법에 따르는 것이 가장 바람직한지 지침을 구하는 것은 현실정에 있어서 중요한 과제의 하나라고 생각되어 필자는 이 문제에 대해서 실증인 연구에 의거하여 시공법에 기인하는 문제점에 대한 대책도 포함하여 설계법을 제안하였다[32),33)]. 이런 문제는 실험적으로 규명하는 데는 현실 상황을 재현하기가 곤란하므로 실시 구조물의 선시공 철골 기둥 구조를 대상으로 한 실증적인 측정 관찰에 의거한 연구가 중요한 의미를 갖는다고 본다.

표 3.2 선시공 철골 기둥 구조의 설계 순서

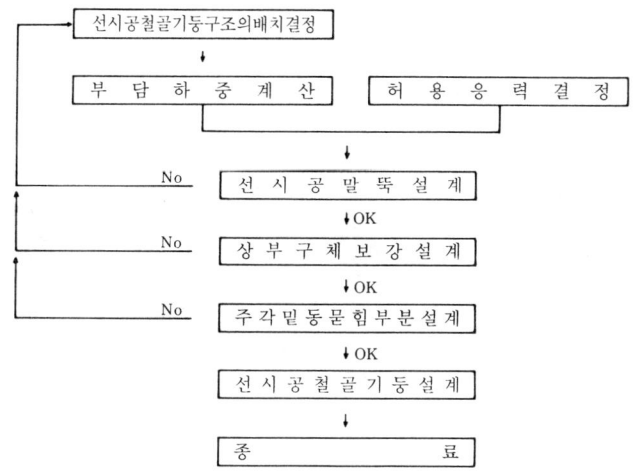

(4) 설계법의 제안

(a) 선시공 철골 기둥 구조의 설계 순서

선시공 철골 기둥 구조의 설계 순서에서 관용되고 있는 방법은 일반적으로 **표 3.2**에 나타낸 바와 같다. 이것은 주로 **표 3.1**에 나타낸 선시공 철골 기둥 구조의 시공 방식 중 지하수가 있는 경우이며, 선시공 말뚝의 축조 방법은 베노토 공법, 어스 드릴 공법, 리버스 공법 등, 선시공 철골 기둥 세우기 방식은 나중 삽입 방식 및 먼저 삽입 방식(모두 원격 조작)의 경우를 대상으로 하여 나타냈다.

(b) 선시공 철골 기둥 구조의 배치

선시공 철골 기둥 구조의 배치는 건물의 기둥 배치에 맞게 하는 것이 원칙이고 선시공 철골 기둥을 건물 본체 기둥의 콘크리트 단면 내에 묻어버리도록 계획한다. 그리고 각 선시공 철골 기둥 구조의 부담 하중에 대해서 설계하는 선시공 철골 기둥(뒤에 기술하는 「(f) 선시공 철골 기둥의 설계」 참조)이나 선시공 말뚝(뒤에 기술하는 「(d) 선시공 말뚝의 설계」 참조)의 구조 세부가 적정한 범위를 넘는 경우나 건물의 스팬이 크고 선시공 철골 기둥 구조의 간격이 넓어져 역타 하중에 대한 상부 구체(보)의 보강(뒤에 기술하는 「(e) 상부 구체의 보강 설계」 참조)이 적정한 설계 범위를 넘을 때는 스팬 중간에 선시공 철골 기둥 구조를 증설하도록 그 배치를 재검토한다.

앞에서 기술한 「적정한 설계 범위」란 부재 설계 결과를 종합하여 판단하는 것이므로 재료의

사진 3.2 선시공 철골 기둥   사진 3.3 선시공 말뚝의 축조   사진 3.4 선시공 철골 기둥의 세우기

성질, 단면 형상·치수, 철골량·철근량과 그들의 배치, 존재 최대 응력과 허용 응력의 비, 맞춤이나 이음의 마감, 다른 부재와의 상호 관계 등 많은 설계 사항에 대한 판단이 포함되어 있다.

연속 지중벽에 따른 건물 주변부의 역타 하중은 일반적으로 연속 지중벽을 벽 말뚝이라고 생각하고 여기에 부담시키는 경우가 많다. 이 경우는 말뚝으로서의 침하 성상을 같은 조건으로 하기 위해 연속 지중벽의 지지 지반을 선시공 말뚝과 같은 지층으로 해야 한다. 만약 연속 지중벽 선단이 연약층에 그쳐 버리는 경우는 지지력을 기대할 수 없는 경우가 많아 선시공 말뚝과 침하 성상이 다른 경우를 생각할 수 있으므로 연속 지중벽에 근접하여 따로 선시공 철골 기둥 구조를 만들어야 한다(「제1장 1.4 연속 지중벽 구조체에 대한 이용 (3) 벽 말뚝으로서의 이용」 참조). 이 경우는 말뚝 상부의 건성 터파기(dry excavation) 부분의 되메우기를 특히 신중히 해야 한다. 이것을 안이하게 하면 토압으로 흙이 이동하여 연속 지중벽에 여분의 응력과 변형을 일으키고 나아가서는 주변 지반에 침하를 일으키게 된다.

(c) 부담 하중의 계산

각 선시공 철골 기둥이 부담하는 역타 하중은 그 지배 면적 중 고정 하중이나 작업 하중 등을 집계한 것으로 하면 된다. 이 가정은 **그림 3.5, 3.6**에 나타낸 바와 같은 선시공 철골 기둥 구조의 축력 측정 결과에서 거의 타당하다고 판단할 수 있다[32]. 그림 중 실선은 측정 축력을, 점선은 계산 축력을 나타낸 것이다.

이 측정은 **그림 3.7**에 나타낸 건물에 관해서 한 것이다. 이 건물은 지하 4층, 지상 8층, 펜트하우스 3층, 연면적 75,000 m²의 규모를 가진 것이며 1기·2기로 나누어 건축하였다. 동 그림에서는 1기와 2기의 평면을 떼어서 기입하고 있지만 그림의 15 일직선에서 강(剛)으로

3.2 선시공 철골 기둥 구조 • **127**

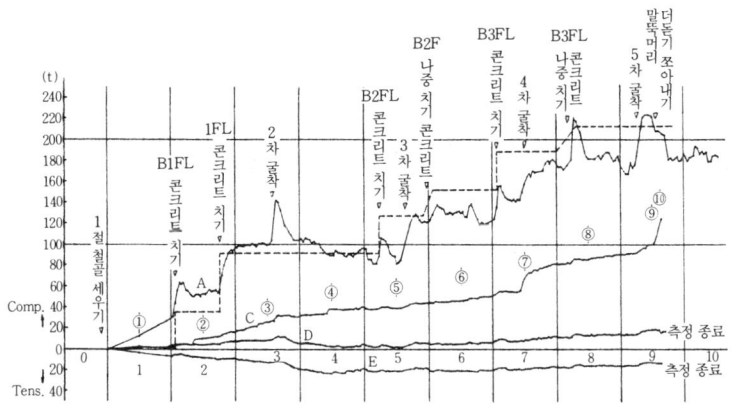

그림 3.5 〔H9〕 선시공 철골 기둥의 측정 축력

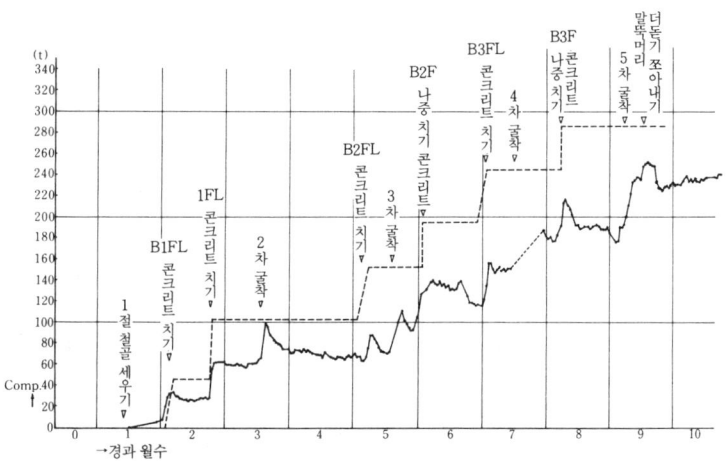

그림 3.6 〔G9〕 선시공 철골 기둥의 측정 축력

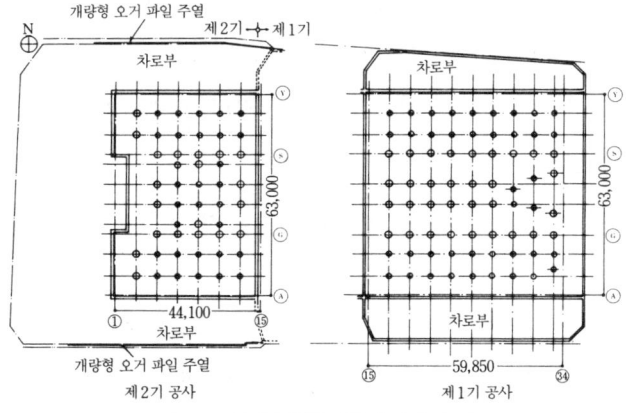

그림 3.7 선시공 철골 기둥 축력 측정 건물

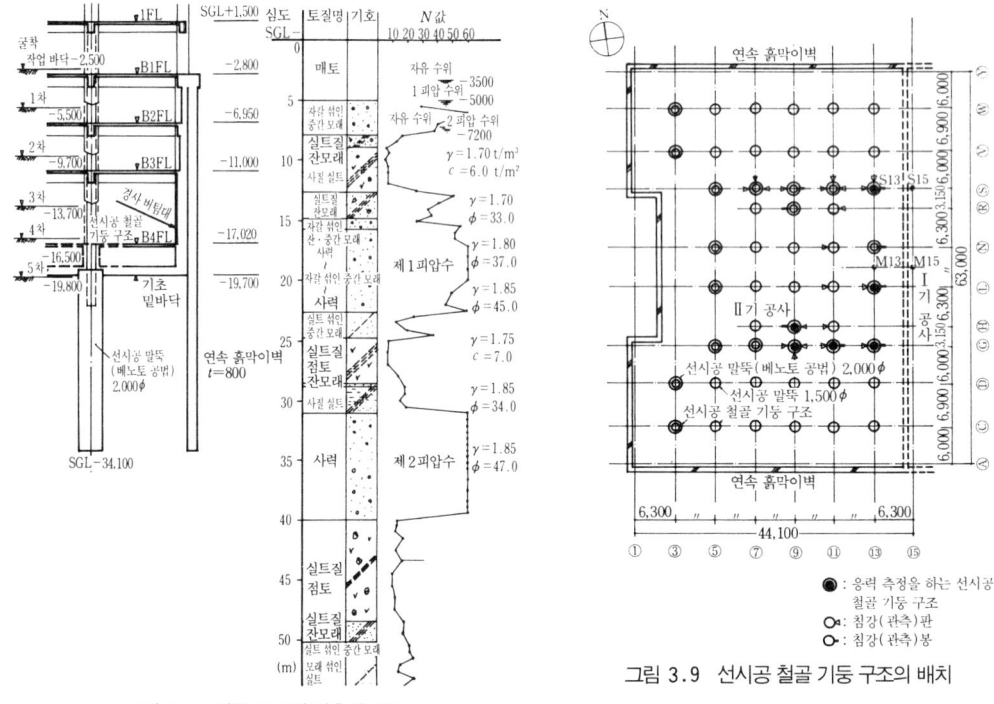

그림 3.8 기둥 구조와 지층의 개요

그림 3.9 선시공 철골 기둥 구조의 배치

접합하여 건물 전체가 완성된 후는 기능적으로나 구조적으로도 일체가 되게 한다. 선시공 철골 기둥 구조와 지층 관계를 **그림 3.8**에, 선시공 철골 기둥 구조의 배치를 **그림 3.9**에 나타낸다.

그림 3.5에 나타낸 [H9] 선시공 철골 기둥 구조의 측정 축력은 계산 축력에 비교적 일치하고 있지만 **그림 3.6**의 [G9] 선시공 철골 기둥은 계산값보다 상당히 작은 값은 나타내고 있다. 그러나 전체로서 그림을 보면 어느 것이나 실측값은 계산값보다도 작은 값을 나타내어 하중 증가와 함께 그 차가 크게 난다. 이것은 설계에서 시공시에 과대한 응력이 생기지 않게 하기 위해 부담 하중의 최대값을 구하여 안전측이 되도록 다루기 때문이라고 생각할 수 있다.

역타 하중은 기본 공정표에 따라서 역타 하중이 증가하는 각 단계(주로 콘크리트 부어넣기)마다 구하여 집계한다. 예를 들면, 역타 공법인 경우의 콘크리트 부어넣기 순서는 일반적으로 지하층에서는 **그림 3.2**에서 ①, ②, ③, ④, ⑤, ⑥, ……이며 지상층에서는 ①´, ②´, ③´, ……이므로 그 단계마다 역타 하중을 구하여 집계한다.

선시공 철골 기둥 구조는 본체 공사의 안전성에 매우 중요한 역할을 하는 것이므로 부담 하중 계산시에는 각 시공 단계에 대한 하중의 최대값을 구해 둘 필요가 있다. 과거의 실시 예를 참고로 계산 방식의 기본을 기술하면 다음과 같다.

a. 고정 하중 계산은 통상 구조 계산에서의 건물 중량 계산의 요령으로 한다. 벽이나 보에 설치하는 덕트·파이프 등의 관통 구멍은 설계 변경으로 없애는 경우가 있으므로 꽤 큰 것이 아닌 한 이것을 무시하고 개구가 없는 것으로서 다룬다.

b. 작업 하중으로서의 적재 하중에 대해서는 실상에 따라서 결정한다. 바닥 적재 하중은 등분포 하중으로서 각기 선시공 철골 기둥의 지배 면적에 의거하여 산정하되 각층 $100\sim200$ kg/m^2 정도를 채용하면 되고, 층수가 많은 건물의 경우에는 최대 누계 $600\sim1,000$ kg/m^{2}에 그치는 예가 있다. 기한부 구조물의 설계·시공 매뉴얼·동해설(반입 가대) (일본 건축 학회편, 1986)에서는 「반입 가대」에 가정해야 할 하중의 하나로서 100 kg/m^{2}의 잡하중(기타 하중)을 채용하도록 제안하고 있으나 이 잡하중(雜荷重)은 여기서 말하는 바닥 적재 하중과 같은 종류의 것이다.

c. 고정된 시공용 기계 하중으로 비교적 큰 집중 하중(타워 크레인이나 정치식 클램셀 등)은 가동시 최대 작용 하중값을 사용하여 관계되는 선시공 철골 기둥에 직접 부담되는 것으로 한다. 이동하는 시공용 기계 하중이나 차량 하중(크롤러 크레인, 트럭 크레인, 레미콘차, 덤프 트럭 등)은 이동시 최대 작용 하중을 이동 하중으로서 다루고, 각 부재의 최대 응력을 구하여 바닥 적재 하중에 따른 응력이나 앞에서 기술한 고정된 기계 하중에 따른 응력에 가산하는 방법과 작업 바닥에 대한 등분포 하중으로 바꿔 다루고 각기 지배 면적에 의거하여 산정하는 방법이 있으나 전자 쪽이 현실에 가깝다. 등분포 하중으로 바꾼 경우는 $1,000\sim2,000$ kg/m^2 정도를 채용하면 된다고 본다. 충격을 수반하는 기계 하중이나 차량 하중에 대해서는 충격력으로서 실하중의 20% 정도 할증을 고려해야 할 것이다.

d. 특수 하중으로서 선시공 철골 기둥 구조간의 하중 이동과 리바운드 하중이 있으나 이에 대해서는 뒤에서 기술한다.

공사는 공정표에 따라서 진행하지만 여러 가지 원인으로 자주 지연되는 경우가 있다. 지상 공사에서는 일반적으로 분쟁이 적고 대개 계획대로 진척되지만 지하 공사에서는 예기치 않은 사태가 발생하여 공정이 상당히 지연될 때가 있다. 선시공 철골 기둥 구조의 부담 하중 설정시에는 만일 이러한 사태가 발생하였다고 해도 지상 공사 공정, 나아가서는 전공사 공정에 영향을 끼치지 않도록 고려해 두어야 한다.

예를 들면, **그림 3.10**은 앞에서 기술한 지하 4층, 굴착 깊이 약 20 m, 굴착 면적 4,000m^{2}에 이르는 공사의 기본 공정표이며, 이와 같은 정도 규모의 지하 구조체를 역타 공법으로 시공

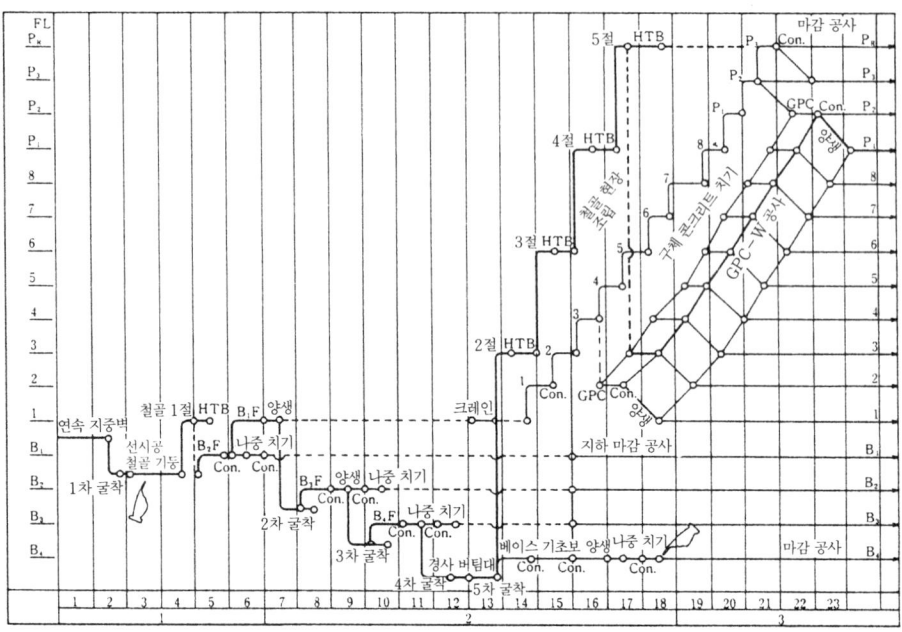

그림 3.10 기본 공정표

하는 경우의 대표적인 것이다. 공정표 중에서 굵은선으로 나타낸 부분 공정의 연속이 크리티컬 패스(critical path)이다. 이 공정표에 따르면 지하층 구조 구체의 최종 콘크리트(지하 4층 나중 치기 부분) 부어넣기가 끝난 후 콘크리트가 설계 기준 강도를 발현하는 재령에 이른다고 추정되는 것은 착공 후 약 18개월째이며, 이 단계에서 지상층은 4층 콘크리트 치기가 행해질 예정으로 되어 있다. 따라서 공정이 모두 예정대로 진척되는 경우는 선시공 철골 기둥 구조가 부담하는 역타 하중의 크기는 지상 4층까지에 대해서 계획하면 된다.

그러나 만약 지하 공사 공정에서 뭔가의 분쟁이 생겨 공사가 지연된 경우 선시공 철골 기둥 구조의 부담 하중에 여유가 없으면 지하 구체 공사가 예정 공정에 이를 때까지 지상 공사의 진행을 그쳐야 된다. 이들 공정은 크리티컬 패스에 포함되므로 지하 공사 공정이 지연된 분만큼 전공사 공정이 지연된다. 따라서 이런 사태를 피하기 위해서는 기본 공정표 공정에서 지하 공사 만큼이 지연된다는 것을 상정해 둘 필요가 있다. 상정하는 지연 일수는 공사의 시공 조건에 따른 것이므로 명확히 나타낼 수는 없지만 지상 공사 공정에 다시 1층분의 공정 또는 약 1개월

「크리티컬 패스(critical path)」: 네트워크 공정에서 모든 경로 중 가장 작업 일수가 긴 경로를 말한다. 이 경로의 작업 개시일이나 완료일이 조금이나마 늦어지면 그 공사 전체의 완료 기일이 늦어지게 된다. 건축 공사는 대부분의 부분 공사가 유기적으로 관련되어 있으므로 크리티컬 패스는 1개로는 안된다. 이 경로상의 작업은 중점 관리해야 한다.

정도를 예상해 두는 것이 바람직하다.

인접하는 선시공 철골 기둥 사이에는 지배 면적으로 구한 하중값으로부터 약간의 이동이 생기는 경우가 있다. **그림 3.8**(G9 선시공 철골 기둥)과 **그림 3.9**(H9 선시공 철골 기둥)에 대한 횡축의 2개월째 부근의 축력 변화가 이것을 나타내고 있다. 또한 G9 선시공 철골 기둥과 H9 선시공 철골 기둥은 **그림 3.7**에 나타낸 바와 같이 매우 근접(기둥심 간격 3.150 m)하고 있다. 축력 변화의 경과를 상세히 검토하면 이 하중의 이동은 주로 공사 초기 단계(재하 초기)에 일어나고 그후는 뚜렷하지 않다. 이 측정에서 이동률은 초기 하중에 대해서 약 40 %, 이동률은 약 25 t 정도를 나타내고 있는데 하중 이동은 이 정도로 그친다고 볼 수 있다. 따라서 이 정도의 값이 전체 하중에 대해서 무시할 수 없는 경우는 이 이동을 고려하여 하중의 값을 할증해 두어야 한다. **그림 3.8**에서는 축력의 측정값과 계산값이 비교적 일치하고, **그림 3.9**에서는 측정값이 계산값보다 상당히 적게 되는 것은 이 하중의 이동 때문이다.

대지 내의 지층 구성이 복잡하거나 강성이 큰 기존 구조물이 인접한 경우에는 균등한 리바운드 현상이 부분적으로 뚜렷이 저지되어 선시공 철골 기둥 구조에 부가 하중이 생길 때가 있다.

그림 3.11(G13 선시공 철골 기둥), **3.12**(L13 선시공 철골 기둥)에서는 횡축의 9~10개

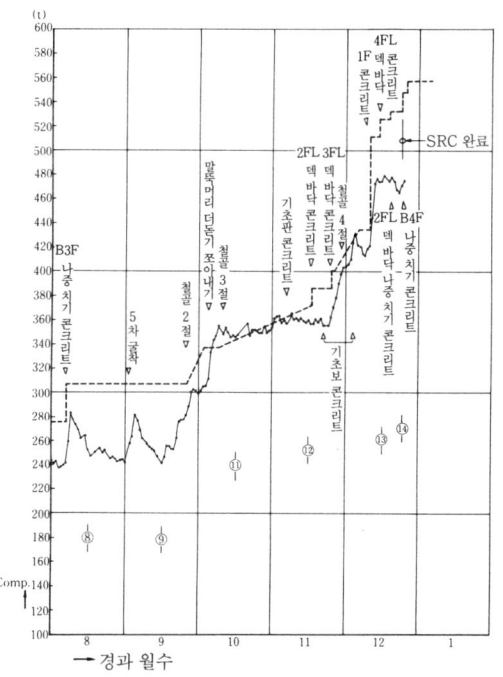

그림 3.11 [G13] 선시공 철골 기둥의 측정 축력

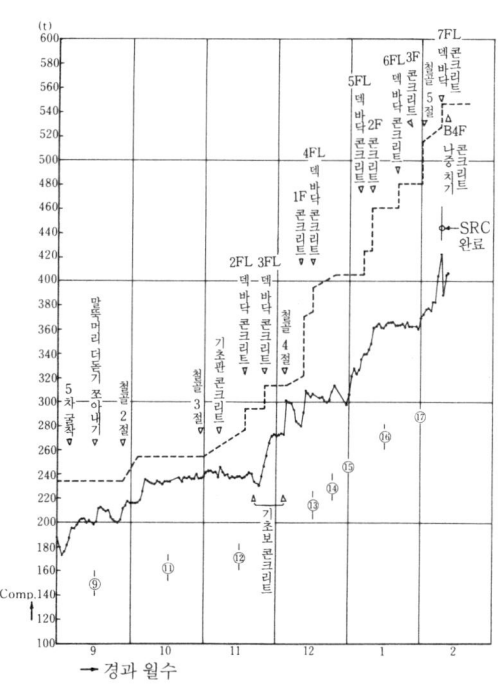

그림 3.12 [G11] 선시공 철골 기둥의 측정 축력

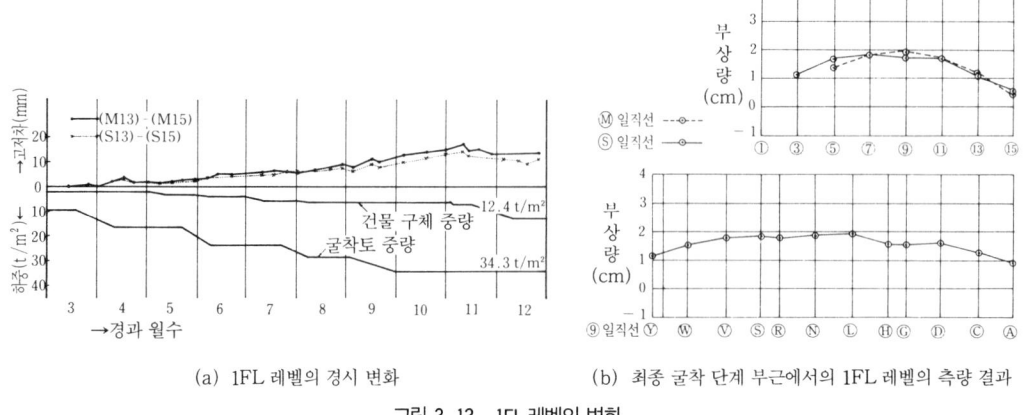

(a) 1FL 레벨의 경시 변화   (b) 최종 굴착 단계 부근에서의 1FL 레벨의 측량 결과

그림 3.13   1FL 레벨의 변화

월째 부근에서 측정 축력이 급히 증가하였다. 한편 **그림 3.13** (a)는 지하 굴착 공정에 의거하는 제하 하중과 구체 콘크리트 치기 공정에 따른 재하 하중의 관계를 나타낸 것이다. 그림에 나타낸 바와 같이 재하 하중보다도 제하 하중 쪽이 커지므로 이 두 절선(折線)에 낀 부분은 지반에 대한 하중 감소의 추이를 나타내지만 이 변동 시기와 앞에서 기술한 선시공 철골 기둥 축력의 증가 시기는 서로 관계가 좋다. 이 추이는 지반에 대한 하중 감소 추이와 사소한 타임 래그(time lag)가 생기기는 하지만 잘 일치하므로 분명하게 지반의 리바운드 현상에 기초를 둔 것이라고 할 수 있다.

동 **그림 3.13** (b)는 M 일직선·S 일직선(모두 동서 방향, M 일직선은 굴착 면적의 중앙) 및 남북 방향 거의 중앙의 9 일직선에 대해서 최종 굴착 계단 부근에 대한 1층 바닥 레벨의 측량 결과를 나타낸 것이다. 이에 따르면 리바운드량은 굴착 면적의 중앙 부근이 가장 크고 굴착 면적 주변에 대해서 약간 볼록(凸)한 형상을 나타내고 있어 각 일직선 사이의 부재각이 클수록 리바운드로 인한 부가 축력이 크다는 것을 의미하고 있다. 리바운드에 따른 부가 축력의 실측값은 선시공 철골 기둥 1개당 부분적으로 약 50~100 t에 이르렀다. 따라서 균등한 리바운드 현상을 구속하는 것이 예상될 경우에는 이 정도의 부가 하중을 예상해 둘 필요가 있다.

선시공 철골 기둥 구조 설계시는 지진력을 고려하지 않아도 된다. 선시공 철골 기둥 구조는 지하부에 설치되는 것으로 건물 주위에 축조하는 흙막이벽과 병용되어 수평력에 대해서는 일체로 되어 있다. 흙막이벽은 가설 구조물이지만 일반적으로 상당한 면내 강성을 기대할 수 있는 데다가 선시공 철골 기둥 구조의 시공 시기는 건물 전체의 지진력이 아직 작은 단계이므로 선시공 철골 기둥 구조가 부담하는 지진력은 무시해도 지장이 없다.

(d) 선시공 말뚝의 설계

선시공 말뚝은 현장 치기 콘크리트 말뚝으로서 설계한다. 현장 치기 콘크리트 말뚝의 허용 내력은 구조 재료에 대한 것과 마찬가지로 말뚝 몸통에 대해서나 지반에 대해서도 중기 허용 응력을 채용하는 것이 적당하다고 볼 수 있다. 또한 필요로 하는 말뚝의 허용 내력이 크고 말뚝 지름이 2.00 m를 넘는 경우는 확저 말뚝(belled pier 또는 under-reamed pile)으로 설계하는 경우가 많아졌다. 말뚝 설계가 적정한 범위를 넘는 경우는 선시공 철골 기둥 구조를 증설하도록 그 배치를 재검토한다.

(e) 상부 구체의 보강 설계

고정 하중이나 작업 하중에 대해서 역타부의 보가 되는 구체 부분의 강도에 대해서 휨 모멘트 및 전단력에 관한 검토를 하고 필요하다면 보강을 한다. 보강 설계가 적정한 범위를 넘는 경우는 선시공 철골 기둥 구조를 증설하도록 그 배치를 재고한다.

(f) 선시공 철골 기둥 철골의 설계

선시공 철골 기둥 설계시에는 다음과 같은 점에 주의한다.

① 단면 형상 선정
② 휨 모멘트 설정
③ 좌굴 길이 잡는 법

1) 단면 형상 선정

선시공 철골 기둥 구조는 건물의 기둥 배치에 맞춰서 배치하는 것이 원칙이지만 이 경우는 선시공 철골을 기둥의 콘크리트 단면 속에 묻어넣어 버리므로 그 단면 형상·치수는 건물의 기둥 단면 속에 필요한 피복을 확보하여 잘 마감되도록 선정해야 한다. 또한 선시공 철골 기둥 세우기시에는 편심을 피할 수 없고 재(材) 길이의 1/300 정도나 이르는 경우가 있으므로 이것도 고려하여 단면 형상·치수를 선정해야 한다. 선시공 철골 기둥의 단면 형상은 롤(roll) H형강 등을 그대로 사용하는 경우가 많은데 역타 하중이 큰(1,000 t 급) 경우는 본체 철골에 준한 단면 형상이든지 매우 두꺼운 롤 H형강 등을 사용하는 경우가 있다.

또한 선시공 철골 기둥 구조는 가설적인 구조물로서 다루는 것이지만 구조적으로 매우 중요한 부분이므로 건축물 본체의 골조 철골과 같은 사양(仕樣)으로 제작하고, 강재는 신재(新材)를 사용한다. 또 SRC조의 경우는 선시공 철골 기둥에 철근 등의 관통 구멍을 내야 하는 경우가 많은데 이 부분은 단면 결손이 되므로 유효 단면적을 사용하든지 관통 구멍 보강을 하여 설계한다.

2) 휨 모멘트 설정

선시공 철골 기둥에 생기는 휨 모멘트 설정시에는 다음과 같은 것을 생각할 수 있다.

a. 가구(架構)로서의 절점 모멘트

b. 역타 하중의 기둥 철골 단면에 대한 편심(선시공 철골 기둥 세우기시에 생기는 편심을 포함)

실측에 따르면 이들 값은 편심량이 재 길이의 1/300~1/600 정도 이하일 때가 많다. 이것 때문에 선시공 철골 기둥 설계시에는 편심률(편심 거리/재 길이)로 하여 1/300 정도의 휨 모멘트를 고려해 둘 필요가 있다고 할 수 있다. 또한 선시공 철골 기둥의 배치가 불균등한 경우는 균등한 경우에 비하여 가구로서의 절점 모멘트가 크게 되어 선시공 철골 기둥에 생기는 휨 모멘트가 약간 크게 되는 경향에 있다[33].

선시공 철골 기둥 세우기 정밀도를 높이에 대해 1/400 정도 이내의 편심량으로 하는 것은 현재의 시공 기술로는 비교적 쉽지만, 좀더 확실한 시공 기술로 될 수 있는 한 편심이 생기지 않도록 하여 편심량의 최대값이 1/500 정도 이하가 되도록 정밀도를 확보하는 데 노력해야 한다.

3) 좌굴 길이 잡는 법

각 시공 단계에서의 선시공 철골 기둥의 좌굴 길이 l_k는 역타 공정 각기의 굴착 완료시에 대한 재 길이 l에서 재단(材端)의 구속 조건에 의거하여 정한다.

선시공 철골 기둥 구조는 지하부에 설치되는 것이며 지하부 건물 주위에 축조되는 튼튼한 흙막이벽과 일체가 되므로 절점 이동은 구속되는 것이라고 봐도 지장은 없다.

절점의 회전에 대해서는 역타 공법 도중 공정에서는 기둥 상부는 바닥·보와 동시에 콘크리트 치기가 완료되었으나 기둥 하부는 흙 속에 묻혀 있으므로 상단 고정·하단 핀 상태와 유사하다고 보고 상부 콘크리트에 묻혀 있지 않은 점에서 흙 속의 제1부동점까지의 길이를 재 길이로 하여 $l_k = (0.7 \sim 0.8) l$로 해도 될 것이다. 이때의 굴착면에서 흙(되메우기 흙) 속의 제1부동점까지의 깊이 l_0(cm)는 「제1장 1.2 자립형 흙막이벽의 계산법 (3) 응력 산정·변형 계산과 단면 검토」에서 기술한 것처럼 특성값 $\beta(\mathrm{cm}^{-1})$를 사용해 다음과 같은 식(3.1)로 구한다.

$$\left. \begin{array}{l} l_0 = \dfrac{1}{\beta} \\ \beta = \sqrt[4]{\dfrac{k_h \cdot B}{4 \cdot E \cdot I}} \end{array} \right\} \quad \cdots\cdots\cdots\cdots\cdots\cdots\cdots\cdots\cdots\cdots\cdots\cdots (3.1)$$

이때, k_h : 수평 방향 지반 반력 계수($\mathrm{kg/cm^3}$)

B : 선시공 철골 기둥의 폭(cm)
E : 선시공 철골 기둥의 탄성 계수(t/cm^2)
I : 선시공 철골 기둥의 단면 2차 모멘트(cm^4)

구하는 법은 앞에서 기술한 것과 역시 앞에서 기술한 「(5) $k_h \cdot E_s$ 구하는 법」을 참조하기 바란다.

최종 굴착인 경우의 기둥 하부는 강성이 큰 말뚝 콘크리트에 묻어넣어져 있으므로 상하 모두 고정 상태에 가깝기 때문에 $l_k = (0.5 \sim 0.65)\, l$로 해도 된다고 본다. 만약 층 높이가 높거나 최종 굴착인 경우 등에서 재 길이가 길어지므로 선시공 철골 기둥의 필요 단면 성능이 어떤 시공 단계만큼 커지는 경우는 후속 공사 계획을 감안하여 중간 높이에 좌굴 방지 연결재를 사용하는 경우가 있다.

예를 들면, **그림 3.2**에서 2차 굴착 완료 후 ②의 콘크리트 부어넣기를 완료하고 다음에 3차 굴착을 완료한다. 이때는 ④·⑤의 콘크리트 치기는 아직 시공되지 않았으므로 이 상태에서 선시공 철골 기둥의 재 길이가 최대(그림에 나타낸)가 된다. 이렇게 하여 차례로 각 시공 단계에서의 재 길이와 좌굴 길이를 구해 둔다. 그러나 통상의 경우 가장 설계 조건이 불리한 시공 단계는 최종 굴착 완료 시점이다. 즉, 그림에서 ⑥의 콘크리트 부어넣기가 끝나고 다음에 기초보 콘크리트 부어넣기를 시공하기 이전 상태이다. 이 단계에서는 선시공 철골 기둥이 부담하는 역타 하중이 가장 크고, 또한 재 길이는 가장 길게 될 때가 많으므로 선시공 철골 기둥의 단면 치수는 이 시공 단계에 의거하여 검토한다. 중간 연결재는 이러한 시공 단계에서 사용할 때가 많다.

흙 속의 제1부동점 위치를 구할시에 굴착면에서 아래 부분은 선시공 말뚝 축조 후 되메우기 흙 부분이므로 이 되메우기 흙의 성상을 확실히 파악해야 한다. 바꿔 말하면 시공시에는 선시공 철골 기둥 설계시에 가정한 흙의 성상을 확실히 구할 수 있는 되메우기 흙과 되메우기 방법을 선정해야 한다. 이 되메우기 흙은 수중 되메우기가 되는데 그 상대 밀도는 적어도 N값 5 이상

「**상대 밀도**」: 사질토의 긴장 정도를 나타내는 지수로 이 값은 사질토의 탄성적 성질을 좌우하는 경우가 많다.
상대 밀도 D_r은 다음과 같다.
$$D_r = \frac{e_{max} - e}{e_{max} - e_{min}}$$
이때, e : 자연 상태에 대한 간극비
e_{max} : 실험실에서 안정을 잃지 않을 정도로 가장 완만한 상태로 하였을 때의 간극비
e_{min} : 실험실에서 극한까지 달구질하였을 때의 간극비

일반적으로 e_{max}는 0.7~1.0 정도, e_{min}은 0.45~0.65 정도이다. 잘 단단하게 다져진 모래의 D_r은 커져 1에 가깝고, 느슨한 모래의 D_r은 0에 가깝다. 간극비만으로는 모래의 긴장 정도를 나타내는 표준은 될 수 없다.

이 얻어지도록 선정하는 것이 바람직하다.

(g) 수중 되메우기용 토사의 선정

선시공 말뚝 상부의 건성 터파기 부분은 수중 되메우기가 되므로 기계적인 다지기를 할 수 없다. 이러한 되메우기 흙에 요구되는 성능은 다음과 같은 두 가지를 생각할 수 있다.

① 선시공 철골 기둥의 좌굴 길이 산정시에 가정한 상대 밀도를 만족할 것.

② 되메우기 후 주위로부터의 토압·수압으로 되메우기 흙에 뚜렷한 체적 축소가 생기면 주위 지층이 변하여 대지 주변 지반에 침하가 생기고 흙막이벽에 계산 이외의 응력이나 변형이 생기게 되므로 되메우기 흙은 될 수 있는 한 변형성이 작은 것일 것.

이같은 성능 확보는 되메우기 재료 뿐만 아니라 되메우기 시공 방법에도 지배되지만 먼저 되메우기 흙에 대해서 그 적합성을 확인하기 위해 비교 시험을 하고 있으므로[33] 그 결과의 개요를 기술한다.

표 3.3 *N*값 환산 결과

시료	No.1 T 지방 자갈		No.2 D 지방 자갈	No.3 부순돌(45ϕ)	No.4 부순돌(15ϕ)
*N*값	39	11	31	45	44

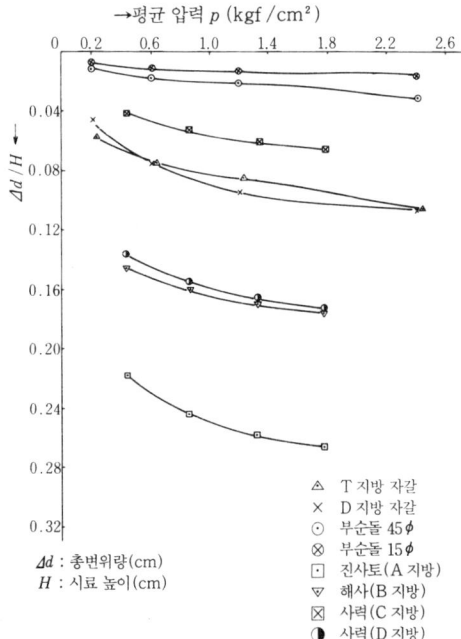

그림 3.14 수중 되메우기용 토사의 비교 시험 (압축 시험) 예

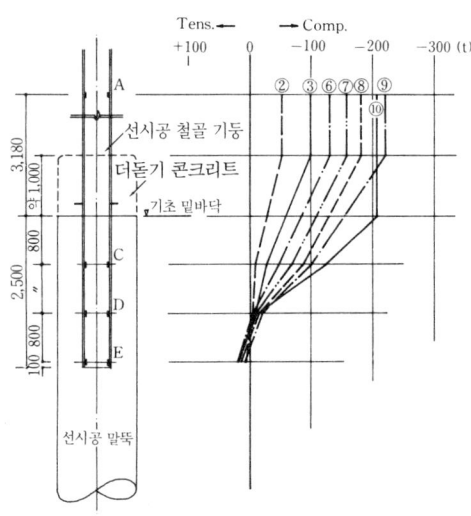

그림 3.15 주각 밑동 묻힘부의 축력 분포([H9] 기둥)

되메우기용 토사로서는 자갈, 부순돌 15ϕ, 부순돌 45ϕ 외에 각지에서 가져 온 토사로 입도 시험, 3축 압축 시험 외에 수중 되메우기 상황을 재현한 공시체로 압축 시험을 하였다. **그림 3. 14**는 압축 시험 결과의 일부이다. 이에 따르면 입자 지름 $15\sim45\phi$의 부순돌(잔 입자가 섞인 자갈)이 가장 좋다는 결과가 나왔다. 이 중 45ϕ의 부순돌 쪽이 시공성이 약간 뛰어나다. 또 3축 압축 시험 결과에서 구한 전단 저항각으로부터 「제 1 장 1.1 흙막이벽의 계산법 (4) Rankine · Résal식」에서 기술한 $\phi - N$ 환산식으로 N값을 추정한 결과를 **표 3.3**에 나타낸다. 좌굴 길이 산정시에는 되메우기 흙의 N값을 5 이상으로 가정하였는데 이에 따르면 가장 값이 작은 지방 자갈에서도 N값 11이 구해졌다.

(h) **주각 밑동 묻힘 부분의 설계**

1) 주각 밑동 묻힘부의 부착력 분포

그림 3.15는 **그림 3.5** 중에 ①, ②, ③, ……과 같은 표로 나타낸 주요한 시공 단계에 대한 [H9] 선시공 철골 기둥 각 부분의 측정 축력(N)의 깊이 방향 분포를 나타내고, 하중 증대에 따른 주각 밑동 묻힘부의 측정 축력의 변화 상황을 나타낸 것이다. 이 응력 변화를 보면 하중 증대에 따라서 부착 응력이 증대하고 있다. 또 선시공 철골 기둥 하중이 적은 공사 초기 단계에서는 밑동 묻힘부 상부 부근에서만 응력이 전달되었으나 선시공 철근 기둥 하중이 증대함에 따라서 응력 전달 중심 위치가 차례로 아래쪽으로 이동하는 경향이 엿보인다.

이 측정은 실시 구조물에 대한 것이므로 저응력시(低應力時)의 범위에 그치고 있는데 저응력시에서는 부착 응력이 주로 밑동 묻힘 부분의 상부에 분포하는 경향은 과거의 모형을 이용한 실험 결과[38], [39] 모두 일치하고 있다.

2) 주각 밑동 묻힘부의 응력 전달

a. 부착력

선시공 철골 기둥의 주각 밑동 묻힘부와 말뚝 콘크리트 사이의 응력 전달에는 부착력을 가장 기대할 수 있다. 이것은 앞에서 기술한 측정 결과나 과거의 실험적 연구 등에서 밝혀졌다. 허용 부착 응력의 값은 적어도 $f_a = F_c \times 3.0\%$ 정도를 채용해도 지장이 없다고 본다. 이 값은 부착 강도에 관한 과거의 SRC조에 대한 실험 결과[40], [41]나 선시공 철골 기둥에 대한 실험 결과[38] 등을 참조하고, 또 선시공 철골 기둥 구조를 가설적인 구조물로서 다루는 것을 고려한 것이다. 또한 밑동 묻힘부 상부에 있는 피복 콘크리트나 굴착 안정액 또는 되메우기 흙에 따른 상재압(上載壓)으로 철골과 콘크리트 사이의 부착력이 통상의 경우보다도 높아지지는 않는다고 기대되나 이에 대해서는 해명되지 않아 앞으로 연구를 기대해야 한다.

b. 지압력

선시공 철골 기둥의 밑동 묻힘부에서 아래쪽으로 부어넣어지는 말뚝 콘크리트의 높이가 높은 경우는 주각 밑동 묻힘부의 철골 수평면 아래쪽과 콘크리트 사이의 지압력을 기대해서는 안된다. 이것은 실시 구조물의 선시공 철골 기둥에서 말뚝 콘크리트가 침강하여 선시공 철골 기둥의 수평면 아래쪽에 침하 공동이 생겼다는 것이 관찰되었기 때문이다. 또 그림 3.15의 E 점에서도 지압력이 생기지 않는다고 볼 수 있다.

또한 말뚝 콘크리트의 더돋기 부분에는 상당한 범위에 걸쳐서 슬라임 섞인 조악(粗惡)한 콘크리트가 존재하였다. 선시공 철골 기둥을 말뚝 콘크리트 속에 삽입할 때에 주각 밑동 묻힘 부분의 철골이 이 조악한 콘크리트를 끌어넣을 우려를 생각할 수 있다. 또 침하 공동을 될 수 있는 한 적게 하기 위해서도 밑동 묻힘 부분의 철골 수평면은 될 수 있는 한 적게 하는 디테일을 선택하는 것이 바람직하다.

c. 스터드 다월의 전단 내력

스터드 다월(stud dowel)의 전단 내력은 주각 밑동 묻힘부의 응력 전달에 효과가 있다고 봐도 된다. 이것은 실시 구조물의 선시공 철골 기둥에서의 스터드 다월에 대한 관찰 결과가 말뚝 콘크리트의 침강에도 불구하고 그 아래쪽에 공동이 전혀 보이지 않았다는 점과 과거에 행한 스터드 다월에 관한 실험 결과[42]~[46]로부터의 판단이다. 철골 수평면과의 차이는 스터드 다월 단면이 원형인 것이 침하 공동 소멸에 효과가 있었던 것이라고 생각된다.

스터드 다월을 선시공 철골 기둥 밑동 묻힘부 위쪽에 설치하는 경우에는 슬라임이나 조악한 콘크리트를 끌어넣을 우려가 있으므로 주의해야 한다.

스터드 다월의 허용 전단 내력은 「각종 합성 구조 설계 지침」(일본 건축 학회편)에 따라서

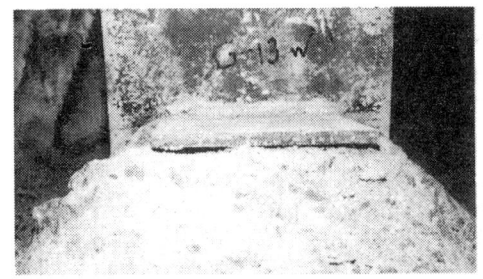

사진 3.5 철골 수평면의 침하 공동

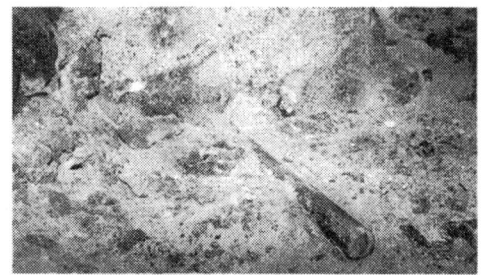

사진 3.6 스터드 다월 주위의 콘크리트

구하면 다음과 같다. 즉,

$$_sF_0 = 0.5 \cdot a \sqrt{F_c \cdot E_c} \quad \cdots\cdots\cdots\cdots\cdots\cdots\cdots\cdots\cdots\cdots\cdots\cdots\cdots\cdots\cdots\cdots (3.2)$$

이때, $_sF_0$: 스터드 다월의 종국 전단 내력(kg /개)

a : 스터드 다월의 축부 단면적(cm^2)

F_c : 콘크리트의 설계 기준 강도(kg /cm^2)

E_c : 콘크리트의 탄성 계수(kg /cm^2)

$$= 2.1 \times 10^5 \times \sqrt{\left(\frac{\gamma}{2.3}\right)^3} \times \sqrt{\frac{F_c}{200}} \quad \cdots\cdots\cdots\cdots\cdots\cdots\cdots\cdots (3.3)$$

$$= 4.3 \times 10^3 \times \sqrt{\gamma^3} \times \sqrt{F_c}$$

γ : 콘크리트의 기건 단위 체적 중량(t /m^3)

따라서,

$$_sF_0 = 32.6 \times a \sqrt[4]{(\gamma \cdot F_c)^3} \quad \cdots\cdots\cdots\cdots\cdots\cdots\cdots\cdots\cdots\cdots\cdots\cdots (3.4)$$

다만, 이들 식의 적용 범위는 다음과 같고 이 제한에 따를 필요가 있다.

① $\sqrt{F_c \cdot E_c}$ 의 값은 5,000 kg /cm^2 이상에서 9,000 kg /cm^2 이하, 9,000 kg /cm^2를 넘는 경우는 9,000 kg /cm^2로서 계산한다.

② 스터드 다월의 지름은 호칭 지름으로 13 mm 이상 22 mm 이하로 하고, 또한 그 길이와 축 지름의 비가 4.0 이상일 것.

③ 스터드 다월의 피치(재축 방향의 간격)는 축 지름의 7.5배 이상, 또한 60 cm 이하로 할 것.

④ 스터드 다월의 게이지(재축과 직각 방향의 간격)는 축 지름의 5.0배 이상으로 할 것.

⑤ 철골 플랜지 가장자리와 스터드 다월의 축심과의 거리는 4 cm 이상으로 할 것.

⑥ 철골 플랜지의 웨브 바로 위에 용접되는 경우를 제외하고 스터드 다월의 축 지름은 플랜지 판 두께의 2.5배 이하로 할 것.

식(3.2)에 따른 스터드 다월의 전단 내력은 종국 전단 내력을 기준으로 하고 있으므로 선시공 철골 기둥 정착에 사용할 경우의 허용 전단 내력은 이 종국 전단 내력에 대해서 적당한 안전율(예를 들면 중기에 대해서 2.0)을 고려해야 한다.

3) 주각 밑동 묻힘 부분의 설계

앞에서 기술한 바와 같이 주각 밑동 묻힘 부분에 대한 선시공 철골 기둥과 선시공 말뚝으로의 응력 전달에는 철골과 콘크리트의 부착력을 주체로 하여 설계한다. 스터드 다월은 2차적으로 다루는 것이 바람직하고, 철골 밑동 묻힘부의 부착 면적이 부족할 경우나 철골 단면의 플랜지와 웨브의 둘레 길이비(부착 둘레 길이 /단면적)가 아주 다를 경우에 이것을 보정하기 위해 사용하면 된다. 선시공 철골 기둥의 밑동 묻힘부에서 아래쪽에 부어넣어지는 말뚝 콘크리트의 높이가 큰 경우는 철골 하단과 말뚝 콘크리트 사이의 지압력을 기대해서는 안된다.

밑동 묻힘 부분 설계에는 다음의 4항목에 대해서 검토를 요한다.

① 지지 형태 판별(판별식)
② 등가 부착 둘레 길이 검토
③ 주각 밑동 묻힘 길이 계산
④ 말뚝 콘크리트의 할렬(割裂) 인장 응력 검토

a. 지지 형태 판별(판별식)

선시공 철골 기둥의 주각 밑동 묻힘부의 단면 형상 중 철골에 따라서 오목형으로 둘러싸인 부분(이하, 코어[core]라고 한다)에 대해서는 철골 기둥과 말뚝 콘크리트의 응력 전달량은 다음의 두 식 F_1, F_2 중 작은 쪽의 값에 따른다.

$$F_1 = f_a \cdot \psi_i \cdot l \quad \cdots\cdots\cdots\cdots\cdots\cdots\cdots\cdots\cdots\cdots\cdots\cdots\cdots (3.5)$$

$$F_2 = f_s \cdot \psi_s \cdot l + f_n \cdot A_c \quad \cdots\cdots\cdots\cdots\cdots\cdots\cdots\cdots (3.6)$$

이때, f_a : 허용 부착 응력(kg/cm^2)

f_s : 콘크리트의 허용 전단 응력(kg/cm^2)

f_n : 콘크리트의 허용 지압 응력(kg/cm^2)

ψ_i : 코어 내 등가 부착 둘레 길이 $= r \cdot {}_W\psi_i + s \cdot {}_F\psi_i$ (cm)

${}_F\psi_i$: 코어 내 플랜지 부분의 부착 둘레 길이(cm)

${}_W\psi_i$: 코어 내 웨브 부분의 부착 둘레 길이(cm)

ψ_s : 코어부 콘크리트의 전단 길이(cm)

r : 부착 둘레 길이의 저감률(다음 항 1. 참조)

s : 부착 둘레 길이의 증가율(다음 항 2. 참조)

l : 주각 밑동 묻힘 길이(cm)

A_c : 코어부 콘크리트의 단면적(cm^2)

F_1은 철골과 콘크리트의 허용 부착력이며, F_2는 이 부착력을 말뚝 콘크리트 본체에 전달하

는 과정에서의 콘크리트 강도를 나타내는 것이고 최소 전단면에서의 허용 전단 내력과 코어부의 허용 지압력의 합이다. 주각 밑동 묻힘부의 허용 내력 F는 F_1, F_2 중 작은 쪽의 값으로 결정한다.

예를 들면, 선시공 철골 기둥이 H형강일 경우에 대해서 설명하면 **그림 3.16**에서 사선 부분은 주각 밑동 묻힘부의 코어 부분(의 오른쪽 반분, H형강의 오목부)을 나타내면 다음과 같다.

$_F\psi_i$: 코어부의 부착 둘레 길이 중 플랜지 부분의 길이(B~C, D~A)

$_w\psi_i$: 코어부의 부착 둘레 길이 중 웨브 부분의 길이(C~D)

ψ_s : 코어부 콘크리트의 전단 길이(A~B)

A_c : ABCD로 둘러싸인 콘크리트 단면적(사선 부분)

그림 3.16 판별식의 설명도

여기서 식(3.5)와 식(3.6)이 같다고 했을 때의 주각 밑동 묻힘 길이(평형 밑동 묻힘 길이)를 l_b라고 하면,

$$l_b = f_n \cdot A_c / (f_a \cdot \psi_i - f_s \cdot \psi_s) \quad \cdots\cdots\cdots\cdots\cdots\cdots\cdots (3.7)$$

이것에서 $l > l_b$일 때는

$F_1 > F_2$

이므로 식(3.6), 즉 전단과 지압으로 결정되며 $l < l_b$일 때는

$F_1 < F_2$

이므로 식(3.5), 즉 부착으로 결정되게 된다.

또한 선시공 철골 기둥과 코어 내 콘크리트가 일체성을 유지하기 위해서는 철골과 콘크리트의 부착력을 중시하여

$F_1 > F_2$

의 관계에 있는 것, 즉 $l > l_b$인 것이 바람직하다고 생각되나 밑동 묻힘 길이 l에는 시공성 등으로 봐서 한계가 있으므로 윙 플레이트를 사용하는 등으로서 통상 3.00 m 이하가 된다.

b. 등가 부착 둘레 길이 검토

1. 부착 둘레 길이의 저감률 r

등가 부착 둘레 길이를 구하기 위한 부착 둘레 길이의 저감률 산정은「둘레 길이비」의 사고방식으로 정한다. 둘레 길이비란 철골 단면 각 부분에 대해서「부착 둘레 길이/단면적」으로 정의한 양이며, 철골을 콘크리트에 부착으로 정착하는 경우 철골 표면의 부착 응력 분포 또는

철골 단면 내 축방향 응력 분포에 관계하는 양이다.

철골 표면의 부착 응력이 일정하게 분포한다고 봤을 때(상태 ⓐ)에 플랜지와 웨브 각각의 단면 내에 생기는 축방향 응력은 각기 둘레 길이비에 비례하는 값이 되는 것이다. 또 철골 단면 내의 응력 분포는 탄성 범위 내의 저응력이므로 평면 유지의 가정이 성립된다. 즉, 구진주 철골 기둥의 주각 밑동 묻힘부에서는 압축력뿐이며 압축 응력이 일정하게 분포하고 있다고 봤을 때(상태 ⓑ)에는 플랜지와 웨브 각각의 철골 표면에 생기는 부착 응력 분포는 각각 둘레 길이비에 반비례하는 값이 된다.

실제 선시공 철골 기둥의 정착부에 생기는 응력 상태는 하중의 초기, 즉 저응력시에 ⓐ의 상태에 가깝지만 하중 증대에 따라서 점차 ⓑ의 상태로 이행한다고 생각되므로 주각 밑동 묻힘부의 설계는 ⓑ의 상태를 상정하고 하는 것이 적절하다. 이 상태에서는 부착 둘레 길이의 분포는 둘레 길이비의 크기에 반비례한다고 생각되므로 둘레 길이비에 따라서 저감된 부착 응력을 사용해야 하나 계산상은 부착 둘레 길이 쪽을 저감하여 다루는 것이 편리하다. 즉, 설계시에는 부착 둘레 길이를 플랜지와 웨브의 둘레 길이비 차이에 따라서 수정한 등가 부착 둘레 길이를 사용할 필요가 있다. 이 경우 엄밀하게 둘레 길이비를 같게 하도록 수정할 필요는 없고 부착에 관한 기본적인 메커니즘의 연구[47]나 허용 응력의 값을 감안하여 실용적으로는 플랜지와 웨브의 각기 둘레 길이비의 비가 2.0배 정도의 범위에 있으면 수정을 고려하지 않아도 된다고 본다.

철골 단면을 단순화하여 1장의 플레이트로 한 경우 이 둘레 길이비는 판 폭을 B, 판 두께를 t로 하여 $2(B+t)/B \cdot t$로 나타낸다. 일반적으로 t는 B에 비하면 작은 값이므로 둘레 길이에 대해서 이것을 무시하면 둘레 길이비는 $2B/B \cdot t = 2/t$로 나타낼 수 있고 판 두께에 반비례하는 값이 된다. 즉, 플랜지와 웨브의 판 두께의 비가 2.0배를 넘는 경우에는 둘레 길이비가 이 범위가 되도록 판 두께의 얇은 쪽(통상은 웨브)의 둘레 길이를 저감할 필요가 있다고 할 수 있다.

부착 둘레 길이의 저감률 r은 다음 식으로 구한다.

$$r = 2.0 \,_F f /\,_w f, \text{ 또한 } r \leq 1.0 \quad\quad\quad\quad\quad\quad\quad\quad\quad\quad (3.8)$$

이때, $_F f$: 플랜지의 둘레 길이비 $=\,_F \psi /\,_F A$

$_w f$: 웨브의 둘레 길이비 $=\,_w \psi /\,_w A$

$_F \psi$: 플랜지의 부착 둘레 길이(cm)

$_F A$: 플랜지의 단면적(cm^2)

$_w\psi$: 웨브의 부착 둘레 길이(cm)

$_wA$: 웨브의 단면적(cm²)

또한 주각부의 밑동 묻힘 길이는 시공성 등으로 봐서 일반적으로 3.00 m 이하가 되므로 밑동 묻힘부의 부착 면적이 부족할 경우는 그 둘레 길이를 늘리기 위해 윙 플레이트를 사용하는 경우가 많다. 또 플랜지의 둘레 길이비가 작은 경우에도 이 값을 좀더 크게 하기 위해 윙 플레이트를 사용할 때가 있다. 이같은 경우에는 윙 플레이트에 둘러싸인 부분에 대해서 판별식에 따라서 지지 형태를 선택해야 한다.

또 플랜지에 스터드 다월을 설치하는 경우의 플랜지 둘레 길이비는 다음 항에서 기술하는 바와 같이 스터드 다월 효과를 고려한 등가 부착 둘레 길이에 따른 값을 사용한다.

이 둘레 길이비의 방식을 철근 콘크리트 부재의 콘크리트와 철근의 부착 관계에 적용하여 생각해 본다. 철근은 지름이 다른 이형 철근을 혼용하기로 한다. 철근의 둘레 길이비는 $4\pi D/\pi D^2 = 4/D$이며 지름에 반비례하는 값이다.

지름이 다른 철근은 부착 성능이 뛰어나므로 철근 콘크리트 부재의 단면 응력이 증대하여 설계 응력에 가까운 경우에서도 앞에서 기술한 ⓐ에 가까운 상태가 지속될 것이다. 따라서 철근의 축방향 존재 응력은 둘레 길이비에 거의 비례한 값이 되는 것을 생각할 수 있다. 즉, 둘레 길이비가 큰 가는 지름의 철근에 응력 집중하는 경향이 있게 된다. 이것은 지름이 다른 철근의 혼용은 바람직하지 않다는 것을 나타내고 있으나 실용적으로는 허용 응력의 설정값 등을 감안하여 둘레 길이비, 즉 지름의 차가 2.0배 정도까지의 혼용은 허용된다고 본다. 「철근 콘크리트조의 균열 대책(설계·시공) 지침안」(일본 건축 학회편)에서 균열 대책상 실시하는 인장 철근의 최대 간격 산정에 대해서「지름이 다른 철근을 혼용할 때는 최대 지름의 1/2 이하 지름의 철근은 산입하지 않는다」고 정해져 있는 것도 둘레 길이비의 방식에 따른 것이다.

따라서 선시공 철골 기둥의 단면 선정시에는 판 두께비가 2배를 넘는 것을 짜맞추는 것은 피하는 것이 현명하다.

2. 부착 둘레 길이의 증가율 s

선시공 철골 기둥 단면 중 둘레 길이비가 현저히 다른 부분은 큰 쪽을 저감한 등가 부착 둘레 길이에 따를 필요가 있다는 것은 앞에서 기술한 바와 같다. 그러나 반대로 판 두께가 큰 플랜지와 같이 둘레 길이비가 작은 부분에서는 윙 플레이트를 사용하는 경우 외에 스터드 다월을 사용함으로써 응력 전달량을 증대시킬 수 있으므로 그 부분의 부착 둘레 길이를 늘리는 효과를 얻을 수 있다.

스터드 다월을 사용할 경우의 부착 둘레 길이의 증가율 s는 스터드 다월의 허용 전단 내력을 부착 내력으로 환산하는 방법으로 구한다(**그림 3.17** 참조).

$$s = 1 + \frac{n \cdot {}_sF_s}{p \cdot f_a \cdot {}_F\psi} \quad \cdots\cdots\cdots\cdots\cdots\cdots\cdots\cdots\cdots\cdots\cdots (3.9)$$

이때, ${}_sF_s$: 스터드 다월의 허용 전단 내력(kg/개)

　　　n : 1단에 박은 스터드 다월 수

　　　p : 스터드 다월 각 단의 피치(cm)

　　　f_a : 허용 부착 응력(kg/cm²)

　　　${}_F\psi$: 플랜지의 부착 둘레 길이(cm)

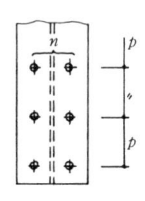

그림 3.17 스터드 다월

c. 주각 밑동 묻힘 길이의 계산

앞 항에서 기술한 판별식에 의거하여 선시공 철골 기둥의 주각 밑동 묻힘 길이 l을 계산한다. 즉 $l_b > l$의 경우는

　　　$l \geqq P / \psi_a$

이때, P : 선시공 철골 기둥의 부담 하중(kg)

　　　ψ_a : 철골 기둥의 전체 등가 부착 둘레 길이 = $\psi_i + \psi_0$(cm)

또 $l_b < l$의 경우는 다음 식으로 구한다.

$$l \geqq \frac{P - f_c \cdot A_c}{f_a \cdot \psi_0 + f_s \cdot \psi_s} \quad \cdots\cdots\cdots\cdots\cdots\cdots\cdots\cdots\cdots\cdots\cdots (3.10)$$

이때, ψ_0 : 코어 내를 제외한 외주 부분의 등가 부착 둘레 길이 = $s \cdot {}_F\psi_0$(cm)

　　　${}_F\psi_0$: 코어 내를 제외한 외주 부분의 부착 둘레 길이(cm)

d. 말뚝 콘크리트의 할렬 인장 응력 검토

선시공 철골 기둥의 주각 밑동 묻힘부 말뚝 콘크리트는 철골 기둥으로부터 국부적인 압축력 전달이 되므로 그 근방에 할렬 인장 응력이 생긴다. 이 응력 상태는 포스트텐션 방식의 프리스트레스트 콘크리트 구조의 긴장재 정착부 부근에 생기는 응력 상태와 마찬가지로 생각되므로 「프리스트레스트 콘크리트 설계 시공 규준·동해설 〈68조, 국부 응력의 계산과 보강〉(일본 건축 학회)」에 따라서 검토하였다.

그림 3.18은 포스트텐션 방식의 프리스트레스트 콘크리트 정착부에 정착 장치에서 오는 국

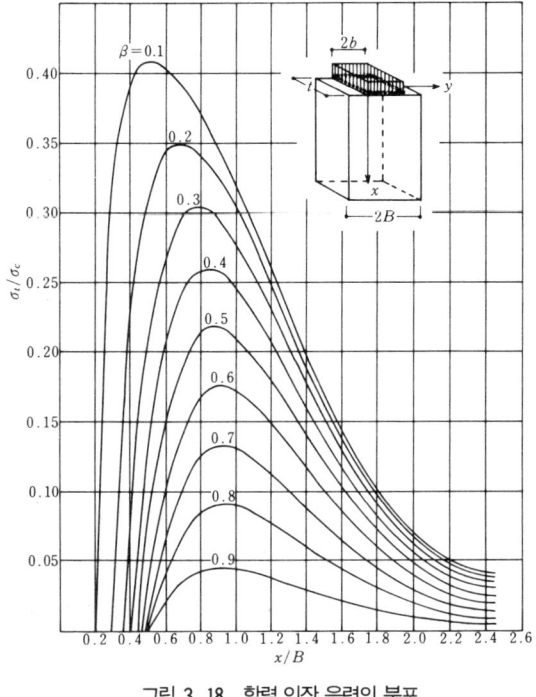

그림 3.18 할렬 인장 응력의 분포

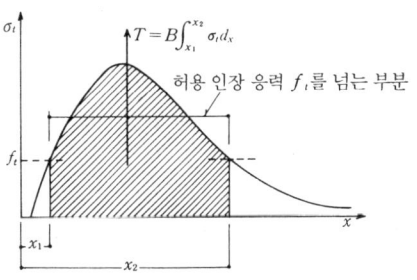

그림 3.19 설계용 할렬 인장 응력의 분포

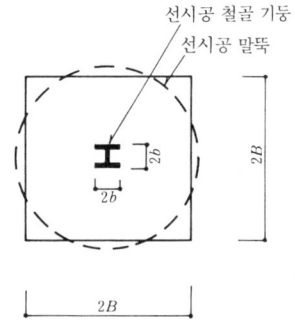

그림 3.20 말뚝 단면의 치환

부 응력이 일정하게 분포하고 있다고 생각한 경우의 할렬 인장 응력의 재축 방향 분포(2차원)를 나타낸 것이다. 종축은 할렬 인장 응력과 평균 압축 응력의 비, 횡축은 정착 끝에서의 거리와 부재 폭의 1/2(뒤에 기술하는)의 비이다. 선시공 철골 기둥의 밑동 묻힘부에 생기는 할렬 인장 응력의 검토도 이 그림을 사용해서 한다.

그림 3.19는 설계용 할렬 인장 응력 분포의 모식도이다. 종축은 할렬 인장 응력을 나타내며 이것이 콘크리트의 허용 인장 응력을 넘는 범위, 즉 그림 중 해치(hatch)한 부분이 할렬 인장 응력에 대한 보강을 요하는 부분이다. 보강은 띠철근으로 한다.

검토는 먼저 선시공 말뚝 단면에 생기는 평균 압축 응력을 구하고, 또 선시공 말뚝을 단면적과 같은 정사각형 단면으로 바꾸어 그림의 파라미터 $\sigma_t/\sigma_c \, (f_t/\sigma_c)$, x/B, β를 구한다.

$$\left. \begin{array}{l} \sigma_c = \dfrac{P}{A} \\[4pt] 2 \cdot B = \sqrt{A} = \sqrt{\dfrac{\pi \cdot D^2}{4}} \\[4pt] \beta = \dfrac{2 \cdot b}{2 \cdot B} \end{array} \right\} \quad \cdots\cdots\cdots (3.11)$$

이때,　σ_c : 선시공 말뚝의 평균 압축 응력(kg/cm^2)

σ_t : 말뚝 콘크리트에 생기는 할렬 인장 응력(kg/cm^2)

f_t : 콘크리트의 허용 인장 응력(kg/cm^2)

P : 선시공 철골 기둥의 설계 축력(kg)

A : 선시공 말뚝의 단면적(cm^2)

$2 \cdot B$: 선시공 말뚝을 정사각형 단면으로 한 때의 한 변의 길이(cm)

$2 \cdot b$: 선시공 철골 기둥의 폭(cm)

D : 선시공 말뚝(원형)의 지름(cm)

x : 정착 끝에서의 거리(cm)

그림의 종축은 σ_t/σ_c이지만 σ_t를 f_t로 바꾸어 f_t/σ_c의 값을 계산한다. 이것과 β의 관계에서 할렬 인장 응력이 f_t를 넘는 x/B의 범위(보강해야 하는 범위)를 구한다. 보강은 **그림 3.19**의 해치한 부분의 할렬 인장 응력의 합력 $T(kg)$를 구하고 이 힘에 대해서 보강 띠철근의 총량 $a_t(cm^2)$를 계산한다.

$$a_t = \frac{T}{{}_s f_t} \quad \cdots\cdots\cdots (3.12)$$

이때, ${}_s f_t$: 보강 철근의 허용 인장 응력(kg/cm^2)

띠철근 1개의 단면적을 $a_1(cm^2)$이라고 하면 필요 개수 n은

$$n = \frac{a_t}{a_1} \quad \cdots\cdots\cdots (3.13)$$

배근하는 범위는 $x = x_2 - x_1 (cm)$이므로 보강 철근의 피치 $p(cm)$는 다음 식(3.14)로 계산할 수 있다.

$$p = \frac{2 \cdot x}{n} \quad \cdots\cdots\cdots (3.14)$$

그림 3.21은 **그림 3.18**의 할렬 인장 응력 분포 곡선의 적분 곡선을 나타낸 것이다. 이것을 이용하면 할렬 인장 응력의 합력 T의 값을 쉽게 구할 수 있다. 그림에 따라서 $x = x_2$에 대응하는 x/B와 β에서 T/P를 구하고 이로써 T를 계산하여 T_2로 한다. 다음에 $x = x_1$에 대응하는 T/P에서 T를 구하여 이것을 T_1으로 한다. 이들로부터 구한 T는

$$T = T_2 - T_1 \quad \cdots\cdots\cdots (3.15)$$

이다.

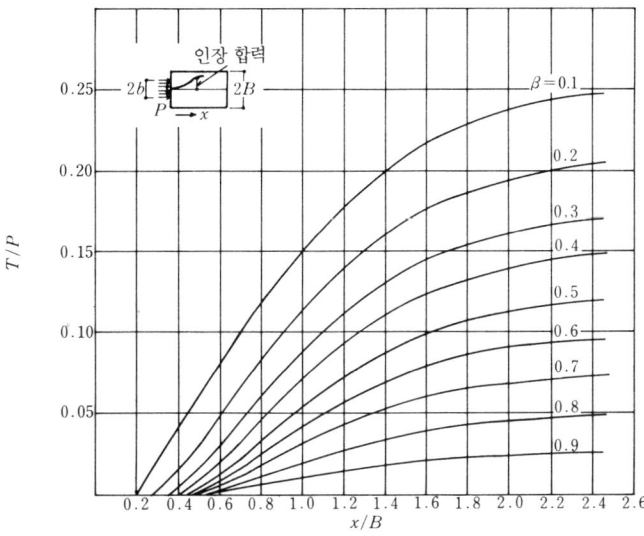

그림 3.21 할렬 인장 응력의 합력

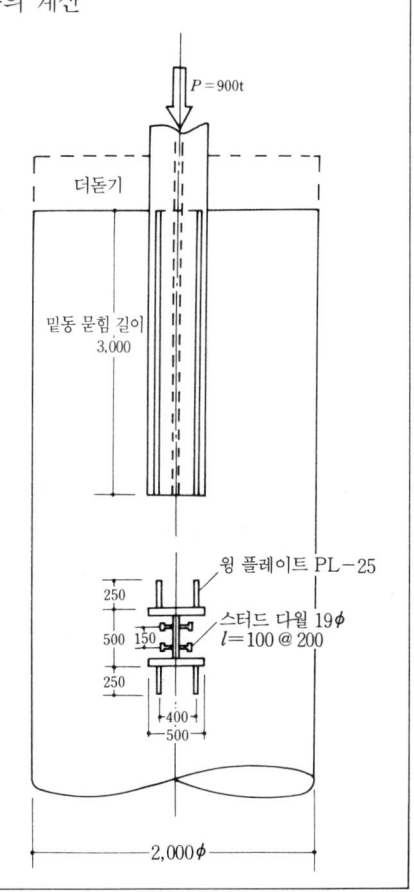

계산 예 6 선시공 철골 기둥 철골의 주각 밑동 묻힘부의 계산

선시공 철골 기둥 구조의 설계용 부담 하중 P는 $P=900\,t$이며, 이에 대해서

   선시공 철골 기둥   WH$-500\times500\times40\times40$ (SM50)
   선시공 말뚝 $2,000\phi$ 베노토 공법   (FC210)

을 채용하였다.

(1) 설계 방침

   주각 밑동 묻힘부의 응력 전달은 선시공 철골 기둥과 말뚝 콘크리트의 부착력을 주로 하고 스터드 다월을 보조적으로 사용하는 것으로 한다.

(2) 허용 응력(「제1장 1.3 허용 응력」참조)

  a) 콘크리트

    허용 부착 응력 f_a는 콘크리트의 설계 기준 강도 F_c(210)의 3%로 한다.

$$f_a = 210 \times 0.03 = 6.3\,(kg/cm^2)$$

    허용 압축 응력 f_c, 허용 전단 응력 f_s는 표 1.21의 수중 치기 콘크리트의 경우를 취하여

$$f_c = \frac{4}{9} \times F_c (210)$$

$\qquad =93.3$, 또한 120 이하

그러므로 $f_c=93.3(\text{kg}/\text{cm}^2)$으로 한다.

$$f_s=\frac{1}{30}\times F_c(210)$$
$$\quad=7.0$$

또한 $5.0+\frac{1}{100}F_c(210)=7.1$

그러므로 $f_s=7.0(\text{kg}/\text{cm}^2)$으로 한다.

허용 인장 응력 f_t, 허용 지압 응력 f_n은 프리스트레스트 설계 시공 규준(1975)에 따르므로

$$f_t=0.07\times f_c$$
$$\quad=0.07\times 93.3$$
$$\quad=6.5(\text{kg}/\text{cm}^2)$$
$$f_n=2.0\times f_c$$
$$\quad=2.0\times 93.3$$
$$\quad=186.6(\text{kg}/\text{cm}^2)$$

b) 철근

선시공 말뚝의 띠철근은 D16(SD30)을 사용하면 **표 1.21**에서

$$_sf_t=3,000(\text{kg}/\text{cm}^2)$$

c) 스터드 다월

스터드 다월은 19ϕ, $l=100$을 사용한다. 수중 치기 콘크리트의 압축 강도 저감률을

$$\left(\frac{4}{9}\right)/\left(\frac{2}{3}\right)=\frac{2}{3}$$

로 하면 스터드 다월 1개의 종국 전단 내력 $_sF_0$는

$$_sF_0=32.6\times a\times\sqrt[4]{(\gamma\cdot F'_c)^3}$$
$$\quad=32.6\times 2.84\times\sqrt[4]{(2.3\times 210\times 2/3)^3}$$
$$\quad=7.04\times 10^3(\text{kg}/\text{개})$$

중기 허용 전단 내력 $_sF_s$는 안전율 $\nu=2.0$으로 하여

$$_sF_s={_sF_0}/\nu$$
$$\quad=7.04\times 10^3/2$$
$$\quad=3.52\times 10^3(\text{kg}/\text{개})$$

(3) 지지 형태 판별

밑동 묻힘 길이 l을 3.00 m라고 가정한 개략 설계를 하고 그림에 나타낸 바와 같은 윙 플레이트와 스터드 다월을 병용한 단면을 상정한다.

a) 윙 플레이트를 이용한 코어 부분

판 두께비 40/25는 2.0 이하이므로 부착 둘레 길이를 수정하지 않는다. 그러므로

$$\psi_i = 25.0 \times 2 + 40.0 - 2.5$$
$$= 87.5 (\text{cm})$$
$$\psi_s = 40.0 - 2.5$$
$$= 37.5 (\text{cm})$$
$$A_c = 37.5 \times 25.0$$
$$= 937.5 (\text{cm}^2)$$

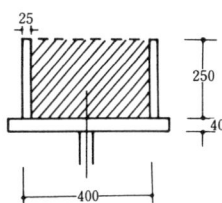

따라서

$$F_1 = f_a \times \psi_i \times l$$
$$= 6.3 \times 87.5 \times 300$$
$$= 165.4 \times 10^3 (\text{kg})$$
$$F_2 = f_s \times \psi_s \times l + f_n \times A_c$$
$$= 7.0 \times 37.5 \times 300 + 186.6 \times 937.5$$
$$= 253.7 \times 10^3 (\text{kg})$$

$F_1 < F_2$ 이므로 이 부분은 부착(F_1)할 수 있게 된다.

b) H 형강의 코어 부분

스터드 다월은 19ϕ, $l=100$, 2열, 200 피치로 웨브에 용융하여 박는다.

스터드 다월을 이용한 부착 둘레 길이의 증가율 s는 다음 식과 같다.

$$s = 1 + \frac{n \cdot {}_sF_s}{p \cdot f_a \cdot {}_w\psi}$$
$$= 1 + \frac{2 \times 3.52 \times 10^3}{20 \times 6.3 \times (50.0 - 4.0 \times 2)}$$
$$= 2.33$$

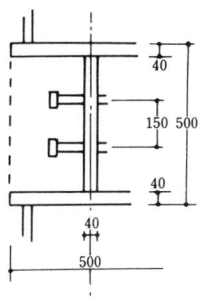

그러므로

$$\psi_i = (25.0 - 2.0) \times 2 + (50.0 - 4.0 \times 2) \times 2.33$$
$$= 143.9 (\text{cm})$$

$$\psi_s = (50.0 - 4.0 \times 2)$$
$$= 42.0 (\text{cm})$$
$$A_c = 42.0 \times (25.0 - 2.0)$$
$$= 966.0 (\text{cm}^2)$$

따라서
$$F_1 = 6.3 \times 143.9 \times 300$$
$$= 270.3 \times 10^3 (\text{kg})$$
$$F_2 = 7.0 \times 42.0 \times 300 + 186.6 \times 966.0$$
$$= 268.5 \times 10^3 (\text{kg})$$

$F_1 > F_2$ 이므로 이 부분은 전단(F_2)으로 정해지게 되어 윙 플레이트 부분과 판별 결과가 다르므로 밑동 묻힘 부분 전체에 대해서 검토를 필요로 하게 되지만 밑동 묻힘 부분 전체를 대상으로 한 경우는 이 수치로 「부착」할 수 있다는 것이 밝혀졌다.

(4) 밑동 묻힘 길이의 계산

밑동 묻힘 부분의 전체 등가 부착 둘레 길이는
$$\psi_a = (25.0 + 4.0) \times 2 \times 2 + 25.0 \times 2 \times 2 + (50.0 - 4.0 \times 2) \times 2.33 \times 2$$
$$+ 50.0 \times 2 + (50.0 - 4.0) \times 2$$
$$= 603.7 (\text{cm})$$

소요 밑동 묻힘 길이 l_0는 다음과 같다.
$$l_0 = \frac{P}{f_a \times \psi_a}$$
$$= \frac{900 \times 10^3}{6.3 \times 603.7}$$
$$= 236.6 (\text{cm})$$

이로써 밑동 묻힘 길이 l을 300 cm로 결정한다($l/l_0 = 1.27$).

(5) 말뚝 콘크리트의 할렬 인장 응력 검토

선시공 말뚝($2,000\phi$)을 정사각형 단면으로 바꾼다.
$$2B = \sqrt{\frac{\pi D^2}{4}}$$
$$= \sqrt{\frac{\pi \times 200^2}{4}}$$
$$= 177.2 (\text{cm})$$

선시공 철골 기둥(외주 면적 500×1,000)도 정사각형 단면으로 바꾼다.

$$2b = \sqrt{50 \times 100}$$
$$= 70.7 (\text{cm})$$

그러므로

$$\beta = \frac{2b}{2B}$$
$$= 0.40$$

말뚝 콘크리트의 평균 압축 응력 σ_c는

$$\sigma_c = \frac{P}{A}$$
$$= \frac{900 \times 10^3}{177.2^2}$$
$$= 28.6 (\text{kg}/\text{cm}^2)$$

그러므로

$$\frac{f_t}{\sigma_c} = \frac{6.5}{28.6}$$
$$= 0.227$$

그림 3.19에서 할렬 인장 응력이 f_t를 넘는 범위 x는

$$x = (0.65 \sim 1.10)B ≒ 58 \sim 98 (\text{cm})$$

할렬 인장 응력의 합력 T는 그림 3.21에서

$$T = (0.084 - 0.037)P$$
$$= 0.047 \times 900 \times 10^3$$
$$= 42.3 \times 10^3 (\text{kg})$$

띠철근(hoop)으로서 D16(SD30)을 사용하면 $a_1 = 1.99 (\text{cm}^2)$,

$$a_t = \frac{T}{{}_sf_t}$$
$$= \frac{42.3 \times 10^3}{3 \times 10^3}$$
$$= 14.1 (\text{cm}^2)$$

$$n = \frac{a_t}{a_1}$$
$$= \frac{14.1}{1.99}$$

$$=7.1(\text{개})$$

$$p=\frac{2(x_2-x_1)}{n}$$

$$=\frac{2(98-58)}{7.1}$$

$$=11.3 \rightarrow 10(\text{cm})$$

여유를 보아 말뚝머리에서 2.00 m 범위의 띠철근을

D16 @ 100

으로 한다.

또한 앞에서 기술한 이외 부분의 띠철근은 D16 @ 200으로 한다. 또 선시공 말뚝의 주철근량은 콘크리트 단면적에 대해서 0.4%로 하면

$$a=0.004\times A$$

$$=0.004\times 177.2^2$$

$$=125.7(\text{cm}^2)$$

D25(SD35)를 사용하면 $a_1=5.07(\text{cm}^2)$,

$$n=\frac{a}{a_1}$$

$$=\frac{125.7}{5.07}$$

$$=24.8 \rightarrow 32(\text{개})$$

배근의 편의상 32개(4의 배수)를 사용한다. 즉,

32−D25(철근비 0.52%)

참 고 문 헌

32) 拙著；構眞柱鐵骨における柱脚根入れ部の設計に關する硏究(長い構眞柱杭の實測による考察)：日本建築學會構造系論文報告集 No. 367(1986. 9)

33) 拙著；構眞柱構造の力學性狀と設計法に關する硏究(大阪大學學位論文), (1987. 5)

34) 拙著(共著者・湯淺健治)；パイルコラム杭用コンクリートの若令時の性狀：建築と社會 (1980. 3)

35) 日本建築學會；鋼構造設計規準(1970)

36) 狩野春一・仕入豊和；生コンクリートの沈下による鐵筋附着強度の減少と二三の對策：日本建築學會論文集49號(S. 29. 9)

37) 中村國雄・木本貢四郎ほか；若令コンクリートの附着實驗(その3)：日本建築學會大會學術講演梗概集(東北), 1170(S. 48. 10)

38) 杉山正禧・宮田昇ほか；大阪データ通信局舎(堂島)新築工事における逆打ち工法用支柱の定着について：日本建築學會大會學術講演梗概集(九州), 1123(S. 47. 10)

39) 日本電信電話公社建築局特殊建築工事事務所；超高層建築における逆打ち用構眞台柱の施工(上), (中), (下)・大阪データ通信局舎(堂島)の建設, (2), (3), (4)：施工(1972. 12〜1973. 3)

40) 坪井善勝・若林實・渡部保美；鐵骨鐵筋コンクリートに關する基礎的研究, No. 12 鐵骨の附着に關する實驗(1)：日本建築學會研究報告34號(1955. 11)

41) 松下清夫・高田周三；鐵骨鐵筋コンクリートに關する基礎的研究(その4), (附着強度その他)：日本建築學會研究報告17號(1952. 3)

42) 上野誠・成瀬泰雄ほか；スタッドジベルの實驗的研究(1), (2)：土木技術, No. 7, No. 8, Vol. 16(1961)

43) 山本稔・高島春生ほか；スタッドズレ止めについて —— 主として豊洲橋の試驗報告：土木技術, No. 7, Vol. 16(1961)

44) 青柳司・内田直樹ほか；合成梁の實大實驗(その1 實驗計劃・押抜き試驗), 日本建築學會關東支部第43回學術研究發表會(47年度), (1972. 3)

45) 山田稔・福田晴男；スタッドジベルの力學性狀に關する實驗的研究：日本建築學會大會學術講演梗概集(近畿), 2091(S. 46. 11)

46) 平野道勝・友永久雄；合成梁に關する實驗的研究, その1 押抜き試驗, その3 押抜き試驗 72, その4 押抜き試驗 73：日本建築學會大會學術講演梗概集(九州), 2579(S. 47. 10)：(東北), 2577(S. 48. 10)：(北陸), 2354(S. 49. 10)

47) 六車熙・森田司郎・富田幸次郎；鋼とコンクリートの附着に關する基礎的研究(Ⅰ 附着應力分布について), (Ⅰ)〜(Ⅱ), 日本建築學會論文報告集, 第131號(S. 42. 1)〜第132號(S. 42. 2)

48) 日本建築學會；鐵筋コンクリート造のひびわれ對策(設計・施工)指針案・同解說(1978)

49) 日本建築學會；各種合成構造設計指針・同解說(1985), 第1編, 6章 スタッドコネクターのせ

ん斷耐力

50) 日本建築學會 ; プレストレストコンクリート設計施工規準・同解說(1975) 68條・局部應力 の計算と補強

3.3 역타부의 이어붓기

(1) 역이어붓기부의 처리 방법

역타 공법의 문제점의 하나로 역타부의 이어붓기가 있다. 이어붓기부에 요구되는 성능은 먼저 치기 콘크리트와 나중 치기 콘크리트의 일체성이며, 다음과 같은 것이 이어붓기가 아닌 일체치기의 경우와 동등한 점이다.

① 압축, 인장, 휨, 전단 등의 힘의 전달 성상
② 균질성
③ 수밀성, 기밀성

이어붓기부는 정상적인 공법(順打)으로 시공한 경우라도 약점이 되기 쉽다.

역이어붓기에서 콘크리트는 나중 메우기 공법으로 부어넣어지므로 부어넣기 직후에 생기는 콘크리트의 침하 수축으로 그 상부에 틈이 생기고 이어붓기 표면에 블리딩 물이나 기포가 모여 구조적 결함이나 방수 결함을 만들기 쉽다. 이 밖에 콘크리트의 유동압이나 부어넣기 속도 부족으로 충전 불량이 생긴다든지 선시공 철골 기둥 뒤가 되는 부분이나 나중 치기 거푸집 맞춤부에 큰 틈이 생긴다든지 나중 치기 거푸집의 부풀어오름으로 콘크리트가 침강하는 경우 등이 있다. 이같은 문제에 관해서는 역타 공법의 적용이 증가함과 동시에 연구가 계속되어 많은 성과가 발표되고 기술 개선이 진행되고 있다 [51], [52]. 역이어붓기부의 처리 방법을 분류하면 다음과 같다.

  (a) 직접법
    1) 깔때기 부어넣기법
    2) 재진동법
    3) 시스 부어넣기법
  (b) 주입법
  (c) 충전법

이들을 **그림 3.22**에 나타낸다. 각기 처리법은 양호하게 시공하면 앞에 든 요구 성능을 거의

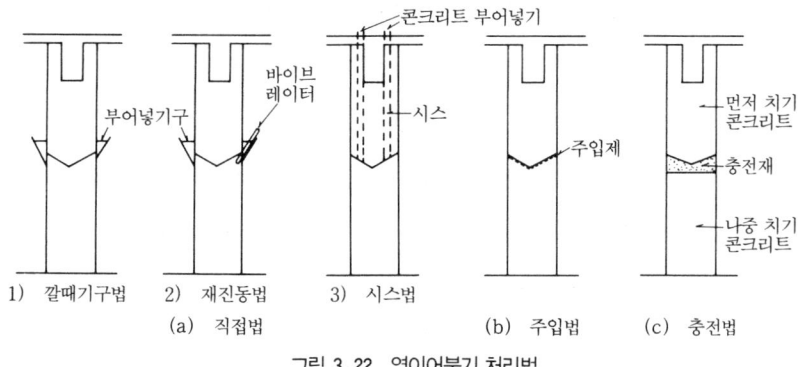

그림 3.22 역이어붓기 처리법

만족하지만 실제 시공성을 고려하면 이어붓기부의 성능에서는 충전법이 가장 뛰어나고 주입법, 직접법이 이에 버금간다. 반면에 코스트면에서는 이와 반대가 되므로 일반적으로 직접법과 주입법을 병용하는 경우가 많다. 그러나 어느 처리법에 대해서도 시공법과 구조상·방수상의 성능에서 본 표준적인 공법이 아직 확립되어 있지 않은 것이 현실정이다.

(a) 직접법

1) 깔때기 부어넣기법

먼저 치기 콘크리트 하부를 2방향 또는 4방향으로 경사($\theta=20\sim30°$)를 만들고 나중 치기 콘크리트의 거푸집 상부에 높이 15~20 cm의 깔때기형 부어넣기구를 내어 콘크리트를 이 높이까지 부어넣고 그 부어넣기압(부어넣기압은 $0.4\,\text{kg}/\text{cm}^2$ 정도가 필요하다)과 바이브레이터의 진동으로 콘크리트를 빈틈없이 충전하고자 하는 것이다. 콘크리트는 슬럼프 18 cm 정도의 것을 사용한다. 깔때기 부분의 콘크리트는 경화 후 쪼아내고 마감한다. 이 방법은 콘크리트 부어넣기 후 경화 침강으로 상부에 틈이 생기므로 주입법을 병용해야 한다.

콘크리트 부어넣기 직후에 생기는 침강 수축은 부어넣기 후 30분에서 약 80%, 1시간에서 약 95% 완료된다. 그 양은 콘크리트의 배합, 다지기 정도, 거푸집 변형 등에 따라서 다르지만 일반적으로 슬럼프 20 cm 정도의 보통 콘크리트에서는 0.6~0.9%에 이른다고 한다[53]. 현실적으로는 거기다 거푸집의 수밀성, 철근으로 인한 구속, 부어넣기 높이, 부어넣기 시간(먼저 부어넣은 콘크리트의 침강 진행) 등에 영향을 받아 실제로는 위에 기술한 값의 1/5~1/10 정도로 되는 경우가 많다. 그러나 나중 치기 콘크리트의 높이가 1.5 m이면 침강량은 2~4 mm 정도가 되므로 주입으로 틈을 충전해야 한다. 틈은 거푸집에 접해 있는 표면에서는 적게 보이지만 내부에서는 커져 있다[54].

나중 치기 콘크리트 상부 표면에는 콘크리트 부어넣기 직후부터 블리딩 물이나 기포가 모인다. 이들은 이어붓기면이 기울어 있으면 바이브레이터나 나무망치로 두드리기 때문에 경사면이 상승해 거푸집 바깥(깔때기구)으로 배출되는 것이지만 기포 감소율은 이어붓기면이 1방향보다도 2방향으로 경사져 있을수록, 또 그 기울기가 클수록 커진다. 수평 이어붓기에서는 진동을 주어도 피할 수가 없으므로 기포 면적은 이어붓기 면적의 22%나 이른다는 보고[51]가 있다.

기둥의 경우 콘크리트 부어넣기구는 2군데 이상 필요하다. 선시공 철골 기둥이 H 형강일 경우는 웨브를 사이에 두고 2방향에 마련한다. 주입구 뒤쪽에 H 형강의 플랜지와 웨브로 둘러싸인 부분을 남기면 블리딩 물이나 기포가 도망갈 길이 없으므로 콘크리트 주위가 나쁘고 큰 틈이 남게 된다. 공기 빼기 구멍을 내는 등 뭔가의 조치가 필요한 부위이다. 벽의 경우 콘크리트 부어넣기구는 1 m 간격 정도로 마련한다.

요즘 나중 치기 콘크리트에 혼화제로서 논블리딩제나 팽창제를 가해 직접법을 이용한 처리로 끝내는 방법이 제안되고 있다. 이에 따르면 이어붓기부의 성상은 상당히 개선되었으나 틈을 제로(0)로 하기는 곤란하므로 주입법을 생략할 수는 없는 듯하다[56].

2) 재진동법

콘크리트를 부어넣은 후 약 30분~1시간 정도 지나고 나서 깔때기구에 바이브레이터를 삽입하여 다시 한번 진동을 가하는 것으로 이로써 콘크리트 상부에 생긴 틈을 현저히 감소시킬 수 있다. 그러나 아주 없앨 수는 없으므로 주입법을 병용해야 한다.

재진동은 2회 가하는 경우도 있으나 너무 장시간에 걸쳐 하면 콘크리트가 분리되어 버리거나 시멘트 풀이 이어붓기부에 모이므로 도리어 해가 되고, 또 재진동은 콘크리트가 경화를 개시하기 전에 끝내야 한다.

3) 시스 부어넣기법

먼저 치기 콘크리트 내부에 위층 바닥면에서 이어붓기부까지 스파이럴 시스(150ϕ 정도)를 묻어넣어 두고 나중 치기 콘크리트는 이 시스를 이용하여 위층 바닥면에서 부어넣는 방법이다. 독립 기둥에서는 시스를 대각선 방향으로 두 군데에 묻어넣고, 벽에서는 약 1 m 간격으로 묻어넣는 경우가 많다. 이 방법은 부어넣기 높이가 깔때기구법의 경우보다도 높으므로 그만큼 부어넣기압이 커져 콘크리트의 충전성이 좋아짐과 동시에 깔때기구 거푸집·콘크리트의 쪼아내기 작업이나 쪼아내기 후의 처리를 하지 않아도 되는 이점이 있다. 바이브레이터는 시스 내에 삽입하여 사용한다.

콘크리트의 침강 현상으로 인한 틈은 깔때기구 부어넣기법의 경우보다도 커 6~10 mm나 되므로 [55] 주입법을 병용해야 한다. 먼저 치기 콘크리트 저부에는 블리딩 물이나 기포의 도피를 좋게 하기 위해서 2방향 또는 4방향으로 경사지게 하는데, 거푸집으로 밀폐되어 버려 불충분하게 되기 쉬우므로 거푸집 상부에 13~16 mmϕ 정도의 작은 공기 빼기 구멍을 뚫어 둘 필요가 있다. 또한 재진동법을 적용할 수는 없다.

이 방법에서는 나중 치기 콘크리트를 맨 아래층에서 차례로 위층으로 시공하는 것이 바람직하지만 반드시 이 순서로 되지 않는 경우가 있으므로 이런 경우에는 위층의 나중 치기 콘크리트 기반에 시스 구멍(콘크리트 부어넣기 구멍)을 남겨 둘 필요가 있다. 또 삽입식 바이브레이터를 사용할 수 없게 된다.

(b) 주입법

직접법에서는 어느 것이나 이어붓기부에 틈을 피할 수 없으므로 주입법을 병용해야 한다는 것은 이미 기술한 바 있다. 주입재는 일반적으로 수지계(樹脂系)와 시멘트계의 두 종류가 쓰인다. 수지계 주입제는 균열과 같은 작은 틈에도 적용할 수 있지만 코스트가 높아진다. 그러나 틈이 너무 좁으면 주입제가 잘 침투되지 않아 가장 저점도의 주입제(에폭시계, 예를 들면 유니시본드 E200계)라도 100미크론(0.1 mm) 이상의 틈이 아니면 침투성이 나쁘다. 시멘트계 주입재는 비교적 큰 틈에 적용하는 것으로 특수한 첨가제를 사용하여 유동성을 높이고 있다. 그러나 500미크론(0.5 mm) 정도의 틈에서도 침투성이 나쁘므로 1 mm 이상의 틈에 대한 적용이 바람직하다. 그래서 계획적으로 틈을 만들거나 주입로를 만들어 주입성을 좋게 하는 것이 연구되고 있다. 계획적인 주입법에서도 콘크리트의 충전성과 블리딩 물이나 기포의 도피를 좋게 하기 위해 먼저 치기 콘크리트 저부를 경사지게 하는 경우가 많다.

주입로를 만드는 방법은 **그림 3.23**[54]에 나타낸 바와 같이 드릴로 천공하는 방법과 주입 줄눈을 만드는 방법이 있다. 드릴을 사용하는 방법은 나중 치기 콘크리트가 경화한 후 이어붓기부 틈에 이어지도록 드릴로 구멍을 파는 것인데 콘크리트를 깎을 때 나오는 가스가 틈에 들어가 주입로를 막기 쉽다는 것과 주입로와 틈의 접점이 점이 된다는 결점이 있다. 주입 줄눈을 만드는 방법은 먼저 치기 콘크리트의 저부 거푸집에 미리 주입용 줄눈봉을 설치해 두는 것으로, 주입로가 먼저 만들어지므로 나중 치기 콘크리트를 칠 때 메워져 버려 주입제가 잘 돌아들어가지 않는 경우가 있다. 또 어느 방법이나 주입이 진행되면 틈 내의 공기가 내부에 갇혀 버려 큰 공극을 남기기 쉽다는 결점이 있다.

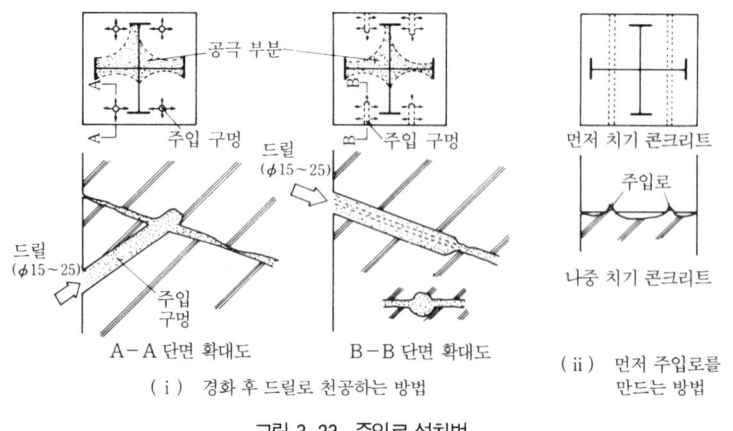

그림 3.23 주입로 설치법

그러므로 줄눈봉에 발포 스티롤을 사용하여 이것을 주입 전에 시너로 용해해 버리는 새로운 처리법이 고안되어 있다. 이 방법으로는 주입로를 확보할 수 있으므로 확실히 주입할 수 있고 시공성도 좋으며 충전성이 뛰어나 이어붓기 성능을 얻을 수 있고 원가도 적게 해결할 수 있다고 보고되어 있다[54]. 이 신주입법에 대한 일련의 연구 결과에서 주입법 전반에 관해서 주의해야 할 사항을 열거하면 다음과 같다.

① 틈의 크기는 너무 커도 좋지 않고 3~5 mm 정도가 좋다. 너무 작으면 압력 로스가 커져 충전성을 저하시킬 염려가 있다.

② 주입 구멍의 피치는 통상은 600 mm 정도로 하면 된다. 철골 단면적이 복잡한 경우의 주입 구멍은 주입제가 충분히 침투하고 압력 로스가 적은 배치로 해야 한다.

③ 주입제의 부착력은 에폭시 수지가 가장 양호하지만 시멘트계에서는 CSA계 첨가제를 넣은 것이 좋고, 적당한 틈과 압력하에서는 에폭시 수지에 가까운 강도를 얻을 수 있다. 또 주입 압력을 유효하게 가할 수 있으면 보통 시멘트에서도 상당한 강도를 기대할 수 있다. 주입 시멘트 풀은 시공 가능한 범위에서 비비는 것이 좋다.

④ 주입 압력은 $4 \sim 8 \, kg/cm^2$ 정도가 좋고 시멘트 풀의 충분한 침투와 압밀 탈수 효과를 기대할 수 있도록 침투 상황에 맞는 적당한 속도의 가압 시멘트 풀이 필요하다. 또 주입 전의 콘크리트 바탕은 충분한 습윤 상태로 해두는 것이 바람직하다.

시멘트 풀의 경우라도 효과적으로 주입된다면 이어붓기면에 레이턴스나 기포가 존재해도 시멘트 풀이 하부 콘크리트 표면의 요철(凹凸)에 잘 침투하여 높은 부착력을 얻을 수 있다고 한다[54].

(c) 충전법

나중 치기 콘크리트를 이어붓기부 아래쪽 약 5~10 cm에서 일단 치기를 멈추고 콘크리트면에 생긴 레이턴스 등을 청소한 다음 이 부분에 충전재를 주입하는 방법이다. 충전재에는 무수축 모르터(팽창 모르터)를 사용하지만 탄성 계수가 통상의 콘크리트보다 약간 작기 때문에 틈은 될 수 있는 한 작게 하는 것이 바람직하다. 틈을 15~20 cm 정도로 하여 무수축 콘크리트(팽창 콘크리트)를 사용하는 경우도 있다. 프리팩트 콘크리트(prepacked concrete) 공법을 사용하면 가장 좋은 결과를 얻을 수 있으나 원가가 높아진다.

충전법은 이어붓기면의 청소를 충분히 할 수 있으며 충전 콘크리트 부어넣기 높이가 적고, 또한 무수축성이므로 양호하게 시공하면 틈이 없는 완전한 이어붓기부를 얻을 수 있어 역이어붓기부의 성능으로서는 가장 좋다. 먼저 치기 콘크리트의 저부는 수평으로도 좋으나 조금 기울어지게 하는 편이 충전성이 좋다고 볼 수 있다.

(2) 역이어붓기부의 역학 성상

(a) 압축 강도

이어붓기부의 형상과 각도가 압축 강도에 미치는 영향을 단순 압축 시험으로 조사한 문헌[51], [57]이 있다. 공시체는 철골이 없는 RC 만의 것이며 이어붓기부의 처리 방법은 직접법이고 주입법은 병용하지 않는다.

시험 결과에 따르면 이어붓기부의 형상은 1방향(L형)보다 2방향(V형)이 힘의 전달 성상이 뛰어나고 이어붓기 각도는 40° 이내에서는 일체 치기와 동등한 압축 강도를 나타내며 파괴 성상이나 파괴되기까지의 경과도 거의 같았다. 그러나 이어붓기부의 어긋남 변형은 이어붓기 각도가 커지면 커지는 경향이 있었다. 또 이어붓기 각도 45°에서는 압축 내력이 약 10% 감소, 60°에서는 약 1/2로 저하하여 미끄럼 파괴의 성상을 보였다.

(b) 전단 강도

이어붓기부의 형상과 이어붓기 각도가 전단 강도에 끼치는 영향을 단순보 형식의 휨 전단 시험으로 조사한 문헌[51]이 있다. 공시체는 RC 만으로 하고 이어붓기부의 형상은 1방향(L형),

---

「프리팩트 콘크리트 공법(prepacked concrete method)」: 거푸집 내에 미리 굵은 골재(자갈)만을 채워 두고 다음에 그 틈에 특수한 모르터를 주입하여 콘크리트로 하는 공법으로 콘크리트의 건조 수축을 아주 없앨 수 있다. 주입하는 모르터는 유동성이 크고 재료 분리가 없으며 수축성이 작은 것이 쓰인다.

이어붓기부의 처리 방법은 직접법으로 주입은 하지 않는다.

시험 결과는 이어붓기 각도와 가력 방향(加力 方向)에 따라서 큰 차이를 보이고 내력의 크기나 파괴 성상도 아주 달라진다. 이어붓기면의 경사가 가력 방향일 경우는 어느 것이나 이어붓기면의 어긋남과 박리로 파괴된다. 전단 내력은 일체의 것에 비하여 뚜렷이 낮은 값이며 각도가 커짐에 따라서 내력 저하도 커진다. 이어붓기면의 경사가 가력 방향과 직교하는 경우는 어느 것기면의 어긋남과 박리로 파괴된다. 전단 내력은 일체로 친 것에 비해 뚜렷이 낮은 값이며 각도가 다. 이 경우 전체적인 어긋남 변형도 거의 보이지 않는다.

이와 같이 이어붓기부를 경사지게 한 경우는 전단력 전달에 방향성이 생겨 힘의 방향과 경사 방향이 일치하는 경우는 내력 저하가 뚜렷하므로 전단 보강을 할 필요가 있다. 또 경사 방향은 될 수 있는 한 1방향을 피하고 기둥 중앙이 골로 되는 형상으로 하는 것이 바람직하다. 이어붓기 각도는 30° 정도가 적당하다는 것 등을 제안하고 있다.

이어붓기부 처리 방법의 종류와 전단 강도의 관계를 조사한 문헌[57]도 있다. 공시체는 철골이 없는 RC만으로 하고 이어붓기부의 형상은 V형, 각도는 약 20°, 처리 방법의 종류는 표 3.4에 나타낸 바와 같이 일체 치기, 직접법, 충전법, 수지 주입법, 신처리법에 따른 주입법 등 5종류이다. 이어붓기부에는 $35\,\mathrm{kg/cm^2}$의 압축력(약 $F_c/7$의 축력)을 가한 다음에 오노식(大

표 3.4 공시체의 종류

No.	시험체의성능	재 하 용 시 험 체 의 명 칭						
		A	B	C			D	E
				1	2	3		
1	이어붓기의유무	이어붓기 없음	이어붓기 있음(역타 공법)					
2	처 리 방 법	일체 치기	분리형[1]	신처리법	신처리법	신처리법	충전법	E 주입[2]
3	주 입 재 료		무주입	시멘트 풀	시멘트 풀	시멘트 풀	모르타르	에폭시
4	첨 가 제[3]			타스콘	타스콘	타스콘	타스콘	
5	축 력(t)	56	56	0	56	56	56	56
6	틈[4] (mm)		5+α	9	3	9	100	2.5
7	상부 콘크리트	8월 3일	8월 3일	8월 3일	8월 3일	8월 3일	8월 3일	8월 3일
8	하부 콘크리트	8월 8일	8월 8일	8월 8일	8월 8일	8월 8일	8월 8일	8월 8일
9	주 입 처 리 일			8월 24일	8월 24일	8월 24일	8월 24일	8월 24일
10	재 하 시 험 일	10월 29일	11월 9일	10월 25일	11월 15일	11월 13일	11월 11일	11월 5일

주 1) 5 mm 두께의 발포 스티롤로 틈을 확보하고 하부 콘크리트 부어넣기 후 스티롤을 제거
 2) 상온 경화형 에폭시 수지 주입
 3) 칼슘·설파·알루미네이트계 무수축 그라우트재
 4) 주입 재료의 주입량으로 역산한 값

野式) 역대칭 정부(正負) 교번 재하로 시험하였다.

시험 결과로부터 다음과 같은 결과를 얻었다.

① $F_c/7$ 정도의 축 응력하에서는 전단 내력은 충전법, 에폭시 주입법, 시멘트 풀 주입법 (틈 3 mm) 모두 큰 차이는 없고 거의 일체 치기와 같은 정도이다. 시멘트 풀이 효과적으로 주입되면 시멘트계 주입제로도 일체 치기와 동등한 내력을 구할 수 있다.

② 시멘트 풀 주입법의 경우 틈이 너무 크게(9 mm) 되면 전단 내력이 저하하는 경향을 보인다. 이것은 부착력 시험으로 구한 결과와도 일치하고 적당한 정도의 크기(3 mm 정도)의 틈에 대해서 주입 처리하는 것이 부재로서의 역학 성상으로 봐서도 바람직하다.

③ 직접법 등에서 틈이 5 mm 이상이 된 경우 아무것도 주입하지 않으면 전단 내력은 크게 저하하며 파괴시 전단 하중은 40% 이하로, 항복시 전단 하중은 30% 이하로 된다.

④ 이번의 축력(약 $F_c/7$) 정도에서는 전단 내력은 축력이 없는 경우보다 20% 정도 커져 축력 효과가 분명하다. 일반적으로 $0.4F_c$ 정도의 축력까지는 휨 내력의 증대가 예상되므로 축력을 콘크리트에 전달하도록 틈을 완전히 충전하는 것이 중요하다.

(c) 실시 구조물의 기둥 이어붓기부에 대한 측정

실시 구조물의 역타 기둥 이어붓기부에 대해서 이어붓기부의 처리 방법 차이에 따른 응력 전달의 거동을 실측하여 비교 연구하였다[52]. 처리 방법은 직접법(깔때기구 부어넣기법＋재진동법), 직접법(깔때기구 부어넣기법＋주입법), 충전법의 3가지 종류이다. 재진동은 바이브레이터를 사용하여 콘크리트 부어넣기 후 약 30분 지나서 실시하였다. 주입은 콘크리트 경화 후 드릴로 몇 군데에 주입 구멍(20 mmϕ)을 내고 시멘트 풀을 주입하였다. 충전법은 나중 치기 콘크리트를 약 30 cm 예비로 부어넣고 와이어 브러시로 레이턴스 처리를 한 후 CSA계 첨가제를 넣은 모르터를 충전하였다.

실측값을 검토한 결과로부터 다음과 같은 결론를 내릴 수 있다.

① 직접법으로 할 경우 이어붓기부 틈의 크기는 나중 치기 하부 콘크리트의 시공 상태에 따라서 상당한 편차가 난다. 틈이 커지면 내력 저하가 뚜렷해지기 쉬우므로 3 mm 정도가 되도록 시공하는 것이 바람직하다.

② 이렇게 하기 위해서는 이어붓기부의 경사를 20° 이상으로 하고 나중 치기 콘크리트의 블리딩 물이 도피하기 쉬운 시공이 바람직하다. 콘크리트는 슬럼프 18 cm 이하로 단위 수량을 될 수 있는 한 적게 하는 것이 좋다.

③ 어떤 처리법에 대해서도 역이어붓기부의 선시공 철골 기둥에는 일체부(一體部)에 비하여 큰 응력이 생긴다. 응력 집중도는 충전법에서 일체부의 1~2배, 주입법에서 2~3배, 직접법에서는 축력의 대부분이 철골과 철근에 집중되어 있다. 여기서 역학적으로 처리 효과가 좋은 것은 ① 충전법, ② 주입법, ③ 직접법의 순서라고 볼 수 있다.

④ 충전법은 이어붓기 처리법으로서는 양호한 방법이지만 처리 시기가 늦어지면 선시공 철골 기둥에 응력 집중을 생기게 한다. 충전 처리는 나중 치기 콘크리트를 부어넣은 후 될 수 있는 한 빨리 끝내야 한다.

⑤ 충전제는 콘크리트에 비하여 탄성 계수가 작고 모르터분이 많은 콘크리트가 이어붓기부에 집중되기 쉬우므로 충전부는 강재와의 영계수비가 커져 역이어붓기부에서는 선시공 철골 기둥의 응력 부담이 커지기 쉽다.

⑥ 일반적으로 SRC 기둥은 콘크리트 부분에서 축력을 부담하는 설계를 하는 경우가 많으나 이어붓기부에서는 철골에 상당한 응력 집중을 일으켜 콘크리트의 축력 부담률이 저하하고 있다. 게다가 선시공 철골 기둥에 생기는 이어붓기 처리 전의 역타 하중에 따른 응력도 고려하면 철골의 축력 부담은 상당히 커지므로 설계시에 배려해 두어야 한다.

(3) 역이어붓기부의 디테일

이어붓기부의 디테일에 대한 주의점은 이제까지 여러 곳에서 기술하였으므로 중복되는 것도 있지만 다음에 정리해 본다.

(a) 이어붓기부의 조건

이어붓기부의 디테일을 설계할 때는 다음과 같은 조건을 고려해야 한다.

① 마감 : 마감의 유무·종류, 제치장 마감
② 기둥 : 단면의 크기, 위치(독립 기둥, 벽식 기둥, 지하 바깥기둥, 지하 귀기둥), 벽과의 관계, 선시공 철골 기둥의 형상·방향, 주철근의 수와 배치
③ 벽 : 벽의 종별(내진벽, 일반벽, 개구부 윗벽, 지하 외벽 등), 벽 두께, 배근, 보와의 관계

(b) 이어붓기 저부의 형상

이어붓기 저부의 경사는 직접법·주입법일 경우는 25°~30°, 충전법일 경우는 20° 정도가 적당하다. 경사 방향은 2방향보다도 4방향 쪽이 바람직하다. 2방향의 경우는 전단 보강을 해야 한다. 전단 보강의 기본 효과를 노려 경사 부분의 저부에 요철(凹凸)을 붙이는 제안이 있지

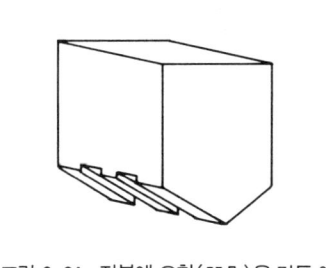

그림 3.24 저부에 요철(凹凸)을 만든 예

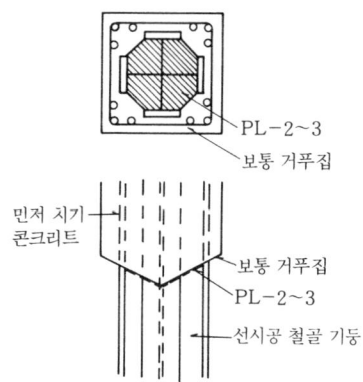

그림 3.25 저부 거푸집

만(그림 3.24), 실시 예는 적다.

저부의 거푸집은 판자를 사용하면 해체하기 쉽다. 선시공 철골 기둥의 단면이 십자형이면 철골 내부는 판자라도 해체 철거가 곤란하므로 그림 3.25와 같이 두께 2~3 mm의 철판을 미리 철골에 설치해 두는 등 고려해야 한다. 이 경우는 철판 위에 떨어진 먼지의 청소를 특히 잘 해야 하고 나중 치기 콘크리트 부어넣기시에 철골의 뒤쪽이 된 부분에 콘크리트가 잘 돌아들어가지 않으므로 공기 빼기 구멍, 주입로 등을 적절히 계획해야 한다. 콘크리트의 유입 구멍을 낼 수 있으면 더욱 좋을 것이다.

(c) 공기 빼기 구멍 등

거푸집의 구석부 상부나 앞에서 기술한 철골 구석부에는 콘크리트 부어넣기시에 공기나 잔기포·블리딩 물이 고여 콘크리트의 충전이 불완전하게 되기 쉬우므로 요소에 공기 빼기 길(路)이나 공기 빼기 구멍을 만들어 집중적으로 외부로 빼내도록 해야 한다. 기둥의 경우는 부어넣기구가 없는 면에, 벽의 경우는 부어넣기구 중간 부근에 공기 빼기 구멍(13~16 mmϕ 정도)을 거푸집에 내 두어야 한다. 공기 빼기 길을 이어붓기부의 주입로로서 사용하는 것을 고려할 수 있으나 이 경우의 공기 빼기 길은 나중 치기 콘크리트 부어넣기시에 막혀 버리는 경우가 많으므로 그를 위한 조치가 필요하다. 앞 절(이어붓기부의 처리 방법·주입법)에서 소개한 신처리법은 이 때문에 개발된 방법이다.

(d) 지하 외벽의 경우

흙막이벽에 접하는 지하 바깥기둥이나 지하 외벽에서는 저부의 경사가 1방향이 되므로 위에 기술한 주의가 특히 필요하다. 귀기둥의 경우는 더욱 시공성이 나빠진다. 지하 외벽은 지하수에 대한 차수성이 중요하므로 신중히 계획해야 한다. 경우에 따라서는 기둥과 벽의 이어붓기 높이를 바꾸어 2단으로 하거나 충전법을 채용하는 등을 생각해 볼 필요가 있다.

(e) 일반벽의 경우

두께가 얇은 일반벽은 역타로 하지 않고 전체를 나중 치기로 하는 경우가 많다. 이 경우는 위층의 바닥 슬래브에 시스를 묻어두고 「시스 부어넣기법」의 요령으로 시공한다. 역타로 하는 경우는 저부에는 경사를 만들지 않고 수평으로 시공해도 콘크리트의 충전 불량이 생기는 일이 적은 듯하다. 내진벽이 아닌 벽은 될 수 있는 한 콘크리트 블록벽으로 변경하는 것을 검토하면 좋다.

(f) 주입법

주입은 기둥에서는 최저 4군데, 벽에서는 1 m 간격 이내에 주입 구멍을 낸다. 콘크리트 부어넣기 후에 드릴로 주입 구멍을 천공할 경우 이어붓기부의 경사에 따라서 천공하기는 곤란하므로 수평으로 경사면을 관통하도록 천공한다.

주입은 수동 압력식 펌프를 사용하고 주입압은 $4 \sim 8 \, \text{kg}/\text{cm}^2$ 정도가 적당하다. 주입압을 유지하기 위해 이어붓기부를 급결 시멘트 등으로 실(seal)한다. 하나의 주입 구멍에서 주입하여 다른 주입 구멍에서 주입제가 유출되는지를 확인하고 주입을 완료한다. 주입제를 주입할 수 없는 경우라도 5분 정도는 주입압을 유지해 두도록 한다. 주입에 앞서 틈의 상태를 추정하기 위해 공기 또는 물을 압송하는 경우가 있는데 주입 전에는 이 물을 완전히 배출해야 한다. 수지계 주입제는 상당히 작은 틈에도 적용할 수 있지만 생긴 틈에 적응하는 점성을 갖는 주입제를 선정해야 한다.

(g) 충전법

충전법의 경우 나중 치기 콘크리트 윗면에 부상해 있는 레이턴스는 와이어 브러시 등으로 잘 제거하고 청소하며 물씻기를 한다. 거푸집은 그라우트압이나 그라우트제의 팽창압에 대해서 필요한 내력을 가지며, 또한 수밀성이 높은 것이어야 한다. 연속된 벽의 경우는 길이 6 m 정도를 1공구로 하여 모르터 등으로 중간 칸막이를 한다.

충전법은 충전제를 주입으로 충전하는 것이므로 주입 구멍이나 공기 빼기 구멍의 방식은 위에서 기술한 주입법의 경우와 마찬가지이다. 충전 재료 선정시에는 소요 강도, 블리딩률, 플로 값, 팽창 수축성 등에 대해서 조사한다.

(4) 역이어붓기 처리의 검사·관리

이어붓기 처리된 역이어붓기부의 양부를 검사하기 위한 비파괴 시험은 아직 적절한 방법이 발견되지 않은 실정이다. 그래서 현재 실시하고 있는 검사법으로 다음과 같은 것이 있다.

① 육안에 따른 외관 검사
② 이어붓기부의 코어 보링
③ 물을 주입해 본다.

따라서 이어붓기 처리에 착수하기에 앞서 실물 크기 모형을 작성하든지 실제 공사의 대표적인 부위에 대해서 실험적으로 처리를 하여 적용 처리법과 그 결과의 확실성, 여러 가지 작업 조건을 파악하고 나서 시공하면 동일한 결과가 재현된다고 보고 로트 구분마다 작업을 실시한다. 검사는 각기 부위의 중요도에 따라서 로트마다 검사율을 정하고 무작위로 추출한 시료에 대해서 위에서 기술한 검사를 적용하여 확인하는 방법을 생각할 수 있다.

참 고 문 헌

51) 北後壽·折笠彌ほか；逆打ち工法における柱打繼部の問題点と對策(柱打繼部に關する實驗結果の紹介)：建築技術(1973. 2)

52) 高幣喜文；逆打工法における柱の打繼ぎ處理法に關する研究：日本建築學會構造系論文報告集 No. 387(S. 63. 5)

53) 岡田清·六車熙；改訂新版·コンクリート工學ハンドブック, p. 1010：朝倉書店(1981. 11)

54) 高幣喜文；逆打工法における注入法打繼ぎ處理に關する研究：日本建築學會構造系論文報告集 No. 391(S. 63. 9)

55) 高幣喜文；逆打工法における打繼ぎ處理法に關する研究(その3)：注入法打繼ぎ部の隙間の實態と附着强度への影響：日本建築學會大會學術講演梗概集(關東) 1104(S. 59. 10)

56) 高幣喜文·兩角昌公；逆打工法における打繼ぎ處理法に關する研究(その6)：特殊混和劑の効果と非破壞檢査結果について：日本建築學會大會學術講演梗概集(近畿) 1030(S. 62. 10)

57) 高幣喜文·兩角昌公ほか；逆打工法における柱打繼ぎ部の力學性狀に關する實驗的研究：日本建築學會構造系論文報告集 No. 393(S. 63. 11)

58) 高幣喜文・兩角昌公ほか；逆打工法におけるコンクリートの打繼ぎ處理に關する研究 : 竹中技術研究報告 No.33(1985. 5)

59) 入澤賢一・武田壽一ほか；逆打工法による打繼部を含むRC柱の實驗的研究 : 大林組技術研究所報 No. 14(1977)

제 4 장 계측 관리

4.1 주변 지반에 대한 영향

점성토 등 점착력 있는 흙의 자립 한계(「제1장 1.2 자립형 흙막이벽의 계산법 (1) 점착 높이」참조)를 넘어 지하 굴착을 하면 아무리 튼튼한 흙막이벽을 축조한다고 해도 주변 지반에 대한 영향을 아주 없앨 수는 없다. 공사에 따른 주변 지반에 대한 영향은 주로 지반의 침하와 수평 이동으로 나타나게 되는데 다음과 같은 여러 가지 원인을 생각할 수 있다.

① 흙막이벽의 변위·변형에 따른 것
② 흙막이벽에서 생기는 누수에 수반하는 토사의 유출, 깊은 우물 등으로부터의 토사 유입
③ 강제 배수로 인한 점토층의 압밀
④ 말뚝(현장 축조 말뚝, 묻어넣기 말뚝 등)이나 흙막이벽 시공에 수반하는 것
⑤ 진동으로 인한 다짐
⑥ 흙막이 말뚝 뽑기, 과거 기초 말뚝 뽑기
⑦ 굴착에 따른 리바운드

현실적으로 나타나는 영향은 이같은 요인이 복합되어 생기는 경우가 많다.

주변 지반에 대한 영향을 될 수 있는 한 적게 하기 위해서는 미리 어느 정도의 영향을 끼치는지 될 수 있는 한 정확히, 또 정량적으로 예측하여 그 영향 정도에 따라서 대책을 강구해야 한다. 그러나 이 영향을 정확히 파악하는 데는 어려움이 많아 이론적으로 어느 정도 파악할 수 있는 것은 앞에서 기술한 것 중 ①, ③, ⑦뿐이다. 게다가 실제로 관측된 침하량은 계산할 수 없는 요인에 따른 침하량도 가해지므로 계산으로 추정한 값의 2.0배 이상을 나타낸 예가 많으므로

실제로 일어날 수 있는 영향은 계산값의 2배 정도가 된다는 것을 예측하여 대책을 세워 두어야 할 것이다. 또 계산으로 예측할 수 없는 요인도 포함하여 이들로 인해 일어나는 현상을 충분히 이해하여 파악한 다음에 필요한 측정・관찰을 하고 끊임없이 변위・변형 상태를 계산값과 비교하면서 앞으로의 진행 상태를 예측하여 미리 입안한 대책이 좋은지 여부를 재평가해 두는 것이 중요하다.

(1) 흙막이벽의 변위・변형에 의거한 영향

흙막이벽은 뒷면에 작용하는 측압으로 안쪽으로 변위하여 변형이 생기므로 흙막이벽 뒷면 지반을 느슨하게 하여 흙을 이동시킨다. 그 때문에 주변 지반이 침하 또는 수평 이동하는데 이것이 뚜렷하면 근접한 구조물에 침하나 부동 침하・경사를 지게 하거나 주변 도로에 매설되어 있는 가스・수도・전력・전화・배수 등의 배관이나 공동구 등의 매설 구축물에 장해를 준다. 또한 흙막이벽 뒷면 지반에 이동이 생기면 토질의 강도가 저하하여 측압 증가로 이어지므로 더욱 영향이 증대해진다. 흙막이벽의 변위・변형에 영향을 끼치는 요인은 다음과 같다.

① 지반 강도
② 굴착 깊이, 굴착 방법
③ 흙막이벽의 강성, 밑동 묻힘 길이
④ 버팀대의 깊이 방향 간격
⑤ 버팀대・띠장의 강성, 가설 시기
⑥ 재킹(jacking)이나 프리로드(preload) 도입의 유무

흙막이벽 두부의 변위는 1차 굴착이 끝나고 1단 버팀대를 가설하기 직전에 흙막이벽이 자립 상태가 될 때에 크게 되는 경우가 많으므로(「계산 예 3 자립형 흙막이벽의 변형(1차 굴착 완료시」참조) 1단 버팀대를 될 수 있는 한 위쪽에 설치하여 자립 높이를 작게 함과 동시에 흙막이벽 두부에 강성이 높은 두부 연결을 하면 된다. 또, 버팀대 해체시에는 흙막이벽 두부의 변위가 증가하므로(「계산 예 4 자립형 흙막이벽의 변형(1단 버팀대 해체시)」참조) 이것도 고려해야 한다. 버팀대는 굴착 완료 후 될 수 있는 한 빨리 가설하고 굴착시는 과도하게 깊이 파서는 안된다. 흙막이벽의 밑동 묻힘 길이는 크게 잡아 충분한 흙 저항을 구할 수 있도록 한다. 밑동 묻힘 부분의 지반이 연약한 경우는 지반 개량을 하지 않으면 안되는 경우도 있다. 버팀대 가설 후 재킹을 하거나 프리로드를 도입하는 것(「제2장 2.1 흙막이 동바리의 계산법

(8) 디테일의 주의점」 참조)은 맞춤부의 융합을 좋게 하여 버팀대의 탄성적인 수축을 적게 하는 효과가 있다.

(a) 주변 지반의 침하량과 영향 범위

그림 4.1은 Peck이 많은 실측값(흙막이벽의 변형 뿐만 아니라 일반적인 모든 영향이 가미되어 있다)을 바탕으로 주변 지반의 침하량과 영향 범위를 정리한 것이다[60]. 이것은 버팀 기둥 가로 널말뚝이나 시트 파일 등 비교적 강성이 작은 흙막이벽에 따른 것인데, 이에 따르면 모래 지반의 경우에서는 굴착 깊이의 1.5배 정도의 범위까지 영향이 미치고 최대 침하량은 굴착 깊이의 1%에 이르는 것이 있으며, 연약 지반에서는 영향 범위가 3.0배 정도, 아주 연약한 지반의 경우는 3.0~4.0배 정도, 최대 침하량도 굴착 깊이의 2% 정도를 넘는 것으로 나타내고 있다.

그림 4.2는 컨시스턴시가 「아주 부드러움~부드러움」 범위의 점성토 및 상대 밀도가 「느슨함」 범위의 사질토로 구성된 충적 지반에서 굴착시에 실측된 주변 지반 침하의 거동을 흙막이벽 변위와의 관계에서 정리한 것이다[61]. 동 그림의 (a)는 1차 굴착시에 대한 것이며, (b)는 2차 굴착 이후에 대한 것이다. 그림의 횡축은 굴착 깊이와 흙막이벽에서의 거리와의 비를, 종축은 침하량 S와 흙막이벽의 최대 변위량 Y_{max}와의 비를 취하고 있다. 2차 굴착 이후에서는 S, Y_{max} 모두 1차 굴착 후 증가량의 비로 하고 있다. ( ) 안의 첨자는 굴착 차수(次數)를 나타낸다. 이에 따르면 1차 굴착시에는 흙막이벽으로부터의 거리에 관계없이 같은 정도의 침하를 일으키지만 2차 굴착 이후에 흙막이벽으로부터의 거리가 굴착 깊이의 2.0~2.5배 정도까지는

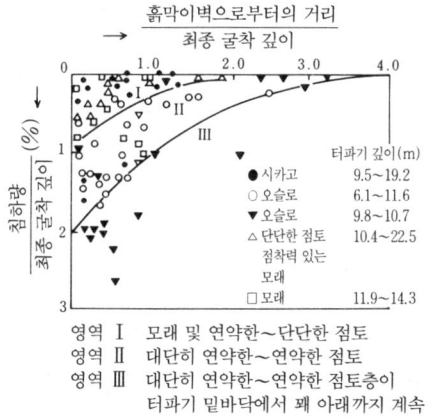

그림 4.1 오픈 컷 공법에 대한 주변 지반의 침하량

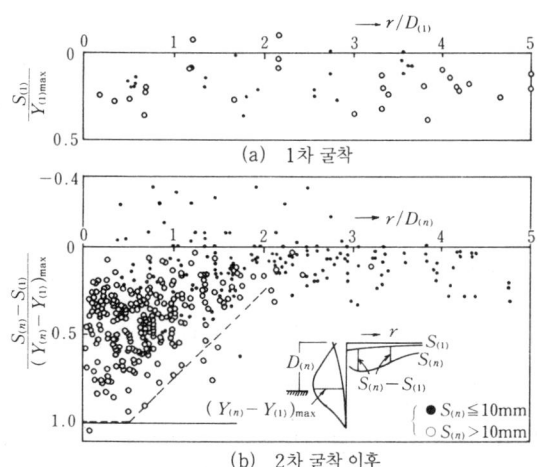

그림 4.2 흙막이벽 변위와 주변 침하

흙막이벽에서 멀어짐에 따라서 침하량이 감소하는 경향을 보여 대부분의 값이 그림 (b)의 점선 내에 포함된다. 거리가 2.0~2.5배 정도보다 커지면 1차 굴착시와 같은 경향을 나타낸다.

이들 자료에서 굴착에 따라서 영향을 미치는 범위는 양질의 모래 지반일 때는 흙막이벽에서 굴착 깊이의 1.0배 정도, 느슨한 모래 지반이나 연약 지반일 때는 2.0배 정도, 아주 연약한 지반일 때는 굴착 깊이의 3.0~4.0배 정도의 거리까지로 하고 굴착 밑바닥의 우각부에서 이 거리까지를 비스듬히 직선으로 그은 선(굴착 영향선이라고 한다)보다 상부의 범위라고 예측해 둘 필요가 있다고 할 수 있다. 또 이 중 흙막이벽에서 굴착 깊이의 1.0배, 즉 굴착 밑바닥의 우각부에서 45°로 그은 선보다 상부의 범위는 가장 영향을 받기 쉬운 부분으로서 특히 주의해야 한다.

흙막이벽의 변위나 변형으로 인한 주변 지반의 침하 예측은 흙막이벽에 접한 곳에서 가장 크고 굴착 영향선이 지표와 교차하는 점에서 제로(0)가 되는 그런 삼각형의 형상이라고 가정하여 그 면적은 일단 표준으로서 흙막이벽이 변위·변형된 몫의 면적과 같다고 보고 계산한다. 그러나 과거의 몇 가지 실측 예에서는 침하의 양상은 토질에 따라서 다르므로 앞에서 기술한 침하 면적과 변형 면적은 반드시 대응하지는 않지만 침하의 원인이나 형상에는 예측하기 어려운 것이 있으므로 침하량의 최대값은 앞에서 기술한 계산값의 2배 정도를 생기게 할 가능성이 있다고 생각해 둘 필요가 있다. 흙막이벽의 변위·변형량을 될 수 있는 한 정확히 구하고 **그림 4.2**를 이용하면 주변 지반의 침하량을 상당히 정밀하게 예측할 수 있다고 보고되어 있다[61].

주변 지반에 대한 영향을 될 수 있는 한 적게 하기 위해서는 흙막이벽의 변위나 변형을 될 수 있는 한 작게 하도록 흙막이벽이나 흙막이 동바리를 튼튼하게 하든지 버팀대를 촘촘히 넣는 등 외에 인접 건물 하부의 지반을 약액 주입 등으로 고정하거나 언더피닝(under pinning)으로 지지한다. 약액을 이용한 지반 보강은 흙막이벽에 가해지는 측압의 값을 작게 하는 효과도 있다. 또 역타 공법(「제3장 3.1 역타 계획」참조)이나 어스 앵커 공법의 적용도 흙막이벽의 변위를 작게 하고 주변 지반에 대한 영향을 적게 하는 데 유효하다.

(b) 인접물의 현상태 조사

다음에 인접 건물이나 매설 배관·매설 구축물의 현상태를 조사해야 한다. 인접 건물의 경우는 그 건물의 상태, 특히 기초 상태에 대해서 설계도를 입수하든지 실태 조사 등으로 파악하고 굴착 범위와의 평면적·단면적인 상호 위치를 확인하여 이와 영향선(影響線)의 관계를 조사한다. 또 매설물에 대해서는 매설물 기업체(수도국이나 가스 회사, 전력 회사 등)에 조회하여 조

「언더피닝(under-pinning)」: 기존 구조물의 기초나 지정을 보강한다든지 새롭게 추가·삽입하는 공법이나 공사의 총칭이다.

사하고 양자 입회하에 확인한다. 매설물에 대해서는 이따금 기록한 것과 그 위치가 어긋난다든지 기록에 없는 것이 나온다든지 이미 사용하지 않은 것이 나올 수도 있으므로 반드시 주의해야 한다.

이같은 결과, 이를테면 인접 건물 기초가 굴착으로 인한 영향선보다도 깊은 곳에 있다든지 인접 건물이 지지 말뚝을 이용한 지정(地定)이어서 말뚝 선단의 상당한 범위가 굴착 영향선보다도 아래에 있으면 굴착으로 인한 영향은 비교적 적다고 봐도 된다. 만약 굴착 영향선 상부에 이들 기초 밑바닥이나 말뚝 선단이 포함되거나 도로 아래 매설관이 있는 경우는 굴착으로 영향을 줄 가능성이 상당히 높다고 생각되므로 주의해야 한다. 특히 앞에서 기술한 45°의 영향선에 관해서 이러한 관계에 있으면 뭔가의 대책을 세워야 한다.

또한 인접 건물의 기초나 지정이 앞에서 기술한 바와 같이 가정한 굴착 영향선 바깥에 있는 경우라도 주변 지반의 변위 상태에 따라서는 같은 영향을 미치는 경우가 있다. 따라서 사질 지반의 경우라도 굴착 깊이의 2.0배 정도의 거리 내에 있는 구조물에 대해서는 굴착으로 영향을 미칠 가능성이 있는 범위라고 보아 요소요소에 관측점을 마련하고 측정·관찰을 엄밀히 하는 등 주의해야 한다. 매설관류에 대해서도 적당한 간격으로 관측점을 마련해 정기적으로 측정·관찰을 한다. 만약 상수도관·하수도관이나 가스관이 파손되면 홍수로 흙막이벽의 붕괴로 이어지거나 가스 폭발을 일으킬 위험이 있으므로 반드시 주의해야 한다.

도로면에 대한 영향에 대해서는 포장의 구조·종별에 따라서 다르다고 생각되나 기온, 직사일광, 교통량 등으로 평상시에도 몇 mm 범위에서 수평 방향, 수직 방향으로 자연 변동되는 것이다. 따라서 도로에 영향을 미친다고 생각되는 공사에 착수하기 2개월 정도 이전부터 정기적으로 측정을 개시하여 자연 변동이 어느 정도인지를 파악해 두어야 한다. 또한 자연 변동의 성상(경시 변화)을 그래프로 그리면 측정 오차의 경우와 마찬가지로 제로(0)선을 중심으로 정부(正負)에 랜덤하게 분포하고 계속적으로 상승 또는 하강하는 경향은 없다. 만약 계속적으로 상승 또는 하강하는 경향이 드러나면 그것은 공사로 인한 뭔가의 영향이라고 생각해야 한다. 도로 등 굴착부 주변의 수평 이동은 도로 측구 부근이라든지 포장 이어붓기부 등에 균열과 같은 개구(開口)가 되어 나타나므로 일상 관찰로 그 경향을 바로 파악할 수 있다.

(2) 흙막이벽에서 토사가 새어나옴 등

흙막이벽의 시공법은 굴착 기계의 성능에 따라서 1유닛 또는 1패널씩 시공하므로 이 상호간에 이음매가 생긴다. 흙막이벽의 시공 결함은 일반적으로 이 이음매부에서 생기는 경우가 많은데 다음과 같은 원인을 생각할 수 있다.

① 이음매에 매트 케이크의 두꺼운 층이 부착
② 이음매에 점토가 부착
③ 수직 정밀도 불량으로 이음매의 맞물림이 부족
④ 흙막이벽 콘크리트로의 점토 덩어리 혼입 등

시공시에는 이같은 결함이 생기지 않도록 특히 주의하고, 조인트 클리너로 이음매를 깨끗이 청소하고 굴착 안정액의 품질을 관리하여 공벽의 붕괴와 이물 혼입을 방지하고 수직 정밀도를 확보하여 이음매가 어긋나지 않도록 해야 한다. 만약 흙막이벽 시공 중에 뭔가의 이상이 느껴지면 그것을 자세히 기록해 두고 굴착이 그 단계에 이르는 시점에서 가장 중요한 관찰 사항으로

사진 4.1 조인트 클리너의 브러시부

사진 4.2 팬터그래픽식 조인트 클리너

사진 4.3 로킹 파이프식 조인트 클리너

사진 4.4 연속 지중벽의 굴착 밑바닥 부근에서의 어긋남 (약 GL-20 m)

한다. 흙막이벽 시공 중 이상한 것은 사소한 것도 기록해 두는 마음의 준비가 필요하다.

흙막이벽 이음매 등에는 앞에서 기술한 바와 같은 결함이 자주 생기는 경우가 있어 여기서 지하수가 스며 나오거나 누출·분출하는 경우가 있다. 분출 상태는 토사의 유출로 이어지므로 뭔가의 방법으로 바로 지수 처리를 해야 하지만 삼출(滲出)이나 누출이 사소한 상태이고 다른 실제 해가 없으면 그대로 두어도 문제가 생기지 않는 경우가 많다. 그러나 이같은 누수가 탁하거나 누수 중에 실트나 잔모래가 포함되면 이것은 흙막이벽 뒷면의 토사가 유출되고 있는 것이므로 사소한 양이더라도 깨닫지 못한 사이에 상당한 양이 되어 이윽고 주변 지반의 함몰이나 침하로 나타나게 된다. 따라서 누수로 이러한 상태가 보일 때는 바로 대책을 강구하여 토사의 유출을 방지해야 한다. 그렇지 않으면 사고로 이어질 가능성이 크다. 누수가 사소하여 그대로 두고 있는 동안은 관찰을 강화하여 상황 변화가 일어나지 않는지 여부에 항상 주의해야 한다.

시가지에서의 최근 공사에서는 차수 공법을 사용하는 경우가 많아졌다. 이 경우 특히 주의해야 하는 것은 차수된 투수층이 피압수층인지 여부이다. 만약 피압수층이면 압력의 크기와 투수 계수의 개략적인 값을 알아야 한다. 압력이나 투수 계수가 크면 처음에 기술한 바와 같은 흙막이벽의 시공 결함에서 돌발적으로 대량의 물이 분출할 가능성이 좀더 커진다. 이러한 것은 중대 사고로 이어지므로 굴착이 피압수층 부근에 이르면 흙막이벽에서의 누수에 대해서 특히 엄밀히 관찰해야 한다.

요즘은 대규모 굴착 공사 예가 많아지고 기술도 현격히 진보하여 현장 관계자의 대응도 적절한 결과 굴착 중 큰 사고가 많이 줄어들었다. 그러나 드물게 신문 뉴스의 대상이 되는 사고도 생기고 있다. 오히려 중소 규모의 굴착에 작은 사고가 많은 듯하다. 이것은 소규모라고 굴착을 경시한다든지 또는 중소 현장에서는 현장 담당자가 없기 때문에 필요한 측정 관찰을 하지 않아 사고 발생을 미리 예지할 수 없었던 데에 따른다고 본다. 항상 주의해야 할 사항이다.

(3) 강제 배수에 따른 영향

지하 굴착을 위해 강제 배수를 하여 지하 수위를 저하시키면 원래 상수위 이상 깊이의 토질은 간극 수압이 저하하므로 유효 응력이 증가하게 된다. 그 결과 사질층에서는 압축 침하, 점토질층에서는 압밀 침하가 생긴다. 사질층의 압축 침하는 일반적으로 무시할 수 있는 정도로 작지만 점토질층의 압밀 침하는 강제 배수를 장기간에 걸쳐서 하게 되면 상당히 크게 되는 경우가 있다.

일반적으로 토질은 **그림 4.3**과 같이 실질 부분과 간극으로 이뤄지며 간극은 공기와 물로 채워지고 있어 다음과 같은 물리량(物理量)으로 정의할 수 있다.

간극비 $\quad e = \dfrac{V_v}{V_s} \times 100(\%) = \dfrac{n}{1-n}$

간극률 $\quad n = \dfrac{V_v}{V} \times 100(\%) = \dfrac{e}{1+e}$

함수비 $\quad w = \dfrac{W_w}{W_s} \times 100(\%)$

포화도 $\quad = \dfrac{V_w}{V_v} \times 100(\%)$

연약한 점토의 경우는 간극비가 상당히 커 100%를 넘는 것도 많다. 즉, 실질 부분보다도 간극 쪽이 많다. 또 지하 수위 이하의 점토는 거의 물로 포화되어 있어 함수비가 100%를 넘는 것, 즉 실질 부분보다도 물 쪽이 많은 것이 있다.

이러한 점토층을 포함한 지층의 지하 수위를 강제 배수로 저하시키면 지하 수위 이하의 점토층 중 간극 수압은 서서히 저하하고 유효 응력은 그 몫만큼 증가한다. 그 결과 간극 속의 물은 잉여수(剩餘水)가 되어 유출하고 간극이 감소하여 체적 축소가 일어난다. 이것이 압밀 현상이며 지반 침하와 그에 수반하는 부동 침하를 일으키게 된다. 점토층은 투수성이 좋지 않으므로 잉여수의 유출, 즉 압밀은 단시일에 완료되지 않으므로 강제 배수 기간이 단기일 경우는 침하 현상은 뚜렷하지 않지만 배수 기간이 장기에 걸치면 상당히 큰 침하량이 되는 경우가 있다.

한편 사질층의 경우는 투수성이 좋으므로 체적 감소는 하중이 가해진 시점에서 단시간에(굴

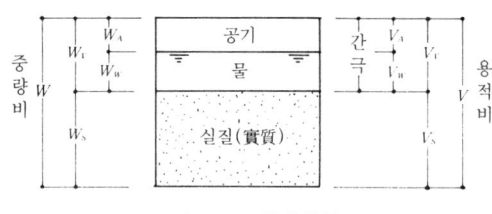

그림 4.3 토질의 구성

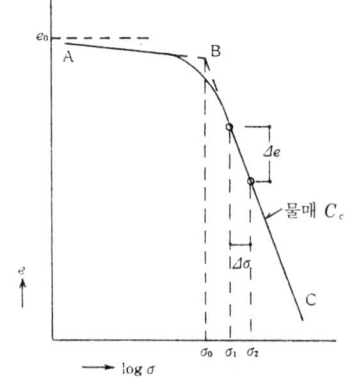

그림 4.4 압밀 곡선

착 기간 중에) 끝난다. 또 그 양은 아주 작다. 이와 같이 점토의 경우와는 다르므로 이 현상은 압밀 침하라고 하지 않고 압축 침하라고 한다.

그림 4.4는 압밀 시험에 대한 압밀 곡선을 나타낸 것이며 종축은 간극비 e, 횡축은 압밀 응력을 대수(對數) 눈금으로 나타낸 $\log \sigma$이다. 대상으로 하는 점토층 상부의 흙덮이압(초기 유효 응력 σ_1과 같다고 봐도 된다)이 A~B 사이에 있는 것을 과압밀 상태의 점토, B~C 사이에 있는 것을 미압밀 상태의 점토라고 하며, B점과 같은 것을 정규 압밀 상태의 점토라고 한다. B점에서의 σ의 값은 압밀 항복 응력이며 선행 하중값을 나타낸다. 그림의 곡선 기울기, 즉 간극비의 변화량과 압밀 응력의 변화량의 비의 절대값을 압축 지수 C_c라고 한다. 그림에서 알 수 있듯이 과압밀시의 C_c와 정규 압밀(未壓密)시의 C_c는 1자릿수(10배) 이상 차이가 나는 것이 많다.

σ_1과 $\sigma_2 (=\sigma_1 + \Delta \sigma)$가 B~C 사이에 있는 경우 이 점토층에 생기는 압밀 침하량은 다음 식으로 계산할 수 있다.

$$S = \frac{C_c \cdot H}{1 + e_0} \log \left(\frac{\sigma_1 + \Delta \sigma}{\sigma_0} \right) \quad \cdots \cdots (4.1)$$

이때,　S : 최종 압밀 침하량(cm)
　　　　C_c : 압축 지수
　　　　e_0 : 초기 간극비
　　　　H : 압밀의 대상이 되는 점토층 두께(cm)
　　　　σ_0 : 선행 압밀 응력(t/m²)
　　　　σ_1 : 초기 유효 응력(t/m²)
　　　　$\Delta \sigma$: 증가 유효 응력(t/m²)

S는 최종 압밀 침하량이며 완전히 압밀이 끝났을 때의 값이다. 압축 지수 C_c는 실내 토질 시험(압밀 시험)으로 구한 것이다. C_c에 대해서 대상으로 하는 점토층에서 많은 자료를 구한 경우에는 평균값으로 한다. e_0(초기 간극비)와 σ_0(선행 압밀 응력)도 실내 압밀 시험으로 구한다. 초기 유효 응력의 σ_1은 그 층 상부의 흙덮이압으로 해도 된다. $\Delta \sigma$는 강제 배수로 저하하는 지하 수위를 구하고 이로써 지층 속 점토층에 생긴 유효 응력의 증가량을 구하게 된다.

초기 유효 응력 σ_1이 B점에 있는 경우, 즉 $\sigma_1 = \sigma_0$일 때는 다음 식(4.2)와 같다.

$$S = \frac{C_c \cdot H}{1+e_0} \log\left(1 + \frac{\Delta\sigma}{\sigma_1}\right) \quad \cdots\cdots\cdots\cdots\cdots\cdots\cdots\cdots\cdots (4.2)$$

σ_1과 σ_2가 A~B 사이에 있는 경우는 압밀량이 매우 작지만 식으로서는 식(4.1)과 같은 형이 된다. σ_1과 σ_2가 B점 좌우에 걸쳐 있을 때는 A~B 사이의 압밀량은 B~C 사이의 것에 비하면 매우 작기 때문에 이것을 생략하면 이것도 식(4.1)과 같은 형이 된다. 이에 대해서는 「계산 예 7 압밀 침하량의 계산」을 참조하기 바란다.

압밀 침하량의 시간적 변화는 다음 식으로 계산한다.

$$T_v = \left(\frac{C_v}{H^2}\right) t \quad \cdots\cdots\cdots\cdots\cdots\cdots\cdots\cdots\cdots\cdots\cdots\cdots (4.3)$$

이때, T_v : 시간 계수
 C_v : 압밀 계수(cm^2/day)
 t : 압밀 진행 시간(day)

시간 계수 T_v에서 **그림 4.5**로 시간 t에 대한 압밀의 진행도(進行度) U를 구한다. 그 결과 시간 t에 대한 압밀 침하량 S_t는 다음과 같다.

$$S_t = U \cdot S \quad \cdots\cdots\cdots\cdots\cdots\cdots\cdots\cdots\cdots\cdots\cdots\cdots\cdots\cdots (4.4)$$

「계산 예 7」을 참조하기 바란다. 계산 예에 나타낸 바와 같이 강제 배수로 저하하는 지하수위의 수두는 기울기를 가지며 배수 지점에서 멀어짐에 따라서 저하량이 적어지므로 압밀 침하량도 이에 비례하여 적어진다.

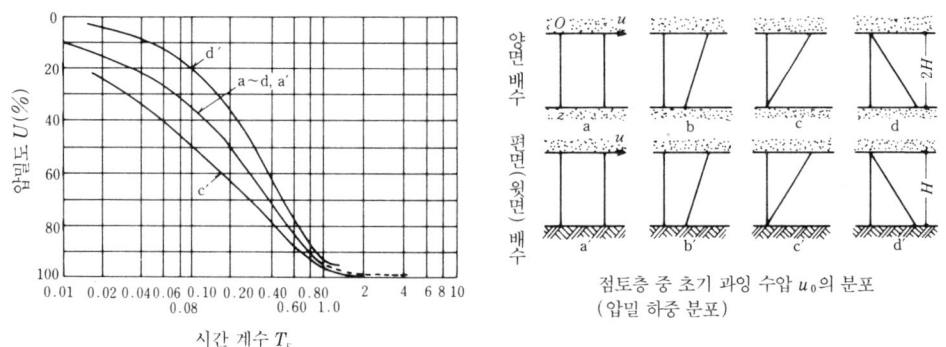

그림 4.5 시간 계수와 압밀도

계산예 7 압밀 침하량의 계산

(1) 개요

다음 그림과 같은 지층 구성으로 된 지반에 GL-20.0 m까지 굴착하는 공사를 상정한다. γ_t는 흙의 습윤 단위 체적 중량, γ'는 흙의 수중 단위 체적 중량, k는 투수 계수이다.

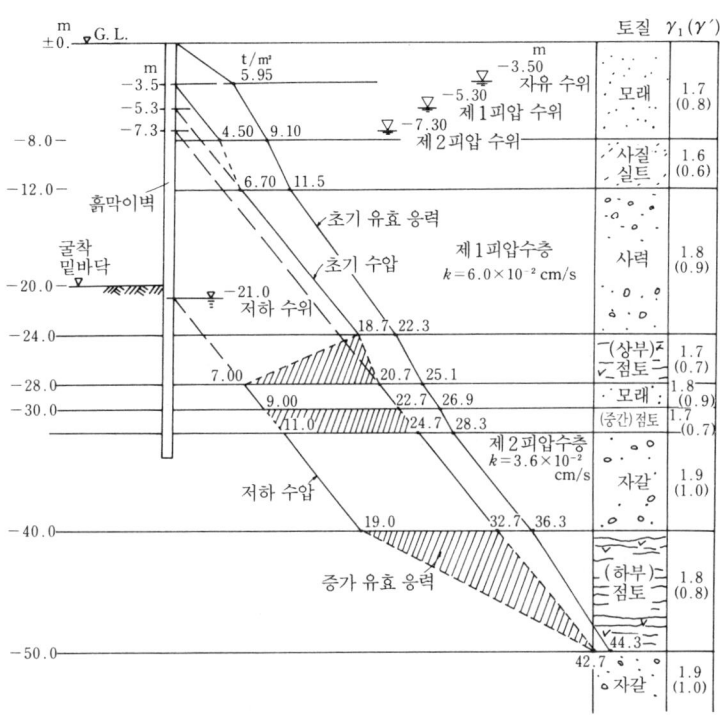

(2) 수위 저하

자유 수위는 GL-3.5 m, 제1피압수층의 수두는 GL-5.3 m, 제2피압수층의 수두는 GL-7.3 m이다. 제1피압수층은 흙막이벽으로 차수하지만 GL-20.0 m까지 굴착을 하면 제2피압수층의 수압으로 굴착 밑바닥이 부풀음(heaving)을 일으킬 염려가 있으므로 이 층의 수압을 저하시킬 필요가 있다. 저하 수위를 GL-21.0 m, 수위 저하의 영향 범위를 700 m라고 가정하여 배수 계산을 하면 굴착부에서 각 거리에 대한 저하 수위는 다음의 표와 같다.

수위 저하로 압밀이 생기는 층은 상부 점토층(GL-24.0~28.0 m, 층 두께 4.0 m), 중간 점토층(GL-30.0~32.0 m, 층 두께 2.0 m), 하부 점토층(GL-40.0~50.0 m, 층 두께 10.0 m)이다.

거리 r(m)	0	20	50	100	200	300	500	700
수두위 GL-(m)	21.0	18.9	16.9	14.8	12.3	10.6	8.5	7.3
저하 수위 x(m)	13.7	11.6	9.6	7.5	5.0	3.3	1.2	0.0

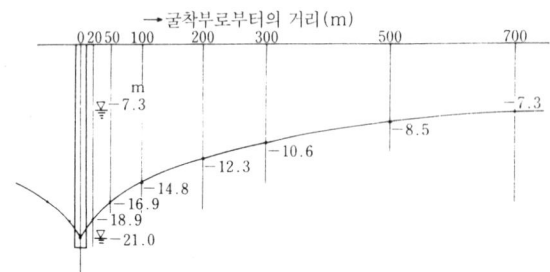

(3) 초기 유효 응력

각 점토층 중심까지의 흙덮이압을 초기 유효 응력 σ_1으로 하면 상부 점토층에 대해서

$^{상}\sigma_1 = 3.50 \times 1.7 + 4.50 \times 0.7 + 4.00 \times 0.6 + 12.00 \times 0.9 + 4.00 \times 0.7 \times 1/2$
$= 23.7(\text{t}/\text{m}^2)$

$^{중}\sigma_1 = {}^{상}\sigma_1 + 4.00 \times 0.7 \times 1/2 + 2.00 \times 0.9 + 2.00 \times 0.7 \times 1/2$
$= 27.6(\text{t}/\text{m}^2)$

$^{하}\sigma_1 = {}^{중}\sigma_1 + 2.00 \times 0.7 \times 1/2 + 8.00 \times 1.0 + 10.00 \times 0.8 \times 1/2$
$= 40.3(\text{t}/\text{m}^2)$

양수 전 초기 유효 응력, 양수 전 초기 수압, 양수 후 저하 수압의 값을 따로 구하고 그림 속에 나타낸다.

증가 유효 응력은 저하 수위를 x m로 하면 다음과 같다.

상부 점토층 $^{상}\Delta\sigma = x/2(\text{t}/\text{m}^2)$
중간 점토층 $^{중}\Delta\sigma = x \quad (\text{t}/\text{m}^2)$
하부 점토층 $^{하}\Delta\sigma = x/2(\text{t}/\text{m}^2)$

상부 및 하부 점토층의 증가 유효 응력은 그림에 나타낸 바와 같이 삼각형 분포라고 생각할 수 있으므로 평균적으로 생각하여 1/2로 한다.

(4) 토질 상수

각 점토층의 토질 상수를 실내 토질 시험(압밀 시험)으로 구하고 다음 표와 같이 설정한다.

	C_c	$C_c(\text{cm}^2/\text{day})$	e_0	$\sigma_0(\text{t}/\text{m}^2)$	$\sigma_1(\text{t}/\text{m}^2)$
상부 점토층	0.043	200	0.98	60.0	23.7
중간 점토층	0.043	200	0.98	60.0	27.6
하부 점토층	0.083	350	1.66	67.0	40.3

C_c, e_0, σ_0는 같은 점토층에 대한 여러 건(件)의 실험 결과($e-\log \sigma$ 곡선)에서 평균적으로 구한 것이다. C_v도 마찬가지로 여러 건의 시험($\log C_v - \log \sigma$) 결과에서 평균적으로 정한 값이다. 또 이같은 점토층은 어느 것이나 과압밀 상태($\sigma_0 > \sigma_1$)인 것을 나타내고 있다.

(5) 최종 압밀 침하량 S

a) 상부 점토층

$$S = \frac{C_c \cdot H}{1+e_0} \log\left(1+\frac{\Delta\sigma}{\sigma_1}\right)$$

$$= \frac{0.043 \times 400}{1+0.98} \log\left(1+\frac{\Delta\sigma}{23.7}\right)$$

거리 r(m)	저하 수위 x(m)	증가 유효 응력 $\Delta\sigma$(t/m²)	최종 침하량 S(cm)
20	11.6	5.80	0.83
50	9.6	4.80	0.70
100	7.5	3.75	0.55
200	5.0	2.50	0.38
300	3.3	1.65	0.25
500	1.2	0.60	0.09

b) 중간 점토층

$$S = \frac{C_c \cdot H}{1+e_0} \log\left(1+\frac{\Delta\sigma}{\sigma_1}\right)$$

$$= \frac{0.043 \times 200}{1+0.98} \log\left(1+\frac{\Delta\sigma}{27.6}\right)$$

r(m)	x(m)	$\Delta\sigma$(t/m²)	S(cm)
20	11.6	11.6	0.66
50	9.6	9.60	0.56
100	7.5	7.50	0.45
200	5.0	5.00	0.31
300	3.3	3.30	0.21
500	1.2	1.20	0.08

c) 하부 점토층

$$S = \frac{0.083 \times 1,000}{1+1.66} \log\left(1+\frac{\Delta\sigma}{40.3}\right)$$

r(m)	x(m)	$\Delta\sigma$(t/m²)	S(cm)
20	11.6	5.80	1.82
50	9.6	4.80	1.52
100	7.5	3.75	1.21
200	5.0	2.50	0.82
300	3.3	1.65	0.54
500	1.2	0.60	0.20

(6) 양수 기간과 침하량

양수 기간(압밀 진행 시간)은 기본 공정표에 따르면 6개월이므로 3개월, 6개월, 9개월에 대해서 산정한다.

a) 상부 점토층

$$T_v = \frac{C_v}{H^2} t$$

$$_3T_v = \frac{200}{400^2} \times 3 \times 30 = 1.13 \times 10^{-1}$$

$$_6T_v = \frac{200}{400^2} \times 6 \times 30 = 2.25 \times 10^{-1}$$

$$_9T_v = \frac{200}{400^2} \times 9 \times 30 = 3.38 \times 10^{-1}$$

그림 4.5의 편면 배수에서 각각에 대응하는 압밀도 $U(\%)$는

$_3T_v = 1.13 \times 10^{-1}$ 에 대해서 $_3U = 51(\%)$

$_6T_v = 2.25 \times 10^{-1}$ 에 대해서 $_6U = 65(\%)$

$_9T_v = 3.38 \times 10^{-1}$ 에 대해서 $_9U = 75(\%)$

따라서,

$$_nS = S \times {_nU}$$

r(m)	S(cm)	$_3S$(cm)	$_6S$(cm)	$_9S$(cm)
20	0.83	0.42	0.54	0.62
50	0.70	0.36	0.46	0.53
100	0.55	0.28	0.36	0.41
200	0.38	0.19	0.25	0.29
300	0.25	0.13	0.16	0.19
500	0.09	0.05	0.06	0.07

b) 중간 점토층(양면 배수)

$$_3T_v = \frac{200}{200^2} \times 3 \times 30 = 4.50 \times 10^{-1} \quad \rightarrow {_3U} = 76(\%)$$

$$_6T_v = \frac{200}{200^2} \times 6 \times 30 = 9.00 \times 10^{-1} \quad \rightarrow {_6U} = 92(\%)$$

$$_9T_v = \frac{200}{200^2} \times 9 \times 30 = 1.35 \quad \rightarrow {_9U} = 97(\%)$$

r(m)	S(cm)	$_3S$(cm)	$_6S$(cm)	$_9S$(cm)
20	0.66	0.50	0.61	0.64
50	0.56	0.43	0.52	0.54
100	0.45	0.34	0.41	0.44
200	0.31	0.24	0.29	0.30
300	0.21	0.16	0.19	0.20
500	0.08	0.06	0.07	0.08

c) 하부 점토층(편면 배수)

$$_3T_v = \frac{350}{1,000^2} \times 3 \times 30 = 3.15 \times 10^{-2} \quad \rightarrow {_3U} = 31(\%)$$

$$_6T_v = \frac{350}{1,000^2} \times 6 \times 30 = 6.30 \times 10^{-2} \quad \rightarrow {_6U} = 42(\%)$$

$$_9T_v = \frac{350}{1,000^2} \times 9 \times 30 = 9.45 \times 10^{-2} \quad \rightarrow {_9U} = 49(\%)$$

r(m)	S(cm)	$_3S$(cm)	$_6S$(cm)	$_9S$(cm)
20	1.82	0.56	0.76	0.89
50	1.52	0.47	0.64	0.74
100	1.21	0.38	0.51	0.59
200	0.82	0.25	0.34	0.40
300	0.54	0.17	0.23	0.26
500	0.20	0.06	0.08	0.10

(7) 기간별 침하량

   a) 3개월 침하량

r(m)	상부 점토층	중간 점토층	하부 점토층	합계(cm)
20	0.42	0.50	0.56	1.48
50	0.36	0.43	0.47	1.26
100	0.28	0.34	0.38	1.00
200	0.19	0.24	0.25	0.68
300	0.13	0.16	0.17	0.46
500	0.05	0.06	0.06	0.17

   b) 6개월 침하량

r(m)	상부 점토층	중간 점토층	하부 점토층	합계(cm)
20	0.54	0.61	0.76	1.91
50	0.46	0.52	0.64	1.62
100	0.36	0.41	0.51	1.28
200	0.25	0.29	0.34	0.88
300	0.16	0.19	0.23	0.58
500	0.06	0.07	0.08	0.21

   c) 9개월 침하량

r(m)	상부 점토층	중간 점토층	하부 점토층	합계(cm)
20	0.62	0.64	0.89	2.15
50	0.53	0.54	0.74	1.81
100	0.41	0.44	0.59	1.44
200	0.29	0.30	0.40	0.99
300	0.19	0.20	0.26	0.65
500	0.07	0.08	0.10	0.25

위에 기술한 것을 그림으로 나타내면 다음과 같다.

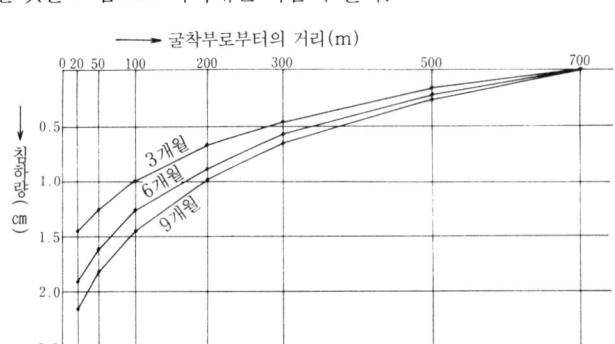

계산 경과에서 알 수 있듯이 양수 기간·양수량(수위 저하)은 필요 최소한에 그치고 될 수 있는 한 적게 하면 압밀로 인한 침하량을 적게 할 수 있다.

이 계산 예의 경우는 강제 배수 예정 기간은 6개월이므로 대지 경계(굴착부에서의 거리 20 m)에서 침하량은 약 19 mm, 도로 맞은쪽(굴착부에서의 거리 50 m)에서 약 16 mm이므로 부동 침하량은 약 3 mm가 된다. 또 도로 맞은쪽 건물(건물 안길이 약 30 m)의 안길이에서는 침하량 약 14 mm이므로 부동 침하량은 약 2 mm가 되며, 이 정도의 부동 침하량은 어느 것이나 허용할 수 있다고 본다. 또한 양수 기간이 연장되어, 이를테면 9개월로 되었다고 해도 침하량, 부동 침하량에 뚜렷한 증가는 없다.

(4) 말뚝이나 흙막이벽의 시공에 수반한 영향

지하 수위가 높은 지역에서 어스 드릴이나 리버스 등과 같이 케이싱을 사용하지 않는 공법으로 현장 축조 말뚝을 시공하는 경우는 굴착 안정액으로 공벽의 붕괴를 방지하면서 굴착하고 콘크리트 치기를 가급적 빨리 완료할 수 있는 시공 순서로 해야 하는데 지층이 연약한 경우는 굴착 중에도 주위 지반을 느슨하게 하여 흙에 이동이 생기고 이것이 침하를 일으키게 된다. 현저한 경우는 네킹 현상을 일으키는 경우가 있고 현장 축조 말뚝에도 장해를 주게 된다.

베노토 공법을 이용하는 경우는 굴착시에 케이싱을 사용하지만 날끝 선단 지름이 케이싱 지름에 비하여 약간 크기 때문에 주위에 공극 부분이 생기므로 이것이 지반 침하 원인의 하나가 된다. 더구나 굴착시에 선행 파기가 크면 케이싱을 사용한 효과가 없어져 주위 지반을 느슨하게

「네킹 현상」: 현장 축조 말뚝 등의 시공 과정에서 지층 속에 연약한 토층을 좁히면 굴착 중 또는 굴착 후에 이 연약한 점토층이 그 토피압으로 인해 굴착 구멍 속으로 압출되어 말뚝이 잘록한 모양으로 되는 현상을 말한다.

하는 것이 커진다.

철근 콘크리트 연속 지중벽이나 소일 시멘트 주열 등의 흙막이벽 축조나 묻어넣기 말뚝에서도 시공 과정에서 앞에서 기술한 것과 마찬가지의 것이 일어날 수 있다. 버팀 기둥 가로 널말뚝 공법의 경우는 가로 널말뚝 뒤쪽을 너무 파는 경우가 많은데 너무 깊이 파거나 되메우기가 불충분하면 이 부분의 흙이 느슨하게 되어 주위 지반도 느슨해지게 된다. 예를 들면 굴착 부분의 도로쪽을 소일 시멘트 주열, 대지에 여유가 있는 반대쪽을 버팀 기둥 가로 널말뚝 공법으로 하여, 버팀대 오픈 컷 공법을 이용해 굴착한 곳에서 굴착부 전체가 버팀 기둥 가로 널말뚝측으로 약간 이동한 실례가 있다. 이것은 버팀 기둥 가로 널말뚝 뒤쪽 지반이 느슨하게 되어 굴착부 양측의 토압이 균형 잡히지 않고 소일 시멘트 주열측의 측압으로 전체가 이동한 것이다.

현장 치기 콘크리트 말뚝 상부의 건성 터파기 부분은 되메우기를 하는데 양질의 토사로 되메우기해도 수중 되메우기가 되어 기계적인 다짐을 할 수 없으므로 본래의 지반보다 상대 밀도가 작은 토층이 되며 주위 지반에 이동을 일으키는 원인이 된다. 수중 되메우기의 경우는 이런 시공 조건에서도 가능한 한 변형성이 작은 것으로 양호한 상대 밀도를 얻을 수 있는 입도 구성의 토질과 되메우기 방법을 선정할 필요가 있다(「제3장 3.2 선시공 철골 기둥 구조 (4) (g) 수중 되메우기용 토사의 선정」 참조).

그 밖에 연약 지반에서 다수의 말뚝을 박으면 박아넣은 말뚝이 배제된 흙에 의해서 주변 흙의 측방 유동을 일으킨 예가 있다. 또 연약 지반에서 인접지의 지상에 중량물을 다량으로 적재하거나 흙쌓기를 한 경우 지반의 지지력이 극한 상태에 이르면 측방 유동을 일으키는 수가 있다.

대체로 지중에 뭔가의 수를 쓰면 그때까지 안정을 유지하고 있던 밸런스가 일시적으로 깨어지게 되므로 뭔가의 영향이 생기는 것은 피할 수 없다. 현장 치기 콘크리트 말뚝이나 흙막이벽의 시공에 따라서 주변 일대 지반의 지반 반력 계수 k값이나 변형 계수 E_s(「제1장 1.2 자립형 흙막이벽의 계산법 (5) k_h, E_s 구하는 법」 참조)를 다소 작게 하는 것으로 추정된 보고[62]가 있다.

지반의 수평 이동을 적게 하기 위해서는 작업 지반을 두께 15cm 정도의 콘크리트 포장으로 하고 주위를 흙막이벽에 접하도록 하면 이것이 강성이 큰 버팀대 작용을 하여 지반의 수평 변위를 적게 할 수 있다.

(5) 진동으로 인한 다짐

여러 종류의 시공 기계나 중량 차량의 통행으로 지반이 침하하는 경우가 있다. 시공 기계에는 진동을 동반하는 것이 많은데 특히 말뚝 박기 기계와 같이 큰 진동을 동반하는 기계나 진동 박아넣기, 진동 인발 등의 공법을 사용하면 상대 밀도가 느슨해지고 중간 정도의 사질 지반에서는 주변 지반을 다지는 효과가 있지만 동시에 침하를 일으키게 된다.

(6) 가설 잔존물 기록

흙막이벽은 지하 굴착을 위한 가설물이므로 건물의 지하 구조체 시공이 끝난 시점에서는 필요없게 되어 본래는 철거해야 하는 것이다. 그러나 시가지에서는 이들 가설 흙막이를 제거하게 되면 주변 지반에 나쁜 영향을 주고 현실적으로 제거할 수 없는 것이므로 그대로 남겨 두는 경우가 많다.

이러한 지중 잔존물은 앞으로의 어떤 공사시에 지장이 될 때가 있다. 지장을 주는 범위는 통상 지표에서 2 m 정도이므로 그때 지장을 주는 부분을 제거하면 되지만 시일이 경과하면 잔존물이 있는지 잊어버려 그 시점에서「예상치 않은 지중 장해물」이 되어 제거하자면 여분의 비용이 든다. 따라서 가설물을 그대로 남기는 경우는「가설 잔존물 기록」을 작성하여 대지 소유자에게 제출하여 보존해 두도록 하고 그럴 때의 자료로 삼도록 해야 한다. 이런 가설 잔존물에는 흙막이벽, 어스 앵커 등이 있다.

만약 가설 잔존물이 근린에서 차용한 대지 내에 남아 있을 때 등은 장래 분쟁을 피하기 위해 필요하지 않은 시점에서 제거해 두는 것이 바람직하다. 그러나 이렇게 되는 것은 버팀 기둥 가로 널말뚝 방식이나 소일 시멘트 주열 방식의 흙막이 심재에 쓰인 H 형강 등뿐이다.

(7) 흙막이 말뚝의 인발에 따른 영향

흙막이 말뚝에 쓰인 H 형강을 뽑으면 H 형강의 플랜지와 웨브에 둘러싸인 오목부의 토사가 H 형강에 부착되어 함께 올라오는 경우가 많아 이 부분은 흙 속에 구멍을 뚫은 것 같은 상태가 된다. 이 구멍은 통상은 모래로 되메우기하여 물다짐을 하지만 되메우기를 충분히 할 수 없는 경우가 많아 지중에 공동을 남기게 되어 이것이 주위 지반 침하를 일으키는 원인이 된다.

요즘 H 형강에 벤토나이트 용액의 전착 도장(電着 塗裝)을 하여 주위 토사와의 부착력이나

사진 4.5 벤토나이트 전착 장치

사진 4.6 벤토나이트를 전착 도장한 H형강 심재를 삽입하는 곳

마찰력을 감소시켜 뽑을 때에 H 형강만이 뽑히도록 고안된 공법이 있다. 이것은 H 형강의 인발로 인한 주변 지반에 미치는 영향을 감소시키는 데 유효하다.

또한 소일 시멘트 주열 그 자체나 연속 지중벽의 콘크리트 등은 아래쪽까지 모두 제거하기가 불가능하다. 이럴 경우나 앞에서 기술한 H 형강 등을 남길 경우는 적어도 이들의 상부 50~100 cm 정도는 제거해 두도록 한다. 이것은 건물 주위에 식재나 포장을 할 때에 객토 두께가 불충분하게 된다든지 침하 차이로 포장에 균열이 생긴다든지 단차가 나는 것을 막기 위해서이다.

(8) 기타 영향

「제1장 1.1 흙막이벽의 계산법 (12) (a) 히빙」의 항에서 기술한 바와 같이 연약 지반에 대한 굴착에서는 히빙에 이르기 전에 주변 지반의 급격한 침하 증가를 관측할 때가 많다. 만약 히빙이 일어나면 큰 사고로 이어지므로 히빙의 염려가 있는 지반을 굴착할 때는 굴착 진척에 따라서 측정·관찰을 면밀히 하여 흙막이벽이나 그 주변 지반의 침하나 수평 이동, 버팀대 지지 말뚝이나 굴착 밑바닥 주변의 이상 등으로 히빙의 징후를 될 수 있는 한 조기에 파악하여 대책을 강구해야 한다. 히빙의 징후는 굴착 중 굴착 저면에서는 발견하기가 어려우므로 특히 주의해야 한다.

굴착에 따른 리바운드는 굴착 진행에 따라서 생기는 지반의 부상인데 굴착부 뿐만 아니라 그 주변부도 영향을 받는다. 이에 대해서는 「제3장 3.2 선시공 철골 기둥 구조 (4) (c) 부담 하중의 계산」에서 기술한 바와 같다.

(9) 사전 조사와 기록

지하 굴착 공사에 따른 주변 지반에 대한 영향에는 이상 기술한 바와 같은 항목이 있는데 현실적으로 생기는 현상이 굴착 공사에 기인하여 생긴 것인지 여부는 굴착 전후의 상태를 비교함으로써 판정해야 한다. 그렇게 하기 위해서는 굴착에 착수하기 전에 적어도 영향을 끼칠 가능성이 있는 물건에 대해서는 현황을 조사하고 도면·사진 등으로 기록해 두어야 한다. 이것에는 물건(物件)에 따라서는 상대방이 관여해야 하므로 양해를 구해야 하며, 조사에 입회하게 하고 이때의 기록을 쌍방이 같은 것을 각각 보관하도록 한다. 만약 외부 공작물 등에 대해서 이쪽만 조사한 경우 촬영한 사진을 증거로 삼기 위해서는 공증인 사무소에서 공증을 해두면 좋다.

(10) 허용 침하량

지하 공사에 따른 주변 지반에 대한 영향으로는 침하와 수평 이동이 있다는 것은 앞서 기술한 바와 같다. 만약 침하가 광범위에 걸쳐서 똑같이 생긴다고 하면 비교적 문제는 적지만 공사에 따른 침하는 그림 4.1, 4.2에 나타낸 실측 예에서 볼 수 있듯이 통상은 굴착부로 향하여 기울어지는 부동 침하 현상이 되어 나타나므로 이 범위의 구조물은 이로써 강제 변형을 받게 되어 이것이 뚜렷하면 장해가 되어 나타난다.

표 4.1은 철근 콘크리트 라멘 구조, 철근 콘크리트 벽 구조, 콘크리트 블록조에 대해서 부동 침하로 생긴 변형각, 상대 침하량, 최대 침하량의 한계값을 벽체에 유해한 크랙이 발생하는 상태를 표준으로 하여 실측값으로 구한 것이다[63]. 건물의 강제 변형에 대한 저항성은 가해지는 변

표 4.1 압밀 점토층 위 건물의 한계값

구 조 종 별	변형 $\theta(\times 10^{-3}\,\mathrm{rad})$		기초 형식	상대 침하량(cm)	총침하량(cm)
	하한	상한		상한	상한
콘크리트 블록조	0.3	1.0	줄기초	2	4
철근 콘크리트조 (라멘 구조)	0.7	1.5	독립 기초	3	15
			줄·온통 기초	4	20
철근 콘크리트조 (벽식 구조)	0.8	1.8	줄기초	4	20

「공증인 사무소」: 공증인이 사무를 보는 곳. 공증인은 당사자 또는 그 밖의 관계자의 촉탁을 받아 민사에 관한 공정 증서를 작성하고 사서 증서에 인증을 주는 등의 권한을 가진 공리.

형의 속도, 상부 구조의 강성과 강도, 크리프 성상, 시공의 양부 등에 따라서 달라지지만 이들의 실례를 기본으로 평균적인 변형각의 일단 허용값 θ_{cr}로서 다음 식이 제안되고 있다[64].

철근 콘크리트조에 대해서

$$\theta_{cr} = \{1.0(하한) \sim 2.0(상한)\} \times 10^{-3} \text{ (rad)}$$

콘크리트 블록조에 대해서

$$\theta_{cr} = \{0.5(하한) \sim 1.0(상한)\} \times 10^{-3} \text{ (rad)} \qquad \cdots\cdots (4.5)$$

표 4.1 및 식(4.5)의 하한(下限)이란 유해한 균열이 발생하는지 여부의 경계 상태에 대응하고, 상한(上限)이란 유해한 균열이 발생하는 율이 매우 높은 상태에 대응하는 것이다. 또 많은 건물에 대한 실측 결과에서 최대 상대 침하량 S_{Dmax} (cm)와 최대 변형각 θ_{max} (rad) 사이에는 다음과 같은 관계를 지을 수 있다.

철근 콘크리트조에 대해서

독립 기초 $S_{Dmax} \fallingdotseq 750 \, \theta_{max}$

줄기초·온통 기초 $S_{Dmax} \fallingdotseq 1,000 \, \theta_{max}$ $\qquad \cdots\cdots (4.6)$

콘크리트 블록조에 대해서

$S_{Dmax} \fallingdotseq 750 \, \theta_{max}$

최대 변형각과 평균 변형각 θ_{ave} (rad) 사이에는

$$\theta_{max} \fallingdotseq 2 \, \theta_{ave}$$

가스·수도 등의 매설 배관에서는 침하량의 한계를 설정(통상 15~20 mm, 이 수치에 대해서는 각기 매설물 기업체의 지시를 받아야 한다)하고 흙막이벽의 변위·변형에 따른 영향을 계산하여 매설 배관 위치에서의 침하량이 이 한계 이내에 있는지 여부를 시산(試算)함과 동시에 측정으로 이것을 확인해야 한다.

또한 침하량 측정은 일반적으로 부근에 있는 구조물 중 기초 또는 기초 지정이 상당한 깊이까지 이르고 있으며 공사에 따라서도 영향을 주지 않는다고 생각되는 것을 선정하고 이것에 벤치 마크를 마련하고 나서 레벨 측량으로 측정한다. 건축에 대한 통상의 측량은 3급 측량이므로 너무 멀리 벤치 마크를 마련하면 측량 오차가 커져 측정값의 신뢰성이 저하하므로 벤치 마크는 100 m 정도 이내의 거리에 있는 구조물에 마련하는 것이 바람직하다.

「매설물 기업체」: 상하수도, 가스, 전기, 전화 등의 배관·배선을 도로 밑 지중에 매설하고 있는 공급 기업체의 총칭이다.

참 고 문 헌

60) R. B. Peck ; Deep Excavations and Tunneling in Soft Ground : Proc. 7th ICSMFE. (1969)

61) 丸岡正夫・幾田悠康 ; 沖積地盤での根切りに伴う周邊沈下 : 第21回土質工學硏究發表會(札幌) : 524(S. 61. 6)

62) 古藤田喜久雄・高橋毅 ; 地盤の變形係數 E_sに關する實驗的硏究 : 日本建築學會大會學術講演梗概集(中國) 2768(S. 52. 10)

63) 松浦誠・芳賀保夫 ; 土と基礎に關する構造物の挙動, 8 建築物の不同沈下の實態(その1) : 土と基礎(1977. 1)

64) 日本建築學會 ; 建築基礎構造設計指針(1988). 4・4節, 許容沈下量

4.2 계측 관리

(1) 측정・관찰의 중요성

이제까지 반복해서 기술한 바와 같이 흙막이벽에 작용하는 토압이나 수압의 계산은 많은 실측값을 기본으로 하여 일반적으로 거의 타당하다고 생각되는 범위의 값을 편의적으로 정한 것이며, 계산법은 이론적보다도 경험적인 것에 기초를 두고 많은 실제적인 가정을 한 다음에 짜맞추게 되어 있다. 또 흙막이벽은 가설적인 구조물이므로 토압이나 수압의 값, 재료의 허용 응력 등에 대한 안전율은 큰 값을 채용하지 않는 경우가 많다. 따라서 지층 구성이나 토질의 종류에 따라서는 반드시 이들의 가정 범위에 그치지 않는 경우가 생긴다. 그러므로 지하 굴착 공사 중에는 항상 측정・관찰을 하여 흙막이벽의 변위・변형이나 토압, 수압의 값을 구하고 계산값과 대비하여 굴착 주위 지반의 침하나 수평 이동 상황을 파악하여 흙막이벽이나 버팀대 동바리가 위험 상태에 있지 않는지 여부, 위험 상태에 있으면 그 징후를 보이지 않는지 여부를 항상 감시해야 한다.

게다가 굴착 주변에 도로나 구조물이 근접해 있는 경우 등은 이에 대해서도 측정・관찰을 하여 그 침하나 수평 이동 등의 상황을 늘 파악해야 한다. 도로에는 수도, 가스, 전기, 전화 등의 배관·배선이 매설되어 있는 경우가 많은데 이들의 변위가 뚜렷하면 장해가 생겨 수도, 가스의 경우는 누출로 큰 사고가 발생할 때가 있으므로 특히 주의해야 한다.

이와 같이 지하 굴착 공사 중에는 측정·관찰을 필요한 항목에 대해서 적정한 빈도로 하고 그 결과를 항상 검토하면서 공사에 반영하는 것이 매우 중요하다. 과거의 공사 재해에서는 지하 굴착 공사 중 사고가 가장 많았고 사회적 영향이 큰 것은 매스컴에 보도되어 본인뿐 아니라 기업의 신용도 떨어뜨리게 된다. 사실 매스컴에 보도되지 않은 사소한 사고는 이루 말할 수 없이 많다. 중소 규모의 공사 뿐만 아니라 대규모 굴착 공사에서는 공사 계획을 면밀하게 세우고 전임 현장 담당자를 두며 공사 중 상세한 측정·관찰을 계획적으로 하여 위험 상태를 미연에 방지하는 대책을 강구해야 한다. 중·소규모라고 공사 내용을 경시하는 경향이 있는데 위험한 처사이다. 신중한 검토도 하지 않고 계획을 세우거나 현장 담당자가 허술하게 적고 측정·관찰을 소홀히 하여 위험 상태를 미리 파악할 수 없을 때 그런 사고는 피할 수 없을 것이다.

지하 굴착 공사는 가령 깊이가 얕거나 작은 면적의 굴착이라고 결코 경시하지 말고 「사자는 한 마리의 토끼를 잡더라도 전력을 다한다」는 격언과 같이 신중히 계획하고, 필요한 측정·관찰은 반드시 해야 한다. 비용이나 품을 아껴 소홀히 하면 돌이킬 수 없는 사태를 유발할 수 있다.

흙막이벽 시공 중에는 지중 장해나 기계의 고장, 레미콘차를 잘 댈 수 없는 등 뭔가의 분쟁이 생기는 경우가 있다. 이같은 상황은 이에 의거하여 일어날지도 모르는 시공 결함의 상정과 함께 기록해 두고 굴착이 그 이전 단계에 이르렀다면 중점 관찰 항목으로 하여 특별히 면밀하게 조사해야 한다.

(2) 계측 항목과 그 빈도

흙막이벽이나 흙막이 동바리에 생기는 응력이나 변위·변형, 주변 지역에 대한 영향 측정은 각기 목적에 따른 계측기를 설치하거나 트랜싯이나 레벨 등으로 할 수 있다.

주변에 영향을 끼치는 범위의 개략은 「제4장 4.1 주변 지반에 대한 영향 (1) 흙막이벽의 변위·변형에 의거한 영향」에서 기술한 바와 같이 일단 사질 지반의 경우는 굴착 깊이의 2.0배 정도, 점토질 지반의 경우는 굴착 깊이의 3.0배 정도(대단히 연약한 지반의 경우는 4.0배 정도)의 범위로 생각해도 되므로 이 범위의 지역을 대상으로 측정·관찰 계획을 세운다. 또 측정·관찰 빈도는 굴착 진척 상황에 따라서 각기 계측 항목마다의 영향 정도에 따라 결정한다.

표 4.2 측정·관찰 항목과 빈도

측정대상	측정항목	사용계기	개소 수 1기	개소 수 2기	측정 빈도
연속지중벽	변형	경사계	4면	3면(*1)	1회/일
	철근응력	철근계			
	토압	토압계			
	수압	간극수압계			
	두부수평변위	트랜싯			1회/주
버팀대	압축력	축력계	14군데	10군데	1회/일
관측정	지하수위	간극수압계	15개	8개	1회/일
양수정	양수량	노치탱크	19개	15개	1회/일
주변도로	수직변위	레벨	21군데	25군데	1회/주~1회/월
	수평변위	트랜싯	17군데	13군데	
인접구조물	수직변위	레벨	도서관 구청사	남북 호안 신청사	1회/주~1회/월
	수평변위	트랜싯			
매설관 (가스·수도·전기)	수직변위	레벨	8군데	(*2)	1회/주~1회/월

*1 : 다른 개소에서도 보조적으로 변형을 계측하였다. 7군데
*2 : 주변 도로의 변위량에서 유추하기로 하였다.

측정·관찰 항목과 그 빈도의 예를 표 4.2에 나타낸다[65]. 이 표는 상당히 규모가 큰 지하 굴착 공사에 대한 실례이다. 규모가 중간 정도 이하의 굴착 공사에서는 그 규모에 따라서 이 표의 항목에서 몇 가지를 생략해도 지장은 없지만 규모가 작은 경우라도 토압 측정, 흙막이벽 두부의 변위, 흙막이벽의 변형, 주변 도로의 수직·수평 변위의 계측과 관찰, 흙막이벽에서 새는 누수 상황의 관찰 등을 하도록 한다. 도로 매설물에 대해서는 각각 관련 기관과 협의하고 그 지시에 따라서 계획해야 한다.

여기서 특히 강조해 두고 싶은 것은 계측기만 믿을 것이 아니라 육안 관찰도 중시해야 한다는 것이다. 계측기는 굴착으로 영향을 끼치는 대표적인 부위에 설치하는 것이므로 굴착으로 인한 영향의 전반적인 경향은 순회하여 육안 관찰을 병용함으로써 파악할 수 있기 때문이다.

또 측정값 중에는 다른 계측값이나 관찰 결과에 뚜렷한 변화가 없는데도 이상값을 나타내는 경우가 있다. 이 원인의 하나로는 계측기의 고장이나 리드선의 단선(斷線), 전기 저항값의 저하 등을 생각할 수 있으므로 바로 계측기나 배선 계통을 조사하여 수치의 신뢰성을 확보해 두어야 한다. 그렇게 하지 않으면 정말 이상이 생겼을 때에 정확한 수치를 나타낼 수 없어 판단을 잘못하는 원인이 되게 된다.

(3) 관리 목표값

계측 항목은 각기 목적에 따라서 설정된 것이며 이들로 구한 자료는 공사 안전성을 확인시킴과 동시에 공사 계획에 반영시키기 위해 필요한 것이다. 그러나 계측 항목이 많은 경우는 모든 데이터의 분석·검토에 약간의 시간을 요하고, 또 결과의 판단에 긴급을 요하는 경우도 있으므로 그 중에서 대표적인 항목에 주목하여 우선 안전성을 표준으로 하는 것이 편리하다. 물론 이 대표 항목만으로 모두를 알 수 있는 것이 아니므로 이것만으로 안심할 수 없어 될 수 있는 한 빨리 전체 데이터를 검토해야 하는 것은 두말할 나위도 없다.

대표적인 항목으로서는 흙막이벽의 변위·변형을 문제삼는 것이 좋을 것이다. 이 값을 관리 목표값으로 할 경우 목표값 설정시는 다음과 같은 검토 요인을 생각할 수 있다.

① 흙막이벽의 토압·수압에 대한 안전성
② 흙막이벽의 변위·변형량(시공 오차 포함)과 지하 외벽의 마감
③ 주변 지반의 침하 허용량

목표값은 3단계 정도로 설정하고 각기 대응은 다음과 같이 한다.

제1단계 불안 없음. 공사 속행

제2단계 요주의. 감시 체제를 강화하고 공사 속행

제3단계 요대책. 공사를 중지하고 전체 데이터를 검토한 다음 필요한 대책을 실시한다.

(a) 흙막이벽의 토압·수압에 대한 안전성

관리 목표값 설정하에 이뤄지는 것이 계산값이다. 이렇게 하기 위해서는 변형에 대해서도 상당히 정밀도가 좋은 계산법으로 해야 한다. 이때는 측정값이 계산값 이내이면 제1단계, 측정값이 계산값의 1.2배 이내이고 데이터의 추이에 급격한 변화의 경향을 볼 수 없는 경우는 제2단계, 이것을 넘는 경우는 제3단계라고 생각하면 어떨까 하고 제안한다. 다만, 이것은 허용 응력에 「제1장 1.3 허용 응력」에서 기술한 값을 채용하는 경우이고 이 이외의 허용 응력을 채용하는 경우는 그 값에 따른 값으로 해야 한다. 게다가 동질 지반에 대한 과거의 실측 자료가 있으면 이것을 참고로 하는 것도 필요하다.

흙막이벽의 설계 과정에서 변위·변형에 대해서 약산적으로 구할 경우(가령, 흙막이벽의 설계법을 표 1.3에서 기술한 약산법을 이용한 경우 등)가 있다. 이러한 경우 관리 목표값은 과거의 유사 지반에 대한 유사 공사의 정산값이나 실측값을 사용하여 위에 기술한 방식에 준하여 설

정한다.

(b) 흙막이벽의 변위·변형량(시공 오차 포함)과 지하 외벽의 마감

흙막이벽은 건물 본체의 지하 외벽에서 바깥쪽으로 약간 여유를 가진 위치에 시공하는 것이다. 이 여유 치수는 흙막이벽의 시공 정밀도와 흙막이벽의 변위·변형의 예상량으로 결정한다. 이때 시공 정밀도를 이용한 변위의 최대값이 생기는 위치와 흙막이벽 변형의 최대값이 생기는 위치는 높이가 다르고 시공 정밀도는 토질의 종류에 따라서도 다르다는(예를 들면, 전석이 많은 지층에서는 정밀도가 좋지 않게 된다) 것을 고려해야 하지만 여유 치수는 통상 굴착 깊이의 1/200 정도로 하는 경우가 많다. 그러나 최근 양호한 시공 기술에 따르면 굴착 정밀도는 깊이의 1/400 정도로 상향시켜 구할 수 있다고 보므로(「제3장 3.2 선시공 철골 기둥 구조 (4) (f) 2) 휨 모멘트 설정」참조) 이 요인에 따른 여유 치수는 시공 정밀도를 올림으로써 조금 더 감소시킬 수 있을 것이다.

(c) 주변 지반의 침하 허용량

앞 절 「주변 지반에 대한 영향」에서 기술한 바와 같이 주변 지반은 흙막이벽의 변위·변형 등으로 침하하는 것을 피할 수 없고 부동 침하 현상을 일으켜 인접 건물이나 굴착 주변의 매설 배관류에 영향을 준다. 이 침하(부동 침하)의 경향과 양은 흙막이벽의 변형량에 상관한다는 것이 알려져 있으며, 예를 들면 **그림 4.2**를 사용함으로써 이것을 추정할 수 있다[61]. 한편 인접 구조물에 허용할 수 있는 부동 침하량은 앞 절 「(10) 허용 침하량」에서 기술한 바와 같이 일단 목표로서 다음과 같은 것을 생각할 수 있다.[64]

철근 콘크리트조에 대해서

$$\{1.0(하한) \sim 2.0(상한)\} \times 10^{-3} \,(\text{rad})$$

콘크리트 블록조에 대해서

$$\{0.5(하한) \sim 1.0(상한)\} \times 10^{-3} \,(\text{rad})$$

그러므로 흙막이벽에 허용할 수 있는 변위·변형량은 위에 기술한 두 가지를 관계지음으로써 구할 수 있다. 다만, 주변 지반의 침하량은 흙막이벽의 변위·변형에 따른 것만으로는 안되므로 앞에서 기술한 상관성은 그만큼 높지 않다는 것을 고려하여 상당한 안전성을 더해 구해 둘 필요가 있다.

매설 배관류에 대한 허용 한계는 주로 침하량의 값이다. 예를 들면 가스, 수도 등의 매설 배관에서는 침하량의 한계를 설정(통상 15~20 mm)하고 매설 배관 위치에서의 침하량을 시산

표 4.3 연속 지중벽의 변위량

1기			2기		
굴착 공정(깊이) (m)	관리 목표값 (mm)	최대 실측값 (mm)	굴착 공정(깊이) (m)	관리 목표값 (mm)	최대 실측값 (mm)
1차(-2.0)	20	19	구청사 기초 해체	-	-
2차(-5.8)	25	24	1차(-5.5)	25	22
3차(-9.5)	30	30	2차(-9.7)	30	29
4차(-13.5)	35	35	3차(-13.7)	40	28
5차(-16.1)	40	40	4차(-16.5)	45	30
6차(-20.35)	45	45	5차(-20.35)	45	33
버팀대 해체	50	55	버팀대 해체	50	46

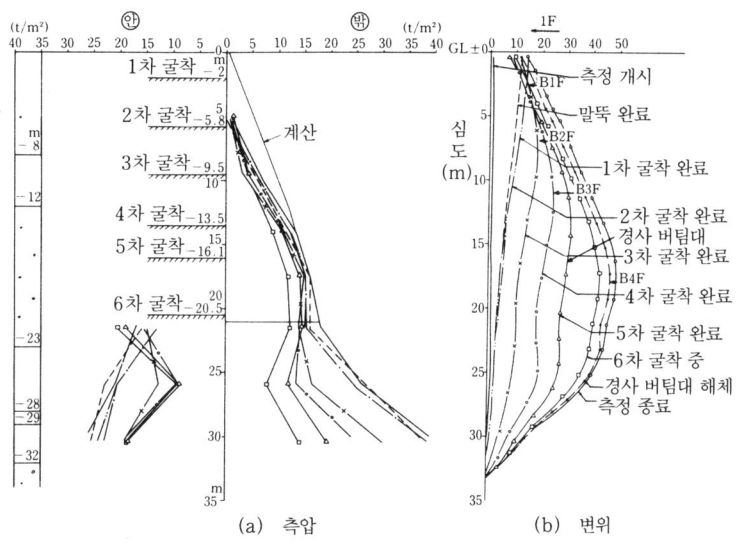

그림 4.6 연속 지중벽의 측압과 변위

하여 침하가 어느 한계 이내인지를 확인하는 방법을 생각할 수 있다.

지하 굴착에서 흙막이벽(연속 지중벽)의 변위량에 관리 목표값을 설정한 예를 **표 4.3**에 나타낸다. 이에 대해서 흙막이벽의 변위 실측값을 **그림 4.6**에 나타낸다[65].

(4) 긴급 대책

아무리 신중한 계획하에 굴착 공사를 실시하였다고 해도 외력인 토압·수압의 값이나 흙막이 구조의 계산법이 큰 가정하에 이루어진 관계로 경제성의 제약에서 안전율을 작게 하여 설계하는 경우가 많으므로 공사 중에 흙막이 구조가 위험 상태로 될 가능성이 전혀 없는 것은 아니다. 그러므로 위험 상태가 발생하였을 경우를 상정하여 미리 원인과 그에 따른 긴급 대책을 입안해 두는 것은 의의가 있으므로 필요한 것이다.

(a) 긴급 대책 요령의 예

앞 항 표 4.2에 나타낸 측정 관찰을 한 공사에서 입안 실시한 긴급 대책 요령의 일례는 다음과 같다. 이것은 포켓형 소책자로서 지하 공사 중 관계 책임자를 대상으로 한 설명회를 개최하여 철저히 주지시킴과 동시에 관계자 전원이 항상 휴대하게 한다.

긴급 대책 요령 책자는 약 20페이지로 그 내용은 다음과 같이 구성하고 각기 항목에는 담당 책임자를 정한다.

표지 : 공사 필휴(必携)

　　　　일자
　　　　○○ 신축 공사(제○기)
　　　　○○ 건설 주식 회사

① 　머리말
② 　긴급 연락 계통도
③ 　계측(◎◎ 담당자)
④ 　깊은 우물(deep well)의 운전 관리(○○ 담당자)
⑤ 　내부 대책(○○ 담당자)
⑥ 　외부 대책(○○ 담당자)
⑦ 　매설물・근린 건축물 대책(○○ 담당자)
⑧ 　근린・보도・섭외(◎◎ 담당자)
⑨ 　기전・자재・안전・구호(○○ 담당자)
⑩ 　긴급 연락처 일람

각 항목별 그 요점을 기술하면 다음과 같다.

① 　머리말

긴급 대책 요령을 작성한 취지・목적을 기술한 것으로 다음과 같다.

○○○○년 ○월 하순, 1층 바닥보 콘크리트 치기를 완료하고 곧 지하 굴착을 본격적으로 시작하게 되었다. 시공 안전성에 대해서는 철저한 검토를 거친 계획에 따라서 실시하므로 중대 사고 발생은 전혀 없다고 확신하지만 만약 예기치 않은 돌발적인 지하수의 유입이 일어날 것을

상정하여 이에 대한 대책을 확립해 두기 바란다.

이 공사 필휴는 그때 우리 모두가 하나의 고리가 되고 관계자의 협력을 얻어서 각자가 언제, 어디서, 무엇을 해야 하는가에 대해서 실수없이 적절한 판단과 조치를 하여 신속히 수행할 수 있도록 정리한 것이다.

공사의 안전은 늘 점검과 조치 대책이 제일이라는 것은 말할 나위도 없다. 면밀한 계측 관리와 이상 상태의 조기 발견이 사고를 미연에 방지한다는 것을 재인식하고 이 책을 숙지하도록 항상 휴대하기 바란다.

지하 공사 기간 중에는 현장에 일직자, 당직자(직원)를 정하여 휴일이나 야간에도 관찰을 강화하는 체제로 하지만 재해는 감시가 허술한 휴일이나 야간에 일어나기 쉽다. 그래서 당직자의 준수 사항으로서 다음과 같이 기재하고 있다.

「당직자가 해야 할 점검 사항」
1. 연속 지중벽에 따라 터파기 밑바닥이 이상하게 젖어 있지 않는가?
2. 부지 지반의 부풀음 현상은 없는가?
3. 연속 지중벽의 균열 진행은 없는가?
4. 연속 지중벽에서 새는 누수(용수)는 없는가, 장소를 확인할 것.
5. 누수(용수)의 상황은 어떤가?
   · 양은 어느 정도인가?
   · 발견 후 제1피압 수위가 이상하게 저하하지 않는지를 측정한다.
   · 누수에 토사가 섞이거나 탁하지 않는가?
6. 흙포대는 지정 장소에 준비되어 있는가, 또 예비 포대는 있는가?
7. 휴일, 야간 등 허술할 때 연속 지중벽에 따라 굴착하고 있지 않는가?
8. 깊은 우물은 정상적으로 운전되고 있는가?
9. 깊은 우물의 정전시용 발전기의 점검·정비는 되어 있는가, 교체 요령을 알고 있는가?
10. 휴일·야간 등에 이상이 생겼을 경우의 긴급 대책 요령을 잘 이해하고 있는가?

「긴급시 당직자가 취해야 할 일」
1. 외주부에 설치한 깊은 우물을 바로 운전한다.
2. 소장, 부소장, 공사 과장, 계측 담당, 각자에게 연락한다. 상황에 따라서는 담당자의 의견을 듣고 매설물 관련 업체에 연락한다.

3. 가능한 것이면 응급 대책을 실시한다.

현장 순회 빈도는 굴착 단계에 따라서 따로 지시하게 하고 있다.

외주 깊은 우물은 긴급시 대책용으로 마련된 것이다. 이 공사의 터파기 밑바닥은 **그림 4.8**에 나타낸 바와 같이 제1피압수층에 있으며 터파기 밑바닥 위치에서의 수압은 약 $15\,t/m^2$나 된다. 굴착은 이 층에 대해서 차수 공법을 채용하였으므로 만약 흙막이벽에 결함이 있어서 홍수 사고가 나면 대지 주변에 끼치는 영향이 크므로 이 깊은 우물로 제1피압수층을 양수하여 그 수압을 저감시킬 목적으로 설치한 것이다.

② 긴급 연락 계통도

만일 이상 사태가 발생한 경우는 시공자측의 현장 사무소 내에 대책 본부가 설치되므로 이를 중심으로 한 각 방면에 대한 긴급 연락망(담당 직명과 주간·야간의 전화 번호)이 도시되어 있다.

만약 휴일이나 야간에 이상 사태가 발생한 경우는 당직자가 앞에서 기술한 대책 본부의 구성 멤버에게 맨 먼저 연락하게 되어 있다. 건축주나 설계 감리자는 대책 본부에서 연락을 받으면 바로 출동하여 전원이 일치 단결하여 대책에 임하여야 한다. 건축주나 설계 감리자측에 대해서도 긴급 연락망을 정한다.

연락망 구성은 한 사람이 많은 사람에게 연락을 하게 되면 시간이 걸리므로 연락처는 가능한 한 5인 정도까지로 하고 다음과 같은 요령으로 연락을 철저히 하도록 정하고 있다.

연락 요령을 설명하면 다음과 같다.

「연락 요령」

1. 당직·당번은 ⇨표의 해당자에게 급보, 상황을 간명하게 보고하고 지시를 받은 후 다음 연락자를 확인한다. 연락망이 도중에 끊기지 않도록 주의.
2. 연락을 받으면 각자의 역할에 의거하여 상황에 따른 긴급 준비를 끝내고 바로 현장으로 출동한다.
3. 각자가 실시한 사항 및 현장 상황이나 조치 사항은 시간을 명기한 다음 빠짐없이 메모해 둔다(나중에 제출한다).
4. 전화 응답은 요령있게 정확한 정보 연락과 지시 응답을 하고 억측을 전하지 않을 것.
5. 자기 소재를 확실히 해둘 것. 또 자택에 없는 경우 등은 연락처를 연락 상대에게 미리 알려둘 것.

③ 계측(◉◉ 담당자)

긴급시는 다음의 계측을 실시한다. 계측 빈도는 상황에 따라서 결정한다.

1. 연속 지중벽……처짐, 토수압, 철근 응력, 균열의 관찰
2. 홍수량……목측(m³/min), <u>경시 변화</u>, <u>유속</u>, <u>수질</u>, <u>탁도</u>
3. <u>유입 토사</u>……<u>양</u>, <u>경시 변화</u>, <u>토질 분석</u>
4. 도로……<u>침하</u>, 땅 갈라짐, 수평 변위, 측점은 상황에 따라 결정
5. 매설물……침하, 수평 변위, 기설 관측 구멍, 신설 구멍
6. 인접 구조물……침하, 균열(내외)
7. 피압 수위……전체 기설 관측 구멍
8. 깊은 우물……<u>양수량</u>
9. 버팀대……<u>응력</u>, 변형
10. 선시공 철골 기둥……응력, 침하, 부상
11. 층별 침하계
12. 보링……지반 변동 조사, 복구 대책 자료
13. 기타 필요한 사항

계측은 많은 항목에 걸쳐 있어 빈도도 많다. 언더 라인을 친 것은 중점 항목이다. 측정, 기록, 분석은 정확성, 신속성을 요구하므로 관계 협력 회사에 대한 수배를 충분히 할 것.

관계 협력 회사　△△ 기초　　　전화(○○○)○○○-○○○○
　　　　　　　　△△ 계측　　　전화(○○○)○○○-○○○○
　　　　　　　　△△ 지질　　　전화(○○○)○○○-○○○○
　　　　　　　　△△ (건축) 공무　전화(○○○)○○○-○○○○

④ 깊은 우물의 운전 관리(○○ 담당자)

연속 지중벽으로 물막이한 굴착 부분(構內)의 깊은 우물(No. 1∼11의 11基)의 적정 운전을 확인한다. 동시에 외주 깊은 우물(No. 12∼19의 8基)을 풀 운전한다(지시가 필요없다).

상황에 따라서는 밸브(기설) 교체를 하지 않고 하천 방류에서 구내 주수(構內 注水)로 바꾸는 경우가 있으므로 그에 대한 준비를 해둔다(교체는 지시에 따를 것).

예비 전원용 발전기의 시운전을 확인한다.

⑤ 내부 대책(○○ 담당자)

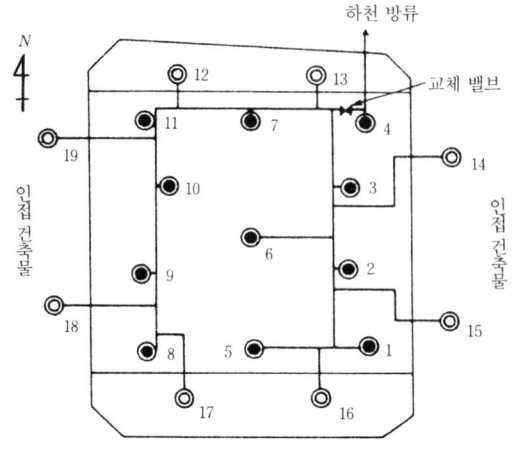

그림 4.7 디프웰의 배치

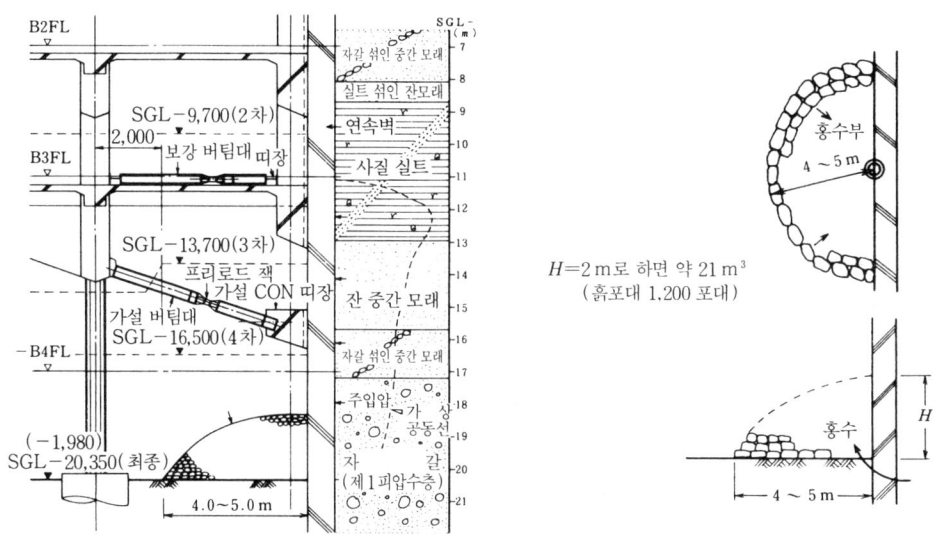

그림 4.8 홍수 예상과 흙포대 쌓기 방법

　홍수와 함께 토사의 유입을 수반하는 경우가 많은데 토사의 유입은 절대로 방지해야 한다(홍수가 물뿐인지, 토사 혼입이 있는지 침착한 관찰을 해야 한다).

　또 수세(水勢)를 약하게 하는 것이 제일이므로 홍수 부분에 흙포대를 투입함과 동시에 크게 반원형으로 둘러싸듯이 흙포대를 쌓는다. 흙포대는 지하 구내 4 귀퉁이에 평상시 각 300포대씩 준비한다. 또한 같은 장소에 흙포대의 빈 포대를 각 500장씩 준비한다.

　불도저로 될 수 있는 한 주변의 토사를 홍수 장소에 집적하여 흙포대 쌓기 작업을 돕는다. 상황에 따라서는 홍수 부분에 직접 토사를 쌓아올리는 방법도 생각할 수 있다.

이상 작업으로 수세가 줄지 않는 경우는 바로 위 슬래브를 깎아내 개구부를 내고 1층 바닥에서 다량의 토사, 쇄석을 투입한다.

 관계 협력 회사 쇄석 : △△ 토목   전화(○○○)○○○-○○○○

        토공 : △△ 건설   전화(○○○)○○○-○○○○

        흙포대 : △△ 상회 전화(○○○)○○○-○○○○

지수 및 보강을 위해서 연속 지중벽의 뒷면을 천공하고 콘크리트, 모르터, 약액 주입을 하므로 연속 지중벽을 버팀대로 보강한다. 필요에 따라서 응력 측정, 변형 측정을 한다.

 관계 협력 회사 버팀대 재료 : △△ 강재   전화(○○○)○○○-○○○○

            △△ 리스   전화(○○○)○○○-○○○○

        가설 : △△ 건설(비계, 토공) 전화(○○○)○○○-○○○○

           △△ 공무(목공)   전화(○○○)○○○-○○○○

           △△ 철근   전화(○○○)○○○-○○○○

⑥ 외부 대책(○○ 담당자)

홍수부의 위치, 깊이를 명확하게 하고 약액 주입 또는 콘크리트·모르터를 부어넣어 응급 지수를 한다. 콘크리트 또는 모르터를 부어넣을 경우는 연속 지중벽 외부에 BH기(케이싱 150~250 mmϕ)로 천공한다. 대책을 하는 범위, 위치, 깊이에 대해서는 상황에 따라서 결정하고 지시한다.

응급 지수 완료 후는 복구 계획을 세우고 완전 지수 공사를 속행한다.

 관계 협력 회사 콘크리트 치기 : △△ 건설   전화(○○○)○○○-○○○○

       (펌프차 포함)

       급결 모르터 : △△ 공업   전화(○○○)○○○-○○○○

       약액 주입 : △△ 그라우트 전화(○○○)○○○-○○○○

       BH 천공   : △△ 기초   전화(○○○)○○○-○○○○

       크레인   : △△ 상회   전화(○○○)○○○-○○○○

             △△ 운송   전화(○○○)○○○-○○○○

       콘크리트   : △△ 상회   전화(○○○)○○○-○○○○

            또는 플랜트에 직접 전화(○○○)○○○-○○○○

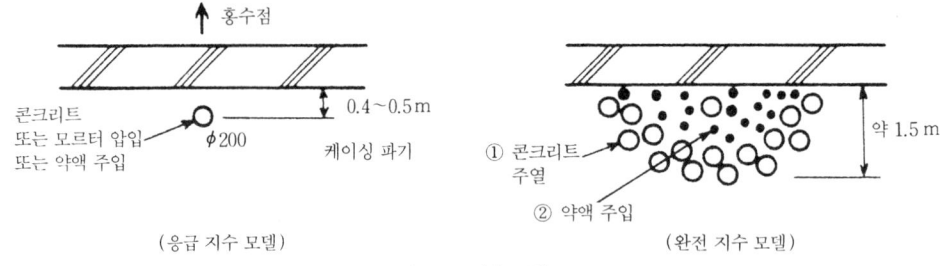

그림 4.9 지수 모델

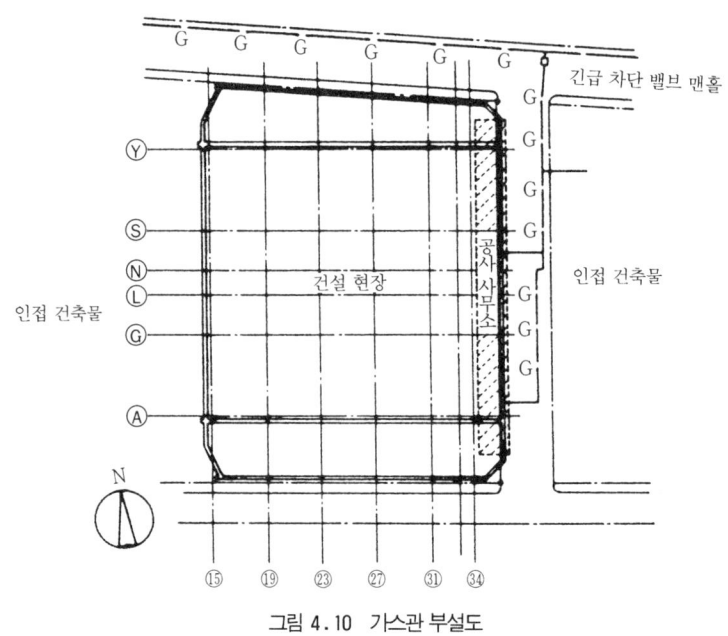

그림 4.10 가스관 부설도

 연속 지중벽 외주 주위는 정리 정돈에 힘써 외부 작업에 지장이 없도록 항상 주의하고 크레인·약액 주입·BH기의 작업을 쉽도록, 또 플랜트 설치 장소, 작업 통로 확보를 염두에 둘 것.

 약액 주입기, BH기는 긴급 사용 가능한 상태로 해두기 위해 항상 협력 회사와 연락을 면밀히 하여 기계나 플랜트의 설치 장소를 파악해 둘 것.

 토사 유출을 동반하지 않는 경미한 누수의 경우는 순간 급결형의 그라우트를 사용한다.

⑦ 매설물·근린 건축물 대책(○○ 담당자)

 가스·수도·하수·전기·전화의 각 기관 및 도로 관리자에게 급보(急報)하고 현상황을 간명하게 설명하며 바로 출동을 부탁한다. 연락 시간, 상대편의 이름을 확인하여 기록한다.

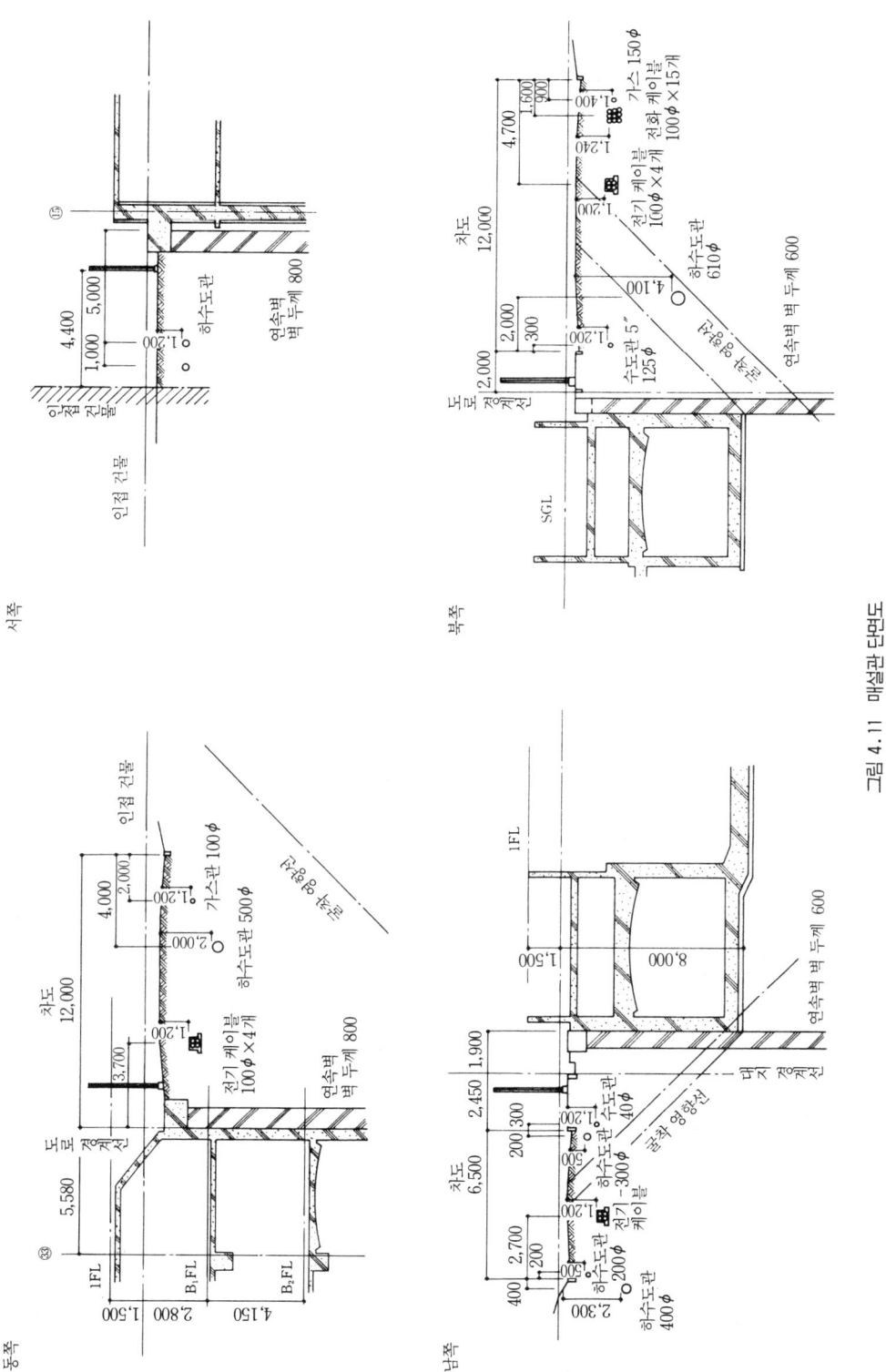

그림 4.11 매설관 단면도

상대편의 주의나 지시 사항은 충실히 실행하고 될 수 있는 한 협력을 한다. 관의 차단·폐쇄에 대해서는 상황을 충분히 설명한 다음 상대편의 신속한 지시를 받아 실시한다. 근린 영향에 대한 대책, 통보에는 전면 협력한다.

근린 구조물에 대한 영향을 자세히 관찰하고 관계자와 협의하여 인명 제일로 피난 대책을 강구한다. 구조물에 뚜렷한 영향이 생긴 경우는 그 대책, 복구에 대해서 본사의 지원을 요청한다.

⑧ 근린·보도·섭외(◎◎ 담당자)

안내자·경비원의 증원 배치를 하고 관계자 이외 출입 금지, 연도의 교통 정리를 한다. 떠들썩한 구경꾼 배제, 침입자로 인한 사고 방지에 노력한다.

보도 관계자에 대한 대응은 하나로 모아 유언비어를 방지한다. 추측을 동반하는 내용의 발언은 일체 없도록 주의한다.

경찰·소방·감독관서 등 여러 관청, 근린·건축주 등에 대한 대응 절충 창구의 일체를 담당한다.

⑨ 기전·자재·안전·구호(○○ 담당자)

필요에 따라서 충분한 조명·동력 배선을 하고 유지 관리에 임한다.

복구에 필요한 여러 기기·자재·물자를 조달한다.

이중(二重) 사고 방지에 노력하고 안전 관리를 철저히 하게 한다. 피난 장소로의 유도, 재해 피해자의 구호에 임한다.

⑩ 긴급 연락처 일람

끝으로 다음에 기술하는 공사 관계자 전원의 연락 전화 번호를 일람표로 해둔다. 관계 여러 관청 이외의 공사 관계자에 대해서는 회사와 자택 전화 번호를 게재한다.

1. 관계 여러 관청의 관계 과·계 담당자
2. 건축주 관계 부·과 담당자, 현장 담당자 전원
3. 설계 감리자의 본사 관계 부·과 담당자, 현장 담당자 전원
4. 시공자의 본사 관계 부·과 책임자, 현장 담당자 전원
5. 시공자의 기재 센터·담당자
6. 관계 협력 회사·담당자
7. 설비 시공자의 본사·현장 담당자 전원

참 고 문 헌

61) 丸山正夫・幾田悠康 ; 沖積地盤での根切りに伴う周邊沈下 : 第21回土質工學研究發表會(札幌), 524(S. 61. 6)

62) 日本建築學會 ; 建築基礎構造設計指針(1988). 4・4節, 許容沈下量

63) 掘著 ; 大阪市廳舍新築工事における施工と構造の接點 : 大阪府建築士會・講習會テキスト(S. 62. 3)

64) 掘著(共著者・城野三千年) ; 大阪市廳舍・監理 : 日建設計技報 No. 80(S. 61. 11)

제 5 장　가설 공사

5.1 작업 바닥의 보강

　최근 시가지 공사에서는 대지의 유효 이용을 위해 지하실을 마련하고, 또한 대지를 전부 이용하는 경우가 많아졌다. 이런 경우는 작업을 위한 공간을 대지 안이나 그 주변에서 구할 수가 없고 가설 작업 발판을 설치하였다고 해도 언제까지나 설치해 둘 수 없으므로 1층 바닥을 작업 바닥으로서 이용하지 않으면 안되게 되었다. 그렇게 하기 위해서는 1층 바닥에 올려놓을 것을 작업 하중에 대해서 바닥 슬래브나 작은보·큰보 등의 바닥 구조를 보강해야 한다.
　작용 하중에는 고정 하중과 작업 하중이 있다. 우선 이 경우의 고정 하중은 작업 바닥으로서 사용하는 기간만을 생각해야 하므로 주로 구조체의 자중으로 인한 응력만을 생각해 두면 된다. 작업 하중으로는 시공시 바닥 적재 하중과 시공용 기계 하중 등이 있다. 시공시 바닥 적재 하중은 거푸집, 동바리, 비계 등의 가설 재료나 임시로 둔 마감 재료, 작업자 등의 바닥 적재 하중이며, 시공용 기계 하중은 덤프카, 레미콘차, 크롤러 크레인 등 이동하는 기계 하중과 타워 크레인이나 정치식 클램셸 등 고정된 기계 하중이다. 이동 기계 하중은 작업 바닥(1층 바닥)에 관계된 것이며, 고정 기계 하중도 그런 것이 많다.
　이들 하중값은 실정에 따라서 정한다. 표 5.1은 시가지에서의 역타 공법 실시 예에서 역타 하중으로서 채용된 작업 하중의 값을 나타낸 것이다. 이것은 대충 입수한 자료에 따른 것이지만 일부 기계 하중에 대해서 실정을 봐서 분명하게 기입 누락된 것이라고 판단된 것은 추가 기입한 것도 포함하였다.
　또한 이 절의 사고 방식은 「반입 가대」 계획시에도 준용할 수 있다.

표 5.1 역타에 따른 작업 하중의 실례

공사명	전체 기둥에 대하여		특정 기둥에 대하여
	바닥 적재 하중(등분포) $W(\text{kg}/\text{m}^2)$	이동 기계 하중 W_1	고정 기계 하중 W_2
A	각층 : 100, 1F : 1,500	왼쪽에 포함	타워 크레인
B	지상 : 150, 1F : 350, 지하 : 200	레미콘차	타워 크레인, 기계
C	지상 : 200, 1F : 600, 지하 : 100	왼쪽에 포함	타워 크레인, 기계
D	SRC : 100, 1F : 2,000	왼쪽에 포함	타워 크레인
E	지상 : 150, 1F : 200, 지하 : 200	기계	타워 크레인
F	지상 : 150, 1F : 350, 지하 : 200	레미콘차, 기계	타워 크레인
H	1F : 150, 지하 : 150	기계	타워 크레인
I	각층 : 200, 1F : 1,000	왼쪽에 포함	타워 크레인
J	각층 : 200, 1F : 1,000	왼쪽에 포함	타워 크레인
K	각층 : 300, 1F : 1,500	왼쪽에 포함	타워 크레인
L	각층 : 100, 1F : 1,500	왼쪽에 포함	타워 크레인
M	SRC : 150, S : 50	기계	타워 크레인
N	RC : 100, S : 50	기계	타워 크레인
P	각층 : 200, 1F : 1,000	왼쪽에 포함	기계, 크레인
Q	기계 하중에 포함	기계	기계, 크레인

(1) 바닥 적재 하중

표 5.1에 따르면 시공시 바닥 적재 하중은 등분포 하중으로서 각층 $100 \sim 200 \, \text{kg}/\text{m}^2$ 정도를 채용한 것이 많고, 층수가 많은 경우에는 최대 누계 $600 \sim 1,000 \, \text{kg}/\text{m}^2$에 그친 것도 볼 수 있다(표 중 B, E, F 공사). 1층 바닥에 가정된 바닥 적재 하중은 기계 하중을 뺀 경우라도 다른 층보다 약간 큰 값을 채용하는 경우가 많다. 기한부 구조물의 설계·시공 매뉴얼·동해설(반입 가대)(일본 건축 학회편)에서는 「반입 가대」에 가정해야 할 하중의 하나로서 100 kg/m^2의 잡하중(雜荷重)을 채용하도록 제안하고 있는데[67] 이 잡하중은 여기서 말하는 바닥 적재 하중과 같은 종류의 것이다. 1층 바닥에 약간 큰 하중을 채용한 것은 작업 바닥으로서의 실정을 고려한 것이지만 작업 바닥은 재료 두는 곳으로서도 사용하므로 바닥 적재 하중이 국부적으로 과대하게 되기 쉬워 설계 하중을 오버하는 경우가 있으므로 주의해야 한다.

(2) 이동 기계 하중

이동 기계 하중은 이동하는 시공용 기계 하중이나 차량 하중(크롤러 크레인, 트럭 크레인, 레미콘차, 덤프 트럭 등)이며, 이동 하중으로서 다루는 경우와 등분포 하중으로 바꾸어 다루는 경우가 있다. 이동 하중 W_1으로서 다루는 경우는 가동시 최대 작용 하중으로 각 부재의 최대 응력을 구하여 바닥 적재 하중으로 인한 응력이나 다음에 기술하는 고정된 기계 하중으로 인한 응력에 가산하는 방법을 이용한다(실시 예의 E, F, H, N, Q 공사). 등분포 하중으로 바꿔 다루는 경우는 각기 지배 면적에 의거하여 각 부재의 응력을 산정한다(실시 예의 A, D, I, J, K, L, P 공사). 이 경우는 작업 바닥에 대한 등분포 하중으로서 $1,000 \sim 2,000\,kg/m^2$ 정도를 채용하는 경우가 많다. 실정에 가까운 것은 전자의 방법이지만 후자의 방법은 계산하기가 쉽다.

또한 이동하는 시공 기계나 차량은 2대 이상이 근접하여 작업할 때가 있으므로 동시 작업 실상에 따라 이것을 고려해야 한다. 사진 5.1~5.3은 콘크리트 부어넣기 작업시에 레미콘차 2대, 펌프차 1대가 근접하여 작업하고 있는 상태의 예이다.

차량 하중이나 기계 하중은 각기 메이커가 기종마다 작업 상태에 대응한 작용 하중을 나타내고 있으므로 이것을 사용하는 것이 옳지만 개략적인 값으로서 다음과 같이 생각해도 된다.

1) 레미콘차나 덤프카 등의 트럭은 각 바퀴에 대한 하중 배분을 앞바퀴에 전체 하중의 각각 10%, 뒷바퀴에 각각 40%로 한다. 뒷바퀴가 2축(4륜)일 때는 각각 20%로 한다(그림 5.

사진 5.1 레미콘차와 펌프차의 근접 작업

사진 5.2 콘크리트 부어넣기

사진 5.3 반입 가대에서 하는 근접 작업

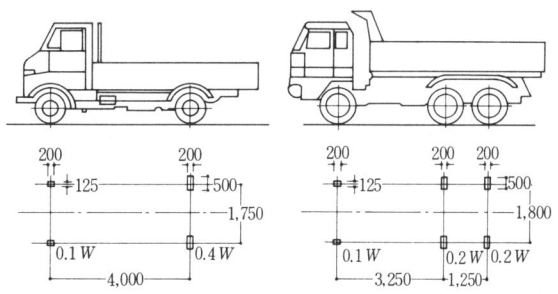

그림 5.1 트럭 바퀴에 대한 하중 배분

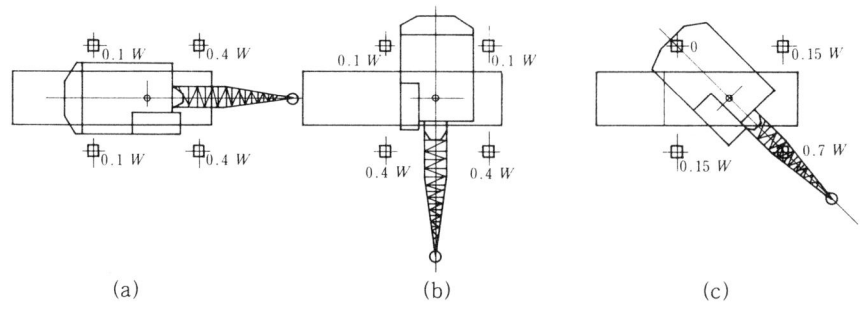

그림 5.2 트럭 크레인 아우트리거에 대한 하중 배분

1). 바퀴의 접지 면적은 타이어 1개의 경우 타이어의 폭 12.5 cm, 접지 길이 20 cm, 타이어가 더블일 때는 폭 50 cm, 접지 길이 20 cm로 한다.

2) 트럭 크레인은 주행시에는 앞에서 기술한 바와 같다. 작업시에는 아우트리거를 내놓으므로 작업 하중은 모두 아우트리거에 가해지며, 또한 붐의 방향에 따라서 달라진다.

붐이 트럭의 전방 또는 후방 또는 측방에 있을 때는 붐측 2개의 아우트리거에 각각 전체 하중의 40%, 붐과 반대측 2개의 아우트리거에 각각 10%로 한다(**그림 5.2** (a), (b)).

붐이 기울기 45° 방향에 있을 때는 붐측에 있는 1개의 아우트리거에 전체 하중의 70%, 중앙에 있는 대각선 방향의 2개의 아우트리거에 각각 15%, 후방 1개의 아우트리거는 0으로 한다(**그림 5.2** (c)).

이상과 같이 1개의 아우트리거에 가해지는 최대 하중은 붐이 기울기 45° 방향의 경우이며, 한쌍의 아우트리거에 최대 하중이 가해지는 것은 붐이 트럭 방향 또는 직각 방향에 있을 때이다.

아우트리거 접지부(float)의 크기는 기종에 따라서 결정되지만 이 아래에 받침목 또는 철판 (두께 22 mm 이상)을 까는 경우가 많다. 이것은 통상 500×500~600×600 mm 정도이지만 지반이 연약한 경우는 좀더 큰 것을 사용해야 한다. 이때는 크기에 상응하는 강성을 가진 것이어야 한다.

3) 크롤러 크레인의 경우는 무한 궤도로 접지하므로 바퀴 같은 집중 하중이 되지 않지만 붐의 방향으로 접지압이 달라지는 것은 트럭 크레인의 경우와 마찬가지이다.

우선 크롤러 크레인의 주행시 하중은 크롤러 크레인의 자중이 무한 궤도에 따라서 등분포하는 것으로 하고 여기에 뒤에 기술하는 충격력을 가한 것으로 해도 될 것이다. 실제 주행시는 반드시 등분포하지는 않지만 서서히 주행할 것이므로 충격력을 20% 고려함으로써 커버할 수 있

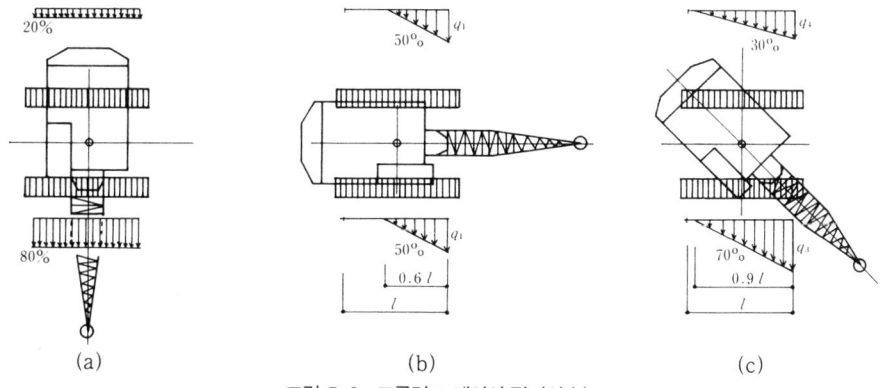

그림 5.3 크롤러 크레인의 접지압 분포

다고 본다. 즉,

$$q_0 = 1.2 \frac{W}{2A} \quad \cdots\cdots\cdots\cdots\cdots\cdots\cdots\cdots\cdots\cdots\cdots\cdots (5.1)$$

이때, q_0 : 주행시의 접지압(t/m²)

　　　W : 크롤러 크레인 자중과 달하중의 합계값(t)

　　　A : 한쪽 무한 궤도의 접지 면적(m²)

다음에 작업시 하중에 대해서 기술한다. 붐이 무한 궤도 방향과 직교하고 있을 때는 붐측 무한 궤도 전체 하중의 80%, 붐과 반대측 무한 궤도에 20%로 한다(**그림 5.3 (a)**).

붐이 무한 궤도와 같은 방향일 때는 접지압은 **그림 5.3 (b)**와 같이 좌우 무한 궤도 모두 같은 값의 부분 등변 분포 하중으로 되며 최대 접지압 q_1은 충격력을 고려하여

$$q_1 = 1.2 \frac{W}{0.6A} = 2.0 \frac{W}{A} \quad \cdots\cdots\cdots\cdots\cdots\cdots\cdots\cdots\cdots\cdots (5.2)$$

붐이 기울기 45° 방향에 있을 때는 접지압은 **그림 5.3 (c)**와 같이 붐측의 무한 궤도가 전체 하중의 70%, 붐과 반대측의 무한 궤도가 30%를 분담하고 각기 부분 등변 분포 하중으로 된다. 이 경우의 최대 접지압 q_3 및 q_4는 충격력을 고려하면 다음 식(5.3) 및 식(5.4)와 같다.

$$q_3 = 1.2 \frac{0.7 \cdot 2 \cdot W}{0.9A} = 1.87 \frac{W}{A} \quad \cdots\cdots\cdots\cdots\cdots\cdots\cdots\cdots (5.3)$$

$$q_4 = 1.2 \frac{0.3 \cdot 2 \cdot W}{0.9A} = 0.8 \frac{W}{A} \quad \cdots\cdots\cdots\cdots\cdots\cdots\cdots\cdots\cdots (5.4)$$

이동 하중으로 인한 응력은 휨 모멘트가 최대로 되는 하중 상태와 전단력이 최대로 되는 하중 상태가 다른 데 주의해야 한다. 일반적으로 휨 모멘트가 최대가 되는 것은 하중이 스팬 중앙 부

근에 있는 경우이며, 전단력이 최대가 되는 것은 하중이 단부로 이동한 경우일 때가 많다. 집중 하중이 큰 경우는 슬래브의 펀칭 시어에 대한 체크도 필요하다(「│ 계산 예 8 │ 작업 바닥의 보강 계산」참조).

앞에서 기술한 바와 같은 트럭, 트럭 크레인, 크롤러 크레인 등 차량의 각 바퀴가 부담하는 하중의 사고 방식은 앞에서 기술한 기한부 구조물의 설계·시공 매뉴얼·동해설(반입 가대)(일본 건축 학회편)에 나타내져 있다. 또 표 5.2에 일본 도로 공단의 설계 요령[26]에 나타내져 있는 이동 기계 하중의 값을 나타낸다. 표 5.3에 트럭 크레인(기계식)의, 표 5.4에 트럭 크레인(유압식)의 아우트리거의 반력 분포를, 그림 5.4에 이들의 반력 기호를, 표 5.5에 크롤러 크레인(스트레이트 붐식)의, 표 5.6에 크롤러 크레인(타워식)의 접지압 분포를, 그림 5.5에 이들 기호를 나타낸다. 이들 표의 수치는 앞에서 기술한 개략적인 수치와 약간 다르다.

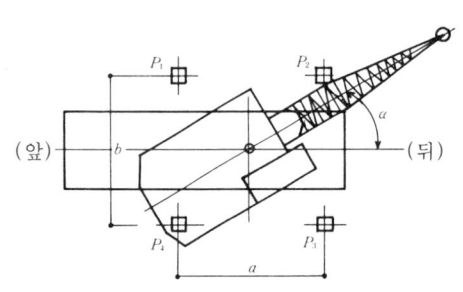

그림 5.4 트럭 크레인 아우트리거·반력 기호

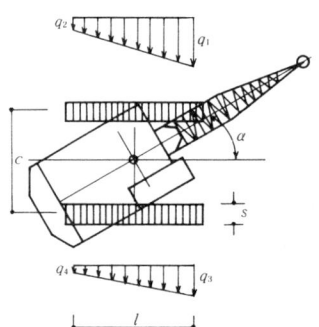

그림 5.5 크롤러 크레인·접지압 기호

표 5.2 이동 하중의 값

명 칭	차량 중량 (t)	전체 중량 (t)	하중 배치	명 칭	차량 중량 (t)	전체 중량 (t)	하중 배치
레미콘차 (3 m³)	7.7	14.7	2.0t ─ 5.4t 1.08 / 2.0t ─ 5.4t / 4.20	트럭 크레인	32.0	54.0	4.43 아우트리거 2.90 1.53 1,600cm² / 20.25t 20.25t / 1.65 2.00 4.20 / 6.75t 6.75t / 4.80
레미콘차 (5 m³)	8.6	22.0	2.5t 5.5t 3.0t / 1.93 1.88 / 2.5t 5.5t 3.0t / 1.88 / 4.10	클램셸	22.0	25.0	0.60 18.7t / 2.34 / 0.60 / 2.88 6.3t
잔토트럭	9.3	19.3	3.4t ─ 6.3t 1.90 / 3.4t ─ 6.3t / 4.00	크롤러 크레인	32.0	54.0	0.815 40.5t / 3.15 / 0.815 / 3.66 13.5t

표 5.3 트럭 크레인(기계식) 아우트리거 반력표

매이커	기종 형식	호칭 능력(t)	아우트리거 플로트 치수(mm)	아우트리거 간격 치수(mm)	붐 길이(m)	작업 조건 작업 반경(m)	정격 총하중(t)	전체 중량(t) (하중 포함)	아우트리거 반력(t) 후방향 달 때 P_1	P_2	P_3	P_4	측방향 달 때 P_1	P_2	P_3	P_4	경사 방향 달 때 P_1	P_2	P_3	P_4	$\alpha(°)$	비고
H 사 전 기	FK-150	35	500□	a:4,850 × b:5,600	9.0	4.0	32.5	65.1	9.1	23.5	23.5	9.1	31.1	21.1	3.2	9.7	40.4	7.6	2.7	14.4	137	
					24.0	7.0	17.35	51.0	5.4	20.1	20.1	5.4	27.1	17.7	0.2	6.0	38.0	2.7	1.4	8.9		
					39.0	10.0	10.35	45.0	4.7	17.8	17.8	4.7	24.6	15.6	0.1	4.6	35.3	1.1	1.4	7.1		
					51.0	12.0	4.0	40.0	8.0	11.8	11.8	8.0	18.5	10.6	2.1	8.2	23.1	4.1	1.9	10.4		
S 사 제 강	P&H 435TC	35	480□	a:5,000 × b:5,600	9.14	3.65	35.0	65.7	10.0	25.0	25.0	10.0	30.0	24.0	6.0	12.0	16.0	32.0	13.0	10.0	45	
					27.4	8.0	14.1	51.7	6.0	20.0	20.0	6.0	24.0	19.0	2.0	7.0	10.0	28.0	6.0	8.0		
					39.62	10.0	10.1	48.8	6.0	19.0	19.0	6.0	23.0	18.0	1.0	7.0	9.0	27.0	5.0	8.0		
					51.8	12.0	5.7	45.4	14.0	18.0	18.0	14.0	28.0	17.0	4.0	15.0	18.0	23.0	8.0	15.0		
J 사 중 기	HC-108BS	45	560□	a:5,500 × b:6,200	9.3	3.6	45.0	93.4	15.9	30.8	30.8	15.9	38.9	28.7	11.0	14.9	23.7	45.6	15.8	8.2	45	
					24.55	8.0	20.7	69.8	8.6	26.3	26.3	8.6	34.4	23.5	4.8	7.1	15.7	43.0	8.2	3.0		
					36.75	10.0	14.4	64.4	8.6	23.6	23.6	8.6	31.6	21.0	4.7	7.1	14.8	39.1	7.6	2.9		
					52.0	14.0	8.8	59.8	8.0	21.9	21.9	8.0	29.9	19.3	4.2	6.4	13.8	36.9	6.6	2.5		
H 사 전 기	FK-180	50	550□	a:5,500 × b:6,200	13.0	3.7	50.0	97.8	14.4	34.1	34.1	14.4	42.0	31.6	8.4	15.1	52.6	15.2	6.8	22.4	136	
					25.0	6.0	30.2	78.0	9.2	29.9	29.9	9.2	37.1	27.4	3.9	9.9	49.2	9.0	4.0	15.4		
					40.0	9.0	16.0	65.0	8.1	24.4	24.4	8.1	31.2	22.3	2.8	8.7	42.2	6.5	3.5	12.7		
					52.0	11.0	9.4	59.0	9.3	20.3	20.3	9.3	27.1	18.7	3.8	9.8	35.0	7.1	3.8	13.4		
J 사 중 기	HC-218J	75	762□	a:5,945 × b:6,100	12.2	3.8	75.0	135.8	21.2	46.7	46.7	21.2	64.3	42.2	11.6	17.7	32.9	77.1	18.1	7.7	45	
					30.5	8.0	32.0	94.0	12.0	35.0	35.0	12.0	53.1	29.5	4.1	7.4	20.1	66.2	6.0	1.8		
					42.7	9.0	23.7	87.0	13.2	30.3	30.3	13.2	47.8	25.3	4.7	9.0	20.2	58.1	6.3	2.2		
					61.0	14.0	10.5	75.4	13.8	23.9	23.9	13.8	40.8	19.6	4.8	10.1	19.3	48.1	5.7	2.3		
S 사 제 강	P&H 8100TC	90	660□	a:5,010 × b:6,600	12.19	3.5	90.7	169.2	22.0	57.0	57.0	22.0	67.0	50.0	15.0	25.0	36.0	69.0	30.0	22.0	45	
					30.48	7.0	45.6	114.34	9.0	49.0	49.0	9.0	57.0	41.0	4.0	12.0	19.0	67.0	16.0	13.0		
					45.72	10.0	26.3	96.4	7.0	41.0	41.0	7.0	49.0	35.0	3.0	10.0	16.0	57.0	12.0	12.0		
					60.96	14.0	15.5	86.96	7.0	37.0	37.0	7.0	45.0	31.0	2.0	9.0	13.0	53.0	9.0	12.0		

표 5.4 트럭 크레인(유압식) 아우트리거 반력표

메이커	기종형식	호칭능력(t)	아우트리거 플로트 치수(mm)	아우트리거 간격 치수(mm)	제1붐 길이(m)	작업 반경(m)	정격 총하중(t)	전체 중량(하중 포함)	후방향 달 때 P_1	후방향 달 때 P_2	후방향 달 때 P_3	후방향 달 때 P_4	측방향 달 때 P_1	측방향 달 때 P_2	측방향 달 때 P_3	측방향 달 때 P_4	경사 방향 달 때 P_1	경사 방향 달 때 P_2	경사 방향 달 때 P_3	경사 방향 달 때 P_4	비고 $\alpha(°)$
D사 제품	TS-100	10	380□	a:4,060 × b:4,600	9.0	4.2	8.5	23.1	1.6	10.1	10.1	1.6	11.2	8.7	1.4	1.8	4.2	12.8	4.7	1.5	40
D사 제품	TS-100	10	380□	a:4,060 × b:4,600	9.0	3.0	10.0	24.6	2.6	9.6	9.6	2.6	10.4	8.6	2.5	3.0	5.1	11.7	5.5	2.4	40
D사 제품	TS-100	10	380□	a:4,060 × b:4,600	12.5	3.3	8.5	23.1	2.6	8.9	8.9	2.6	10.0	7.9	2.2	2.9	5.0	10.8	5.1	2.4	40
D사 제품	TS-100	10	380□	a:4,060 × b:4,600	16.0	4.2	7.0	21.6	2.1	8.7	8.7	2.1	10.1	7.5	1.7	2.3	4.5	10.8	4.6	1.9	40
D사 제품	TL-150	15	420□	a:4,200 × b:4,800	10.0	4.5	12.3	32.1	1.8	14.3	14.3	1.8	15.2	12.5	2.0	2.4	5.4	18.3	6.5	1.9	41
D사 제품	TL-150	15	420□	a:4,200 × b:4,800	10.0	3.0	15.0	34.8	2.8	14.6	14.6	2.8	14.9	13.2	3.2	3.6	7.0	16.2	8.1	3.5	41
D사 제품	TL-150	15	420□	a:4,200 × b:4,800	17.0	3.5	9.0	28.8	3.7	10.8	10.8	3.7	12.3	9.6	3.1	4.0	6.7	11.7	6.7	3.8	39
D사 제품	TL-150	15	420□	a:4,200 × b:4,800	23.5	5.5	5.0	24.8	3.9	8.6	8.6	3.9	10.8	7.4	2.7	4.0	6.1	10.0	5.5	3.4	38
G사 제품	NK-200	20	400φ	a:4,620 × b:5,200	10.2	3.0	20.0	39.5	3.04	16.66	16.66	3.04	15.32	15.78	4.20	4.08	8.67	20.37	7.26	3.09	55
G사 제품	NK-200	20	400φ	a:4,620 × b:5,200	18.2	3.5	12.0	31.5	3.45	12.26	12.26	3.45	12.18	11.47	3.77	4.00	7.68	14.54	6.03	3.18	55
G사 제품	NK-200	20	400φ	a:4,620 × b:5,200	26.2	6.0	7.0	26.5	2.06	11.18	11.18	2.06	11.70	10.15	2.15	2.48	6.45	13.85	4.22	1.94	55
S사 제작	T-250M	25	600□	a:5,000 × b:5,700	10.5	3.5	25.0	52.17	9.1	16.8	16.8	9.1	27.0	13.4	3.8	7.7	14.5	20.3	10.0	7.2	62.0
S사 제작	T-250M	25	600□	a:5,000 × b:5,700	25.5	10.0	6.65	33.82	4.4	12.5	12.5	4.4	22.3	8.4	0.8	2.2	9.0	16.2	5.5	3.0	64.0
S사 제작	T-250M	25	600□	a:5,000 × b:5,700	33.0	16.0	3.05	30.22	4.0	11.1	11.1	4.0	20.8	7.1	0.6	1.7	8.2	14.5	4.8	2.7	58.0
G사 제품	NK-300	30	500□	a:5,030 × b:5,600	17.0	7.0	13.5	41.59	3.47	18.82	18.82	3.47	24.92	15.06	1.74	2.87	11.57	24.27	5.93	2.82	50
G사 제품	NK-300	30	500□	a:5,030 × b:5,600	17.0	3.0	20.0	51.1	10.26	15.28	15.28	10.26	20.90	13.54	6.54	10.10	15.37	16.99	9.83	8.90	50
G사 제품	NK-300	30	500□	a:5,030 × b:5,600	24.0	4.5	13.0	41.1	8.20	13.88	13.88	8.20	19.71	11.85	4.73	7.86	13.55	15.79	7.97	6.84	50
G사 제품	NK-300	30	500□	a:5,030 × b:5,600	31.0	6.5	9.0	40.1	6.94	13.16	13.16	6.94	19.16	10.90	3.67	6.46	12.47	15.26	6.86	5.61	50
S사 제작	T-350	35	550	a:5,000 × b:6,000	10.66	3.5	35.0	70.32	8.5	26.0	26.0	8.5	29.7	23.7	7.1	9.2	11.9	31.5	15.5	7.3	68
S사 제작	T-350	35	550	a:5,000 × b:6,000	22.33	7.0	15.0	50.32	4.1	20.4	20.4	4.1	25.4	16.9	2.8	4.1	9.6	26.2	9.7	3.5	64
S사 제작	T-350	35	550	a:5,000 × b:6,000	34.0	14.0	5.4	40.72	3.1	16.6	16.6	3.1	22.1	13.1	1.6	2.7	7.8	21.7	7.3	2.6	62

표 5.5 크롤러 크레인(스트레이트 붐식) 접지압표

메이커	기종형식	호칭능력(t)	무한궤도 폭 S (mm)	무한궤도 중심거리 C (mm)	작업조건 붐길이(m)	작업반경(m)	정격총하중(t)	전체중량(하중포함)(t)	무한궤도 접지압 $q(t/m^2)$ 및 접지압 길이 $l(m)$ 전후방향 달때 q_1	q_2	l	측방향 달때 q_1	q_3	l	경사방향 달때 q_1	q_2	q_3	q_4	l	$\alpha(°)$	비고
H사전기	KH-75	25	610	2,540	10.0	3.0	25.0	52.83	73.1	0	1.18	29.4	4.7	2.675	80.4	0	53.7	0	1.29	16	
					16.0	4.0	16.2	44.53	58.5	0	1.2	24.1	4.0	2.675	61.5	0	43.3	0	1.3	17	
					22.0	5.0	11.6	40.33	50.0	0	1.3	21.4	3.8	2.675	55.3	0	36.5	0	1.4	17	
					31.0	7.0	7.1	36.33	44.3	0	1.3	19.0	3.4	2.675	49.1	0	31.6	0	1.5	18	
H사전기	KH-100	30	610	2,640	10.0	3.0	30.0	60.4	78.8	0	1.25	31.1	4.4	2.84	87.1	0	57.2	0	1.37	16	
					19.0	4.5	16.35	47.35	61.5	0	1.4	24.7	3.6	2.84	67.9	0	44.8	0	1.4		
					28.0	6.0	10.55	42.15	51.5	0	1.3	21.9	3.6	2.84	57.0	0	37.2	0	1.5	17	
					37.0	8.0	6.85	39.05	48.5	0	1.3	20.4	2.9	2.84	53.6	0	34.9	0	1.4		
S사제강	P&H 5035	35	760	3,260	9.14	3.5	35.0	71.0	40.20	0	2.31	25.19	3.88	3.20	54.15	0	18.06	0	2.58	43	
					21.34	5.0	20.5	57.05	32.46	0	2.31	20.34	3.12	3.20	43.76	0	14.55	0	2.57		
					30.48	7.0	12.3	49.38	27.72	0	2.34	17.29	3.01	3.20	36.73	0	13.22	0	2.60	42	
					39.62	9.0	8.4	46.17	25.85	0	2.35	16.12	2.87	3.20	34.16	0	12.41	0	2.61		
J사중기	LS-108RH	40	760	3,440	13.0	3.5	40.0	78.9	73.1	0	1.42	26.1	4.3	3.42	62.5	0	20.3	0	2.51	45	
					22.0	5.0	23.3	62.4	55.9	0	1.47	20.5	3.5	2.42	48.3	0	16.1	0	2.55		
					31.0	7.0	13.85	53.7	49.1	0	1.44	17.7	2.9	3.42	42.2	0	13.9	0	2.52		
					46.0	10.0	6.65	47.4	23.6	0	2.64	13.5	4.7	3.42	24.9	0	12.2	0	3.36		
J사중기	LS-118RH	50	762	3,538	12.35	3.7	50.0	96.0	85.7	0	1.47	30.1	4.5	3.64	72.8	0	22.7	0	2.64	45	
					21.5	5.0	27.7	74.6	49.5	0	1.98	22.1	4.8	3.64	46.5	0	17.5	0	3.06		
					33.7	7.0	16.2	64.2	36.5	0	2.31	18.4	4.7	3.64	36.9	0	15.1	0	3.24		
					42.85	9.0	10.75	59.7	31.5	0	2.49	16.8	4.8	3.64	32.6	0	14.1	0	3.36		
S사제강	P&H 670S	70	924	4,270	12.19	3.5	70.0	132.0	51.42	0	2.76	30.89	6.48	3.80	66.7	0	26.13	0	3.06	42	
					27.43	7.0	25.0	87.43	34.36	0	2.75	20.65	4.28	3.80	44.66	0	17.4	0	3.05	41	
					39.62	10.0	14.7	78.19	30.41	0	2.78	18.23	4.07	3.80	39.05	0	16.07	0	3.07		
					51.82	14.0	8.8	73.49	28.69	0	2.77	17.21	3.74	3.80	36.99	0	14.74	0	3.07	42	

표 5.6 크롤러 크레인(타워식) 접지압표

매이커	기종 형식	호칭 능력(t)	무한궤도 폭 S (mm)	무한궤도 중심 거리 C (mm)	타이 높이 (m)	작업 조건 지미 길이 (m)	작업 반경 (m)	정 적 총하중 (t)	전체 중량(하중 포함)(t)	전후 방향 달 때 q_1	q_2	l	측방향 달 때 q_1	q_3	l	무한궤도 접지압 $q(t/m^2)$ 및 접지압 길이 $l(m)$ 경사 방향 달 때 q_1	q_2	q_3	q_4	l	$\alpha(°)$	비고
J 사 중 기	LS-108RH	40 (9t)	760	3,440	36	19.0	19.1	4.15	48.4	29.9	0	2.13	14.6	4.0	3.42	29.7	0	12.7	0	3.00		보조 카운터 웨이트 없음, 제3도랍 없을 때
						19.0	8.7	7.0	51.2	17.6	2.1	3.42	12.3	7.3	3.42	18.1	5.1	12.6	3.6	3.42	45	
						16.0	7.7	7.0	51.1	14.7	5.0	3.42	11.4	8.3	3.42	14.8	7.0	11.8	5.7	3.42	45	
					33	22.0	10.0	6.5	51.2	19.5	0.2	3.42	13.0	6.7	3.42	20.6	3.6	13.0	2.2	3.42	45	
H 사 전 기	KH-180	50 (10t)	760	3,540	38.5	19.0	12.0	8.0	59.2	23.6	0	3.33	15.9	7.0	3.70	26.1	0	17.5	0	3.61	30	
						22.0	11.5	6.5	57.2	17.2	3.6	3.70	13.5	9.0	3.70	18.1	4.6	15.1	3.8	3.70	27	
						19.0	10.0	8.0	59.2	18.4	2.9	3.70	14.1	8.8	3.70	19.5	4.1	15.7	3.3	3.70	28	
						16.0	9.0	8.0	59.1	15.7	5.5	3.70	13.0	9.8	3.70	16.2	6.3	14.4	5.6	3.70	25	
J 사 중 기	LS-218RH	80 (12t)	812	3,798	41.7	30.2	18.0	7.9	88.3	27.2	0	4.02	18.4	8.6	4.05	29.2	4.8	17.2	2.8	4.05	45	
						30.2	13.2	10.85	91.2	26.5	1.7	4.05	18.4	9.3	4.05	28.1	6.1	17.5	3.5	4.05	45	
						24.2	11.2	12.0	91.8	23.4	4.5	4.05	17.3	10.6	4.05	21.3	8.5	17.0	5.9	4.05	45	
						18.2	9.5	12.0	91.5	17.7	10.1	4.05	15.3	12.5	4.05	17.9	12.1	15.5	10.4	4.05	45	
J 사 중 기	LS-238RH	100 (15t)	965	4,505	46.4	30.5	20.0	11.7	122.9	22.0	1.4	5.45	15.5	7.9	5.45	23.3	5.4	14.6	3.4	5.45	45	
						39.6	18.0	9.5	121.5	15.3	7.8	5.45	12.9	10.2	5.45	15.4	9.7	13.0	8.1	5.45	45	
						30.5	14.0	15.0	126.2	18.4	5.6	5.45	14.4	9.6	5.45	18.9	8.4	14.2	6.4	5.45	45	
						21.3	11.0	15.0	125.5	12.5	11.4	5.45	12.2	11.7	5.45	12.6	11.7	12.2	11.3	5.45	45	
H 사 전 기	KH-700	150 (20t)	1,100	5,350	53.0	46.0	25.3	11.6	118.6	60.1	0	2.55	25.4	4.56	5.60	66.1	0	44.8	0	2.77	16	
						40.0	22.5	13.5	170.0	57.4	0	2.69	25.3	4.86	5.60	63.2	0	42.3	0	2.93	17	
						34.0	19.3	16.0	183.5	53.9	0	2.90	25.2	5.31	5.60	59.5	0	39.5	0	3.16	18	

이동 하중이나 충격을 동반하는 기계 하중에 대해서는 충격력으로서 작용 하중의 20% 정도의 할증[67]을 고려해야 한다. 표 5.2~5.6의 수치에는 이 충격력을 포함하지 않는다.

기계 하중으로 인한 응력은 상당히 크게 되어 슬래브, 작은보, 큰보의 보강은 철근을 이용한 보강 뿐만 아니라 단면을 크게 해야 하는 경우가 있다. 이 경우는 다 쓰고 난 뒤에도 철거할 수 없으므로 설비 등의 천장 속 공간의 이용에 지장을 초래하는 경우가 있으므로 주의해야 한다. 또 작업 범위(기계의 이동 범위)를 한정하여 보강 범위를 필요 최소한에 그치는 경우도 종종 있다.

(3) 고정 기계 하중

고정 기계 하중은 고정된 시공용 기계 하중(타워 크레인이나 정치식 클램셀 등)이며 비교적 큰 집중 하중이 되는 경우가 많다. 집중 하중 W_2는 가동시 최대 작용 하중을 사용하지만 슬래브나 작은보에 하중을 가하지 않도록 이로부터 약간 부상시켜 설치한 가설보를 사용하여 관계되는 큰보나 기둥에 하중을 직접 가하도록 계획하는 경우가 많다. 고정 기계 하중에 대해서는 다음 절 「제 5 장 5.2 정치식 크레인의 지지」에서 기술한다.

(4) 허용 응력

작업 바닥의 보강 계산에 사용하는 재료의 허용 응력은 영구 구조체에 대해서는 「중기 허용 응력」, 가설 부분에 대해서는 「단기 허용 응력」을 채용하는 것이 적당하다고 본다. 또 영구 구조체의 단면이나 배근을 변경하여 가설적으로 보강하는 경우에는 이 방식을 연장하여 구조 강도가 콘크리트의 압축에 관해서 1.5배 이상, 철근이나 콘크리트의 전단에 관해서 1.2배 이상으로 되어 있으면 「단기 허용 응력」을 채용해도 좋다고 본다. 펀칭 시어에 대한 허용 전단 응력 f_p는 통상 허용 전단 응력 f_s의 2배 값으로 해도 될 것이다.

계산 예 8 작업 바닥의 보강 계산

(1) 개요

　　1층 바닥 위에 레미콘차 등의 차량이나 트럭 크레인을 반입하여 작업을 하므로 바닥 구조의 강도를 검토하여 필요하다면 보강한다.

　　구조는 기둥·큰보가 SRC, 작은보·슬래브는 RC이며, 다음과 같은 패턴이 연속되어 있다.

(2) 가정 하중

a) 고정 하중

계산할 때마다 기술한다.

b) 바닥 적재 하중

일반부   350 kg/m²

다만, 다음과 같은 기계 하중과 조합할 경우는
100 kg/m²로 한다.

c) 기계 하중

이동 하중으로서 다룬다.

1) 레미콘차(5 m³)

표 5.2에서 전체 중량 22.0 t, 바퀴압은 다음과 같이 한다.

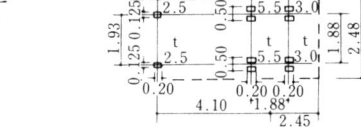

2) 콘크리트 펌프차(붐식), IPF−100B

차량 중량 15.46 t, 전체 중량 20.0 t

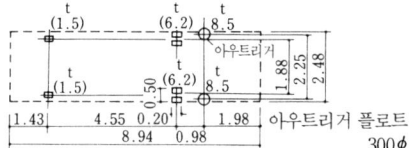

( )는 주행시, 작업시 뒷바퀴는 0으로 한다(바퀴압은 아우트리거로 이행하는 것이라고 생각한다).

3) 덤프카

표 5.2에서 전체 중량 19.3 t

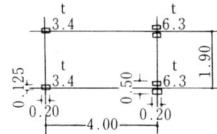

4) 트럭 크레인, NK−200 사용

표 5.4에서 아우트리거의 최대 반력은 정격 하중 매달 때의 값으로 한다.

작업 상태	p_1	p_2	p_3	p_4
후방향 달 때	t 3.04	t 16.66	t 16.66	t 3.04
측방향 달 때	15.32	15.78	4.20	4.08
경사 방향 달 때	8.67	20.37	7.26	3.09

아우트리거 아래에는 받침목 (600×600 mm)을 사용한다.

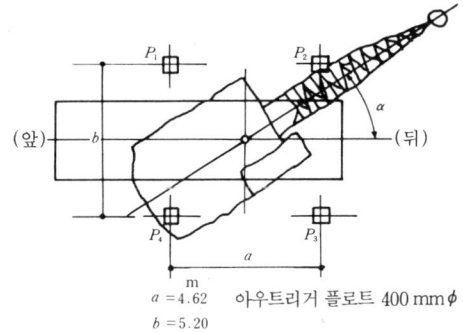

$a = 4.62$ m 아우트리거 플로트 400 mmϕ
$b = 5.20$

5) 근접 작업

펌프차 1대에 대해서 레미콘차 2대가 접근하는 것을 상정하고 그 관계 위치를 다음과 같이 한다(사진 5.1 참조).

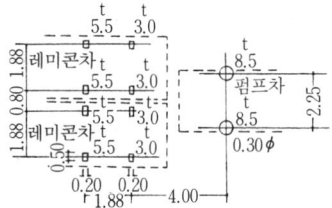

6) 충격력

바퀴압·아우트리거 반력의 20%로 한다.

(3) 슬래브 검토

a) 원설계

Ⓢ₁ $t=150$ $l_x=2,650$ $l_y=5,550$ $\lambda = l_y/l_x = 2.1$

단변 방향

   단부　상　D10·D13 교호 @200　　중앙　상　D10 @400

   　　　하　D10 @400　　　　　　　　　　하　D10·D13 교호 @200

장변 방향

   단부　상　D10 @200　　　　　　중앙　상　D10 @400

   　　　하　D10 @400　　　　　　　　　　하　D10 @200

b) 휨 모멘트에 대한 검토

1) 슬래브에 최대 휨 모멘트를 생기게 하는 것은 트럭 크레인의 아우트리거(최대 반력 20.37 t)가 슬래브 중앙에 실릴 경우이다.

슬래브 두께 $t=200$으로 늘리고 일방향 철근으로서 검토한다($\lambda > 2.0$).

유효 폭 b는 받침목의 크기를 $a_1 \times a_2 = 600 \times 600$으로 하여

$$b = \frac{2}{3}\left(l_x + \frac{a_1}{2}\right)$$

$$= \frac{2}{3}\left(2.65 + \frac{0.60}{2}\right) = 1.97(\text{m})$$

$a_2 = 0.60(\text{m})$

2) 고정 하중 + 바닥 적재 하중 w로 인한 응력

바닥 적재 하중 $= 0.10$
자 중 $2.4 \times 0.2 = 0.48$ $\Big\}\, 0.58(\text{t}/\text{m}^2)$

$$M_{x1} = \frac{wl_x^2}{12} = \frac{0.58 \times 2.65^2}{12} = 0.34(\text{tm}/\text{m})$$

$$M_{x2} = \frac{wl_x^2}{18} = \frac{0.58 \times 2.65^2}{18} = 0.23(\text{tm}/\text{m})$$

3) 기계 하중 P로 인한 응력

$$M_0 = \frac{P}{4b}\left(l_x - \frac{a_2}{2}\right)$$

$$= \frac{20.37 \times 1.2}{4 \times 1.97}\left(2.65 - \frac{0.60}{2}\right) = 7.29(\text{tm}/\text{m})$$

이것을 다음과 같이 배분한다.

$$M_c \fallingdotseq \frac{2}{3} M_0 = 4.86(\text{tm}/\text{m})$$

$$M_e \fallingdotseq \frac{1}{3} M_0 = 2.43(\text{tm}/\text{m})$$

4) 설계용 응력

$M_{x1} = 0.34 + 2.43 = 2.77(\text{tm}/\text{m})$

$M_{x2} = 0.23 + 4.86 = 5.09(\text{tm}/\text{m})$

5) 단면 검토

단부 상 D16 @ 150   중앙 상 D16 @ 300
　　 하 D16 @ 300   　　 하 D16 @ 150

으로 하고 단기 허용 응력(SD30 $f_t' = 3.0\,\text{t}/\text{cm}^2$)을 채용하면

$$M_A' = a_t f_t' j$$

$$= 13.4 \times 3.0 \times 0.16 \times \frac{7}{8} = 5.63(\text{tm}/\text{m}) > M_{x1},\ M_{x2} \qquad \text{OK}$$

6) 다른 상태에서 존재 응력은 모두 앞에서 기술한 것보다 작으므로 검토를 생략한다.

c) 전단력에 대한 검토

1) 슬래브에 최대 전단력을 생기게 하는 것은 트럭 크레인의 아우트리거(최대 반력 20.37 t)가 슬래브 단부에 실릴 경우이다.

재하 면적 $a_1 \times a_2 = 600 \times 600$으로 하여 유효 폭 b는

$b = a_1 + 5t$
$= 0.60 + 5 \times 0.20 = 1.60 \text{(m)}$

2) 고정 하중+바닥 적재 하중 w로 인한 응력

$w = 0.58 (\text{t/m}^2)$

$Q_A = Q_B = \dfrac{wl}{2} = \dfrac{0.58 \times 2.65}{2} = 0.77 (\text{t/m})$

3) 기계 하중 P에 따른 응력

$Q_A = \dfrac{P}{b}\left(1 - \dfrac{a_2}{2 \cdot l}\right)$

$= \dfrac{20.37 \times 1.2}{1.60}\left(1 - \dfrac{0.6}{2 \times 2.65}\right) = 13.55 (\text{t/m})$

4) 설계용 응력

$Q = 0.77 + 13.55 = 14.32 (\text{t/m})$

5) 단면 검토

콘크리트의 허용 응력은 단기 응력을 채용하기로 하고 콘크리트 강도가 설계 기준 강도 210 kg/cm²에 이른 다음에 재하하는 것으로 하면

허용 전단 응력 $f_s' = 10.5 (\text{kg/cm}^2)$
허용 부착 응력 $f_a' = 31.5 (\text{kg/cm}^2)$

전단 응력 τ'는

$\tau' = \dfrac{Q}{bj}$

$= \dfrac{14.32 \times 10^3}{100 \times 16.5 \times 7/8} = 9.9 (\text{kg/cm}^2) < f_s'$ OK

허용 부착력 Q_A'는

$Q_A' = \psi \cdot f_a' \cdot j$
$= 33.5 \times 31.5 \times 16.5 \times 7/8 = 15.2 (\text{t/m}) > Q$ OK

d) 펀칭 시어에 대한 검토

1) 펀칭 시어에 대한 허용 전단 응력 f_{ps}'

$$f_{ps}' = 2 \times f_s' = 21.0 (\text{kg/cm}^2)$$

2) 트럭 크레인의 아웃트리거 최대 반력(20.37 t)에 대해서

접지 둘레 길이 $s = 60 \times 4 = 240 (\text{cm})$

$$\tau_{ps}' = \frac{P}{s \cdot j}$$

$$= \frac{20.37 \times 10^3 \times 1.2}{240 \times 16.5 \times 7/8} = 7.1 (\text{kg/cm}^2) < f_{ps}' \quad \text{OK}$$

3) 콘크리트 펌프차의 아웃트리거 반력(8.5 t)에 대해서

$s = 30 \times \pi$

$\quad = 94.2 (\text{cm})$

$$\tau_{ps}' = \frac{8.5 \times 10^3 \times 1.2}{94.2 \times 16.5 \times 7/8} = 7.5 (\text{kg/cm}^2) < f_{ps}' \quad \text{OK}$$

(4) 작은보의 검토

a) 원설계 B_1

	단부	중앙
상	4-D19	3-D19
하	3-D19	4-D19
스터럽		2-D10 @ 200
복부 철근		2-D10

(단면: 320 × 600)

b) 휨 모멘트에 대한 검토

1) 고정 하중 + 바닥 적재 하중 w로 인한 응력

$w = 0.58 (\text{t/m}^2)$

$q = 0.5 (\text{t/m})$로 가정

$l_x = 3.00 (\text{m}) \quad \lambda = 2.0$

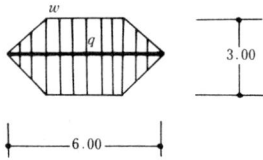

$C = 4.1 \times 2w + \frac{1}{12} q l^2$

$\quad = 4.1 \times 2 \times 0.58 + \frac{1}{12} \times 0.5 \times 6.00^2$

$\quad = 6.3 (\text{tm})$

$$M_0 = 6.2 \times 2w + \frac{1}{8} ql^2$$

$$= 6.2 \times 2 \times 0.58 + \frac{1}{8} \times 0.5 \times 6.00^2$$

$$= 9.4 (\text{tm})$$

이것을 다음과 같이 생각한다.

$$M_A = M_B = C = 6.3 (\text{tm})$$

$$M_C = M_0 - 0.75 C$$

$$= 9.4 - 0.75 \times 6.3 = 4.7 (\text{tm})$$

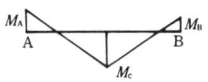

2) 기계 하중의 조합

다음과 같은 경우에 대해서 검토한다.

a. 콘크리트 펌프차의 아우트리거 2개가 올려진 경우
b. 레미콘차가 2대 근접하여 실린 경우(뒷바퀴 4개)
c. 트럭 크레인의 경사 방향 달 때의 아우트리거가 실린 경우
d. 트럭 크레인의 후방향 달 때의 아우트리거 2개가 실린 경우

3) 기계 하중으로 인한 응력

a의 경우 다음과 같은 하중 상태에서 M_C가 최대가 된다.

$$P = 8.5 \times 1.2 = 10.2 (\text{t})$$

$$M_C = \frac{2.44}{6.00} \times (2.25 + 1.31 \times 2) \times P = 20.2 (\text{tm})$$

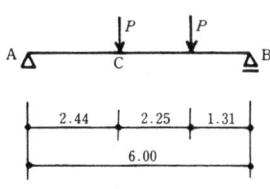

b의 경우 다음과 같은 하중 상태를 생각한다.

$$P = 5.5 \times 1.2 = 6.6 (\text{t})$$

$$M_C = \frac{(0.92 + 1.88)}{6.00} \times (1.88 + 0.80 \times 2 + 1.88$$

$$\times 3 + 0.52 \times 4) \times P - 1.88 \times P$$

$$= 22.1 (\text{tm})$$

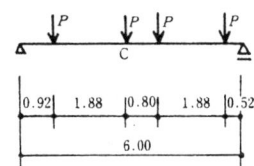

c의 경우 중앙 집중 하중으로 한다.

$$P = 20.37 \times 1.2 = 24.4 (\text{t})$$

$$M_0 = \frac{6.00 \times P}{4}$$

$$= 36.7 (\text{tm})$$

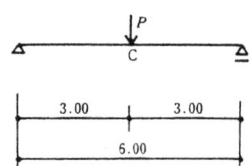

d의 경우

$P = 16.66 \times 1.2 = 20.0(t)$

2점 재하가 될 경우의 휨 모멘트는 분명히 c의 경우보다 작다.

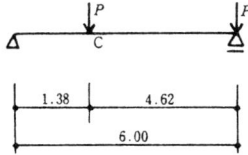

4) 설계용 휨 모멘트

기계 하중으로 인한 휨 모멘트는 가장 큰 값을 생기게 하는 c.의 경우를 취하고 다음과 같이 생각한다.

$M_A = M_B \fallingdotseq \dfrac{M_C}{4} = 9.2 (tm)$

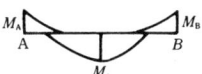

$M_C = M_0 - M_A = 27.5 (tm)$

설계용 휨 모멘트는 위에 기술한 것과 고정 하중·바닥 적재 하중으로 인한 것을 합성하여

$M_A = M_B = 6.3 + 9.2 = 15.5 (tm)$

$M_C = 4.7 + 27.5 = 32.2 (tm)$

5) 단면 검토

전단력에 대한 검토와 병행하여야 한다(뒤에 기술, d)항).

c) 전단력에 대한 검토

1) 고정 하중+바닥 적재 하중 w로 인한 응력

휨 모멘트에 대한 경우와 마찬가지로

$Q_0 = 3.3 \times 2w + \dfrac{1}{2} ql$

$= 3.3 \times 2 \times 0.58 + \dfrac{1}{2} \times 0.5 \times 6.0$

$= 5.3(t)$

2) 기계 하중 조합

휨 모멘트에 대한 경우와 같은 조합을 생각한다.

3) 기계 하중으로 인한 응력

a의 경우

$P = 8.5 \times 1.2 = 10.2(t)$

$Q_B = \left(1 + \dfrac{3.75}{6.00}\right) \times P = 16.6(t)$

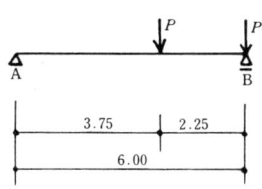

b의 경우

$P = 5.5 \times 1.2 = 6.6 \text{(t)}$

$Q_B = \left\{ 1 + \dfrac{(1.44 \times 3 + 1.88 \times 2 + 0.80)}{6.00} \right\} \times P$

$\quad = 16.4 \text{(t)}$

c의 경우

$P = 20.37 \times 1.2 = 24.4 \text{(t)}$

$Q_B = P = 24.4 \text{(t)}$

d의 경우

$P = 16.66 \times 1.2 = 20.0 \text{(t)}$

$Q_B = \left(1 + \dfrac{1.38}{6.00} \right) \times P = 24.6 \text{(t)}$

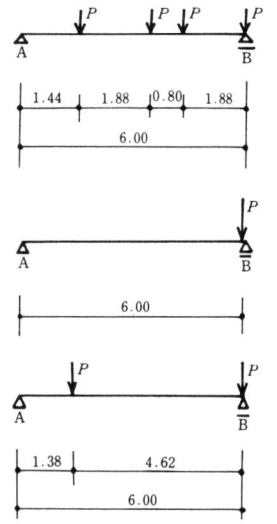

4) 설계용 전단력

기계 하중으로 인한 전단력은 d의 경우를 취하고, 이에 고정 하중·바닥 적재 하중으로 인한 것을 합성한다.

$Q_{\max} = 5.3 + 24.6 = 29.9 \text{(t)}$

d) 단면 검토

1) 허용 응력

「슬래브 검토」에서 기술한 바와 같이

콘크리트의 허용 전단 응력 $\quad f_s' = 10.5 \text{(kg/cm}^2)$

철근의 허용 부착 응력(휨재 상단) $\quad f_a' = 21.0 \text{(kg/cm}^2)$

철근은 D19 이상을 SD35로 한다. $\quad f_t' = 3.5 \text{(t/cm}^2)$

　　　D16 이하를 SD30으로 한다. $\quad f_t' = 3.0 \text{(t/cm}^2)$

2) 단면을 오른쪽 그림과 같이 변경한다.

자중의 검토

$q = 0.45 \times 0.40 \times 2.4 = 0.43 \text{(t/m)} <$ 가정값 0.5(t/m)으로 해도 된다.

3) 휨 모멘트에 대해서

중앙 하단　6-D22　　$a_t = 23.22 \text{(cm}^2)$

$M_A' = a_t \cdot f_t' \cdot j$

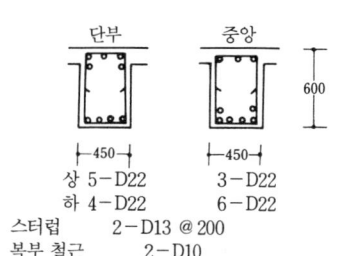

$$=23.22\times3.5\times0.53\times\frac{7}{8}=37.7(\text{tm})>M_c \quad \text{OK}$$

단부 상단 5-D22 $a_t=19.35(\text{cm}^2)$

$$M'_A=19.35\times3.5\times0.52\times\frac{7}{8}=30.8(\text{tm})>M_A \quad \text{OK}$$

4) 전단력에 대해서

$$\tau'=\frac{Q_{\max}}{bj}$$

$$=\frac{29.9\times10^3}{45\times52\times7/8}=14.6(\text{kg}/\text{cm}^2)<f'_s$$

$\tau'=14.6\,\text{kg}/\text{cm}^2$ 이므로 $\dfrac{1}{15.2}F_c$ O.K

전단 스팬비에 따른 할증을 고려하면

$$\alpha=\frac{4}{\dfrac{M}{Q\cdot d}+1}=\frac{4}{\dfrac{15.5}{29.9\times0.52}+1}=2.0$$

(주) 윗식의 M, Q는 같은 하중 상태에 대한 값은 아니지만 편의상 위와 같은 값을 채용한다(안전측).

$$Q'_A=b\cdot j\cdot\alpha\cdot f'_c$$

$$=45\times52\times\frac{7}{8}\times2.0\times10.5\times10^{-3}=43.0(\text{t})>Q_{\max} \quad \text{OK}$$

허용 부착력 5-D22 $\psi=35.0(\text{cm})$

$$Q'_{aA}=\psi\cdot f'_a\cdot j$$

$$=35.0\times21.0\times52\times\frac{7}{8}\times10^{-3}=33.4(\text{t})>Q_{\max} \quad \text{OK}$$

(5) 큰보의 검토

이하, 생략.

참 고 문 헌

26) 日本道路公団 ; 設計要領・第6編, 橋梁下部構造, 仮設構造物(1980)

27) 日本建築学会 ; 期限付き構造物の設計・施工マニュアル・同解説(乗入れ構台)(1986)

5.2 정치식 크레인의 지지

(1) 크레인의 지지 방법

정치식 크레인에는 타워 크레인(起伏 jib式, 수평 지브식)과 지브 크레인이 있다. 이들을 건물 내부에 설치하는 경우는 가설 철골보를 개입시켜 영구 기둥 또는 큰보로 지지하도록 계획하는 경우가 많다. 지하실의 규모와 설치 시기에 따라서는 기초보 위에 직접 가설하는 경우도 있다. 또 지브 크레인에는 주행식도 있으며 철골 현장 조립 완료된 다음 옥상에 가설하는 경우가 많다. 이것은 레일을 설치하여 이 위를 주행하는 것이며 레일은 H형강 위에 고정한다. 이 하중도 가설 철골을 사용하여 기둥 또는 큰보에 직접 전달하도록 계획하므로 영구 구조체에 대해서는 이동 하중으로 할 수 없다. 따라서 이 경우도 이 절에 준하여 검토하면 된다. 또한 강관틀 비계 위에 설치할 수 있는 간이 크레인이 있는데 이것도 정치식 크레인이지만 이에 대해서는 생략한다.

크레인 하중은 힘의 전달을 될 수 있는 한 짧은 루트로 기둥에 전하도록 계획하는 것이 바람직하다(그림 5.7). 그러나 그림의 G_2보의 처짐이 무시할 수 없을 정도로 크면 이로써 지지점의 반력이 변한다든지 크레인 샤프트에 부가 모멘트가 생기므로 주의해야 한다. 이와 같은 경우는 그림 5.6과 같이 전체 지지점의 처짐이 같은 양이 되도록 좌우 대칭으로 계획할 필요가 있다. G_2보가 S조이고 스팬이 큰 경우는 처짐이 커지기 쉽지만 SRC조이면 처짐을 무시할 수 있는 경우가 많다. 또 그림 5.8과 같이 보 아래에 서포트를 설치하여 보의 보강(補強)이나 보강(補剛)을 경감하는 것도 자주 행해지고 있다. 크레인 하중은 상당히 크므로 지지 부분은 충분히 안정된 구조로 해야 한다. 바닥 구조가 철골만의 상태일 때는 바닥면에 수평 브레이스를

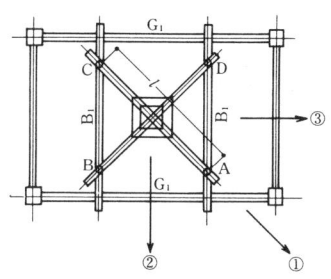
그림 5.6 타워 크레인 가대의 지지

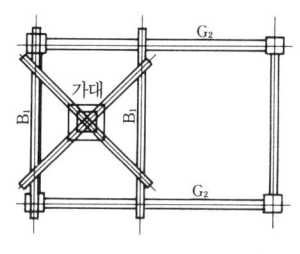
그림 5.7 타워 크레인 가대의 위치

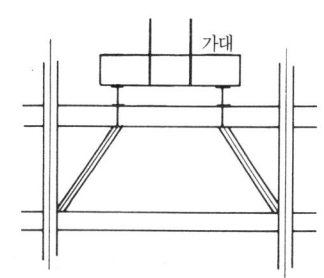
그림 5.8 서포트를 이용한 보 보강

사진 5.4 타워 크레인(JCC-180W)

사진 5.5 타워 크레인 가대 각부(脚部)

사진 5.6 타워 크레인(KCP-2030)

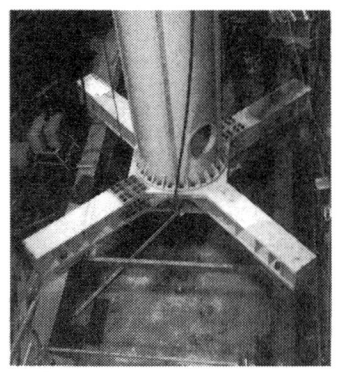
사진 5.7 타워 크레인 가대의 지지

사진 5.8 타워 크레인 두부의 스테이

설치하여 수평 강성을 높여 둘 필요가 있다.

자립식 크레인이더라도 자립 한계를 넘으면 구조체에서 스테이(stay)를 설치하거나 당김 밧줄(guy rope)을 쳐 크레인 샤프트를 수평 방향으로 지지해야 한다. SRC조의 경우는 통상 현장 조립 완료된 철골에 연결한다. 이 상태로 크레인을 가동하면 이때의 진동이 철골에 전해져 골조에 변위가 생기게 된다. 만약 이때 하층부에서 콘크리트 치기를 하고 있으면 아직 굳지 않은 콘크리트 속에 묻어넣어진 상태의 철골을 진동시키게 되어 철골과 콘크리트의 부착을 훼손할 우려가 있다. 이 문제에 대해서는 뒤에 기술하는 「제7장 7.4 양생 중인 콘크리트와 진동」을 참조하기 바란다.

(2) 크레인 하중과 응력 계산

크레인 하중은 크레인의 종류에도 따르지만 상당히 큰 것이 많으므로 지지하는 구조체를 부분적으로 보강해야 한다. 크레인은 각부(脚部)가 넓게 되어 있어 그 지지점은 4점이며, 통상 정사각형으로 되어 있다. 지지점에 생기는 반력은 크레인 메이커에 따라서 작업시 외에 폭풍 시, 지진시에 대해서 그 값이 나타내져 있다. 작업시의 반력은 작업 반경마다 나타내져 있다 (크레인의 정격 하중은 작업 반경[지브의 기복 각도]에 따라서 다르며 작업 반경이 작을수록 커진다). 이늘 값은 같은 용량의 크레인, 같은 작업 반경이더라도 메이커에 따라서 조금씩 다른 경우가 있으므로 채용하고자 하는 메이커의 크레인 자료를 조사해야 한다.

반력값의 표현은 각부(脚部) 4개의 지지점에 대한 반력 톤수를 각기 경우에 대해서 나타내고 있는 경우와 각부 전체에 생기는 직압력(t)과 전도 모멘트의 값(tm)을 나타내는 경우가 있다.

작업시에 가대 각 지지점에 생기는 반력은 크레인의 자립 높이와 지브 방향에 따라서 다르다. 폭풍시, 지진시에 대해서는 방향성이 없다. 어느 경우나 하나의 지지점에 최대 반력을 생기게 하는 것은 힘의 방향이 4개 지지점의 대각선 방향에 가해진 경우이며, 인접하는 2개의 지지점에 최대 반력을 생기게 하는 것은 힘의 방향이 거기에 직각 방향에 가해진 경우이다. 따라서 지지점에 생기는 반력의 표현 방법은 후자의 방법이 간단 명료하므로 이 값으로 검토하고자 하는 상태에 따라서 4개의 지지점에 생기는 반력을 산출하면 된다. 크레인 각부(脚部)에 생기는 전도 모멘트를 M_t, 직압력을 V라고 하면 **그림 5.6**의 A점에 생기는 최대 반력 $_{\max}P_A$는 지브가 ①의 방향이므로

$$_{\max}P_A = \frac{M_t}{l} + \frac{V}{4} \quad \cdots\cdots\cdots\cdots\cdots\cdots\cdots\cdots\cdots\cdots\cdots\cdots (5.5)$$

마찬가지로 A·B 2점에 동시에 생기는 최대 반력 $_{\max}P_A$, $_{\max}P_B$는 지브가 ②의 방향이어서

$$_{\max}P_A = {_{\max}P_B} = \frac{M_t}{\sqrt{2} \times l} + \frac{V}{4} \quad \cdots\cdots\cdots\cdots\cdots\cdots\cdots\cdots (5.6)$$

으로 구할 수 있다.

크레인 각부에는 수평력 H가 생긴다. 이에 대해서는 4개의 지지점이 균등하게 부담하는 것으로 봐도 되므로

$$H_A = H_B = \frac{H}{4} \quad \cdots\cdots\cdots\cdots\cdots\cdots\cdots\cdots\cdots\cdots\cdots\cdots\cdots\cdots (5.7)$$

크레인 하중 중 작업 하중에 대해서는 충격력으로서 작업 하중의 20% 정도를 고려해 두어

야 한다.

크레인 지지 부분에 생기는 응력은 이들 하중에 의거하여 산정한다. 이를테면 **그림 5.6**의 받이보 B_1(가설)에는 수직 방향의 하중으로 휨 모멘트와 전단력이 생기는 외에 수평력으로 인한 응력이 생긴다. 우선 수직 방향의 휨 모멘트는 하중의 작용점과 스팬의 관계로 변동하므로 최대값을 구할 때에는 지브가 ①의 방향일 때, 즉 식(5.5)의 상태에 있을 때와 ③의 방향에 있을 때, 즉 식(5.6)의 상태에 있을 때의 양쪽에 대해서 계산하고 어느 것이나 큰 쪽의 값을 채용해야 한다. 전단력에 대해서는 지브가 ①의 방향, 즉 식(5.5)의 상태에 있을 때의 보 좌단에 최대값이 생긴다. 또 수평력에 의해서 휨 모멘트와 전단력 외에 비틀림 모멘트가 생긴다. 이들

표 5.7 타워 크레인 기초 반력표

메이커	기중 형식	지브 형식	앵커 거리 l (mm)	자립 마스트 높이 (m)	최대 작업 반경 (m)	작 업 시 M_t (tm)	V (t)	H (t)	폭 풍 시 M_t (tm)	V (t)	H (t)	지 진 시 M_t (tm)	V (t)	H (t)	스테이 하중 범위(수평력)(t)
IHI	JCC-400H	경사지브식	5,090	31.5	35	741.35	170.73	2.42	826.57	158.73	28.35	1,370.73	170.73	31.51	45~70
					40	763.95	169.33	2.44	874.51	159.33	28.62	1,398.39	169.33	31.63	
IHI	JCC-200		6,160	24.0	32.0	286.1	110.3	1.6	383.8	104.2	18.9	648.5	110.2	20.2	15~40
					35.0	297.5	110.0	1.7	456.7	104.9	20.0	670.0	109.9	20.4	
					40.0	272.1	108.7	1.7	503.1	105.6	20.1	663.2	108.6	20.5	
				30.0	32.0	301.9	125.9	1.8	517.9	112.2	21.6	749.0	118.2	21.6	
					35.0	309.4	125.4	1.9	594.9	112.9	22.8	766.9	117.9	22.4	
					40.0	284.1	123.5	1.9	642.0	113.6	22.9	761.2	116.6	22.5	
IHI	JCC-180		5,960 (2개) (4개)	24.0	30.0	236.4	72.1	1.5	289.9	66.1	14.5	336.3	66.1	13.1	15~40
					35.0	246.8	71.2	1.5	332.8	66.7	14.6	348.3	66.7	13.2	
					40.0	242.5	70.6	1.5	380.0	67.6	14.9	394.4	67.6	13.4	
			5,400	30.0	30.0	247.2	75.7	1.7	395.3	69.7	16.7	414.3	69.7	13.8	
O사	OTS-4030		5,000	24.0	30.0	205.2	57.0	1.5	235.2	49.1	12.8	329.5	53.1	11.2	17~33
			3,100	정치식	30.0	187.8	32.6	0.6	31.3	25.8	8.0	155.0	29.8	5.0	
O사	OTS-2020		4,000	16.5	15 (3,515)	72.8	21.5	0.54	62.4	16.9	5.2	45.7	15.3	3.1	8.0~12.0
					20 (2,020)	69.1	21.1	0.64	70.6	17.2	5.3	54.4	15.6	3.2	
A사	KCP-1015		3,000	14.25	15	26.7	7.7	0.4	55.1	6.4	4.4	23.8	6.4	1.5	2~7.0
H사 건기	C-5		1,900	6.0	5	7.53	4.55	0.16	7.34	3.07	1.27	8.07	4.07	0.6	1.0~4.0
				정치식	5	7.02	3.38	0.13	2.27	1.95	1.01	5.61	2.95	0.38	
O사	OTHF-2030	수평지브식	4,600	30.0	30 (2,030)	76.5	35.8	0.94	170.9	31.5	11.0	174.4	35.0	7.0	9.0~21.0
					35 (1,335)	80.8	38.3	0.94	188.0	32.0	11.0	182.2	35.5	7.1	
K사	KCT-2525		4,600	30.0	25	89.2	34.3	0.93	136.6	31.1	9.0	123.1	27.2	4.77	5.0~9.0
K사	KCT-1020		4,600	24.0	20	37.3	28.1	0.93	140.2	26.8	9.0	96.7	23.7	4.08	

응력은 같은 하중 상태에서 동시에 생기므로 조합 응력(combined stress)[68]에 대해서 검토할 필요가 있다. 이들에 대해서는 계산 예(「 계산 예 9 크레인 지지부의 보강 계산」)를 참조하기 바란다.

 그림 5.6의 G_1 보(영구)의 휨 모멘트에 대해서도 지브가 ①의 방향에 있는 상태와 ②의 방향에 있는 상태에 대해서 계산하여 어느 것이나 큰 쪽의 값을 채용한다. 전단력은 지브가 ①의 방향에 있는 상태의 보 우단에 최대값이 생긴다. 이와 같이 휨 모멘트와 전단력의 값이 최대가 되는 데는 크레인 상태가 같지 않은 경우가 있으므로 각기 경우에 대해서 검토해야 한다. 이때 자중으로 인한 응력과의 합성이 필요하다. 또 크레인 하중과 동시에 고려하는 바닥 적재 하중은 실정에 따라서 $100 \, kg/m^2$ 정도를 고려해 두면 된다고 본다.

 표 5.7에 비교적 많이 쓰이고 있는 크레인의 반력표를 나타냈는데 이용할 경우는 메이커의 크레인 자료도 입수하는 것이 바람직하다. 이들 자료에는 충격력을 포함하지 않는 경우가 많으므로 이것도 아울러 확인해 두어야 한다. 자립 한계를 넘기 때문에 스테이를 설치하는 경우는 스테이에 생기는 힘을 구하여 이 부분의 보강 검토를 해야 한다.

(3) 허용 응력

 크레인 지지부의 보강 계산에 쓰이는 재료의 허용 응력은 작업 바닥 보강의 경우와 마찬가지로 영구 구조체에 대해서는 「중기 허용 응력」, 가설 부분에 대해서는 「단기 허용 응력」을 채용하는 것이 적당하다고 본다. 또 영구 구조체의 단면이나 배근을 변경하여 가설적으로 보강하였을 경우는 보강 부분에 대해서 「단기 허용 응력」을 채용해도 된다고 본다(「제5장 5.1 작업 바닥의 보강 (4) 허용 응력」 참조).

(4) 건물 바깥에 설치하는 크레인

 정치식 크레인에서도 경미한 것은 건물 바깥에 설치하는 경우도 많은데 지반 위에 RC조 기초를 만들고 그 위에 가설(架設)한다. 이것이 본공사에 방해가 되지 않으므로 현장 상황에 따라서는 바람직하다고 볼 수 있다. 가설 가대 위에 설치하는 경우도 있다. 이같은 경우에 대해서도 크레인 지지점에 생기는 최대 반력은 지브의 방향에 따라서 달라진다. 또 기초의 크기는 지지 지반의 허용 내력으로 정하는 것이므로 설치하는 장소의 지반 상태에 따라 달라지는 것은 당연하다. 이제까지 이런 크레인이 전도 사고를 낸 경우가 있다. 이 원인은 달짐을 허용 한계(달짐의 최대 하중은 지브가 쓰러지는 각도에 따라서 다르다)를 넘어 달았으므로 전도 모멘트가 과대하게 되었기 때문에, 또 기초 설계가 미비했기 때문이다. 지반 상태가 나쁨에도 불구하고 지반이 양호하였던 앞 현장에서 만든 기초와 동일한 것을 검토하지도 않은 채 만들었기 때문에 지지 지반이 파괴된 것이다. 기초의 크기는 지반 상태에 따라서 결정한다는 것은 앞에서 기술한 바와 같으며 어느 것이나 주의해야 한다.

계산 예 9 크레인 지지부의 보강 계산

(1) 개요

　　계산 예 8의 건물(주체 구조 SRC)에서 1층 바닥까지 콘크리트 치기를 완료한 시점에서 다음 그림과 같은 위치에 타워 크레인을 설치한다. G_1, G_2는 영구보, B_1은 가설보이다.

크레인은 IHI JCC−180(일본제임)으로 한다.

　　최대 작업 반경　　30.0 m
　　자립 마스트 높이　24.0 m
　　앵커 볼트 간격　　l_1=5.960 m, l_2=4.214 m

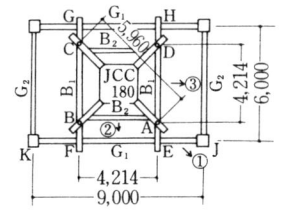

(2) 크레인 하중

표 5.7에서 기초 반력은 지진시가 최대가 된다.

　　전도 모멘트　　M_t=336.3(tm)
　　직압력　　　　V=66.1(t)
　　수평력　　　　H=13.1(t)

크레인 가대의 지지점 A~D에 생기는 하중은

a. 지진력이 ①의 방향일 때

$$_1P_A = \frac{M_t}{l_1} + \frac{V}{4}$$

$$= \frac{336.3}{5.96} + \frac{66.1}{4} = 73.0(t) \text{ (압축)}$$

$$_1P_C = \frac{M_t}{l_1} - \frac{V}{4}$$

$$= \frac{336.3}{5.96} - \frac{66.1}{4} = 39.9(t) \text{ (인발)}$$

$$_1P_B = {_1P_D} = \frac{V}{4} = 16.5(t) \text{ (압축)}$$

$$H_A = H_B = H_C = H_D = \frac{H}{4} = 3.28(t)$$

b. 지진력이 ②의 방향일 때

$$_2P_A = {_2P_B} = \frac{M_t}{2 \cdot l_2} + \frac{V}{4}$$

$$= \frac{336.3}{2 \times 4.214} + \frac{66.1}{4} = 56.4(t) \text{ (압축)}$$

$$_2P_C = {_2P_D} = \frac{M_t}{2 \cdot l_2} - \frac{V}{4} = 23.4(t) \text{ (인발)}$$

$$H_A = H_B = H_C = H_D = \frac{H}{4} = 3.28(t)$$

c. 지진력이 ③의 방향일 때

$$_3P_A = {_3P_D} = \frac{M_t}{2 \cdot l_2} + \frac{V}{4} = 56.4(t) \text{ (압축)}$$

$$_3P_B = {_3P_C} = \frac{M_t}{2 \cdot l_2} - \frac{V}{4} = 23.4(t) \text{ (인발)}$$

$$H_A = H_B = H_C = H_D = \frac{H}{4} = 3.28(t)$$

(3) 받이보 B_1, B_2의 검토

  a. 휨 모멘트, 전단력

    1. 힘의 방향이 ①일 때

$$_1P_A = 73.0(t)$$

$$_1P_D = 16.5(t)$$

$$_1R_E = {_1Q_E} = \frac{5.107}{6.00} {_1P_A} + \frac{0.893}{6.00} {_1P_D} = 64.6(t)$$

$$_1M_A = 0.893 \times {_1R_E} = 57.7(tm)$$

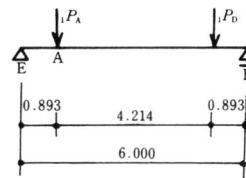

    2. 힘의 방향이 ③일 때

$$_3P_A = {_3P_D} = 56.4(t)$$

$$_3R_E = {_3Q_E} = {_3P_A} = 56.4(t) \quad < {_1Q_E}$$

$$_3M_A = 0.893 \times {_3R_E} = 50.4(tm) \quad < {_1M_A}$$

그러므로 힘의 방향이 ①일 때에 최대 응력이 생긴다.

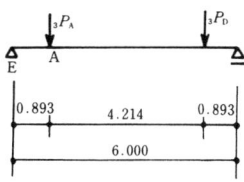

  b. 수평력으로 인한 휨 모멘트, 전단력

$$H_A = H_D = 3.28(t)$$

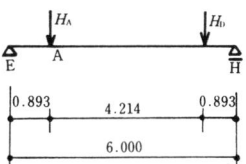

양단 핀 지지라고 생각한다.

$$_H R_E =\,_H Q_E = H_A = 3.28(\text{t})$$

$$_H M_A = 0.893 \times\,_H R_E = 2.93(\text{tm})$$

비틀림 모멘트

$$m_t = H_A \cdot h^* \times 2 \quad (*h : B_1 \text{보 춤})$$
$$= 3.28 \times 0.70 \times 2 = 4.59(\text{tm})$$

비틀림 모멘트는 B_2 보로 처리한다.

c. 단면 검토

1. 허용 응력은 단기 허용 응력을 채용한다.

    $B_1 : H-700 \times 300 \times 13 \times 24(SS400)$

    $Z_x = 5,760(\text{cm}^3), \quad Z_y = 722(\text{cm}^3)$

    $i = 7.87(\text{cm}), \quad l_1 = 600(\text{cm})$

    $\eta = 7.11$

    $$\lambda = \frac{l_1}{i} = \frac{600}{7.87} = 76.2$$

    $$\therefore f_b' = 2.40(\text{t}/\text{cm}^2)$$
    $$f_s' = 1.35(\text{t}/\text{cm}^2)$$

    $B_2 : H-300 \times 150 \times 6.5 \times 9(SS400)$

    $Z_x = 481(\text{cm}^3)$

    $i = 3.87(\text{cm}), \quad l_2 = 421.2 \text{ cm}$

    $\eta = 8.61$

    $$\lambda = \frac{l_2}{i} = \frac{421.2}{3.87} = 109$$

    $$\therefore f_b' = 1.44(\text{t}/\text{cm}^2)$$
    $$f_s' = 1.35(\text{t}/\text{cm}^2)$$

2. B_1 받이보

    휨 모멘트에 대해서

    $$_1\sigma_b = \frac{_1 M_A}{Z_x} = \frac{57.7 \times 10^2}{5,760} = 1.00(\text{t}/\text{cm}^2)$$

    $_H M_A$에 대해서는 상부 플랜지만으로 저항하는 것이라고 생각하면

$$_H\sigma_b = \frac{_HM_A}{Z_y/2} = \frac{2 \times 2.93 \times 10^2}{722} = 0.81 (\text{t/cm}^2)$$

$$\sigma_b = {}_1\sigma_b + {}_H\sigma_b$$
$$= 1.00 + 0.81 = 1.81 (\text{t/cm}^2) < f_b' \quad \text{OK}$$

전단력에 대해서

$$_1\sigma_s = \frac{_1Q_E}{A_w}$$

$$= \frac{64.6}{1.3 \times 70} = 0.71 (\text{t/cm}^2) < f_s' \quad \text{OK}$$

$$_H\sigma_s = \frac{1.2^* \times {}_HQ_E}{A_F}$$

$$= \frac{1.2 \times 3.28}{2.4 \times 30} = 0.05 (\text{t/cm}^2) < f_s' \quad \text{OK}$$

(주) *형상 계수

3. B_2 보

비틀림 모멘트 m_t에 대하여

$$\sigma_b = \frac{m_t}{2 \cdot Z_x} = \frac{4.59 \times 10^2}{2 \times 481} = 0.48 (\text{t/cm}^2) < f_b' \quad \text{OK}$$

4. $B_2 \sim B_1$의 접합부

플랜지, 상하 모두

   첨판   PL-9

   중간 볼트   4-M20

웨브,

   첨판   2PL-6

   중간 볼트   3-M20

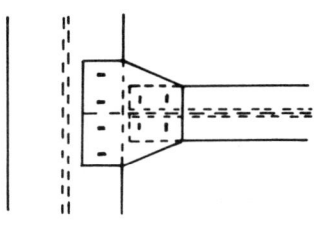
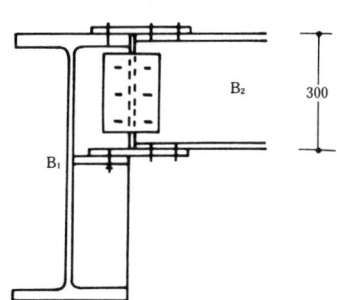

으로 하면 플랜지 볼트의 허용 내력은 1면 전단(剪斷)으로 결정하여

$Q'_A = 4.24(\text{t}/\text{개})(\text{단기})$

$RM = n \times Q'_A \times h = 4 \times 2 \times 4.24 \times 0.30 = 10.2(\text{tm}) > m_t$ OK

(주) 비틀림 모멘트에 대한 검토법으로서 이 계산 예에 나타낸 방법은 간편법이다. B_1 보를 휨 비틀림을 받는 보로서 풀이하는 방법은 참고 문헌 68)의 방법이 비교적 쉽다. 그 방법으로 검토하여 안전을 확인한 경우는 B_2 보를 생략할 수 있다.

(4) 영구보 G_1의 검토

a. 자중으로 인한 응력

크레인 개구부를 무시하고 검토한다. 계산 예 8 에서

w : 바닥 적재 하중

콘크리트 슬래브 t 200 480 $\Big\}$ 580(kg/m²)

P : B 작은보 RC 450×600

$0.45 \times 0.40 \times 2.4 \times 5.55 = 2.40(\text{t})$

q : G_1 큰보 SRC 450×900

$0.45 \times 0.70 \times 2.5 = 0.80(\text{t}/\text{m})$

$$C = 18.8 \times 2ws + \frac{2 \cdot P \cdot l}{9} + \frac{q \cdot l^2}{12}$$

$$= 18.8 \times 2 \times 0.58 + \frac{2 \times 2.40 \times 9.00}{9} + \frac{0.80 \times 9.00^2}{12}$$

$$= 32.0(\text{tm})$$

$$M_0 = 28.4 \times 2ws + \frac{P \cdot l}{3} + \frac{q \cdot l^2}{8}$$

$$= 28.4 \times 2 \times 0.58 + \frac{2.40 \times 9.00}{3} + \frac{0.80 \times 9.00^2}{8}$$

$$= 48.2(\text{tm})$$

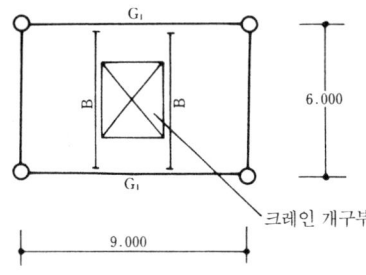

$$Q_0 = 10.2 \times 2ws + P + \frac{q \cdot l}{2}$$

$$= 10.2 \times 2 \times 0.58 + 24.0 + \frac{0.80 \times 9.00}{2}$$

$$= 17.8 \text{(tm)}$$

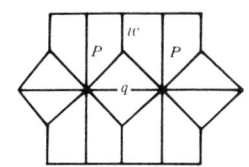

b. 크레인으로 인한 응력

1. 힘의 방향이 ①일 때

   $_1P_E = {_1R_E} = 64.6 \text{(t)}$

   $_1P_B = 16.5 \text{(t)}$

   $_1P_C = 39.9 \text{(t)}$ (인발)

   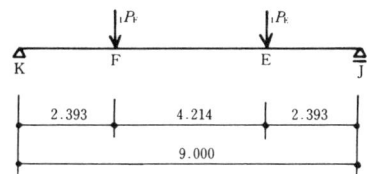

   $_1P_F = {_1R_F} = \dfrac{5.107}{6.00} \times {_1P_B} - \dfrac{0.893}{6.00} \times {_1P_C} = 8.11 \text{(t)}$

   $_1R_J = {_1Q_J} = \dfrac{6.607}{9.00} \times {_1P_E} + \dfrac{2.393}{9.00} \times {_1P_F} = 49.6 \text{(t)}$

   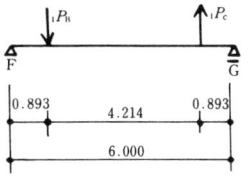

   $_1R_K = {_1Q_K} = \dfrac{2.393}{9.00} \times {_1P_E} + \dfrac{6.607}{9.00} \times {_1P_F} = 23.1 \text{(t)}$

   $_1M_E = 2.393 \times {_1R_J} = 118.7 \text{(tm)}$

   $_1M_K = 2.393 \times {_1R_K} = 55.4 \text{(tm)}$

   이것을 다음 그림과 같은 분포라고 생각한다.

   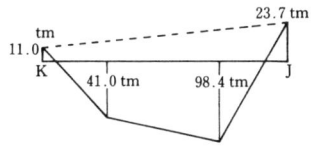 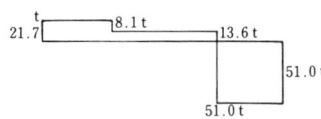

2. 힘의 방향이 ②일 때

   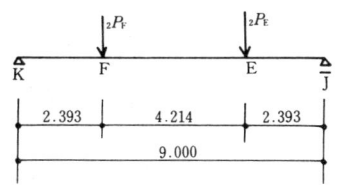

   $_2P_A = 56.4 \text{(t)}$

   $_2P_D = 23.4 \text{(t)}$ (인발)

   $_2P_E = {_2R_E} = \dfrac{5.107}{6.00} \times {_2P_A} - \dfrac{0.893}{6.00} \times {_2P_D} = 44.5 \text{(t)}$

   $_2P_F = {_2R_F} = {_2P_E} = 44.5 \text{(t)}$

   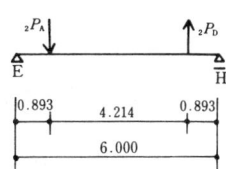

   $_2R_J = {_2R_K} = {_2Q_J} = {_2Q_K} = 44.5 \text{(t)}$

   $_2M_E = {_2M_F} = 2.393 \times {_2R_J} = 106.5 \text{(tm)}$

   이것을 다음과 같은 분포로 생각한다.

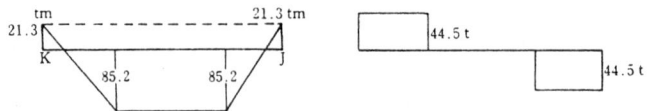

즉, 힘의 방향이 ①일 때가 응력이 크다.

c. 설계용 응력

$M_J = 32.0 + 23.7 = 55.7 \text{(tm)}$

$M_E ≒ 48.2 + 98.4 = 146.6 \text{(tm)}$

$Q_J = 17.8 + 51.0 = 68.8 \text{(t)}$

d. 단면 검토

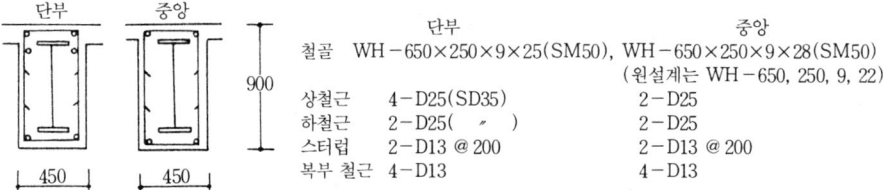

	단부	중앙
철골	WH-650×250×9×25(SM50),	WH-650×250×9×28(SM50)
		(원설계는 WH-650, 250, 9, 22)
상철근	4-D25(SD35)	2-D25
하철근	2-D25(〃)	2-D25
스터럽	2-D13 @ 200	2-D13 @ 200
복부 철근	4-D13	4-D13

허용 응력은 중기 허용 응력을 채용한다.

철골   SWS490 $f_b = 2.75(\text{t/cm}^2)$, $f_s = 1.59(\text{t/cm}^2)$

철근   SM35 $f_t = 2.85(\text{t/cm}^2)$

콘크리트 FC210 $f_s = 8.75(\text{kg/cm}^2)$

철골의 단면 성능

단부 $I_J = \dfrac{25 \times 65^3}{12} - \dfrac{24.1 \times 60^3}{12} = 138.3 \times 10^3 \text{ (cm}^4)$

$Z_J = I_J / 32.5 = 42.6 \times 10^2 \text{ (cm}^3)$

중앙 $I_E = \dfrac{25 \times 65^3}{12} - \dfrac{24.1 \times 59.4^3}{12} = 151.2 \times 10^3 \text{ (cm}^4)$

$Z_E = I_E / 32.5 = 46.5 \times 10^2 \text{ (cm}^3)$

철근의 단면

단부 4-D25 $a_t = 20.28(\text{cm}^2)$ $d = 78(\text{cm})$

중앙 2-D25 $a_t = 10.14(\text{cm}^2)$ $d = 84(\text{cm})$

단부

$M_A = Z_J \cdot f_b + a_t \cdot f_t \cdot j$

$$= 42.6 \times 2.75 + 20.28 \times 2.85 \times 0.78 \times \frac{7}{8} = 156.6 \text{(tm)} \quad > M_J \quad \text{OK}$$

$$Q_A = A_W \cdot f_s + b \cdot j \cdot f_s$$

$$= 0.9 \times 65 \times 1.59 + 45 \times 78 \times \frac{7}{8} \times 8.75 \times 10^{-3} = 119.9 \text{(tm)} \quad > Q_J \quad \text{OK}$$

중앙

$$M_A = Z_E \cdot f_b + a_t \cdot f_t \cdot j$$

$$= 46.5 \times 2.75 + 10.14 \times 2.85 \times 0.84 \times \frac{7}{8} = 149.1 \text{(tm)} \quad > M_E \quad \text{OK}$$

(5) 크레인 가대와 받이보 B_1의 결합

인발력이 최대가 되는 것은 힘의 방향이 ①일 때의 C 점이다.

$_1P_C = 39.9 \text{(t)}$ (인발)

$H_C = 3.28 \text{(t)}$

인발력에 대해서는 4-M36이 저항한다고 생각한다.

$a_t = 10.18 \times 4 = 40.7 \text{(cm}^2\text{)}$

$$\sigma_t = \frac{_1P_C}{a_t} = \frac{39.9}{40.7} = 0.98 \text{(t/cm}^2\text{)}$$

(주) 결합 볼트의 존재 응력은 장기 허용 응력 이하로 억제하는 것이 바람직하다.

수평력에 대해서는 4-M20에 부담하게 하면

$a_s = 3.14 \times 4 = 12.6 \text{(cm}^2\text{)}$

$$\sigma_s = \frac{H_C}{a_s} = \frac{3.28}{12.6} = 0.26 \text{(t/cm}^2\text{)} \quad \text{OK}$$

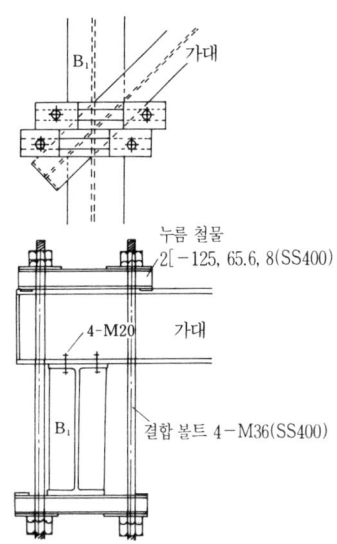

(6) 받이보 B_1과 영구보 G_1의 결합

인발력이 최대가 되는 것은 힘의 방향이 ①일 때의 G 점에 생긴다.

$_1P_B = 16.5 \text{(t)}$

$_1P_C = 39.9 \text{(t)}$ (인발)

$H_B = H_C = 3.28 \text{(t)}$

$$_1R_G = \frac{5.107}{6.00} \times {_1P_C} - \frac{0.893}{6.00} \times {_1P_B} = 31.5 \text{(t)} \text{ (인발)}$$

$$H_G = \frac{H_B + H_C}{2} = 3.28 \text{(t)}$$

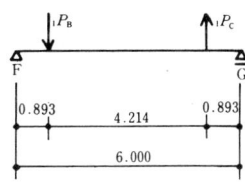

앞 항과 마찬가지로 생각하여

인발력에 대해서 $a_t = 40.7 (cm^2)$

$\sigma_t = \dfrac{{}_1R_G}{a_t} = \dfrac{31.5}{40.7} = 0.77 (t/cm^2)$ OK

수평력에 대해서 $a = 12.6 (cm^2)$

$\sigma_s = \dfrac{H_G}{a} = \dfrac{3.28}{12.6} = 0.26 (t/cm^2)$ OK

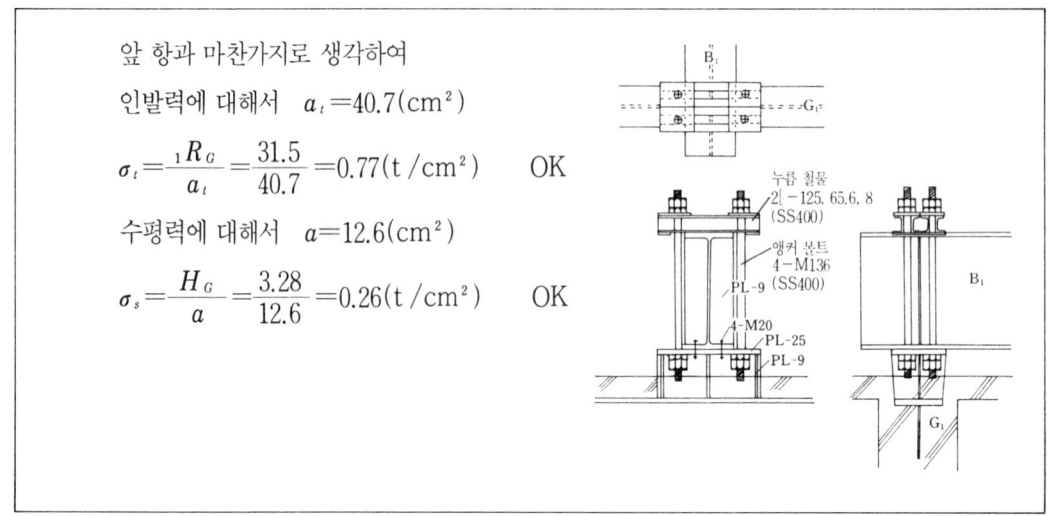

참 고 문 헌

68) 木村衞 ; 鋼構造物におよぼす捩りモーメントの影響(部材の捩り評價について) : 日本建築學會論文報告集 No. 345(S. 59. 11)

제 6 장   지반과 기초의 문제

6.1 예상과 다른 지반

(1) 지지 지반의 확인

직접 지정에는 모래 지정, 자갈 지정, 잡석 지정, 긴주춧돌 지정, 잡석 콘크리트 지정, 밑창 콘크리트 지정 등이 있으며 기초 밑바닥 부근의 지반 상태에 따라서 선택한다. 지반 상태에 관해서는 설계 단계에서 토질 조사를 하되 될 수 있는 한 자세히 그 성상을 파악하는 데 노력하게 되지만 아무래도 자연의 것인 관계로 눈으로 직접 볼 수 없는 흙 속의 것이므로 굴착해 보면 설계 시점에서 가정한 토질과 다를 때가 종종 있다. 따라서 굴착을 완료한 시점에서 기초 밑바닥이 되는 지반이 설계 시점에서 가정한 것과 많은 차이가 나지 않는지 여부를 확인해야 한다. 설계시 가정한 것과 많이 차이가 날 때는 적절한 종류의 지정으로 설계를 변경해야 한다.

여기서 주의해야 하는 것은 굴착 완료시에 기초 지반 상태를 확인하는 사람이 반드시 설계자가 아닌 경우가 많다는 것이다. 그 사람은 감리자이거나 시공자가 많다. 따라서 이 사람들은 설계자가 어떠한 지반을 가정하고 기대하였는지를 설계 도서상으로 보고 판단하여 확실히 이해해야 한다. 그렇게 하기 위해서는 감리자나 시공자는 토질에 대한 역학적 평가를 육안(목측)으로 될 수 있는 한 정량적(定量的)으로 적어도 정성적(定性的)으로 판단할 수 있도록 평소부터 수련해야 한다. 이 수련이 필요한 것은 직접 지정에 대해서 뿐만 아니라 말뚝 지정이나 흙막이, 굴착 등과 같이 흙에 관련되는 공사의 시공에 자주 접하게 되기 때문이다.

(2) 토질 조사

감리자나 시공자는 설계 단계에서 행한 토질 조사에 대해서 다만 토질 주상도 뿐만 아니라 그 보고서의 전문(全文)을 입수하여 내용을 파악해 두어야 한다.

또한 설계 단계에서 하는 토질 조사는 기초나 지정 설계에 필요한 자료를 얻는 것을 주목적으로 하므로 시공 단계에서 필요한 흙막이나 굴착을 위한 자료가 부족한 경우가 많다. 이 경우는 필요에 따라 추가 조사를 해야 하지만 시공 계획을 입안하기 위해서는 자료 입수가 늦어진다. 그래서 설계 단계에서 하는 토질 조사시에 시공에 필요한 조사 항목도 포함해 두는 것이 가장 바람직하다. 건축 기초 설계를 위한 지반 조사 계획 지침(일본 건축 학회편, 1985년)에서는 기초 설계에 필요한 것으로서 지층의 경연(硬軟), 지반 타입, 기초 형식 등에 따라, 또 시공 계획 입안을 위해 필요한 것으로서 흙막이, 굴착, 말뚝 박기 등의 목적에 따라서 지반 조사·토질 시험 항목을 상세하게 해설하고 있으므로 지반 조사 입안시에 참고로 할 때가 많다. 이들 조사 항목에는 설계 단계와 시공 단계에서 중복되는 것이 꽤 있다.

(3) 직접 지정

여기서 직접 지정의 본래 목적을 돌아보면 다음과 같은 두 가지를 생각할 수 있다.
① 다음 공정의 작업 바닥이 되는 것이므로 표면이 평활하고 적당한 강도가 있으며, 먹매김은 정확하게 할 수 있을 것.
② 건물의 하중을 지반에 직접 전달하는 부분이므로 일종의 지반 개량일 것.

이 중 ①은 작업에 직접 관계되는 것이므로 특별히 설명하지 않아도 이해할 수 있지만 ②의 목적도 잊어서는 안된다.

직접 지정은 지정을 함으로써 원래 지반보다도 견고한 층을 만들어야 한다. 예를 들면, 소정의 깊이까지 굴착을 완료하여 터잡기를 하면 상당히 밀실한 사질층(N값 : 약 30 이상, 상대 밀도 : 중정도~조밀)이 나타난 경우 등은 자갈 지정이나 잡석 지정 등이 필요없어 직접, 밑창 콘크리트 지정으로서 콘크리트를 약간 두껍게(80~100 mm 정도) 부어넣는 편이 좋다. 인공적인 자갈 지정 등을 시공하면 원래 지반보다도 연약한 층이 되는 경우가 많으므로 지정을 만드는 의미가 없다. 또 반대로 가정 지반보다도 나쁜 경우에는 직접 지정 설계로 하였다고 해도 잡석 지정으로 하거나 지정 두께를 늘리는 등 조치를 취해야 한다.

(4) 연약층의 치환

지층이 복잡하게 퇴적되어 있는 경우에는 연약한 점토층 등이 부분적으로 끼어 있는 경우가 있다. 이럴 때는 연약한 부분을 제거하고 양질의 토사로 바꿔야 한다. 바꾸는 방법은 그 지정(잡석 지정이나 밑창 콘크리트 지정)의 두께를 늘리든지 모래나 자갈로 바꾸고 물다짐 등으로 충분히 다진다. 바꾸는 두께는 부분적으로 너무 깊게 파는 것은 좋지 않으므로 상황에도 따르지만 깊이 50 cm 정도까지로 하는 것이 바람직하다.

굴착이 소정 깊이까지 진척되고 터잡기를 하고 나면 바로 지정을 하여 밑창 콘크리트를 시공하는 것이 중요하다. 그렇지 않으면 만약 비가 오거나 할 때에 애써 밀실하게 한 지반을 흐트러든지 느슨하게 해버릴 우려가 있기 때문이다. 아주 추운 지방에서는 동결하는 경우가 있다. 만약 흐트러졌다든지 동결하였을 경우는 그 부분을 바꿔야 한다.

시가지의 현장에서는 굴착 밑바닥 부근에 잔존해 있는 옛날 기초 등의 지중 장해물이 나오는 경우가 있다. 이럴 때는 굴착 밑바닥에서 상부만을 철거해서는 안되고 더 아래쪽 적어도 50 cm 정도까지 철거하고 양질의 토사로 되메우기하고 잘 다져야 한다. 이러한 조치를 하지 않으면 이 지중 장해물이 국부적으로 말뚝과 같은 작용을 하여 상부 건물에 부동 침하를 생기게 할 우려가 있다.

(5) 어스극(earth極)의 묻어넣기

빌딩 지하실에 전기실이 있는 경우는 기기의 어스나 피뢰침의 어스 등을 건물의 온통 기초보다 아래쪽 지반에 묻어넣어야 한다. 이때 동판 어스를 사용하면 묻어넣기 위해 상당히 넓은 범위를 굴착해야 하며, 더구나 그것도 몇 군데가 될 때가 많으므로 모처럼 신중히 터잡기를 한 지지 지반을 흐트러뜨려 버리게 된다. 만약 말뚝 지정 형식으로 건물 중량의 지지를 굴착 밑바닥 이상 깊이 지층에 구하는 경우라면 구조적인 영향은 적다고 봐도 되지만 직접 기초 형식일 경우는 영향이 커서 구조적으로 바람직하지 않다.

어스극은 어스에 필요한 전기 저항값을 얻을 수 있으면 되므로 이런 관점에서 보면 동판 묻어넣기로 하지 말고 어스봉 박아넣기로 하는 것이 바람직할 것이다. 그러나 필요한 전기 저항값을 얻기 위해 어스봉 수가 많이 늘어나 배열이 불가능하게 되는 경우도 있다. 그래서 부득이 동판 묻어넣기로 하는 경우는 되메우기시에 잘 다져지는 되메우기 흙을 선정하고(「제3장 3.2

선시공 철골 기둥 구조 (4) (g) 수중 되메우기용 모래의 선정」참조) 30 cm 정도를 되메우기 마다 충분히 다져 되메우기 부분의 지반이 굴착 전과 동등한 밀도·지내력을 갖도록 해야 한다.

(6) 지내력 시험의 한계

지내력 시험은 기초 슬래브 바로 아래 지반의 지지력과 침하량의 관계를 구하여 허용 내력을 확인하고자 하는 것이며 통상 지반의 평판 재하 시험 방법에 따라서 한다. 이것은 시험을 하고자 하는 지반 위에 300 mm ϕ 의 재하판(강판, 두께 25 mm 이상)을 두고 그 위에 하중을 가하여 하중-침하의 관계를 구하는 것이다.

일반적으로 건물의 접지압으로 생기는 지중 응력은 기초 바로 아래에서 구근상(球根狀)으로 퍼져 분포(압력 구근이라고 한다)하고 그 값은 기초 밑바닥에서 멀어짐에 따라서 작아지는데, 지중 응력의 값이 접지압의 0.1~0.2배 정도까지 감소하는 것은 기초 폭의 2.0~2.5배 깊이에 이른다고 한다. 이 범위를 하중의 영향 범위라고 하고 기초의 변형 성상에는 이 범위의 지층이 관계한다.

평판 재하 시험에서는 재하판의 크기가 300ϕ이므로 하중의 영향권은 깊이 60~70 cm, 기껏 1 m 정도까지이므로 재하 시험은 이 범위 지반의 변형 성상을 구하는 데 불과하다. 실제 건물 기초는 재하판보다도 훨씬 크고, 또한 지층 구성은 통상 매우 복잡하여 건물에 따라서 생기는 영향권 내에는 토질 상수가 다른 각종 지층이 포함되는 경우가 많다(**그림 6.1**). 따라서 평판 재하 시험은 기초 슬래브 바로 아래 지반의 지지력을 구하기 위해서는 의미가 있으나 변형 성상에 대해서는 영향권 내의 지층 구성이 균일한 경우 외에는 별로 의미가 없다. 더구나 지반의 허용 내력은 허용 지지력과 허용 변형량 양쪽을 감안하여 판정하는 것이므로 지층 구성이 복

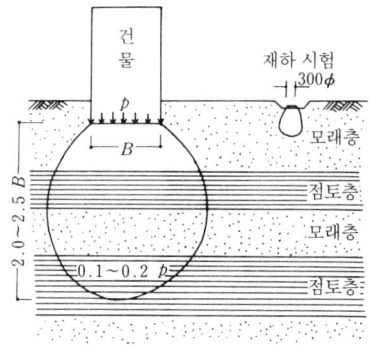

그림 6.1 하중의 영향권

잡한 경우에는 지지력에만 주목해도 불충분하다고 할 수 있다.

지내력 시험에는 위에 기술한 것 같은 한계가 있으므로 시험 실시와 시험 결과를 이용하는 데는 이것을 인식해야 하며, 지내력이나 건물의 침하 성상의 판정에는 다른 지반 조사 결과나 토질 시험 결과를 포함하여 종합적으로 판단해야 한다.

6.2 부동 침하의 요인

(1) 부동 침하 현상의 발생

건축물의 통상 축조 방법은 지반 위에 층마다 차례로 쌓아올리듯이 시공하는 것이다. 이 결과 지반에 대한 하중은 순차적으로 증가하여 지중 응력이 증대함과 동시에 변형도 서서히 증가하여 건축물이 침하하게 된다. 이 침하량이 건물 각 부분에 대해서 아주 고르게 생기면 건축물 그 자체에 대해서는 문제가 없지만 통상은 여러 가지 원인으로 이 침하량의 몇 분의 1이 부동 침하가 되어 드러나는 것이다. 엄밀하게 말하면 대부분의 건물은 부동 침하를 한다고 해도 과언이 아니다. 그러나 이 부동 침하는 바로 장해가 되어 드러나는 것이 아니다. 그래서 장해로 드러나지 않는 단계, 실제 피해가 없는 시점에서는 못 보고 빠뜨리는 경우가 많다.

부동 침하의 발생은 건축물의 강성과 그 분포, 지반의 성상 등에 따라서 다르며, 건물 완성 후 단시일 내에 생기는 것이 있는가 하면 완성 후 오랜 세월을 거쳐 서서히 드러나는 것도 있다. 일반적으로 상부 구조의 강성이 큰 건물에 부동 침하의 경향이 생기면 침하량이 큰 부분의 부담 하중이 감소하고 침하량이 작은 부분의 부담 하중이 증가하여 균등 침하 혹은 강체(剛體) 침하(침하와 경사)가 생기는 방향에 하중의 재배분이 행해진다. 그러나 침하가 서서히 진행될 경우는 콘크리트의 크리프에 의해서 변형이 증가하여 부동 침하량이 많아진다.

부동 침하의 표면적인 현상은 콘크리트계 건물에서는 건물의 경사, 벽의 균열로 드러나고, 철골조·목조와 같이 강성이 작고 약한 구조에서는 벽의 균열, 창호의 긴장 정도나 맞춤새의 불량 등으로 드러난다.

균열은 부동 침하 이외의 원인으로도 생긴다. 여러 원인이 복합하여 생기는 것이 많으나 원인에 따라서 발생 상황에 각각 특징이 있으므로 이 특징을 건물 전반에 걸쳐서 상세하게 조사하여 파악함으로써 그 발생 원인을 특정 또는 추정할 수 있다. 이에 대해서는 철근 콘크리트조의 균열 대책(설계·시공) 지침안·동해설(일본 건축 학회편) 같은 참고서를 참조하기 바란다.

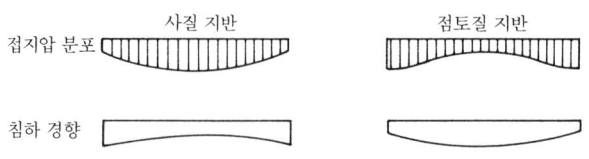

그림 6.2 사질 지반과 점토질 지반의 일반적 경향

(2) 지층 구성에 기초를 둔 것

건축물의 침하 경향은 지반의 종류에 따라서 다르다. 일반적인 침하 경향은 균일한 모래 지반에서는 침하량이 중앙에서 적고 주위에서 큰 볼록한 형상이 되며, 점성토 지반에서는 중앙에서 오목한 형상으로 되어 부동 침하한다(그림 6.2). 이것은 사질 지반에서는 구조물에 따른 지중 응력이 건물 단부 부근에서 급격히 변화하므로 단부 부근의 모래 입자가 측방으로 이동함에 기인하는 것이고, 점토질 지반에서는 수직 지중 응력이 건물의 중앙 하부 부근에서 크게 되어 압밀 침하량에 차이가 생기게 되기 때문이라고 설명하고 있다. 그러나 지층은 일반적으로 복잡한 구성으로 되어 있어 균등하지 않으므로 이러한 단순한 것으로 설명할 수 없는 경우가 많다.

건물 하부의 지층이 연약하여 침하가 큰 경우에는 부동 침하량도 커진다. 하부의 지층 구성이 불균등하여 경사 퇴적이나 난퇴적(亂堆積)되어 있다든지 부분적으로 연약층이 끼어 있는 경우나 (4)항에서 기술하는 바와 같이 건물이 이종 지반에 걸쳐 있다든지 지지층이나 기반층이 부동일 경우는 부동 침하가 생길 우려가 크다.

(3) 점토층의 압밀

점토층을 포함한 지층 속의 지하수를 퍼올려 지하 수위를 저하시키면 점토 입자 내의 유효 응력이 증가하여 압밀 침하가 생긴다는 것은 이미 기술한 바 있다(「제4장 4.1 주변 지반에 대한 영향 (3) 강제 배수에 따른 영향」참조). 이 밖에 지상에 성토나 중량물을 다량으로 적재하거나 건물을 구축하거나 하여 지중 응력을 증가시킨 경우에도 마찬가지의 압밀 침하 현상이 생긴다.

이때 점토층의 층 두께가 일정하게 균질하고 그 범위의 지중 응력도 거의 균등하다면 압밀량은 거의 균등하므로 부동 침하는 생기지 않게 되지만, 실제로 지층은 복잡하게 퇴적되어 있으며 불균등한 경우가 많으므로 침하량의 몇 분의 1이 부동 침하가 되어 드러나는 것은 피할 수 없다. 특히 강제 양수를 할 경우는 수두가 경사지므로 침하량도 경사져 분포하게 된다.

모래층의 경우도 지하 수위의 저하로 침하하는 것은 점토층의 경우와 마찬가지이지만 점토층에 비하면 그 양이 매우 적으므로 문제가 되는 일은 거의 없다.

(4) 조성된 대지

지반이 원인이 되는 부동 침하에서 가장 주의해야 할 점은 조성된 대지 위에 건물을 짓는 경우이다. 일반적으로 설계시에는 지반 조사를 하여 지층 상태를 확인하는 것이 본래이지만 규모가 작은 건물의 경우는 비용 등의 점에서 이것을 생략하는 경우가 있다. 그러나 주의해야 할 것은 그 대지가 성토 부분에 있을 때나 터깎기와 성토에 걸쳐 있을 때이다. 이럴 때 부주의로 건물을 지으면 **그림 6.3** (a), (b)에 나타낸 바와 같이 건물에 부동 침하가 생기게 된다. 특히 조성 후 아직 얼마 안된 경우에는 이런 경향이 뚜렷하다. 이것은 지층이 다져지면서 침하하는 것이므로 목조와 같이 경량 건물의 경우에서도 기초 푸팅을 조금 크게 한 정도에서는 침하를 막을 수 없다. 이것을 피하기 위해서는 말뚝 박기 지정으로 하든지 지반 개량을 하든지, 매트 기초·뜬 기초와 같은 특수 기초[69],[70]로 해야 한다. 이렇게 하기 위해서는 필요 깊이까지 지반 조사를 해야 하지만 조성 전 원래의 지형도와 대지 조성도를 입수할 수 있으면 대충 그 판단을 할 수 있어 지반 조사 계획을 세우는 데도 편리하다.

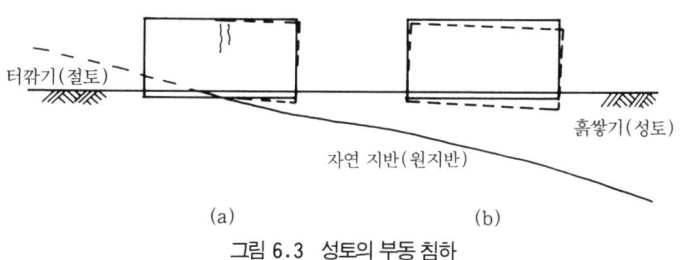

그림 6.3 성토의 부동 침하

조사 깊이가 1.0~1.5 m 정도로 얕은 경우는 시굴을 하든지 탐사 지레로 찾는 방법이 있다. 시굴은 대지 내 적당한 곳에서 1 m 각 정도의 넓이를 파내려가 그 깊이 범위의 지층 구성이나 토질을 직접 눈으로 관찰 확인하는 것이다. 조사 깊이가 깊어지면 흙막이 설비를 요한다. 통상은 지하 수위 깊이까지 파는데 그 이하까지 파는 경우는 배수 설비를 해야 한다. 탐사 지레는 이것을 흙 속에 찔러 넣어 그 관입 저항으로 지층의 긴장 정도나 전석(**轉石**)의 유무를 추정하는 것이다. 가장 간단한 방법은 22~25ϕ의 원형 막대나 파이프를 흙 속에 삽입하여 반응(손에 받는 느낌)을 보는 것인데 이런 판정에는 약간의 경험을 필요로 한다.

(5) 지하 매설물·지하 공동

개축 공사에서 해체 흔적이 있는 대지에 기존 구조물 기초 등의 잔존물이 굴착 밑바닥 부근에 있는 경우나 조성지 등에서 기초 바로 아래에 큰 전석이 있는 경우 등에서는 이같은 지중 장해물이 국부적으로 말뚝과 같은 작용을 하여 상부 건물에 부동 침하를 생기게 하는 경우가 있다. 이들은 그 정도에도 관계가 있지만 기초 밑바닥에서 적어도 50 cm 정도까지는 제거해 두어야 한다.

또 지하수의 침식이나 구갱도(舊坑道) 등에서 지중에 공동(空洞)이 생긴 경우에는 앞에서 기술한 것과 반대의 작용을 생각할 수 있다.

(6) 말뚝 지정

지지 말뚝으로서의 묻어넣기 말뚝이나 현장 치기 콘크리트 말뚝의 경우 그 하중-침하량의 관계는 말뚝 선단의 지지력과 말뚝 몸통 주위의 마찰력에 의해서 정한다. 이 중 선단 지지력은 말뚝 선단 부근 토질의 종류나 그 상대 밀도 등의 편차 외에 시공의 양부, 특히 말뚝 선단부 굴착 지반의 처리(주로 지지 지반의 흐트러짐과 슬라임 처리, 묻어넣기 말뚝에서는 이 밖에 높이 조정 대책)의 양부에 좌우된다. 특히 말뚝 배치가 단말뚝(單杭)일 때는 이런 영향을 받기 쉽다.

그림 6.4는 현장 치기 콘크리트 말뚝의 수직 재하 시험 결과를 정리한 것 [71], [72] 인데 하중-침하량의 관계는 상당한 편차를 나타내고 있다. 이같은 현장 치기 콘크리트 말뚝은 모두 지지 말뚝으로서 설계된 것이며 말뚝 길이는 각각 다르지만(시험 말뚝 실제 길이 7~23 m) 선단의 지지 지반은 거의 같은 지층(자갈층)이다. 그림에 나타낸 수직 재하 시험 결과의 편차는 앞에서 기술한 원인에 의거한 것인데 재하 초기에 대한 말뚝~지반계의 강성은 최소값과 최대값의 비가 약 6.0배에 이르고 있다. 동일 공사에서는 말뚝 길이의 변화는 일반적으로 적으므로 말뚝 몸통 주위의 마찰력으로 인한 편차는 작은 것이지만 선단 지지력의 차이에 기초를 둔 초기 강성의 편차는 피할 수 없다. 이것은 건물에 부동 침하를 일으키게 하는 큰 원인의 하나이다. 또 동일 건물에서 이종의 기초 구조를 혼용한 경우에는 침하량에 차이가 생기므로 부동 침하할 우려가 높기 때문에 이러한 계획은 될 수 있는 한 피해야 한다. 이런 예로는 말뚝 기초와 직접 기초의 혼용, 이종 말뚝의 병용 등이 있다.

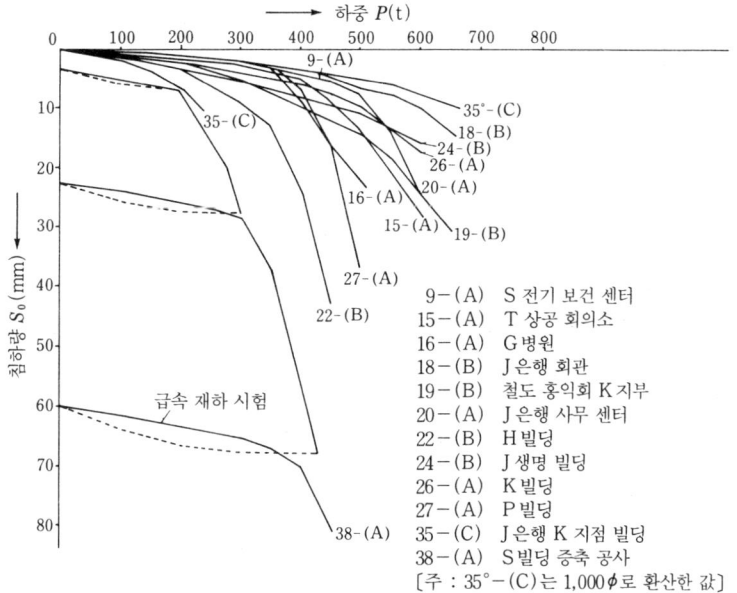

그림 6.4 T지구의 현장 치기 콘크리트 말뚝의 하중 –침하량 곡선

이 밖에 말뚝 지정 전반의 문제점으로서 하나의 건물에서 말뚝 길이가 아주 다른 경우, 말뚝 배치가 울퉁불퉁하고 군말뚝(group pile) 효과가 바르게 평가되지 않은 경우, 말뚝에 불균등한 네거티브 프릭션(negative friction)이 작용한 경우 등이 있다.

(7) 건물의 중량 분포

건축물의 자중이나 적재 하중의 분포는 똑같지 않다. 예를 들면, 빌딩 건축의 경우 코어 부분은 벽량(壁量)이 많으므로 단위 면적당 건물 중량이 커지며 사무실 부분에서는 작다. 이로써 접지압에 차이가 생겨 부동 침하의 원인이 된다. 이 경우 접지압이 가능한 한 균등화되도록 기초의 밑면적을 선정할 수 있다면 부동 침하의 저감에 효과가 있을 것이다.

또 「제1장 1.4 연속 지중벽의 구조체에 대한 이용」에서 기술한 바와 같이 가설물로서 설치한 흙막이벽 등이 구조체에 부착되어 있거나 더구나 네거티브 프릭션이 작용하였을 때 등에서는 예기치 않은 건물 중량이 증가하게 된다. 특히 말뚝 지정 등의 경우는 이들이 말뚝에 대한 과부하로 되어 침하를 촉진하는 경우가 있다.

(8) 리바운드·리셋

지반은 저응력시에는 탄성적 성질을 나타내므로 어느 정도 넓이에 걸쳐서 지반 위에 하중을 가하면 지중 응력의 확산에 따라서 그 범위의 지반이 압축되어 침하한다. 이와 반대로 지하 공사 등에서 지반을 굴착하면 지반에 대해서는 제하(除荷)한 것과 같으므로 반대로 팽창하여 부상하게 된다. 이런 현상을 리바운드라고 한다. 리바운드가 생기는 범위는 침하의 경우와 반대이므로 굴착 부분 뿐만 아니라 주위의 상당히 광범위한 부분에 미치고 지층 분포가 균등한 경우라도 일반적으로 중앙이 약간 볼록한 형상을 나타내 균등하지 않다.

굴착을 완료하고 터잡기를 할 때에는 이 볼록한 형상으로 된 부분의 흙도 깎아내고 수평으로 밑창 콘크리트를 치게 된다. 그리고 이 위에 건축물을 차례로 축조해 가면 그 증가 하중에 따라서 지반은 다시 침하(reset)를 일으킨다. 이 침하는 처음에 기술한 바와 같이 중앙 오목 상태이어서 건물은 더욱 큰 부동 침하를 일으키게 된다.

대지 내의 지층 구성이 복잡한 경우나 굴착 범위에 근접하여 강성이 큰 기존 구조물이 있는 경우 등에서는 굴착에 수반한 지반의 리바운드 현상이 현저히 불균등하게 되어 부동 침하의 경향이 조장된다. 또한 리바운드에 대해서는 「제 3 장 3. 2 선시공 철골 기둥 구조 (4) (c) 부하 하중의 계산」에서 자세히 기술하였다.

(9) 기타

(a) 지반의 액상화

지하 수위 이하의 포화된 느슨한 모래층이 지진 등의 진동으로 액상화(quick sand 현상)하여 지지력을 잃으면 건물은 침하·기울어지며 뚜렷한 경우는 도괴된다(「제 1 장 1. 1 흙막이벽의 계산법 (12) (d) 액상화」참조).

(b) 지지 말뚝의 파괴

지지 말뚝이 지진력으로 수평력을 받으면 말뚝머리에 큰 휨 모멘트와 전단력이 생긴다. 또 지진력으로 인한 전도 모멘트에 의해서 말뚝의 축력이 증가하므로 이들이 복합하여 말뚝이 압괴된 예가 있다.

(c) 단층

경사가 많이 진 산간부나 기복이 심한 지형 등에서는 단층이 많은 지역이 있다. 건물이 단층에 걸쳐 있는 것, 특히 현재도 생기고 있는 활단층(活斷層)에 걸쳐 있는 것은 절대로 피해야 한다. 조성된 대지에서는 단층을 발견하기가 어렵지만 대지를 포함한 광역의 지질도로 부근 단층의 유무를 확인한 다음 지반 조사에 따르는 외에 잘라낸 지층의 단면을 관찰하거나 옹벽이나 돌담 쌓기 등의 균열 성상을 관찰함으로써 발견할 수 있다.

(d) 인접 건물의 상호 간섭

이미 지어진 건물에 인접하여 새롭게 건물을 건설하면 그들의 규모에 따라서 지중 응력이 서로 간섭하여 압밀 응력이나 압축 응력을 증대시키게 된다. 이 결과 기설 건물이 새로운 건물측으로 기울어지게 된다(그림 6.5).

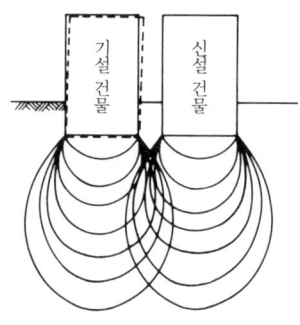

그림 6.5 지중 응력의 상호 간섭

(e) 흙의 측방 이동

다음과 같은 경우에는 흙이 측방으로 이동하여 말뚝 지정이나 건물 전체에 영향을 끼친다.
- 인접 지하 굴착으로 그 흙막이벽에 변위가 생긴 경우
- 연약 지반에서 인접지 지상에 중량물을 다량으로 적재하거나 흙쌓기 등을 한 경우, 지반의 지지력이 극한 상태에 이르면 흙이 측방 유동한다.
- 연약 지반에 많은 말뚝을 박으면 박아넣은 말뚝이 배제된 흙에 따라서 주변 흙이 측방으로 유동한다.
- 현장 치기 말뚝이나 묻어넣기 말뚝에서 되메우기가 불충분하다든지 필요 이상으로 크게 파면 토압으로 흙이 이동한다.

이들에 대해서는 「제 4장 4.1 주변 지반에 대한 영향」에서 기술하였으므로 참조하기 바란다. 또 지지 말뚝으로 건물을 지지하고 있는 경우는 지반 침하로 기초 밑판 아래에 공동이 생기는 경우가 많다. 이것도 흙의 측방 이동에 영향이 있다고 볼 수 있다.

(10) 부동 침하 대책(expansion joint)

건물에 부동 침하를 생기게 하는 것은 앞 항까지 기술한 요인에 따른 것이다. 이들을 미리 예측할 수 있고 건물의 블록마다 뚜렷한 부동 침하를 생기게 할 우려가 있는 경우는 부동 침하로 응력 집중을 생기게 하는 요소에 신축 이음(expansion joint)을 하여 구조적으로 완전히 절연하는 경우가 있다.

신축 이음을 하는 것은 앞에서 기술한 바와 같이 응력 집중을 생기게 할 우려가 있는 경우이며, 다음과 같은 4가지의 경우를 생각할 수 있다. 또 이들 원인은 복합되어 있을 때가 많다.

a. 건물 블록마다 뚜렷한 부동 침하를 생기게 할 우려가 있는 경우
b. 건물의 블록별 진동 성상이 뚜렷이 다른 경우
c. 건물의 연장이 길고 콘크리트의 수축 응력이 현저히 커지는 경우
d. 건물의 연장이 길고 콘크리트의 온도 응력이 현저히 커지는 경우

그러나 이같은 원인으로 응력 집중이 예상되는 경우라도 건물이 용도적·설비적으로 일체로 될 때는 조인트 부분의 상대 변위에 의해서 기능상 장해가 생길 수 있으므로 특히 보강(補強)·보강(補剛)에 주의하여 강(剛)하게 접속해 버리는 경우가 있다. 일본의 예로 니가타 지진(新潟 地震, 1964. 6)에서는 신축 이음을 하였기 때문에 피해가 증대하였다고 보는 몇 가지 실례가 있다고 한다. 요는 강(剛)하게 연결하든지 프리(free)하게 하든지 어느 것이나 각기 일장일단이 있으므로 어느 것을 선택하는가는 신중한 검토를 해야 한다. 그러나 일단 방침을 정한 다음에는 그 세부에 대해서 일관된 생각하에 대처해야지 어중간해서는 안된다. 또 단점이라고 생각되는 사항에 대해서는 뭔가의 방책을 강구해 두어야 한다.

신축 이음으로 할 때는 그 위치나 폭, 디테일 등에 주의한다. 예를 들면, 중저층 건물에서 블록에 따라서 진동 성상이 다르다고 예상되며 이로써 응력 집중이 생긴다고 생각되는 부분에 마련하는 신축 이음은 그 폭을 $H/100$ 정도 이상으로 하여 이 상대 변위에 추종할 수 있는 디테일을 채용함과 동시에 설비적으로도 위에 기술한 변위에 견딜 수 있는 신축 이음을 해두어야 한다. 지진의 움직임은 비틀리는 그런 거동을 동반하는 결코 단순한 진동이 아니다.

강(剛)하게 접속할 때는 응력 집중 부분의 보강(補強)·보강(補剛) 방법에 주의해야 한다. 이를테면, 평면적·입면적인 건물 규모의 차이에 따라서 침하량에 차이가 예상될 때는 그 양과 함께 발생 시기를 구하고, 만약 공사 중에 침하의 대부분을 완료하는 경우는 접속 부분에 약간

의 폭을 남기고 콘크리트 공사를 진행하여 침하가 거의 끝나고 나서 이 부분의 콘크리트를 부어 넣는 「나중 치기 접속 공법」을 채용하는 방법도 있다. 또 앞에 예시한 진동 성상의 차이를 중시한 신축 이음이면 신축은 지상 부분만 하고 기초(지중 부분)는 강접(剛接)으로 하는 편이 좋다고 볼 수 있다.

신축 이음을 할 것인지 여부의 검토에서는 우선 강접으로 하는 것의 가능 여부부터 검토하기를 권한다. 안이하게 신축 이음을 채용해서는 안된다. 양쪽 이해(利害)가 동등할 때는 강접으로 하는 편이 우수하다고 본다. 이쪽이 지진에 대해서나 부동 침하에 대해서도 건물 전체로서의 피해를 적게 할 수 있다고 보기 때문이다. 물론 강접함으로써 생기는 보강(補强)·보강(補剛)의 여러 문제(수축 대책, 온도 응력 대책, 균열 대책 등)는 별도로 신중히 해결해 두어야 한다.

참 고 문 헌

69) 二木幹夫 ; 高强度纖維網を用いた小規模住宅用基礎(その1) 全體計劃の槪要 : 日本建築學會大會學術講演梗槪集 (近畿), 2580(S. 62. 10)

70) 發泡スチロール基礎 ; 日經アーキテクチュア(1988. 12. 12)

71) 福井實·川村政美 ; ピア基礎の支持力について(その3) : 日本建築學會大會學術講演梗槪集 (關東), 2509(S. 50. 10)

72) 福井實 ; 大阪事務所における建築物の基礎構造およびピア基礎について ; 日建設計工務(株) 技報 No. 37(1968. 7)

6.3 2기로 나눈 공사의 접속[65]

(1) 접속시 문제점

건물을 1기·2기로 나눠 건설하는 사례가 자주 있다. 이때 신축 이음으로 접속하고 구조적으로는 별개의 건물로서 계획하는 경우도 있으나 완성된 건물 전체를 기능적으로 일체로서 사용하는 경우는 구조적으로도 완전히 강(剛)하게 접속하도록 계획하는 경우가 많다.

이와 같이 강(剛)하게 접속할 때 시공상 가장 유의해야 할 것은 2기 공사 굴착에 동반하여 생기는 지반의 리바운드 현상과 굴착 후 구조체 축조에 동반하는 리셋 현상 때문에 1기 부분과

2기 부분 사이에서 부상량(浮上量)에 차이가 생기므로 대책을 하지 않고 접속하면 바닥 높이에 단(段)이 생길 수가 있다.

그래서 다음과 같은 두 가지 점의 대책을 적절히 세울 필요가 있다.

① 1기와의 접속부나 2기 부분의 바닥 레벨에 생기는 고저차를 예측하여 2기 부분의 바닥 높이를 설정할 것.

② 접속 시공 중에 접속부 부근의 구조체에 생기는 부재각(部材角)을 예측하여 벽이나 보에 균열이 생기지 않도록 할 것.

(2) 바닥 레벨의 변동 요인

시가지에서 하는 대규모 굴착에서는 역타 공법을 채용하는 경우가 많으므로 이 공법의 경우에 대해서 앞서 든 건물(「제3장 3.2 선시공 철골 기둥 구조」에서 예를 든 건물)의 실례를 기술해 보고자 한다.

바닥 레벨은 공사 진척에 따라 변동하는데 이에는 다음과 같은 것이 영향을 끼친다.

① 리바운드 현상과 리셋 현상(앞에서 기술한 것)

② 선시공 철골 기둥의 줄어듦

③ 선시공 말뚝의 줄어듦

④ 선시공 말뚝의 침하

이 예의 경우 각층의 접속 순서는 그림 3.10의 기본 공정표에 나타낸 바와 같이 우선 1차 굴착 완료 후 지하 1층 바닥보를 시공하고 다음에 1층 바닥보(순타[順打], 이 예의 경우는 구 건물의 지하층 해체가 있었으므로 통상의 역타 공법과 달리 이 시공 순서로 하였다), 2차 굴착, 지하 2층 바닥보, 3차 굴착, 지하 3층 바닥보, 4차 굴착, 최종 굴착, 기초보의 순서(이상 逆打)로 시공하는데 이 무렵에는 지하층의 기둥·벽의 나중 치기 콘크리트가 거의 끝나고 지상층에서는 철골 현장 조립이 끝나고 콘크리트 치기도 아래층에서 차례로 진행되고 있다.

바닥 레벨은 이같은 시공 진척에 따라 시시각각으로 변동하고 있다. 그리고 접속에서의 구체적인 방책은 공사 초기 지하 1층 바닥보를 시공하는 단계에서 결정해야 한다. 물론 이 단계에서는 굴착을 개시한 정도이므로 지반의 움직임은 아직 뚜렷하지 않다. 그래서 바닥 레벨의 시시각각의 추이를 될 수 있는 한 정확하게 예측하기 위해 지하 각층 바닥 레벨의 움직임을 주요한 시공 단계마다, 또 앞에서 기술한 요인마다 컴퓨터로 해석하기로 하였다.

(3) 바닥 레벨의 변동 해석

리바운드 현상의 변동 해석에는 몇 가지 방법이 제안되고 있다. 주된 것은 다음과 같다.
① 건축 기초 구조 설계 지침 · 해설식(기초의 즉시 침하량 계산)(일본 건축 학회편)
② 부시네스크(Boussinesq)론 확장
③ FEM(Finite Element Method) 해석
④ 압밀론 연장(壓密論 延長)
⑤ 응력-변위 관계의 실측값 이용

이 중 ①은 지반을 반무한 탄성체라고 가정하고 건물에 의한 지중 응력 분포의 탄성 이론 해석에서 훅(Hooke)의 법칙으로 수직 변형을 구하여 이것을 깊이 방향으로 적분한 것이다. 건물의 평면 부위별로 침하 계수를 부여하고 있다. ②는 지반 속에 생기는 지중 응력 산정을 부시네스크식(탄성)으로 구하고 유효 응력의 변화로 지반이 탄성 변형한다고 생각한 것이다. ③은 지반을 요소별로 분할하고 이에 토질 정수를 부여해 Finite Element Method으로 구한 것이다. 이 방법은 탄성법, 탄소성법이 가능하다. 그러나 앞에 기술한 ①, ②는 3차원 해석을 할 수 있는 데 대해서 이것은 2차원 해석이 된다. ④는 지층 속에서 채취한 불교란(흐트러지지 않은) 시료의 실내 시험 결과 등에서 응력-변위 관계의 계수를 구하여 해석한 것이다.

어느 방법이나 지층 구성이 복잡한 경우는 지반의 모델화나 토질 정수 등을 설정하기가 어렵고 이 가정 여하에서는 오차가 생기기 쉽다. 그래서 1기 공사에서는 해석 자료를 얻을 목적으로 GL-52m까지의 지층 몇 점에 층별 침하계를 매설하여 현실적으로 생기는 리바운드량을 계측하였다.[73]

2기 공사에서도 GL-85m까지의 지층 몇 점에 층별 침하계를 매설하여 자료 수집에 더욱 노력하였다[74]. 이 결과는 예측하기 위한 해석에는 임시 변통할 수 없지만 해석 결과의 추적 정밀도를 높일 수 있어 장래를 위한 자료로서도 유용하다.

지반에 대해서 설정한 해석 모델을 그림 6.6에 나타낸다. 현실 지층 구성(대표적인 토질 주상도는 그림 3.8 참조)은 그림과 같이 똑같지 않고 각각이 갖는 토질 정수는 더욱 복잡하겠지만 계산 편의를 위해 그림과 같이 단순화하고 있다.

지하 수위는 굴착 범위에 대해서 터파기 밑바닥-2.0m로 하고 굴착 범위 이외(차수한 연속 지중벽 바깥쪽)에 대해서는 그림 6.6 중에 나타낸 수위로 하였다. 채용된 해석 이론은 부시

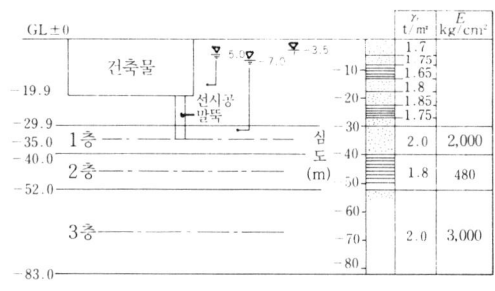
그림 6.6 지반의 해석 모델

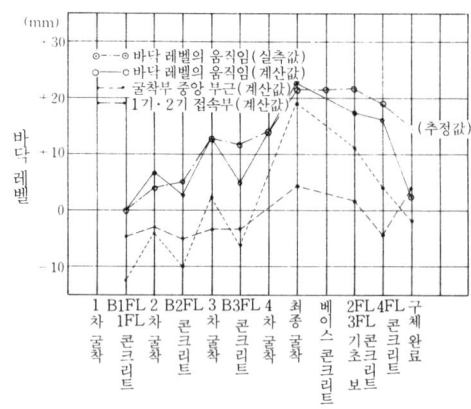
그림 6.7 바닥 레벨의 변동 추이

네스크의 탄성 이론을 확장한 것이다.

선시공 철골 기둥의 수축은 각 시공 단계마다 기둥의 상태(철골만의 부분과 그 재 길이, SRC로 된 후의 수축은 무시하였다)와 역타 하중의 크기로 구했다. 이 수축량은 상당히 크다. 한편 선시공 말뚝의 수축은 그 양이 적으므로 생략하였다.

선시공 말뚝의 침하는 과거에 실시한 현장 치기 콘크리트 말뚝의 수직 재하 시험 결과(**그림 6.4** 참조)에서 평균적으로 추정하였다. 그러나 재하 초기의 말뚝-지반계의 강성(剛性)은 최대값과 최소값에서 몇 배의 차이를 나타내고 있다. 이것은 주로 지지 지반의 성상 외에 시공 불량에 의거하는 것으로 생각되므로 이 요인에서 구한 수치에는 약간의 오차가 따를 가능성이 있다.

해석 결과 중에서 공사 진척에 따른 지하 1층 레벨의 움직임을 **그림 6.7**에 나타낸다. 이에 따르면 바다 레벨의 움직임은 최종 굴착 단계가 가장 크고 굴착부 중앙 부근에서 약 1.9 cm가 부상(그림 중 점선)하고 1·2기 접속부에서는 약 0.4 cm가 부상(그림 중 파선)하므로 중앙부 부근은 접속부에 대해서 약 1.5 cm 정도 부상하게 된다. 그리고 구조체 완료시에는 반대로 0.6 cm 정도 하강하는 것을 보이고 있다.

(4) 접속 요령의 결정

앞에서 기술한 바와 같이 2기 구조체를 가장 빨리 1기 구조체에 접속하는 것은 지하 1층 바닥보이다. **그림 6.7**의 해석 결과에 따르면 접속 시점에서는 굴착부 중앙 부근에서 약 1.3 cm 하강하고 있으나 접속부도 약 0.5 cm 하강하므로 중앙부 부근은 접속부에 대해서 약 0.8 cm

정도의 하강을 보이게 된다. 그리고 이 상태를 초기 조건으로서 시공하기 때문에 최종 구조 구체 완료시에는 약 0.2 cm의 부상(**그림 6.7**의 실선)에 그치는 것을 보이고 있다. 실제 시공시에 이 정도의 레벨 변동으로 그치게 되면 미리 뭔가의 대책을 강구하지 않아도 바닥 높이의 마감 조정에 곤란함은 없지만, 대부분 가정한 다음에 이루어진 해석이므로 해석 결과는 수치의 오더를 파악하는 뜻으로 이해하여 「지하층에 관해서 콘크리트 바닥 상단을 10 mm 내려 시공하는 것」으로 하였다. 이렇게 해두면 바닥 레벨의 움직임이 해석 결과와 다소 달라도 마감 두께를 약간 증감하는 것으로 다른 지장을 주지 않고 대응할 수 있다.

　접속부 부근의 구조체에 생기는 부재각(部材角)에 대한 해석 결과는 시공 진척에 따라서 서서히 증가하여 지하 1층에서 $8 \sim 20 \times 10^{-4}$ 정도가 생기는 것을 나타냈다. 이 값은 공사 진척에 따른 상부 구조의 강성 증가나 나중 시공에 따른 역타 하중이 줄어드는 것 등을 고려하면 감소하는 경향에 있는데, 역시 균열이 발생할 우려가 있으므로 「이 부분의 벽(내진벽·일반벽 모두)의 콘크리트를 나중 시공으로 하는 것」으로 하였다. 다만, 지하 부분의 바닥판·보는 흙막이벽에 작용하는 토수압의 평행 때문에 콘크리트를 쳐야 하므로 다른 일반 부분과 동시에 시공하였는데 이들은 강성이 비교적 작으므로 위에 기술한 부재각에 대해서 뚜렷한 장해가 없어 충분히 추종할 수 있다고 본 것이다.

　나중 시공 시기는 전체 공정을 감안하면서 부재각의 변동이 가장 적은 시기를 택하고 될 수 있는 한 단시간에 순타(順打)로 시공하기로 하였다.

(5) 추적 조사

　그림 6.7에 공사 진척에 따른 1층 바닥 레벨의 변동 실측값을 아울러 나타낸다(그림의 1점쇄선). 해석은 지하 1층 레벨에 대해서 하였지만 실측은 1층 바닥 레벨에서 하였다. 이 부분의 구조체는 이미 모두 끝났으므로 1층 바닥 레벨과 지하 1층 바닥 레벨은 아주 같은 움직임을 나타낸다고 봐도 지장은 없다.

　그림에 따르면 바닥 레벨의 변동 추이는 해석값과 비교적 근사하다고 할 수 있다. 또한 실측각 단계에서 앞으로의 추이를 추정하여 바닥 레벨의 움직임이 먼저 결정한 예측 범위를 넘지 않는지 여부를 확인하였다.

　그림 6.8은 확인 수단용으로 공사 진척에 따른 하중 감소와 1층 바닥 레벨의 변화 추이를 나타낸 것이다. 횡축은 굴착에 따른 제하 하중(除荷 荷重)과 건물 축조에 따른 재하 하중(載荷

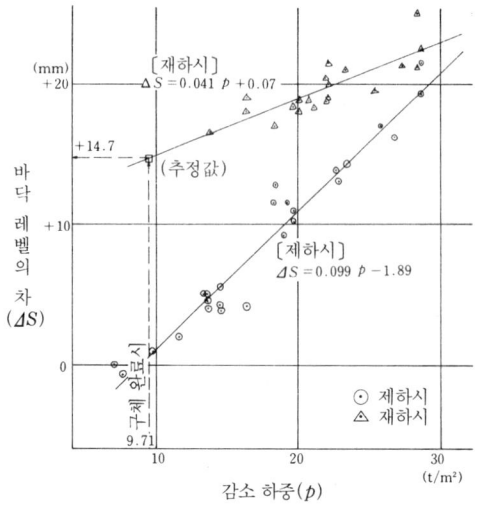

그림 6.8 하중 감소와 바닥 레벨의 변동 관계

荷重)의 차이, 즉 감소 하중(p)을 나타내고, 종축은 굴착부 중앙 부근과 접속부의 바닥 레벨 차이(ΔS)를 나타낸다. 바닥 레벨의 움직임은 지반과 선시공 철골 기둥의 합성값이 되지만 p와 ΔS의 관계는 지반이 탄성적 성질을 나타내는 동안은 직선적인 대응을 나타낼 것이다. 그림에 따르면 탄성적 성질은 최종 굴착까지의 제하 상태의 경우와 굴착 후의 구조체 축조에 따른 재하 상태의 경우와는 분명히 다른 값을 나타내고 있다. 이것은 선시공 철골 기둥은 완전히 탄성이므로 지반의 탄성 성상의 차이를 나타내는 것으로 본다.

그래서 p와 ΔS의 관계를 상관식(相關式)을 사용하여 각각 직선식으로 나타내면 다음과 같은 값을 얻을 수 있다.

    제하시 $\Delta S = 0.099\,p - 1.89$ (상관 계수 0.975)

    재하시 $\Delta S = 0.041\,p + 0.07$ (상관 계수 0.832)

이것에서 재하시의 직선식을 사용하여 구조 구체 완성시 1층 바닥 레벨의 움직임을 추정하면 +14.7 mm가 되었다. 이 직선식의 상관 계수는 상당히 높으므로 충분히 실용할 수 있다고 본다.

이 추정값은 당초 예상 범위에 받아들여져 결정된 접속 요령이 적절하였다는 것을 나타냈다. 만약 대책을 강구하지 않았다면 통상 공법에서는 바닥 마감이 곤란한 부분을 생기게 할지도 모른다.

그림 3.13 (b)에 나타낸 것은 최종 굴착 단계 부근에서의 동서 방향 건물 중심선(M 일직

선)과 내진벽 딸린 가구(S 일직선)의 1층 바닥 레벨의 부상 상태의 실측값이다. 15 일직선이 1기와 2기의 접속 부분이며, 이 일직선 이후가 1기 공사 부분이다. 그림에 나타낸 바와 같이 13~15 사이에서 상당한 부재각(部材角)이 생기는데 이것은 거의 예측에 가까운 값으로 보아 접속 부분의 벽을 나중 치기 시공으로 한 것에 대해서는 적절한 대책이었다고 본다.

(6) 기타 문제점

이상 바닥 레벨의 변동에 대한 접속 요령에 대해서 기술하였는데 이외의 문제점으로서는 1기 공사 부분의 평면적인 건물 폭의 수축 현상이 있었다. 접속에 앞서 1기 부분의 건물 폭을 측정한 결과 전체 폭 63.00 m에 대해서 18 mm 수축되었다. 이 원인에 따라서는 2기 공사에 반영해야 할 대책이 달라진다.

생각할 수 있는 원인으로서는 계측 오차와 콘크리트의 건조 수축이 있다. 우선 2기 공사에 쓰인 기준 테이프(강제 줄자)는 1기 공사에 쓰던 것을 그대로 사용하므로 측정에 따른 오차는 무시할 수 있을 정도로 작을 것이다. 다음에 콘크리트의 건조 수축 영향은 콘크리트의 자유 수축률을 $6~8 \times 10^{-4}$으로 하고 보 철골이나 철근에 의한 구속도(拘束度)를 1/2로 가정(강재비 약 4%의 경우에 상당)하면 수축량은 약 20 mm가 되어 실측 수축량과 거의 일치한다. 이것에서 건물 폭의 수축 현상은 콘크리트 수축에 의거하는 것으로 결론짓고 2기 공사의 건물 폭에 수축량을 가미하지 않는 것으로 하였다.

이 밖에 입체적으로는 지반의 리바운드와 리셋 현상 때문에 1기 공사 완성 건축물이 조금이나마 경사져 접속부의 폭이 지상 높이에 비례하여 커지는 현상을 볼 수 있었다. 이에 대해서는 보 철골 길이, 마감재 길이 모두 현장 실측으로 대응하였는데 이 경사량을 예측하고 필요에 따라서 대책을 세워야 한다는 것도 생각할 수 있다.

(7) 앞으로의 적용에 대한 제언

이 건물과 같이 공사를 2기로 나누어 시공할 때는 굴착에 따른 리바운드량의 차이 등으로 그 접속 부분에 문제가 생길 우려가 있다. 따라서 바닥 레벨의 변동을 주요한 시공 단계마다 예측하고, 필요에 따라서 대책을 강구해 두어야 한다.

예측시에는 지반 속의 유효 응력 증감을 확실히 파악하고 지층의 모델화와 토질 정수 설정을 적절히 하면 탄성론을 이용하여 행한 측정 결과는 충분히 실용할 수 있다는 것을 나타냈다. 또한 그림 6.6에 나타낸 바와 같이 지반의 탄성 성질은 제하시와 재하시에서는 분명히 달라지므로 이것을 가미하면 더욱 정밀한 예측을 할 수 있다고 본다.

참 고 문 헌

65) 拙著 ; 大阪市廳舍新築工事における施工と構造の接点 : 大阪府建築士會・講習會テキスト(S. 62. 3)

73) 拙著(共著者・西川幸之輔) ; 大阪市廳舍(第1期)・監理(地下工事について) : 建築と社會 (1982. 6)

74) 拙著 ; 大阪市廳舍(第2期)・監理(1期工事と2期工事との接続) : 建築と社會(1986. 6)

제 7 장   철근 콘크리트 공사

7.1 콘크리트의 이어붓기

(1) 콘크리트는 결함 재료?

콘크리트는 시공성이 매우 나쁜 재료이다. 현재 쓰이고 있는 건축 재료 중에서는 가장 다루기 어려운 재료이며 일종의 결함 재료라고 해도 과언이 아닌 면이 있다. 설계 시점에서의 고려는 말할 나위도 없고 시공 단계에서는 재료·배합·제조·수송·압송·부어넣기·양생의 모든 공정에 걸쳐서 세심한 주의를 하여 대응하지 않으면 소기의 결과를 얻을 수 없다.

콘크리트의 주요 재료인 자갈·모래는 천연 강자갈·강모래가 사실 고갈 상태여서 일부 지역을 제외하고 자갈은 거의가 부순돌로 대신하고 있고 모래는 바다모래·산모래가 사용되고 부순 모래까지 혼입되고 있는 실정이다. 또 시멘트는 강도 발현만이 중요시되어 보통 포틀랜드 시멘트에서도 조강 포틀랜드 시멘트의 KS 규격을 만족하는 정도이며, 게다가 강도만을 중시한 배합 설계의 사고 방식도 겹쳐서 수화열이 커짐과 동시에 콘크리트의 균열 발생에 따른 장해를 증대시키고 있다.

또 시공 단계에서도 분업화되어 재료·배합·제조는 레미콘 공장에서, 수송은 운송 회사에서, 압송은 압송업자에게, 부어넣기는 콘크리트 치기업자에게 각각 개별로 발주하게 되어 있다. 이 결과 각기 전문업자는 자기의 책임 범위에 대한 전문 영역 의식이 강하게 되어 자기 이외의 다른 작업에 대한 배려가 적어져 콘크리트 전체 품질 확보에 무관심하게 되었다. 게다가 자기 작업의 효율만을 생각하는 경향으로 되어 콘크리트 품질 저하의 하나의 원인이 되고 있다.

이에 대해서 전문업자에 대한 발주측에 있는 현장 건축 기술자는 콘크리트의 종합적인 품질에 책임을 져야 하기 때문에 이들의 전문업자를 통괄하여 지도 조언해 가는 입장에 있지만 앞에서 기술한 분업화의 결과는 건축 기술자의 콘크리트에 대한 기술적 지식을 떨어뜨리고 있다는 것을 부인할 수는 없다. 또 다른 현장 업무에 매우 바빠 콘크리트 공사에 대한 전반적인 여러 문제에 대한 배려가 불충분한 것도 콘크리트 품질 저하의 하나의 원인이 되고 있다.

요즘은 건설 산업에 대한 젊은 사람들의 취직률이 낮아 전체적으로 볼 때 노동력 부족 상태에 있고 취로 인구가 노령화됨과 동시에 숙련공을 잘 길러내지 않는 업계가 되어 가고 있다. 이들에 대한 대응책과 함께 건설 작업의 생산성 향상을 도모하는 방책의 하나로서 생산 과정을 기계화·자동화하고 공장 생산화를 진행하여 현장 시공을 될 수 있는 한 적게 하도록 도모하고 있다. 또 현장 시공을 요하는 건축 재료는 시공성이 좋고 절대 안전하다고 할 수 있는 것이 많이 개발되고 있다. 이러한 점에서 콘크리트에 대해서 보면 구태의연한 것이므로 펌프로 부어넣는 공법 등의 새로운 시공 방법의 개발은 언뜻 보아 합리화된 것 같이 보이지만 품질면에서는 도리어 저하하는 것이므로 재료의 악화와 함께 걱정이 되는 점이 많다.

이와 같이 기술하게 되면 콘크리트는 결점 투성이의 재료 같지만 많은 장점도 가지고 있다. 첫째는 경제성이며 $1\,m^3$당 몇 만원으로 입수할 수 있어서 이보다 싼 값의 구조 재료는 없다. 더구나 거푸집으로 자유롭게 성형할 수 있고 단열성·차음성이 뛰어나다. 마감재의 칠·설치하기도 쉬운 등 버릴 수 없는 점도 많아 많은 결점을 가지면서도 이에 대신할 건축 재료는 당분간 출현하지 않을 듯하다.

대개 어떤 재료나 공법에서도 장점만 있다고는 할 수 없다. 장점이 있으면 반드시 단점도 함께 가지고 있다. 우리들은 장점 뿐만 아니라 단점도 이해해야 한다. 오히려 단점 쪽을 중시해야 한다. 그리고 장점이 표면에 드러나고 단점이 나오지 않는 그런 사용법·만드는 법을 정하여 결점을 커버하도록 연구하는 것이 우리 기술자의 책임이다. 콘크리트에 대해서도 이런 결점을 가진 재료라고 이해하고 설계시나 시공시에도 항상 고려하고 대응해야 하는 것이다.

(2) 이어붓기부는 콘크리트의 약점

구조 재료나 마감 재료에서도 접합부에는 결함이 생기기 쉬워 약점이 되는 경우가 많다. 콘크리트의 접합부는 「이어붓기」이다. 이어붓기부에서는 먼저 친 콘크리트 표면에 블리딩 물, 레이턴스 등이 모여 품질이 열화하기 쉽다. 처리하지 않거나 잘못 처리한 채 이어붓기한 경우는 품질 확보가 곤란하므로 필요한 강도를 얻을 수 없고 연속성이 결여되어 구조상의 약점을 만든다. 또 내구성·수밀성이 저하하여 백화(efflorescence) 현상이 나오거나 하면 외관을 아주 훼손하게 된다. 또 건조 수축 응력도 이에 집중하여 균열이 생기기 쉽고 지하실 등에서는 이어붓기부에서 누수되는 경우가 자주 있다. 과거의 지진 피해를 봐서도 이어붓기부에서 파괴된 것이 상당히 있다고 한다.

콘크리트 구조물의 강도와 내구성을 생각할 때 가장 중요한 것은 「콘크리트 이어붓기부의 조치와 철근에 대한 콘크리트의 피복 확보」(「제 7장 7.3 콘크리트의 결함과 보수 (4) 중성화에 대해서」 참조)라고 해도 과언이 아니다.

이어붓기부의 강도에 대해서는 이제까지 많은 연구가 있었는데 대강 열거해 보면 다음과 같다.

① 이어붓기 재령(시간 간격)과 이어붓기 강도의 관계
② 이어붓기면의 처리 방법과 이어붓기 강도의 관계
③ 이어붓기 각도와 이어붓기 강도의 관계(역타부의 이어붓기)
④ 양생법과 이어붓기 강도의 관계
⑤ 혼화제와 이어붓기 강도의 관계
⑥ 철근을 이용한 결합 효과

여기서는 이제까지 행해 온 이어붓기 강도에 대한 실험 중 중요한 자료를 정리하여 위에 열거한 항목에 대해서 고찰하기로 한다. 시험은 직접 인장 시험, 할렬 인장 시험, 휨 시험(굽힘 시험), 직접 전단 시험, 휨 전단 시험 등의 방법으로 하기로 한다. 또한 이어붓기 각도와 이어붓기 강도의 관계에 대해서는 이미 「제 3장 3.3 역타부의 이어붓기 (2) 역이어붓기부의 역학 성상」에서 기술하였다. 또 양생 방법이나 혼화제와 이어붓기 강도의 관계에 대해서는 생략한다.

(3) 이어붓기 재령과 이어붓기 강도의 관계

이어붓기 재령(이어붓기 시간 간격)과 이어붓기 강도의 관계에 대해서 종래의 몇 가지 연구[75]~[78]에서 추정하면 초기 재령시에는 이어붓기 재령이 길어짐에 따라서 이어붓기 강도는 계속적으로 저하하지만(인장 시험)[77],[78], 이어붓기 재령 3~7일 이후는 거의 일정값이 되며(휨 시험) 약 1/2로 저하하고 있다(**그림 7.1**). 이들 시험에 쓰인 공시체의 이어붓기면은 특히 처리되지 않은 것으로 생각되지만 이어붓기면 처리를 잘하면 그 처리 방법이나 이어붓기 재령에 관계없이 거의 일정값이 나타나는 듯하다. 예를 들면, 먼저 친 콘크리트의 표면을 와이어 브러시

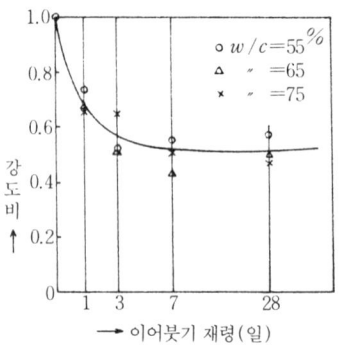

그림 7.1 이어붓기 재령과 이어붓기 강도

로 약 2 mm 정성들여 깎고 물로 씻어 표면의 흐슬부슬한 알갱이를 모두 제거한 후 이어붓기면의 표면이 마른 상태에서 그 면에 시멘트 풀을 바르고 나중 치기 콘크리트를 이어붓기한 공시체에 대해서 이어붓기 재령을 5종류(6시간~7일)로 바꿔 휨 시험으로 시험한 결과는 이어붓기 재령에 따라서 휨 강도는 거의 변화하지 않고 어느 것이나 이어붓기하지 않은 시험체의 약 91%이었다고 보고되고 있다. 또 먼저 친 콘크리트의 표면 처리는 앞에서 기술한 바와 같고, 나중 치기 콘크리트를 이어붓기할 때에 이어붓기면을 1) 물로만 씻고 이어붓기한 것, 2) 시멘트 풀을 바르고 이어붓기한 것, 3) 모르터를 약 1 cm 두께로 깔고 이어붓기한 것, 4) 구콘크리트의 표면을 와이어 브러시로 약 6 mm 깎아 요철(凹凸)로 하고 시멘트 풀을 바르고 이어붓기한 것 등 4종의 같은 이어붓기 재령의 공시체에 대해서 휨 시험으로 시험한 결과는 어느 것이나 이어붓기하지 않은 시험체의 약 93%이었다고 보고되고 있다[75].

이와 같이 이어붓기면에 생기는 레이턴스를 제거하지 않고 이어붓기한 경우는 그것이 가령 얇은 층이더라도(실험 공시체는 높이가 낮으므로 레이턴스도 매우 적은 것이라고 볼 수 있다) 이어붓기 강도에 끼치는 영향이 커 이어붓기 강도는 약 1/2로 저하하지만, 이어붓기면을 잘 처리한 경우는 이어붓기하지 않은 경우의 90~95%의 이어붓기 강도를 얻을 수 있다는 것을 알 수 있다.

(4) 이어붓기면의 처리 방법과 이어붓기 강도의 관계

(a) 이어붓기 강도비

앞 항에서 기술한 바와 같이 이어붓기면은 뭔가의 조치를 해야 하는데 어떤 처리를 하면 어느 정도의 이어붓기 강도를 기대할 수 있는지에 대해서 과거의 실험 중에서 몇 가지 자료를 **표 7.**

1~7.3에 나타낸다[75]~[83].

표 7.1, 7.2는 인장 시험과 휨 시험의 결과를 나타낸 것으로 시험에 사용된 공시체는 모두 무근 콘크리트이다. 표 7.3은 전단 시험과 휨 시험의 결과를 정리한 것으로 공시체는 철근 콘크리트로 만들어져 있다. 표 중 인장·전단 또는 휨 강도비란 이어붓기부 각기의 강도와 이어붓기하지 않은 것의 비이며 파괴 강도 또는 최대 내력시의 강도에 대해서 비교하였다. 인장 강도비는 직접 인장 시험과 할렬 인장 시험의 결과를 구별하지 않고 나타냈다. 또 전단 강도는 직접 전단 시험, 휨 전단 시험 등의 시험 방법에 따라서 약간 다른 결과가 되는 경우를 생각할 수 있는데 이것을 구별하지 않고 나타냈다. 시험 재령은 이어붓기 후(나중 치기 콘크리트)의 재령이다.

표에 나타낸 실험은 각각 각종의 배합비·물시멘트비나 슬럼프의 콘크리트를 사용하여 실시

표 7.1 이어붓기면의 처리 방법과 이어붓기 강도(1) 수평 이어붓기

이어붓기 방향	이어붓기면의 처리 방법	인장 강도비	휨 강도비	이어붓기 재령 (시간)	시험 재령 (일)	인용 문헌	비고
수 평 이어붓기	무처리	0.34 0.38	0.72	7일 16Hs	28 56	74) 76)	
	이어붓기면을 물씻기만 한 경우	0.45				72)	
	이어붓기면의 레이턴스를 제거하지 않고 모르터를 깔기한 경우	0.44		16Hs	56	76)	
	와이어 브러시로 레이턴스 제거	0.83		16Hs	56	76)	
	이어붓기면을 약 1 mm 깎은 경우	0.77	0.88		28	72)	
	이어붓기면을 약 1 mm 깎고 시멘트 풀을 바른 경우	0.93	0.92		28	72)	
	이어붓기면을 약 6 mm 깎아 요철(凹凸)로 하고 시멘트 풀을 바른 경우		0.96		28	72)	
	이어붓기면을 약 1 mm 깎고 모르터를 깔기한 경우	0.96	0.94		28	72)	
	이어붓기면을 약 1 mm 깎고 시멘트 풀을 발라 이어붓기하고 약 3시간 후에 재진동을 준 경우	1.00			28	72)	

「할렬 인장 강도」: 원주형 공시체를 수평으로 하여 그림과 같이 직선 하중을 가하면 원기둥의 수직 단면 내에 균등한 인장 응력 σ가 생긴다.

$$\sigma = \frac{2P}{\pi DL}$$

이때, σ : 할렬 인장 응력
P : 하중
D : 공시체의 지름
L : 공시체의 길이

P를 파괴 하중으로 하면 σ는 할렬 인장 강도를 나타내고, 이 값은 통상 직접 인장 시험으로 구한 인장 강도와 거의 일치한다.

하였지만 이어붓기 강도비에 주목하면 어느 것의 실험 결과도 거의 같은 경향을 나타내고 있다. 이로써 콘크리트의 이어붓기 강도는 콘크리트의 물시멘트비나 반죽질기의 사소한 변화에는 관계가 적다고 할 수 있다.

표 7.2 이어붓기면의 처리 방법과 이어붓기 강도(2) 수직 이어붓기

이어붓기 방향	이어붓기면의 처리 방법		인장 강도비	휨 강도비	이어붓기 재령 (시간)	시험 재령 (일)	인용 문헌	비고
수직 이어붓기	무처리	보통 표면 천무늬가 있는 표면 약간 매끄러운 표면 약간 거친 표면 레이턴스가 있는 표면	0.48 0.50 0.38 0.36 0.32	0.50 0.51 0.44 0.42 0.37		28	73)	
	이어붓기면을 물씻기만 한 경우		0.57 0.53	0.70 0.55	24Hs	28 28	72) 73)	
	이어붓기면에 시멘트 풀을 바른 경우		0.77 0.67	0.84 0.68	24Hs	28 28	72) 73)	
	이어붓기면에 모르터를 바른 경우		0.72 0.70	0.82 0.70	24Hs	28 28	72) 73)	
	이어붓기면을 와이어 브러싱하고 물씻기한 경우		0.60	0.61		28	73)	
	이어붓기면을 와이어 브러싱하고 물씻기한 다음 시멘트 풀을 바른 경우		0.79	0.80		28	73)	
	이어붓기면을 와이어 브러싱하고 물씻기한 다음 모르터를 바른 경우		0.82	0.82		28	73)	
	이어붓기면을 쪼아내고 물씻기만 한 경우		0.61	0.63		28	73)	
	이어붓기면을 쪼아내고 물씻기하여 시멘트 풀을 바른 경우		0.80	0.82		28	73)	
	이어붓기면을 쪼아내고 물씻기하여 모르터를 바른 경우		0.83	0.85		28	73)	
	이어붓기면에 무늬를 만든 경우	세로 무늬 가로 무늬 비낀 무늬 격자 무늬 타이어 무늬 각형 무늬	0.56 0.51 0.54 0.55 0.53 0.51	0.58 0.54 0.56 0.62 0.53 0.52		28	73)	
	이어붓기면을 약 1 mm 깎아내고 시멘트 풀을 바른 경우		0.83	0.87	24Hs	28	72)	
	이어붓기면을 약 6 mm 깎아내 요철(凹凸)로 하고 시멘트 풀을 바른 경우			0.93	24Hs	28	72)	
	이어붓기면을 약 1 mm 쪼아내고 시멘트 풀을 발라 이어붓고 약 3시간 후에 재진동을 준 경우		0.98		24Hs	28	72)	
	대나무 발을 넣고 치기 멈춘 경우		0.57	0.60		28	73)	
	철망을 넣고 치기 멈춘 경우		0.63	0.64		28	73)	
	이어붓기면에 철사 갈고리를 삽입	(굵은 선) (가는 선)	0.56 0.58	0.57 0.59		28	73)	

표 7.3 이어붓기면의 처리 방법과 이어붓기 강도(3)   RC 공시체를 이용한 것

이어붓기 방향	이어붓기면의 처리 방법	전단 강도비	휨 강도비	이어붓기 재령 (시간)	시험 재령 (일)	인용 문헌	비고
수평 이어붓기	무처리 축력 40 kg/cm²	0.61 0.78				79) 79)	기둥 벽
	이어붓기면을 와이어 브러시 처리 축력 40 kg/cm²	0.89 0.90				79) 79)	기둥 벽
	응결 지연제로 이어붓기면을 거칠게 한 경우 축력 40 kg/cm²	0.84				79)	기둥
	와이어 브러시 처리한 이어붓기면이지만 주철근을 정위치 수정한 것 축력 40 kg/cm²	0.75 0.94				79) 79)	기둥 벽
수직 이어붓기	무처리	0.85 0.79 0.61	 0.36 	24Hs 24Hs	28 28	77) 78) 79)	보 보 벽
	축력 40 kg/cm² 축력 40 kg/cm², 주철근 정위치 수정 축력 없음, 주철근 정위치 수정		0.99 0.99 0.71*			79) 79) 79)	보 보 보
	이어붓기면을 와이어 브러싱하고 물씻기	0.95	0.45	24Hs	28	78)	보
	이어붓기면을 와이어 브러싱하고 물씻기한 다음 모르터를 바른 경우	0.76	0.91	24Hs	28	78)	보
	이어붓기면을 치핑 처리한 경우	0.73				79)	벽
	치기 중지에 익스팬드 메탈을 사용한 것	0.90		3일		80)	보
	치기 중지에 리브 라스를 사용한 것	0.90		3일		80)	보
	치기 중지에 판자를 사용한 것	0.67		3일		80)	보

* 이 수치(0.71)는 축력 40 kg/cm²의 이어붓기하지 않은 공시체와의 비이다.

(b) 수평 이어붓기의 경우

표에서 알 수 있듯이 수평 이어붓기인 경우의 이어붓기 강도비는 인장 시험 결과나 휨 시험 결과도 아주 비슷한 값을 나타내고 다음과 같은 것을 알 수 있다.

a. 이어붓기면 처리를 하지 않고 레이턴스를 남긴 그대로의 상태에서는 0.35~0.45 정도로 격감한다.

b. 레이턴스를 제거하지 않고 그 위에 시멘트 풀 또는 모르터를 바른 경우에도 그다지 향상되지 않는다.

c. 이어붓기면의 레이턴스를 제거하고 이어붓기하면 이어붓기 강도비는 0.75~0.85로 상승한다.

d. 이것에 시멘트 풀 또는 모르터를 병용하면 0.9 정도 이상이 된다.

e. 더구나 나중 치기 콘크리트가 경화를 시작하기 직전(통상은 콘크리트 부어넣기 후 1~2시간 정도, 이 실험에서는 3시간으로 하였다)에 바이브레이터로 재진동을 하면 거의 1.0으로 향상된다.

처리하지 않은 그대로가 이어붓기 강도가 크게 나오지 않는 것은 블리딩으로 잉여수와 함께 콘크리트 속의 레이턴스가 부상하여 이것이 이어붓기면에 연약한 얇은 층을 만들므로 이에 인장력이 가해지면 저응력으로 파단되는 것이다. 이것은 콘크리트 강도가 커질수록 영향이 크게 된다고 볼 수 있다.

(c) 수직 이어붓기의 경우

수직 이어붓기에 대한 이어붓기 강도비에 대해서도 인장 시험 결과와 휨 시험 결과는 아주 비슷한 경향을 나타낸다. 즉,

a. 이어붓기면이 처리되지 않은 경우의 강도비는 0.35~0.50
b. 이어붓기면을 처리하지 않고 이것에 시멘트 풀 또는 모르터를 병용한 경우에는 0.55~0.70이고 이 두 가지 사례에 대해서는 수평 이어붓기의 경우보다도 큰 값을 나타내고 있다. 다음에,
c. 이어붓기면을 와이어 브러시로 처리한 경우는 0.6~0.8 정도로 향상된다.
d. 이것에 시멘트 풀 또는 모르터를 병용한 경우는 0.8 정도 이상이 된다.
e. 또한 재진동을 준 경우는 1.0에 가까운 값이 된다.

이들 3가지 사례에 대해서는 수평 이어붓기의 경우보다도 약간 낮은 값을 나타내고 있다. 또,

f. 이어붓기면의 표층을 얇게 쪼아내고 이어붓기한 경우는 0.8 정도
g. 이어붓기면에 무늬를 넣거나 철망 등을 사용한 경우는 0.5~0.6 정도

로 되고 있다.

처리하지 않고 이어붓기할 경우의 이어붓기 강도비가 작은 것은 콘크리트의 블리딩 물의 상당한 양이 거푸집에 따라서 상승하므로 이어붓기면에 따른 콘크리트가 조악(粗惡)하게 되고 있기 때문이라고 생각할 수 있다. 조악 정도는 레이턴스에 따른 것보다도 적으므로 수평 이어붓기의 경우보다도 약간 큰 이어붓기 강도를 나타낸 것일 것이다. 또 이어붓기면에 와이어 브러시 등의 처리를 하고 이어붓기한 경우의 강도비가 수평 이어붓기한 경우보다도 작은 것에 대해서는 이어붓기 부분에 콘크리트의 수축 응력이 작용하기 때문일 것이라고 미루어 살필 수 있다. 이어붓기부를 관통하는 철근을 가진 인장 공시체(양 인장 시험)에서는 시험을 개시하는 상당

히 이른 시기(1주 정도)에 수축 응력 때문에 이어붓기부에 균열이 생긴다는 보고가 있다[77].

(d) 인장 강도비, 휨 강도비

표 7.1, 7.2를 보면 수평 이어붓기의 경우나 수직 이어붓기의 경우도 이어붓기면은 뭔가의 처리를 해야 하며, 이어붓기면에 생긴 레이턴스나 품질이 조악하게 된 표층 부분을 제거하지 않으면 이어붓기 강도를 기대할 수 없다는 것을 알 수 있다. 이어붓기면은 레이턴스 제거 등의 처리를 한 다음에 시멘트 풀 또는 모르터를 사용한다면 이어붓기 강도가 상당히 향상되고, 더구나 이어붓기 후 나중 치기 콘크리트가 경화를 개시하기 직전에 재진동을 하면 이어붓기하지 않은 경우와 동등한 강도를 얻을 수 있다. 이것은 고강도 콘크리트일수록 좀더 신중한 처리를 필요로 한다는 것을 나타내고 있다고 볼 수 있다.

수평 이어붓기의 경우는 시멘트 풀보다도 모르터의 쪽이 시공성이 좋다. 수직 이어붓기의 경우는 바이브레이터를 사용하여 이어붓기면을 적당한 정도로 다진다면 시멘트 풀 또는 모르터를 사용한 것과 같은 효과를 얻을 수 있는 것이다. 다만, 바이브레이터질을 너무 하여 콘크리트를 분리시키면 균질하게 되지 않아 강도에 편차가 생기므로 주의해야 한다.

이어붓기면의 표면을 쪼아낼 경우는 쪼아낼 때에 골재를 박리하게 되는 경우가 있는데 박리된 골재를 모두 제거하지 않으면 도리어 이어붓기 강도를 저하시킬 우려가 있다. 이어붓기면에 요철(凹凸)이 큰 무늬를 내거나 대나무 덕 보드(duck board) 등을 사용하는 것은 철거시에 콘크리트에 균열을 생기게 할 우려가 있고 이어붓기면의 처리도 충분히 할 수 없으므로 기대하는 만큼의 효과는 없는 듯하다.

처리하지 않은 경우의 이어붓기 강도가 이어붓기하지 않은 경우의 $1/3 \sim 1/2$ 정도로 저하하는 것은 잘 인식해야 한다. 실험실에서는 작은 시험체를 사용하므로 레이턴스의 발생량도 적지만 실제 현장에서는 좀더 다량의 레이턴스를 생성하는 경우가 많다. 특히 콘크리트 부어넣기 중에 비 등이 오거나 하면 표면에 부상하는 레이턴스는 뚜렷이 증가한다.

이어붓기면에 생기는 레이턴스는 블리딩으로 부상하는 것이므로 골재는 점토분 등이 없는 청정한 것을 사용해야 한다. 요즘 블리딩을 감소시키는 혼화제나 레이턴스 처리제가 개발되어 있으므로 이것을 사용하는 것도 하나의 개선 방법이다[84],[85]. 이 밖에 블리딩량을 적게 하기 위해서는 다음과 같이 하면 된다.

① 물시멘트비 및 콘크리트의 단위 수량을 작게 한다.
② 골재의 미립분 함유량 및 최대 입경을 크게 한다.

③ AE제 및 감수제를 사용한다.

④ 1회 부어넣기 높이를 작게 한다.

⑤ 콘크리트 온도가 높게 되면 적어진다.

물시멘트비 및 콘크리트의 단위 수량을 적게 하는 것은 균열 대책상으로 봐서도 유효하다.

시공 현장에서는 표 7.1, 7.2에 나타낸 바와 같은 자료를 인식하고 게다가 현장에서는 연구실에서 하는 실험에 비하여 좀더 나쁜 조건이 된다는 것을 이해하고 이어붓기부에 대해서 필요한 전처리를 해야 하며, 만약 시간 부족 등 공정상의 제약 때문에 불충분한 처리로 끝내서는 안 된다. 레이턴스 제거는 콘크리트 부어넣기 후 될 수 있는 한 빠른 시기에 하면 고압수의 분사 등으로 쉽게 제거할 수 있다. 쓰레기, 톱밥 등이 거푸집 내에 남아 있는 것 등은 예외이다. 거푸집 내의 청소는 상당히 번거로워 불충분하게 되는 경향이 있지만 벽이나 기둥 거푸집 하부에는 청소구를 내어 쓰레기 따위를 정성들여 제거해야 한다.

(e) 전단 강도비

이어붓기면의 전단 강도비에 관한 실험 결과를 표 7.3에 나타낸다. 실험 공시체는 어느 것이나 철근 콘크리트이고 시험은 직접 전단 시험, 휨 전단 시험의 두 가지 방법이 쓰이고 있으나 이것을 구별하지 않고 나타냈다. 이어붓기면에 철근이 있으면 결합 효과가 부가되므로 전단 강도비만으로 단순하게 비교할 수 없지만 이것도 무시하고 나타냈다. 철근의 결합 효과에 대해서는 다음 항에서 고찰한다.

수평 이어붓기의 경우 주각부를 가정하여 $40\,\text{kg}/\text{cm}^2$의 압축 응력을 부여한 실험에서는 다음과 같은 결과를 얻을 수 있었다.

a. 처리하지 않는 경우는 0.6 정도

b. 이어붓기면을 와이어 브러시 등으로 처리하면 0.85 정도로 향상된다.

c. 위에 기술한 철근을 정위치 수정하고 변형 경화를 하게 하거나 잔류 변형이 있거나 하면 0.75 정도로 저하한다. 표 7.3에는 평균값을 기입하였는데 저하율은 잔류 변형이 클수록 커진다.

벽 하부의 이어붓기부를 가정한 실험(압축 응력은 거의 0)에서는 이어붓기 강도비는 어느 것이나 기둥의 경우보다도 큰 수치를 얻을 수 있으나 이 이유는 분명하지 않다. 공시체의 치수 효과의 영향이 있을지도 모른다.

수직 이어붓기의 경우는 다음과 같다.

a. 처리하지 않은 경우는 0.6~0.8 정도
b. 이어붓기면을 와이어 브러시 등으로 처리한 경우는 0.75~0.95
c. 이어붓기면을 치핑하면 0.75 정도
d. 치기 중지에 익스팬드 메탈을 사용한 것은 0.90
e. 치기 중지에 리브 라스를 사용한 것은 0.90
f. 치기 중지에 판자를 사용한 것은 0.67

익스팬드 메탈이나 리브 라스는 요즘 콘크리트 치기 중지에 자주 쓰이게 되었는데 이것은 와이어 브러시 처리 등과 동등한 이어붓기 강도를 나타내고 있다[83]. 이들에는 **그림 7.2**와 같이 길게 한 판이 약 40°의 각도를 가지고 있으므로 먼저 치기 콘크리트에 대해서는 흐름 방지 첨가제(antisay agent)가 되어 잘 새지 않고 나중 치기 콘크리트에 대해서는 충전하기 쉬운 특징이 있으며 이어붓기면의 요철에 따른 맞물림 효과도 기대할 수 있으므로 이어붓기 처리로서 유용하다고 생각할 수 있다. 리브 라스는 눈이 거친 것이 좋을 것이다. 익스팬드 메탈이나 리브 라

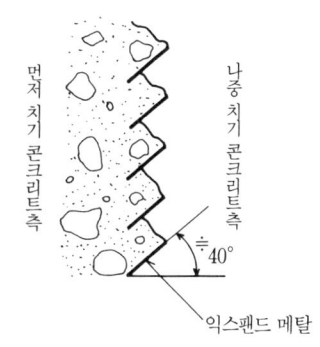

그림 7.2 익스팬드 메탈의 설치

스에는 방향성이 있으므로 콘크리트 부어넣기 방향에 대해서 동 그림과 같이 설치해야 한다.

거푸집널을 이용한 치기 중지에 처리를 하지 않는 경우의 이어붓기 강도는 이어붓기하지 않은 경우의 약 2/3에서 그치고 있다. 수평 이어붓기·수직 이어붓기 모두 수치에 상당한 편차가 있는 것은 철근을 이용한 결합 효과가 더해진 것과 실험 수가 적음에 따른 것이라고 생각할 수 있다. 또 무근 콘크리트에 대해서 위에서 기술한 바와 같은 시험 방법(직접 전단 시험, 휨 전단 시험)으로 전단 강도를 구한 자료가 없으므로 이것과 비교를 할 수 없으나 철근을 이용한 효과를 미루어 살필 수 있다는 것은 흥미롭다.

이어붓기면의 표층을 얇게 치핑하는 경우에는 굵은 골재를 강하게 두들겨 모르터에서 박리되지 않도록 해야 한다. 박리된 골재는 제거하지 않으면 이어붓기 강도가 더욱 저하한다.

이와 같이 이어붓기부는 현장을 아무리 주의하여 대책에 노력한다고 해도 100%의 이음 효율을 기대하기는 어려운 것이므로 설계 시점에서도 이어붓기 보강 철근(결합 철근)의 삽입 등 이에 대한 대응을 고려해 두어야 할 것이다. 또 설계 시점에서 대응하고 있다고 해서 현장에 대한 대응을 소홀히 해도 된다는 것은 결코 아니다.

(5) 철근을 이용한 결합 효과

철근 콘크리트조 콘크리트의 이어붓기면에는 철근이 관통하는 방향으로 들어 있으므로 이어붓기면에 대한 전단력 전달 기구(機構)로서는 다음과 같은 것을 생각할 수 있다.

① 콘크리트의 부착
② 이어붓기면의 요철에 의한 맞물림
③ 철근의 다월 작용
④ 이어붓기면에 생기는 변위로 철근에는 인장력이, 콘크리트에는 압축력이 생기므로 이 압축력(수평 이어붓기의 경우는 자중도 있다)으로 인한 마찰력

위에 기술한 ③, ④를 철근을 이용한 결합 효과라고 부르기로 한다. 다만, 콘크리트는 경화에 따라서 수축하는데 이것이 철근으로 구속되므로 철근에는 압축력이, 콘크리트에는 인장력이 생기고 뚜렷한 경우에는 이어붓기면에 균열을 생기게 한다. 이 균열은 전단력이 가해진 경우에 이어붓기면의 변위를 증대시키지만 철근의 결합 효과는 변하지 않는다고 볼 수 있다.

결합 철근의 효과에 대한 실험[86]에서 요점을 기술하면 먼저 이어붓기면의 처리 방법은 a) 나무흙손 미장 솔(귀얄) 마무리, b) 와이어 브러시로 레이턴스 제거, c) 이어붓기면을 2 mm 정도 긁어 떨어뜨리고, d) 비닐 시트를 끼워 부착을 절연하고, e) 쇠흙손 마무리의 5종류로 하고, 결합 철근은 $6 \sim 13\phi$, 결합 철근비는 $0.11 \sim 1.56\%$로 단계적으로 7종을 선택하고 15개의 공시체를 작성하여, 직접 전단 시험으로 이어붓기 강도를 구하였다. 이 결과 콘크리트의 부착이 떨어지기 시작할 때의 평균 전단 응력은 솔 마감의 경우 $20 \sim 29 \text{ kg}/\text{cm}^2$의 범위(평균 $25 \text{ kg}/\text{cm}^2$, $7.8\% F_c$)에, 기타 마감면에서는 $22 \sim 27 \text{ kg}/\text{cm}^2$(평균 $25 \text{ kg}/\text{cm}^2$)의 범위에 편차가 나 결합 철근의 양이나 이어붓기면의 상태에 관계없이 그다지 다르지 않은 수치를 나타내고 있다.

다음에 솔 마무리면에 대해서 기술하면 부착이 떨어지기 시작할 때 이후의 전단 응력 증가분 $\Delta\tau$와 결합 철근과의 관련성은 결합 철근비 p가 많아지면 $\Delta\tau$도 비례적으로 증가하지만 p 뿐만 아니라 p와 철근의 항복점 강도 σ_y와의 합 $p \cdot \sigma_y$ 사이에 양호한 비례 관계를 볼 수 있어 (그림 7.3) 다음 식의 회귀 직선식(回歸 直線式)으로 근사할 수 있다.

$$\Delta\tau = 0.73(p \cdot \sigma_y - 5.48) \quad \text{다만, } p \cdot \sigma_y \geq 5.48 \quad \cdots\cdots\cdots\cdots\cdots\cdots (7.1)$$

또한 그림 7.3에는 앞 항 「(e) 전단 강도비」에서 인용한 전단 시험 결과도 플롯하였다.

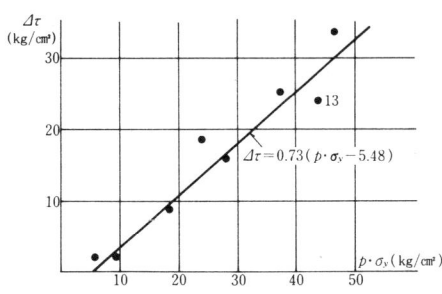

그림 7.3 $\Delta\tau - p \cdot \sigma\varphi$의 관계

표 7.4 이어붓기면의 허용 전단 응력(kg/cm^2)

	이어붓기면의 상태	허용 전단 응력
(1)	제치장한 경우	$9+5\times(p-0.2)$, 또한 14 이하
(2)	제치장한 다음 인위적으로 이어붓기면을 거칠게 한 경우	$12+5\times(p-0.2)$, 또한 17 이하

주) p는 결합 철근의 철근비(%)

「프리스트레스트 콘크리트 설계 시공 규준·동해설」(일본 건축 학회편, 1975)에서는 콘크리트의 수평 이어붓기면의 허용 전단 응력으로서 표 7.4와 같이 규정하고 있다. 이것은 이어붓기면의 부착력은 콘크리트의 강도에 관계없이 이어붓기면의 처리 상태와 결합 철근비에 따라서 결정되는 것이므로 이어붓기면은 제치장 상태로 하고 레이턴스 등을 제거 청소해야 한다고 정하고 있다. 쓰레기, 나무 부스러기 등을 제거해야 하는 것은 당연하다. 또한 「적극적으로 접착제를 도포하는 것도 유효하지만 그 경우의 허용 전단 응력은 접착제에 대응한 값을 실험으로 확인하고 사용한다」고 해설하고 있다. 또 이어붓기부에는 전체 길이에 걸쳐서 결합 철근을 사용하여 각기 부분에 잘 정착하게 하고 「결합 철근비는 0.2% 이상으로 한다」고 정하고 있으며 1.2%를 상한으로 하고 있다.

위에서 기술한 일본의 규준은 이어붓기면의 허용 전단 응력을 결합 철근비 p만의 함수로 하고 있으나 미국의 콘크리트 협회(ACI, American Concrete Institute), 프리스트레스트 콘크리트 협회(PCI, Prestressed Concrete Institute)의 규준에서는 $p \cdot \sigma_y$의 함수로 하고 있으며, 위에서 기술한 실험 결과는 이 쪽에 가깝다.

(6) 이어붓기 위치의 선정

이제까지 기술한 바와 같이 콘크리트의 이어붓기부는 그 처리에 적정함이 결여되면 구조적인 약점이 되기 쉽다. 또 중성화를 촉진하여 철근 콘크리트로서의 내구성을 저하시키게 된다. 따라서 콘크리트 구조물은 될 수 있는 한 이어붓기를 하지 않고 연속하여 부어넣는 것이 바람직하며 통상 그렇게 노력하지만 하루에 부어넣기할 수 있는 콘크리트량은 부어넣기 부위의 시공성, 콘크리트의 공급 능력, 노무 능력, 부어넣기 후 마감 방법, 시공 관리 능력 등의 균형을 고려하여 정하므로 건물의 규모·면적에 따라서는 부어넣기 구획을 마련하고 이어붓기를 해야 하는 경우가 많다.

부어넣기 구획을 결정할 때 이어붓기 위치 선정시에는 다음과 같은 것을 명심해야 한다.

a. 될 수 있는 한 전단력이 작은 부분(휨 영역)으로 하고 전단 영역에서 이어붓기하는 것을 피해야 한다(그림 7.4).
b. 슬래브도 중앙 부근에서 이어붓기하고 보 가장자리에서는 이어붓기하지 않는다. 부득이 보 가장자리에서 이어붓기할 경우는 턱을 마련하는 등 조치를 한다(그림 7.5).
c. 수직 또는 수평으로 거푸집널 등에 따라서 구획한다. 익스팬드 메탈이나 리브 라스를 사용하는 것이 좋다.
d. 각층의 이어붓기 위치는 될 수 있는 한 1 스팬 이상 뗀다.
e. 가늘고 긴 건물에서는 이어붓기 구획을 길이 30 m 정도 이내로 한다.
f. 캔틸레버 보나 캔틸레버 슬래브는 일체 치기로 한다(이어붓기를 하지 않는다).
g. 방수 누름 콘크리트가 있는 옥상 패러핏의 치올림은 누름 콘크리트 상단에서 100 mm 이상(슬래브 콘크리트의 상단에서는 200 mm 이상)의 높이로 이어붓고 상단을 바깥 물매로 한다(그림 7.6). 이것은 방수 누름 콘크리트의 열팽창으로 패러핏이 압출되는 것을 막기 위해서이다. 방수 누름 콘크리트의 신축 줄눈은 불충분하게 되기 쉽다.

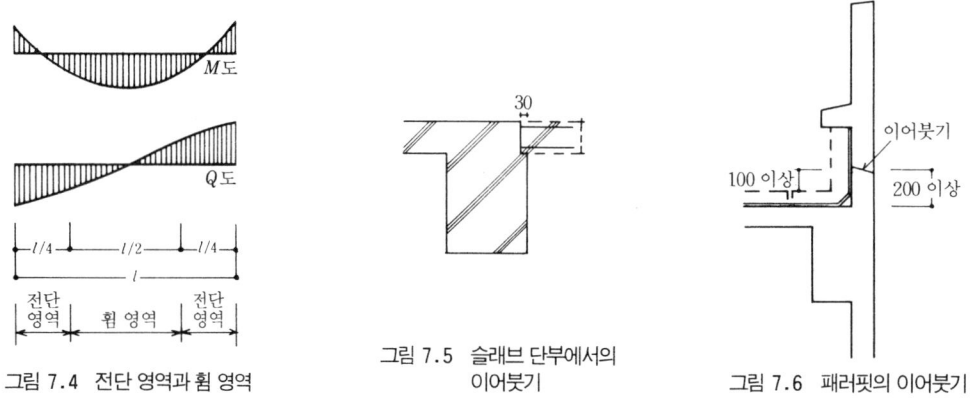

그림 7.4 전단 영역과 휨 영역

그림 7.5 슬래브 단부에서의 이어붓기

그림 7.6 패러핏의 이어붓기

h. 이어붓기부에는 보강 철근을 넣는다(단면의 어떤 부분에서도 설계 철근을 포함하여 0.6% 이상, 보 폭 35 cm의 경우 복부 철근 D13 @120 이내).

i. 슬래브의 이어붓기부에는 상단 주철근량의 50% 이상의 보강 철근을 넣는다.

위에 기술한 것 중에는 다른 이유를 우선하기 위해 채용할 수 없는 경우도 일어날 수 있는데 그때는 그 때문에 생기는 결점을 보완하는 조치를 소홀히 해서는 안된다. b, c, f, g, h, i 항은 반드시 지키도록 한다.

참 고 문 헌

75) 國分正胤 ; 新舊コンクリートの打繼目に關する硏究 : 土木學會論文集 No. 8(S. 25. 12)

76) 木澤久兵衞・淸水吉盛 ; コンクリートの打繼部に於ける强度 : 日本建築學會論文報告集 No. 60(S. 33. 10)

77) 麻生實・白川敏夫・島添洋治 ; モルタル・コンクリートの打繼部の諸問題について(Ⅰ. 引張强度試驗), (Ⅱ. 打繼間隔と引張强度及び中性化) : 日本建築學會大會學術講演梗槪集(東北) : 1047~1048(S. 57. 10)

78) 松藤泰典・牛田啓一ほか ; コンクリート構造物に生じるコールドジョイントの簡易診斷法に關する一實驗 : 日本建築學會大會學術講演梗槪集(關東) : 1054(S. 59. 10)

79) 岸谷孝一 ; 鐵筋コンクリート造における水平打繼目の耐久性に關する硏究(促進試驗による檢討) : 日本建築學會論文報告集 No. 60(S. 33. 10)

80) 荒川卓 ; 鐵筋コンクリート部材における打繼部の剪斷抵抗について : 日本建築學會論文報告集・號外(S. 40. 9)

81) 鈴木忠彦 ; コンクリート水平打繼部の曲げおよびせん斷耐力に關する硏究 : 日本建築學會大會學術講演梗槪集(關東) : 1063(S. 50. 10)

82) 竹內賢次・兩角昌公ほか ; 鐵筋コンクリート造における打繼ぎ面の諸問題に關する實驗的硏究, その2 柱の一面せん斷實驗 : 日本建築學會大會學術講演梗槪集(近畿) : 2836(S. 62. 10). その3 柱・はりの純曲げ實驗, その4~5 壁の一面せん斷實驗 (1)~(2) : 日本建築學會大會學術講演梗槪集(關東) : 1238~1240(S. 63. 10)

83) 嵩英雄・和泉意登志ほか ; コンクリート構造物の垂直打繼ぎ處理に關する硏究 : 竹中技術硏

究報告 No. 23(1980. 4)

84) 毛見虎雄・三浦勇雄ほか；コンクリート打繼ぎ部分のレイタンスの處理方法に關する一實驗：日本建築學會大會學術講演梗槪集(北陸)：1084(S. 58. 9)

85) 早川和良・十代田知三；打繼面の附着性に及ぼすセルロースエーテル添加の效果：日本建築學會大會學術講演梗槪集(北海道)：1373(S. 61. 8)

86) 古屋則之・竹本靖ほか；コンクリート水平打繼ぎ面におけるせん斷傳達, その1　界面の荒さと結合鐵筋のおよぼす影響, その2　結合鐵筋のだぼ作用に關する一考察：大林組技術硏究所報 No. 15~16(1977~1978)

87) 大關一美・山口育雄ほか；水平打繼ぎによるRC部材の力學性狀に關する硏究：日本建築學會大會學術講演梗槪集(中國)：2631(S. 52. 10)

88) 瀧口克己・石田彰男；RC部材におけるダボ筋の剪斷力傳達に關する硏究：日本建築學會大會學術講演梗槪集(中國)：2634(S. 52. 10)

7.2 균열 대책

콘크리트의 균열 문제가 논의되어 온 지는 이미 오래다. 그동안 기회 있을 때마다 발표된 관련 논문이나 보고는 매우 많다. 또 설계 실무자나 현장 기술자는 이같은 논문 보고와 풍부한 경험으로 많은 구체적인 대책을 강구하여 효과를 확인해 왔다. 이러한 많은 연구나 경험을 쌓음으로써 균열 대책은 상당히 성과를 거두고 있으나 건축계 전체에서 보면 아직 충분하다고는 할 수 없다.

콘크리트에 뚜렷한 균열이 생기면 콘크리트의 중성화를 빠르게 하고 철근에 녹을 발생케 하여 RC조의 내력이나 내구성을 저하시키거나 부재에 과도한 처짐을 생기게 하는 원인이 되고 누수를 야기하여 건물의 기능을 해치거나 건물의 미관을 훼손케 한다. 이들은 균열 폭(통상은 콘크리트 표면에 대한 폭을 말한다)이 큰 것일수록 그 유해성이 커진다. 그리고 이러한 유해한 균열은 가령 시공상의 실수였다고 해도 무과실 책임의 원칙에서 하자 보상의 대상이 되는 것이다.

「무과실 책임」: 발생한 손해에 대해서 고의나 과실이 없는 경우라도 그 배상 책임을 지는 것. 건축의 하자(결함)에 대해서는 시공상의 잘못이 없는 경우라도 무상으로 보수해야 한다.

건축에 사용하는 현상태의 콘크리트(RC조)에서는 균열 발생을 피할 수 없다. 그래서 이 균열 발생을 조정하여 될 수 있는 한 유해하지 않은 균열이 되도록 대책을 강구하는 것이 「균열 대책」이며, 이것은 설계·구조면에서 하는 대책과 재료·시공면에서 하는 대책이 유기적으로 행해져야 비로소 효과를 거두는 것이다.

(1) 균열의 원인과 형태

균열은 여러 가지 원인과 그 복합으로 생기는 것이다. 「철근 콘크리트조의 균열 대책(설계·시공) 지침·동해설(일본 건축 학회편, 1978)에서는 이것을 대별하여 다음과 같이 분류하고 있다(필자의 追記 또는 약간의 수정도 포함)」.

① 설계에 관계 하는 것

　　세부 설계 불비

② 하중에 관계하는 것

　　채용 하중, 지진, 오버 로드, 단면·철근량의 부족, 건물의 부동 침하

③ 외적 요인에 관계하는 것

　　환경 온도·습도의 변화, 콘크리트 부재 양면의 온도·습도차, 동결·융해의 반복, 화재·표면 가열, 내부 철근의 녹화 팽창, 산·염류의 화학 작용

④ 콘크리트의 재료적 성질에 관계하는 것

　　시멘트의 이상 응결·이상 팽창, 콘크리트의 가라앉음 및 블리딩, 골재에 포함되어 있는 이분(泥分), 시멘트의 수화열, 콘크리트의 경화·건조 수축, 반응성 골재나 풍화암의 사용

⑤ 시공에 관계하는 것

　　혼화 재료의 불균일한 분산, 장시간 비비기, 펌프 압송시의 시멘트량·수량의 증량, 급속한 부어넣기 속도, 불균일한 부어넣기, 배근의 흐트러짐, 철근의 피복 두께 과소, 이어붓기 처리의 불량, 곰보·콜드 조인트, 거푸집 부풀어오름, 누수, 거푸집의 조기 제거, 동바리의 침하, 초기의 급격한 건조, 경화 전의 진동이나 재하, 초기 동결

⑥ 설비 공사에 관계하는 것

　　관통구나 박스 넣기 주변, 묻어넣기 배관, 기기의 발열·진동

균열 형태는 그 원인에 따라서 각각 특징이 있다. 따라서 건물에 생기는 균열을 상세하게 관

찰·기록하여 그 경향을 파악하면 균열의 원인을 추정할 수 있다. 그러나 균열의 원인은 복합적인 요소가 많으므로 반드시 모두 명쾌하게 판정할 수는 없다. 또한 기록에는 표면에 드러나는 장해의 유무·정도, 다른 콘크리트 결함 등을 아울러 기록하고 이들 기록을 종합 판단하여 보수의 필요 여부, 보수 방법을 선정한다. 이들에 대해서는 「제7장 7.3 콘크리트의 결함과 보수 (3) 균열의 보수」를 참조하기 바란다.

(2) 허용 균열 폭

콘크리트의 균열이 무해하다고 생각되는 폭의 한계는 각 규준(일본 건축 학회편)에서는 다음과 같이 되어 있다.

  철근 콘크리트조의 균열 대책(설계·시공) 지침·동해설……0.3 mm
  프리스트레스트 철근 콘크리트(Ⅲ종 PC) 구조 설계·시공 지침·동해설
      (통상 PRC 구조라고 한다)……0.2 mm

또한 허용 균열 폭에 대한 그 밖의 규준값은 표 7.5와 같다.

표 7.5 허용 최대 균열 폭의 규격값 예

국 명	제안자 등		허용 균열 폭(mm)
한 국	KS F 4301 KS F 4304	원심력 철근 콘크리트 말뚝 기준 휨 모멘트시 프리텐션 방식 원심력 PC 전주 설계 하중시 설계 휨 모멘트 작용시 상기(上記) 개방시	0.2 0.25 0.05
일 본	운수성	항만 구조물	0.2
	JIS A 5309-81	원심력 콘크리트 폴 설계 하중시 설계 휨 모멘트 작용시 상기 개방시	0.25 0.05
	JIS A 5310-81	원심력 철근 콘크리트 말뚝 기준 휨 모멘트시	0.2
프 랑 스	Brocard		0.4
스 웨 덴		도로교 사하중만 사하중+활하중 1/2	0.3 0.4
미 국	ACI 건축 규준	옥내 부재 옥외 부재	0.38 0.25
러 시 아	철근 콘크리트 규준		0.2
유 럽	유럽 콘크리트 위원회	상당한 침식 작용을 받는 구조물의 부재 방호공이 없는 보통 구조물의 부재 방호공이 있는 보통 구조물의 부재	0.1 0.2 0.3

(3) 균열 대책의 방식

균열 대책은 설계·재료·시공의 각 방면에서 종합적으로 하지 않으면 충분한 효과를 낼 수 없다는 것은 이미 기술한 바와 같으며, 이들에 공통하는 방식을 분류하면 다음과 같다.

① 균열이 발생하기 쉬운 형상을 피한다.
② 균열의 분산을 도모한다.
③ 균열을 계획적으로 집중시킨다.
④ 균열을 될 수 있는 한 발생시키지 않도록 한다.

①, ②와 ③은 주로 설계면에서 고려하는 것이며, 균열이 발생하더라도 장해가 생기지 않도록 한다. 이 중 ①과 ②는 균열 발생을 예상하여 이에 대해서 작은보나 리브를 넣거나 이형 철근을 적절히 배치하는 등의 구조 세부 설계에서의 배려를 말하며, ③은 익스팬션 조인트를 하거나 유발 줄눈을 만들어 지수 처리를 하는 등 설계 계획 전반에 관계하는 고려이다.

④는 설계 계획적으로는 PRC 구조의 채용, 프리캐스트 콘크리트판의 채용, 부분적인 프리스트레스의 도입, 프리팩트 콘크리트 공법 등이 있는데, 주로 재료·시공면에서의 배려가 많다. 먼저 재료면에서는 이분(泥分), 연석(軟石, soft stone), 반응성이 없는 청정하고 무해한 골재의 선정, 수화열이 적은 시멘트의 채용, 적당한 혼화제(팽창제 등)의 혼입 등이 있으며, 시공면에서는 적정한 계획 배합, 단위 수량 저감, 충분한 다지기, 콜드 조인트·침하 균열을 만들지 않고, 초기 양생에 힘을 쓰는 것 등이 주된 것이다.

(4) 설계면에서의 균열 대책

설계면에서의 균열 대책은 주로 콘크리트의 건조 수축·온도 변화·부동 침하에 대응하는 것이다. 앞에 든 「(1) 균열의 원인과 형태」에서 기술한 원인 중 ① 설계에 관계하는 것, ② 하중에 관계하는 것도 중요하지만 여기에는 설계를 잘못했기 때문인 경우도 많아 설계자가 늘 반성해야 하는 점검 항목이다. 특히 기계 하중(이동 하중, 충격, 진동을 수반하는 것)은 실정을 잘 파악하여 적정한 하중값(충격 계수 포함)을 채용하도록 주의해야 하고 장기 하중 뿐만 아니라 시공시 하중에 대한 검토도 잊어서는 안된다.

건물의 평면적·입면적인 형상에 따라서는 응력 집중이 생기는 그런 요소에 신축 줄눈을 만들어 구조적으로 완전하게 절연하는 경우가 있다. 이것은 균열을 계획적으로 집중시키는 방책의 하나이지만 건물이 기능적으로 일체가 될 때는 조인트 부분의 변위 차이에 따라서 장해를 일으키는 경우가 있으므로 응력 집중의 정도에 따라서는 특히 보강(補強)·보강(補剛)에 주의하여 강(剛)하게 접속해 버리는 경우도 있다. 요는 프리(free)로 하느냐 강(剛)으로 하느냐이며, 어느 것으로 하는가는 신중한 검토를 요하는 부분이다. 어느 것으로 결정돼도 구조·의장·설비 전반에 대해서 일관된 방식으로 철저히 해야 하며 어중간하게 해서는 안된다. 이에 대해서는 「제6장 6.2 부동 침하의 요인 (10) 부동 침하 대책(expansion joint)」에서 기술한 바 있다.

(a) 균열이 발생하기 쉬운 형상

벽이나 슬래브에 대해서는 그 형상이나 크기가 균열 발생에 많은 영향을 끼친다. 콘크리트는 경화·건조하는 데 동반하여 수축하고 자유롭게 수축시킨 경우의 자유 수축률은 건축에서 통상 사용하는 콘크리트의 경우 $6 \sim 8 \times 10^{-4}$에 이른다. 현실 부재에서는 콘크리트 단면 속에 철근이나 철골이 들어 있어 이것이 콘크리트의 자유 수축을 구속하므로 실제 수축량은 감소하고 수축률은 콘크리트 속의 강재량(강재비)에 반비례하여 강재비가 많을수록 적어진다.

예를 들면, 슬래브의 경우 슬래브 주위 보의 강재비는 슬래브의 강재비에 비하여 많으므로 보의 수축량은 슬래브의 수축량에 비하여 적게 되어 이것이 슬래브의 수축을 구속하게 된다. 이 결과 **그림 7.7**과 같이 가늘고 긴 슬래브에서는 그 중앙 부근에 균열이 생기고 건물 우각부에는 경사 균열이 생기게 된다. 1장 슬래브의 크기가 크면 수축량도 많아지므로 균열 발생률도 많아진다. 벽에 대해서도 똑같다.

따라서 벽이나 슬래브는 그 형상을 변 길이비(장변/단변)로 나타내고 1.5 이하로 한다. 또 1장의 크기를 일반 슬래브에 대해서는 $20 \sim 25 \, \text{m}^2$ 이하로, 지붕 슬래브에 대해서는 $20 \, \text{m}^2$ 정도 이하로, 외벽에 대해서는 $20 \, \text{m}^2$ 정도 이하로, 내벽에 대해서는 $25 \, \text{m}^2$ 정도 이하로 하는 것

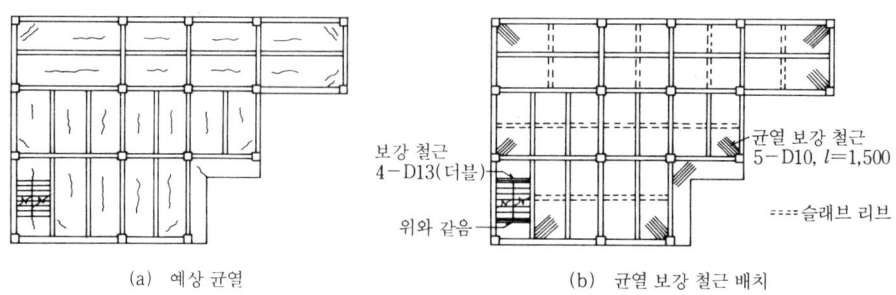

그림 7.7 슬래브의 균열 대책

이 좋다고 되어 있다. 지붕 슬래브나 외벽의 면적을 약간 작게 억제하는 것은 이들은 콘크리트의 수축 응력 이외에 외기온이나 직사 일광의 영향을 뚜렷이 받아 온도 응력을 생기게 하기 때문이며, 다른 항목을 포함하여 특히 신중한 균열 대책을 요하는 부위이기 때문이다.

만약 이들의 면적이나 변 길이비를 넘는 경우는 슬래브 리브(**그림 7.8**), 작은보 또는 샛기둥, 수직 리브, 수평 리브 등을 사용하든지 유발 줄눈을 만들어 작게 구획한다. 유발 줄눈에 대해서는 다음 항에서 자세히 기술한다. 또한 이들을 사용하지 않고 리브 위치나 벽 높이의 중앙 부근에서 철근량만을 늘려 균열 대책으로 하는 제안이 있으나 경험상에서 보면 그다지 효과는 없는 듯하다.

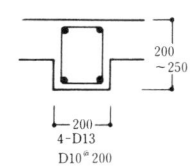

그림 7.8 슬래브 리브

스팬이 큰 슬래브나 작은 슬래브를 같은 방식으로 설계하게 되면 적재 하중이나 처짐에 대한 안전율이 달라지고 주변 고정도가 작은 슬래브에서는 중앙의 정(正) 휨 모멘트가 크게 되므로 이것들을 주의해서 설계하지 않으면 균열이 생기고 처짐이 크게 될 우려가 있다. 또 작업 바닥이 되는 슬래브, 기계실의 슬래브 등에서는 작업 기계의 이동, 설비 기기의 설치시 등에 상당한 중량이 집중 하중적으로 가해지므로 슬래브 스팬을 크게 하지 않아야 한다. 슬래브 스팬은 3 m 정도로 하는 것이 가장 바람직하다.

(b) 균열을 분산시킨다.

이형 철근은 콘크리트와의 부착성이 좋으므로 이것을 균열에 대해서 적당한 밀도로 사용하면 균열을 집중시키지 않고 무해한 작은 균열로 분산시킬 수 있다. 여기에는 균열의 발생 위치와 방향을 예상하여 이형 철근을 균열에 대해서 직교하도록 배치한다. **그림 7.7** (a)는 슬래브에 생기는 균열을 예상한 것이며 동 그림 (b)는 이에 대해서 슬래브 리브나 균열 보강 철근을 배치한 것이다. 건물의 모서리·구석 우각부의 요소에는 경사 보강 철근을 배치하였다. 또한 계단 (캔틸레버 형식) 계단참의 단측 단부의 보강 철근은 콘크리트 수축에 대한 것이 아니고 응력적인 것이다.

그림 7.9 (a)는 출입구·창 등 벽 개구의 우각부에 생기는 균열의 예상이며, 동 그림 (b)는 이에 대한 균열 보강 철근의 배치이다. 그림과 같이 기둥가·보가에서 벽 두께보다 상당히 두꺼운 부분에 접하는 개소에는 경사 보강 철근은 필요없지만 내진벽 등에서 벽 두께가 보 폭과 같은 두께일 때에는 보측에도 필요하다. 보강 철근에는 경사 철근, 와이어 메시, 특별히 고안된 특허품 등이 있다.

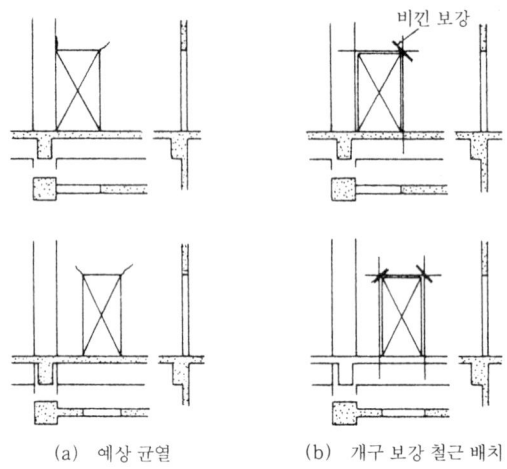

(a) 예상 균열   (b) 개구 보강 철근 배치

그림 7.9 개구 보강 요령

　철근 간격도 중요하며 @150~200 이내에 배치하는 것이 바람직하다. 균열 대책에서 보면 굵은 철근을 넓은 간격으로 배치하는 것보다도 가는 철근을 촘촘히 배치하는 편이 유효하다. 또 철근에 대한 콘크리트의 피복 두께가 클 때는 균열 폭이 커지게 된다. 휨재의 경우는 특히 뚜렷하다. 그러나 피복 두께가 작으면 중성화로 철근의 녹 발생이 빨라져 구조물로서의 내구성을 현저히 저하시키므로 정해진 피복 두께를 지켜야 한다.

　외벽은 풍압에 대해서 휨재가 되기 때문에 일반적으로 더블 배근으로 하므로 벽 두께는 180 mm 이상이 필요하다. 벽 두께 150 mm에서는 더블 배근으로 하는 것은 무리이며 싱글 배근으로 하는 것이 바르다. 철근비는 가로·세로 모두 0.4~0.5% 이상, 내벽의 경우는 0.3% 이상으로 하기 바란다. 슬래브의 배근량은 X·Y 방향 모두 0.3% 이상으로 하고 중앙 상단도 단부의 배(倍) 피치 정도의 더블 배근으로 한다. 지붕 슬래브는 더블 망 배근으로 하고 X·Y 방향 모두 0.4% 이상의 철근비로 하기 바란다.

　길게 연속된 캔틸레버 슬래브나 패러핏에서는 주철근은 1방향뿐이므로 배력 철근은 힘의 부담을 주지 않더라도 균열 대책을 위해 배력근량을 0.3~0.4% 이상, 패러핏에 대해서는 온도의 영향이 크므로 가로 철근을 0.6% 정도로 하기 바란다. 또한 비아물림을 요하는 캔틸레버 슬래브에서는 3 m 피치 내외에 유발 줄눈(다음 항)을 만들고 실링재로 줄눈 마감을 하는 것이 좋다. 캔틸레버 슬래브 선단에 콘크리트의 난간벽이 딸릴 경우는 난간벽에도 3 m 피치 내외에 슬래브와 같은 위치에 유발 줄눈을 만들면 좋다.

　전선관을 슬래브나 벽에 묻어넣는 경우는 콘크리트 두께의 중앙(더블 배근의 경우는 철근과 철근 사이)으로 하고 관과 관, 관과 철근의 간격은 30 mm 이상을 확보한다. 분전반 부근 등에서 전선관 묻어넣기가 폭주할 때는 슬래브 두께를 늘리는 등 조치를 한다(사전 검토를 해야 한다). 지붕 슬래브나 외벽에는 설비 배관을 매입해서는 안된다.

(5) 균열 유발 줄눈(수축 줄눈)

(a) 유발 줄눈의 설정

균열 유발 줄눈은 균열을 계획적으로 집중시키는 하나의 수단이다. 특히 외벽은 건조 수축 외에 온도 변화의 영향을 크게 받으므로 균열하기 쉽고 뚜렷한 경우에는 여기에서 빗물이 침입하거나 백화가 생겨 건물의 외관을 보기 흉하게 한다. 그래서 유발 줄눈을 만들어 균열을 계획적으로 집중 발생하게 하고 줄눈 바깥쪽에 방수 처리를 하면 균열에 따른 장해를 거의 없게 할 수 있다.

유발 줄눈은 그림 7.10 (a), (b)에 나타낸 바와 같이 기둥, 벽, 리브 등이나 유발 줄눈으로 구획된 1구획 벽의 면적을 20 m² 정도 이하, 또한 수평 간격을 3 m 정도 이내마다 마련하는 것으로 (a)는 기둥 가장자리에 마련하는 방법이며, (b)는 기둥 가장자리에서 약간 떨어진 위치에 마련하는 방법이지만 이제까지 경험으로 봐서는 (a) 쪽이 효과가 큰 것 같다. 창 개구를 가진 외벽의 줄눈 예를 동 그림 (c), (d)에 나타낸다[48].

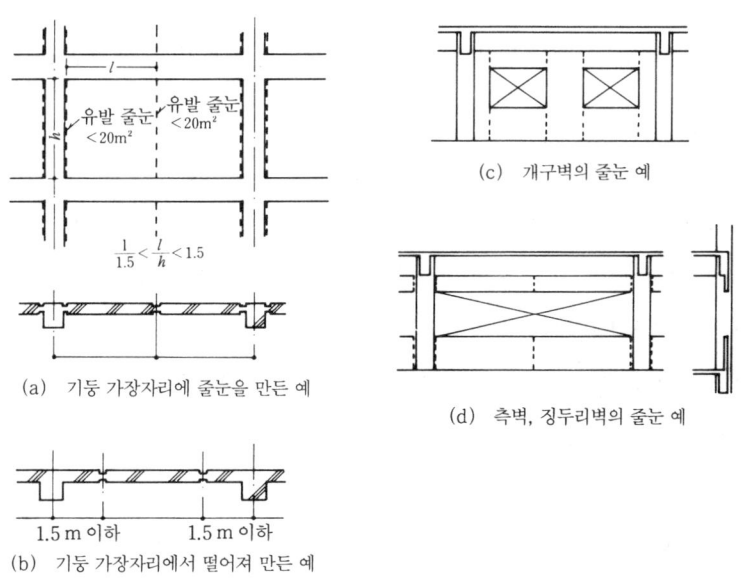

그림 7.10 유발 줄눈 배치 예

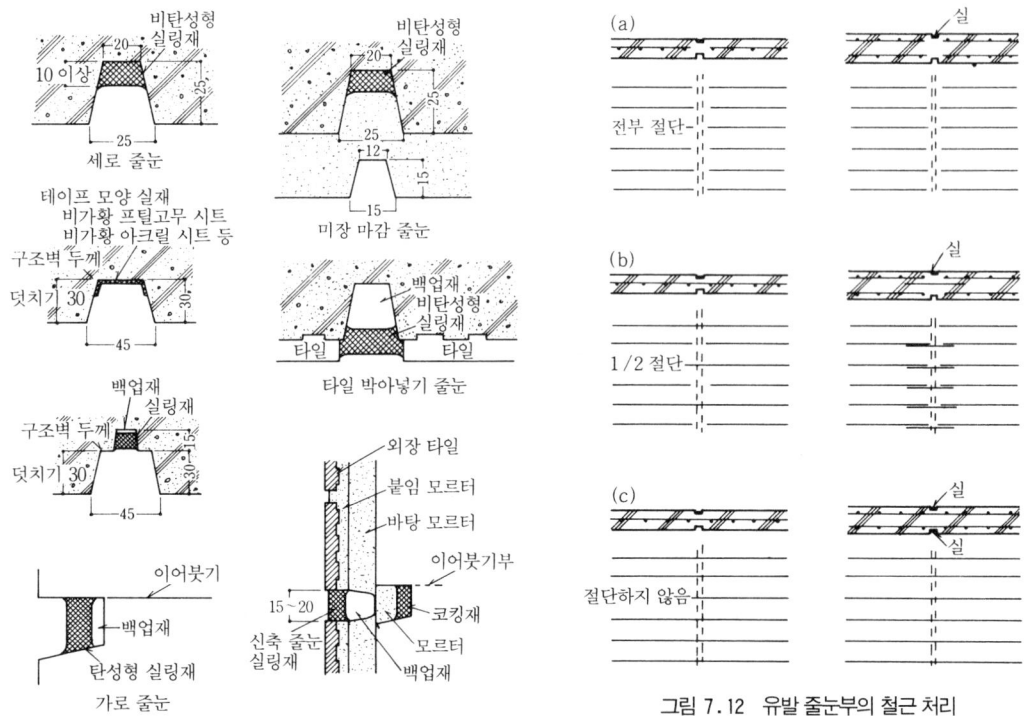

그림 7.11 유발 줄눈 예

그림 7.12 유발 줄눈부의 철근 처리

 유발 줄눈은 될 수 있는 한 양쪽에 만들되 줄눈 깊이의 합계가 벽 두께의 1/4~1/5 정도 (단면 결손율)가 되도록 하고 실링재를 줄눈 밑바닥에 사용하여 비아물림을 한다. 콘크리트의 수평 이어붓기부에도 줄눈을 만들어 비아물림한다(그림 7.11). 벽 두께 250 mm를 넘는 벽은 내진벽인 경우가 많아 유발 줄눈을 만들지 않는 경우가 많다. 이들은 일반적으로 철근량이 많으므로 콘크리트를 특히 밀실하게 부어넣음으로써 커버한다.

 벽 두께 250 mm 이하 벽의 유발 줄눈부 배근에는 그림 7.12에 나타낸 3가지 방법이 있다. (a)는 유발 줄눈부에서 벽의 가로 철근을 모두 절단하는 것이며, (b)는 가로 철근의 1/2을 절단하고, (c)는 절단하지 않는다. 균열 유발에는 (a)의 방법이 가장 효과적이지만 (b)의 방법도 쓰인다. 내진벽에 유발 줄눈을 만드는 경우에는 (c)의 방법으로 하고 피복 두께의 부족은 실(seal)을 함으로써 보충한다.

(b) 유발 줄눈의 효과 [91]~[94]

 균열 유발 줄눈의 효과에 대해서 실측 조사한 결과를 표 7.6에 나타낸다. 조사 대상이 된 건물에 사용된 줄눈 형상은 그림 7.13과 같다.

표 7.6 유발 줄눈의 균열 집중률

건물명	구조·규모	콘크리트	시공시기	조사재령	줄눈형상	벽두께 (mm)	단면결손율 (%)	줄눈의 평균 간격 (m)	균열집중률 (%)	배근	비고
SE	RC-2+4+1 30×40 m	I.C 210	가을	3~5개월	A	170	23.5	2.42	82	가로 D10@125 싱글 세로 D10@125 싱글 줄눈 가로 철근 2/3 절단	
G	RC +2 12×33 m	C 210	가을	4~6Ws	A	150	33.3	1.65	80 57	가로 D10@250 더블 세로 D10@250 더블 줄눈 안쪽 전부 절단	개구 끝 줄눈 없음
S	SRC-3+10+2 40×70 m	C 225	겨울	1~4개월	B	150	53.3	4.18	55	가로 D10@200 싱글 세로 @ 싱글 줄눈 가로 철근 전부 절단	한중 콘크리트 치장 줄눈 있음
T	SRC-3+5+2 95×100 m	유동화 C 210	겨울	1~4개월	C	225	26.7	2.13	69	가로 D210@ 더블 세로 @ 더블 줄눈 가로 철근 1/2 절단	치장 줄눈 있음 리브 부착
E	SRC-2+14+2 40×95 m	유동화 C 210	겨울	2~6개월	D	210	26.2	2.83	93	가로 @ 더블 세로 @ 더블 줄눈 가로 철근 1/2 절단	
U	SRC-1+7+2 43×55 m	C 210	여름	1~3개월	E	180	22.2	2.06 4.50	66 50	가로 @ 더블 세로 @ 더블 줄눈 가로 철근 1/2 절단	개구 끝 줄눈 있음 치장 줄눈 있음
N	RC +1 16×21 m	C 210	가을		F	180	16.7	2.53	33	가로 D10@ 싱글 세로 @ 싱글 줄눈 철근 절단 없음	
K1	RC +5 34×42 m	C 210			20×20	180	11.1	3.00	51	가로 D10@100~250 내 100~125 외 세로 D10@250 더블 줄눈 절단 없음	
K2	RC +7	유동화 C			20×45	200	22.5	2.20	88	가로 D13@100 더블 세로 D13@200 더블 줄눈 가로 철근 1/2 절단	바깥쪽 메시 병용 6φ @100

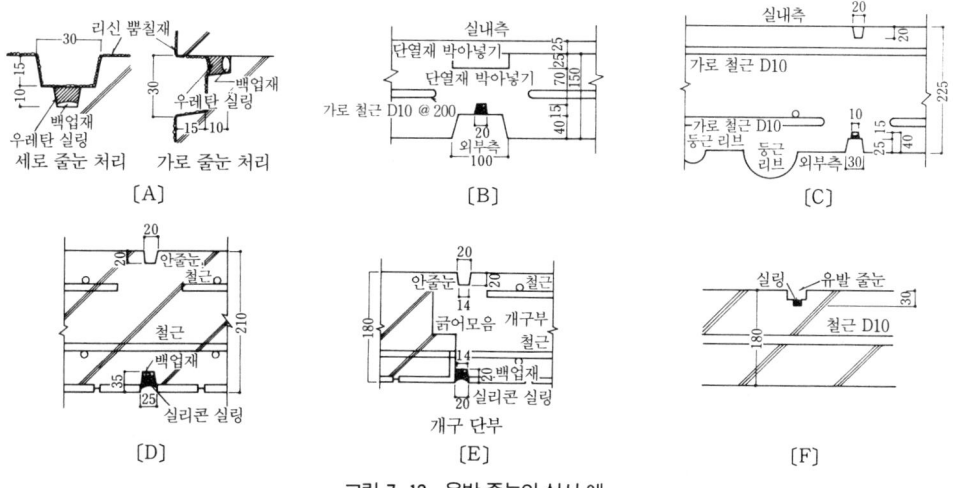

그림 7.13 유발 줄눈의 실시 예

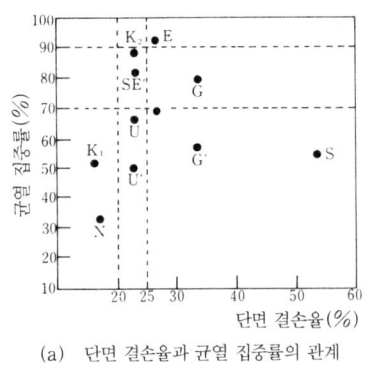
(a) 단면 결손율과 균열 집중률의 관계

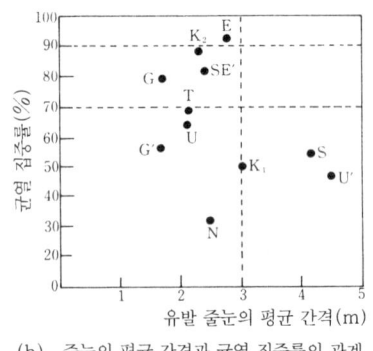
(b) 줄눈의 평균 간격과 균열 집중률의 관계

그림 7.14 단면 결손율·줄눈의 평균 간격과 균열 집중률의 관계

조사 결과 중에서 단면 결손율·유발 줄눈의 평균 간격과 균열 집중률의 관계를 **그림 7.14**에 나타낸다. 여기에서 다음과 같은 것이 보고되고 있다.

① 유발 줄눈의 깊이(단면 결손율)를 벽 두께의 20% 이상으로 하고 간격을 3.0 m 이내에 마련하면 균열은 그 70% 이상이 유발 줄눈에 집중한다. 그래서 줄눈을 실하여 방수하면 유해한 균열을 30% 이하로 줄일 수 있다.

② 단면 결손율은 클수록(30% 이하) 효과가 있으나 30% 이상으로 크게 해도 균열 집중률은 거의 향상되지 않는다. 또 단면 결손율이 20% 이하에서는 줄눈 간격을 좁혀도 효과가 없다. 유발 줄눈 간격은 될 수 있는 한 작게 하는 것이 좋다.

③ 단면 결손율·줄눈 간격이 적절해도 유발 줄눈 이외에 세로 치장 줄눈을 내거나 개구 단부에 줄눈이 없으면 균열 집중률은 저하한다.

④ 개구 단부에는 반드시 유발 줄눈을 만든다. 치장 줄눈은 유발 줄눈으로 하든지 될 수 있으면 만들지 않도록 하면 유발 줄눈의 효과를 올릴 수 있다.

또한 보고서 중에서 조사 건물마다 균열에 관한 특징을 기술하면 다음과 같다.

· SE 빌딩 : 균열은 콘크리트 치기 후 약 200일에서 발생하였다. 1년 6개월 후에는 모든 유발 줄눈에 균열이 발생하였다(鐵筋計를 이용한 변형 측정으로 확인).

· G 빌딩 : 균열은 재령 14~28일에서 상당히 발생하였다. 뚜렷한 것은 재령 5일에 발생하였다. 이것은 촉진형 혼화제를 사용한 것으로 시멘트의 수화열로 인한 초기 온도 응력에 따른 것이라고 고찰되고 있다.

· S 빌딩, T 빌딩 : 이 건물에는 어느 것이나 치장 줄눈이 있는데 치장 줄눈에도 상당한 균열이 발생하였다. S 빌딩의 치장 줄눈은 **그림 7.15 (a)**와 같이 상당히 많고 단면 결손율

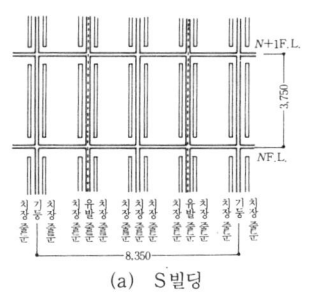 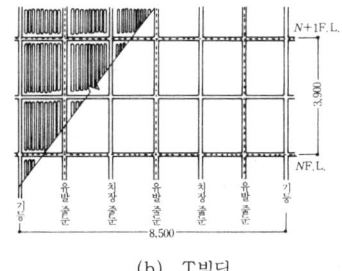

그림 7.15 S빌딩·T빌딩의 유발 줄눈 배치

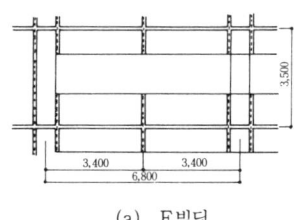 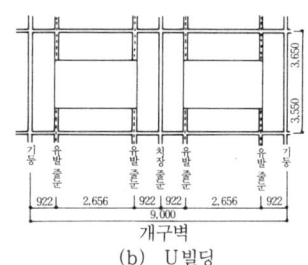

그림 7.16 E빌딩·U빌딩의 유발 줄눈 배치

은 27%, 치장 줄눈에서 생긴 균열 발생률은 77%, 유발 줄눈과 치장 줄눈의 합계 균열 집중률은 86%에 이르렀다. T빌딩의 치장 줄눈은 동 그림 (b)와 같고 단면 결손율은 11%, 치장 줄눈에서 생긴 균열 발생률은 88%, 유발 줄눈과 치장 줄눈의 합계 균열 집중률은 97%에 이르렀다.

- E빌딩 : 외장은 타일 붙이기이며 유발 줄눈은 **그림 7.16** (a)와 같이 배치하였다. 타일 줄눈과 유발 줄눈을 완전히 일치시켰기 때문에 균열 집중률은 높은 값으로 되었다. 이와 같이 마감 줄눈을 구조체 줄눈에 일치시키는 것이 중요하다.
- U빌딩 : 이 건물에도 동 그림 (b)와 같이 치장 줄눈이 있다. 치장 줄눈의 단면 결손율은 11.1%이지만 여기에도 상당한 균열이 발생하였다.
- N빌딩 : 이 빌딩의 외벽은 내진벽으로 되어 있으므로 철근을 절단해서는 안된다.
- K1빌딩 : 벽의 가로 철근은 하층만 촘촘히 하였다(1층 : 안쪽·바깥쪽 모두 D10 @ 100, 2층 : 안쪽 D10 @ 150·바깥쪽 D10 @ 100, 3~5층 : 안쪽 D10 @ 250·바깥쪽 D10 @ 125). 수평 방향에도 콜드 조인트에 따라서 균열이 발생하였다. 최상층에는 온도 균열이 발생하였다.
- K2빌딩 : 6~7층에 온도 균열이 발생하였다. 유발 줄눈은 기둥에서 그다지 떨어지지 않

은 위치에 마련해야 하며, 벽 배근은 가로 철근을 촘촘히 하고 줄눈부에서는 철근으로 인한 구속을 완화(가로 철근을 절단)하는 것이 좋다고 제안하고 있다.

(6) 시공면에서의 균열 대책

(a) 건조 수축량의 허용 한계 목표값

콘크리트에 균열이 생기는 것은 콘크리트의 건조 수축이 그 주요한 원인 중 하나이다. 우리들이 상용하고 있는 묽은 비빔 콘크리트에서는 상당히 주의해서 시공하였다고 해도 자유 건조 수축으로 인한 변형도는 $6\sim8\times10^{-4}$에 이르고, 여기에 다른 응력으로 인한 변형이 가해지면 변형도는 더욱 증가하는 경향에 있다.

이에 대해서 콘크리트에 균열이 발생할 때의 변형도는 통상의 경우 $1.2\sim1.5\times10^{-4}$ 정도이므로 균열 발생을 피할 수 없게 된다. 그러나 균열을 분산시켜 그 폭을 앞에서 기술한 바와 같이 해가 적은 범위에 그치고자 하기 위해서는 건조 수축률을 6×10^{-4} 이하로 수습하도록 노력해야 한다. 시공면에서는 이 수치를 건조 수축량의 허용 한계 목표값으로 생각하여 재료·배합에서 부어넣기·양생을 포함하여 종합적인 여러 가지 대책을 주의해서 해야 한다.

(b) 설계 내용의 재평가

처음에 기술한 바와 같이 건물의 기능이나 미관을 훼손하는 그런 뚜렷한 균열은 「하자」의 대상이 되어 보수해야 하므로 이러한 균열을 될 수 있는 한 생기지 않게 하는 대책에 대해서 실제 시공 관점에서 설계 내용을 재평가해야 한다. 이 결과 필요하다면 설계 내용의 변경·추가를 제안한다. 이때 비용 증감을 수반하는 것이 있으면 동시에 해결해야 한다. 또한 현장이 독단으로 설계 내용을 뚜렷이 변경하는 것은 피해야 하나 자세한 사항에 대해서는 설계의 사고 방식을 훼손하지 않는 범위에서 대응하는 것이 지장이 없다고 본다.

재평가 항목 중 주된 것은 다음과 같다.

① 균열 보강 철근(각 부분 경사 철근, 배력 철근)
② 벽 두께, 크기, 형상, 배근(특히 외벽)
③ 유발 줄눈의 위치, 디테일(특히 외벽)
④ 구조 줄눈과 마감 줄눈의 일치
⑤ 바탕이 다른 부분에는 마감 줄눈을 넣는다.

(c) 콘크리트의 제조

콘크리트는 재료 구입에서 배합 설계를 비롯하여 비비기·수송으로부터 현장에서 짐부리기까지를 레미콘 제조자가 그 책임하에 하게 되어 있다. 짐부리기 지점 이후의 레미콘 관리는 압송·부어넣기·양생을 포함하여 구입자가 책임진다.

표 7.7 표준품과 특별 주문품의 지정 사항(○표)

지 정 사 항	표준품	특별 주문품	지 정 사 항	표준품	특별 주문품
(1) 호칭 강도와 슬럼프의 짜맞추기	○	○	(7) 혼화 재료의 종류	○	○
(2) 시멘트의 종류	○	○	(8) 공기량	-	○
(3) 골재의 종류	○	○	(9) 알칼리 골재 반응의 억제 방법	필요에 따라	○
(4) 굵은 골재의 최대 치수	○	○	(10) 경량 콘크리트의 단위 용적 질량	○	○
(5) 염화물량의 한도를 따로 정할 경우	-	○	(11) 콘크리트의 최고 또는 최저의 온도	필요에 따라	○
(6) 호칭 강도를 보증하는 재령	-	○	(12) 기타 필요한 사항		○

구입자는 레미콘 발주시에 **표 7.7**에 나타낸 지정 사항을 정하여 레미콘 제조자에게 발주한다. 레미콘이 표준품일 경우는 기본적인 사항 이외는 제조자에게 일임하지만 특별 주문품의 경우는 지정 사항이 많아 이들에 대해서 협의할 수 있으므로 구입자의 의향을 반영할 수 있게 되어 있다. 특별 주문품의 지정 사항에 포함되는 동 표 중의 「(12) 기타 필요한 사항」에는 물시멘트비·단위 시멘트량의 한도, 잔골재율 등을 지시하는 것으로 해석되며, 균열 대책에 필요한 이들 사항도 구입자의 요망에 따라서 콘크리트의 계획 배합에 가미되는 것이라고 볼 수 있으나 골재 품질의 저하와 강도 중시의 사고 방식의 현상태에 저해되어 좀체 반영할 수 없는 것이 현실이다.

이것과는 별도로 균열 방지를 위한 혼화제의 개발이 진행되고 있다. 예를 들면 팽창제, 무수축제, 유동화제, 수축 저감제 등 각종의 것이 시판되고 있으며 이것을 이용하면 균열 방지에 효과를 올릴 수 있는 경우가 많다. 실례로서 팽창제와 수축 저감제를 아울러 사용하면 각기 효과가 누가되어 무수축에 가까운 콘크리트를 얻을 수 있다는 보고가 있다[95]. 다만, 혼화제 중에는 콘크리트의 어떤 일면을 개선하더라도 다른 면을 손상하는 것이 있으므로 채용시에는 충분히 검토해야 한다. 또 2종 이상의 혼화제를 동시에 사용하는 경우는 그 병용성에 대해서 조사해야 한다.

(d) 콘크리트 부어넣기·다지기

1) 부어넣기 전 준비

콘크리트의 부어넣기 계획·이어붓기부의 선정·이어붓기면의 청소 처리 등에 대해서는 앞 절「콘크리트의 이어붓기」에서 이미 기술하였다. 이 밖에 부어넣기 전의 준비로서는 「부어넣기 전의 종합 협의」가 있다. 이것은 콘크리트 치기 전날에 관계 기능공(콘크리트공, 압송공, 거푸집공, 철근공, 미장공, 설비 각 직 등)을 소집하여 콘크리트 부어넣기 방법·부어넣기 순서 등에 대해서 협의하는 것인데, 이때 콘크리트 시공의 중요성에 대해서 특히 강조해 두어야 한다.

또 거푸집, 배근 등의 최종 확인을 해야 한다. 거푸집은 그 조립 요령·정밀도나 거푸집 동바리의 상태가 거푸집 계획에 의거하여 적정하게 시공되고 있는지, 철근에 대해서는 그 배치, 조립 요령·정밀도, 정착이나 이음 상태 등 묻어넣기 배관이나 철물류는 그 위치, 수량 등이 바른지 여부를 확인한다. 특히 철근의「피복 두께」는 RC조의 내구성에 영향을 많이 끼치므로 서포트 스페이서를 사용하여 정규 치수를 확보하는 것이 중요하다. 철근 위치를 수정하기가 곤란한 때는 거푸집을 보정하는 것도 검토해야 한다. 피복 두께가 적으면 내부 철근의 녹이 빨리 슬게 되어 균열이 생겨 RC조의 수명을 단축한다. 끝으로 부어넣기·다지기용 기기, 용구, 전원, 작업 인원 등의 정비 상황을 확인한다.

2) 압송

콘크리트 펌프차의 성능이나 압송관의 굵기는 콘크리트 부어넣기의 위치·높이·압송 거리에 어울리는 것을 선정한다. 이것이 적정하지 않으면 콘크리트 부어넣기 중에 관이 막혀 장해를 일으키든지 콘크리트에 가수(加水)되어 슬럼프를 증대하는 등 불량 시공의 원인을 만든다.

압송관의 고정은 압송 중의 진동·충격을 거푸집·철근이나 미경화 콘크리트에 전하지 않도록 한다. 고정시에는 압송 중 압송관이 요동하는 방향을 예상하여 그 고정 방법·지지 방법을 선정한다.

3) 부어넣기·다지기

먼저 보내기 모르터는 $1\,m^3$ 정도를 사용하는데 압송 초기의 $100\,l$ 정도는 품질이 떨어지므로 거푸집 속에 넣지 말고 반드시 폐기 처분해야 한다. 먼저 보내기 모르터는 얇은 층이 되도록 넓은 범위에 부어넣되 한군데에 모아 부어넣지 않도록 한다.

콘크리트의 부어넣기는「수평 치기(돌려 치기)」를 원칙으로 하되 부어넣기 간격을 $1\sim1.5$ m로 하여 옆으로 흐르지 않도록 하고 고르고 밀실하게 되도록 잘 다져야 한다.

콘크리트의 자유 낙하 높이는 분리되지 않는 한도로 하고($2\,m$ 정도 이하가 바람직하다) 될 수 있는 한 트레미관이나 세로 슈트 등을 사용하여 조용히 부어넣는다. 자유 낙하 높이가 너무 높은 경우는 거푸집 중간 높이에 임시 투입구를 마련하고 여기서 부어넣는다. 1회 부어넣기 높이는 1.5~2.0 m 정도로 하는 것이 바람직하다.

부어넣기 속도는 슬럼프 18 cm의 콘크리트에서 펌프차 1대당 20~25 m³/h, 슬럼프 15 cm의 콘크리트에서 10~15 m³/h 정도가 적당하다. 봉상 바이브레이터의 다지기 능력은 슬럼프 18 cm의 콘크리트에서 1대당 10~15 m³/h 정도이다. 따라서 바이브레이터는 펌프차 1대당 2대가 필요하다. 이 밖에 거푸집 바이브레이터나 두들기기·다짐대의 병용도 필요하다.

바이브레이터는 철골이나 철근에 직접 닿게 해서는 안된다. 또 너무 오래 작동케 하면 콘크리트가 분리되므로 표면에 시멘트 풀이 스며 나올 정도(1군데에 5~15초 정도)로 한다. 바이브레이터질 피치는 60 cm 정도로 한다.

콘크리트는 계속하여 부어넣고 앞에 부어넣은 콘크리트와 일체가 되도록 잘 다진다. 그렇지 않으면 콜드 조인트가 생기기 쉽다. 이어붓기부는 특히 잘 부어넣어야 한다. 쉬는 시간 등으로 부어넣기 시간 간격이 벌어질 때는 그 직전의 콘크리트에 지연형 혼화제를 사용하는 등 배려를 하면 좋다.

콘크리트 온도가 높으면 경화가 빨라져 콜드 조인트가 더욱 생기기 쉽다.「건축 공사 표준 시방서 제5장」(건설교통부 제정)에서는「콘크리트 온도(서중 콘크리트에서)는 짐부리기시에 35℃ 이하로 할 것」이라고 하지만, 콘크리트 비비기 온도는 그 시기의 외기온에서 5℃ 정도 높게 되고, 더구나 운반 중에 2~4℃ 정도 상승하므로 결국 콘크리트 온도는 외기온보다도 7~10℃ 정도 높게 된다. 이 점에서 기온이 25℃ 이상일 때는 콘크리트 온도 상승에 주의해야 한다. 콘크리트 온도가 높으면 콜드 조인트가 생기기 쉬운 외에 운반 중 슬럼프 저하가 뚜렷해지거나 그후의 체적 수축이 커져 균열이 생기게 된다.

콘크리트 치기시에는 작업을 위해 배근을 흐트리기가 쉽다. 배근은 콘크리트를 부어넣는 상태에서 정연(整然)해야 하므로 흐트러진 배근은 그때마다 바르게 수정해야 한다. 특히 슬래브 철근은 흐트러지기 쉬운 외에 정규 높이에서 내려가는 경우가 많아 슬래브 내력을 저하시키므로 주의해야 한다.

(e) 부어넣기 후의 조치

콘크리트 부어넣기 후는 여름철에 30분~1시간, 봄·가을에 2시간 정도, 겨울철에 3시간 정도 경과하고 나서 탬핑을 해야 한다. 이것은 침하 균열과 침하 공동(가로 철근 아래)을 소멸하는 데 매우 효과가 있다. 침하 균열이 남아 있는 것은 현장 기술자의 수치라고 생각해야 한다.

이어붓기부의 철근에 부착된 시멘트 풀을 청소·제거하거나 이어붓기부의 레이턴스나 조악한 콘크리트를 제거해야 하는 것은 누차 기술하였다.

(f) 양생

콘크리트 치기 후의 적절한 양생은 콘크리트의 품질 확보에 매우 중요하다. 양생은 장기에 걸쳐서 하는 것이 바람직하지만 특히 초기 양생이 중요하며 이것을 적절히 하는 것은 강도나 내구성의 증진 외에 균열 방지에도 매우 유효하다.

양생은 콘크리트의 노출면을 직사 일광, 비바람, 서리, 눈 등의 기상 조건에서 보호하고 콘크리트 경화 중에는 충분한 수분과 적당한 온도를 부여하며 진동·충격이나 유해한 하중 등을 주지 않도록 콘크리트를 보호하는 것이다. 이것이 적정하게 행해지지 않으면 다음과 같은 문제가 생긴다.

① 경화 초기에 표면을 건조하게 하면 부어넣은 콘크리트의 표층 부분은 시멘트의 수화 반응에 필요한 수분이 부족하여 소요 강도가 발현되지 않거나 중성화가 빨라진다.

② 양생 기간 중 온도가 과도하게 낮으면 강도 발현이 아주 지연되고, 과도하게 높으면 장기 재령에 대한 강도가 저하한다.

③ 젊은 재령의 콘크리트를 직사 일광에 노출시키거나 급격하게 건조시키면 콘크리트 표면에 균열이 생겨 내구성이 손상된다.

④ 경화가 진행되지 않은 콘크리트에 진동·충격이나 큰 하중이 작용하면 균열이 생기거나 크리프 때문에 처짐이 증가한다.

1) 일반 양생

양생 방법은 콘크리트의 종류와 그 지역의 기상 조건에 따라서 다르다. 여기서는 봄·가을철에 대한 양생을 일반 양생이라고 한다. 예를 들면, 서울 지역에서는 3월 상순~6월 하순, 9월 상순~11월 하순까지로 보면 된다.

일반 양생에서는 보통 시멘트를 사용한 콘크리트에서는 7일간 이상, 조강 시멘트를 사용한 콘크리트에서는 5일간 이상은 살수 양생, 양생 매트, 양생 시트 등의 피막 양생, 시트를 이용한 차풍(遮風) 양생 등을 하여 콘크리트의 표면을 습윤하게 유지한다. 위에서 기술한 일수 이전에 거푸집널을 해체한 경우는 콘크리트의 건조 상태에 특히 주의하여 살수 양생, 차풍 양생 등을 적당히 해야 한다. 콘크리트는 공사에 지장이 없는 한 가급적 장기에 걸쳐서 습윤 양생 상태로 유지하는 것이 좋다.

콘크리트 강도가 50 kg/cm^2에 이르기까지를 초기 양생 기간으로 하는데 그 기간은 대개 다음과 같이 보면 된다. 이 기간은 진동·충격을 주거나 유해한 재하를 하는 것을 될 수 있는 한 피해야 한다.

  평균 기온이 20℃ 이상일 때   2일간
  평균 기온이 10℃~20℃일 때   3일간
  평균 기온이 3℃~10℃일 때   4일간

콘크리트에 하중을 싣는 경우는 그 재령에 대한 콘크리트 강도에 따라서 구조 내력과 변형의 검토를 요한다. 또, 동바리에 대해서도 검토한다.

2) 서중 양생

기온이 25℃ 이상이 되는 시기의 콘크리트는 서중 콘크리트로서 다룬다. 콘크리트의 비비기 온도에 유의함과 동시에 급격한 건조에 특히 주의해야 한다. 그 기간은 이를테면, 서울에서는 7월 상순~8월 하순으로 생각할 수 있다.

서중 양생의 양생 방법은 봄·가을철에 대한 것 외에 스프링클러를 이용한 살수 양생, 양생 매트를 이용한 보수 양생, 양생 시트를 이용한 차광 양생 등이 있다.

서중 콘크리트는 경화가 빨라져 콜드 조인트가 생기기 쉽고 이것이 균열로 이어지므로 주의해야 한다. 또 건조로 강도가 저하하는 경우가 있으므로 온도 보정으로서 $+15 \text{ kg/cm}^2$를 고려하는 것이 바람직하다.

3) 한중 양생

한중 콘크리트란 콘크리트 부어넣기 후 28일까지 기간의 예상 평균 기온이 3℃ 이하일 때이다(일본 건축 학회). 이것은 외기온의 적산 온도가 370°D·D 이하의 경우에 상당한다. 일본 토목 학회에서는 일평균 기온이 4℃ 이하가 된다고 예상될 때로 하고 있다. 한중 콘크리트로서 주의해야 하는 기간은 예를 들면, 서울에서는 12월 상순부터 2월 하순까지로 생각하면 된다.

「적산 온도」: 다음 식으로 산정하는 값 M을 적산 온도라고 하며, 콘크리트의 양생 기간에 대해서 재령(일) 대신에 사용한다.

$$M = \sum_{z=1}^{Z}(\theta_z + 10)$$

이때, M : 적산 온도(℃·day)
   θ_z : 콘크리트의 일평균 양생 온도(℃)
   z : 재령(일)
   Z : 필요한 강도를 얻기 위한 기간(일)

표준 양생(20℃)을 28일간 하였을 경우의 적산 온도는 다음과 같다.

$$M = 28 \times (20+10) = 840 \text{(℃·day)}$$

콘크리트는 부어넣기 후 5일간은 표면 온도를 2℃ 이상으로 유지해야 한다. 될 수 있으면 5℃ 이상으로 하기 바란다. 이른 아침, 야간 등에 기온이 이 온도 이하로 저하할 우려가 있을 때는 특히 정성들여 양생해야 한다. 이렇게 하기 위해서는 건물 전부를 시트로 에워싸 보온 양생을 하는, 거기다 제트 버너를 사용하는 가열 양생을 요하는 경우도 있다. 가열 양생을 하는 경우는 그 가열 설비로 인하여 국부 가열이나 급격한 건조를 하지 않도록 주의해야 한다. 이것은 콘크리트의 강도 발현에 지장을 줄 뿐만 아니라 균열의 원인이 된다.

콘크리트가 초기 동해를 일으키면 그 부분의 강도가 전혀 나오지 않으므로 동해는 절대로 생기게 해서는 안된다.

(g) 거푸집의 해체

거푸집은 공사에 지장이 없는 한 될 수 있으면 오래 존치해 두는 것이 좋으며, 적어도 시방서에 정해진 존치 기간을 지켜야 한다. 공사 기간이 없는 경우는 이 기간을 희생하게 되는 경우가 많은데 균열이나 건물의 내구성을 위해서는 아주 나쁘다. 또한 외부에 건조가 심한 장소, 내외 온도차가 큰 곳에서는 거푸집 해체 후 1~2주간 정도는 시트나 필름 등으로 양생해 두면 좋다.

거푸집 해체 중에 균열이나 부재의 이상한 처짐을 발견하였을 때는 바로 시공 경력을 조사하여 원인을 확인하고 적절한 조치를 함과 동시에 이후 공사에 반영시켜야 한다. 쪼아내기를 요하는 경우는 콘크리트에 소요 강도가 나오고 나서 실시한다.

(7) 불의의 사건에 대한 대응

콘크리트 부어넣기 작업 중에는 강우, 강설 등의 날씨 변화, 거푸집 파손, 펌프차 고장 등 불의의 사건 때문에 당초의 계획을 변경하거나 작업을 중단해야 하는 경우가 있다. 이럴 때는 냉정하게 상황을 판단하여 항상 확실히 대응해야 하므로 미리 대책을 생각해 둘 필요가 있다. 레미콘의 출하 일시 중단이나 중지, 작업 종료 시각의 변경, 시트 양생이나 조명 등의 추가, 부어넣기 구획이나 순서 변경, 펌프차의 교환 등을 신속히 결정하고 이것을 확실히 관계자에게 전달해야 한다. 부어넣기 구획을 변경할 때는 레미콘의 출하 정지를 공장에 연락하기 전에 미리 어느 정도의 수량이 나와 있는지를 확인해야 하며 이어붓기 위치는 구조적으로 만족하는 개소를 선정해야 한다. 압송·부어넣기를 일시 중단할 경우는 콘크리트의 품질 변화에 주의하고 비비기부터 부어넣기까지의 시간 한도에 주의해야 한다.

(8) 폐기 콘크리트의 조치

압송 개시시의 물이나 먼저 보내기 모르터의 물 섞인 부분(처음의 $100l$ 정도), 압송 종료시의 배관 세정수나 물 섞인 콘크리트는 절대로 거푸집 속에 투입해서는 안된다. 압송 중에 막힌 콘크리트나 배관 조인트부에서 흘러나온 콘크리트 등도 거푸집 속에 투입해서는 안된다. 이렇게 하기 위해서는 폐기하는 콘크리트의 장소나 방법을 미리 계획하고 설치해 둘 필요가 있다. 이들 폐기 콘크리트를 정상적인 콘크리트에 섞으면 구조체의 강도 부족이나 곰보, 균열, 박락 등의 결함이 되는 경우가 있다.

콘크리트의 시험 검사 결과가 불합격되었을 때는 그 원인이 배합상인지, 배차상인지, 현장에서 잘못한 것인지를 조사하여 개선 조치를 해야 한다. 불합격된 콘크리트는 그 원인과 정도에 따라서는 반드시 구조체 성능에 유해하다고는 할 수 없는 경우가 있으므로 시공 조건 등을 고려하고 관계자와 협의하여 그 조치를 결정하면 된다. 다만, 이때는 좀더 이상의 시험·검사를 해야 할 것이다.

사용할 수 없다고 결정된 콘크리트나 펌프 고장·배관 폐색 등이 장기간이 되어 품질이 열화한 콘크리트는 레미콘 공장측과 연락하여 다른 곳으로의 전용 또는 폐기 처분 등 조치를 해야 한다.

참 고 문 헌

48) 日本建築學會；鐵筋コンクリート造のひびわれ對策(設計·施工)指針案·同解說(1978)

89) 日本建築總合試驗所 ; コンクリート工事の實務(コンクリート工法指定硏修テキストA) 第9版(S. 63. 1)

90) 日建設計；コンクリート工事の手引(ひびわれ對策)·社內資料(S. 53. 12)

91) 榊崎正義·笹川和郎；收縮目地のひびわれ集中效果に關する硏究 : 日本建築學會大會學術講演梗槪集(九州) 1029(S. 56. 9)

92) 大谷博；鐵筋コンクリート造外壁のひびわれ對策における收縮目地の效果に關する硏究 : 日本建築學會構造系論文報告集 No. 392(S. 63. 10)

93) 大谷博·中村俊昭ほか；人工輕量コンクリートRC造における收縮目地の施工例 : 日本建築學

會大會學術講演梗槪集(中國) 1091(S. 52. 10)

94) 大谷博 ; RC造における收縮目地の施工例・その2 : 日本建築學會大會學術講演梗槪集(關東) 1051(S. 54. 9), その3 : 日本建築學會大會學術講演梗槪集(東北) 1123(S. 57. 10), その4 : 日本建築學會大會學術講演梗槪集(關東) 1252(S. 59. 10)

95) 小川鑑 ; RC造建物におけるひびわれ防止對策 : 日本建築學會大會學術講演梗槪集(近畿) 1206(S. 62. 10)

7.3 콘크리트의 결함과 보수

(1) 콘크리트의 결함

주의해서 콘크리트를 잘 부어넣었다고 해도 거푸집을 해체해 보면 어딘가에 곰보, 콜드 조인트, 공동, 기포 등의 결함이 생겨 있는 경우가 많다. 현실정으로는 이들의 결함을 아주 없애기란 어려운 듯하다.

콘크리트 결함에는 종류가 많고 그 발생 원인은 설계 단계에서부터 콘크리트의 재료・배합에서 시공・양생・보전에 이르기까지 여러 단계에 미치고 있다. 이같은 결함은 콘크리트에 요구하는 성능을 저해하는 외에 철근 콘크리트로서의 내구성도 저하시킨다. 표 7.8은 콘크리트의 결함과 그 요인의 인과 관계의 개요를 나타낸 것이다. 시공 단계는 주된 공정만을 나타내고 보전 단계는 생략하였다.

표 7.8 콘크리트의 결함과 요인

결함의 종류	설계	재료	배합	시공				비고
				배근 피복	거푸집	부어넣기 다지기	양생	
압축 강도 부족		○	◎			○	◎	
이어붓기 강도					◎ 청소	◎		먼지 레이턴스
처짐 증대(강성 작음)	◎	◎				○	◎	크리프
곰보			○		○ 모르터 유출	◎ 분리		
콜드 조인트		○				◎ 부어넣기 시간 간격		레이턴스
레이턴스		◎	○					블리딩
블리딩		○ 모래의 입도	◎					

결함의 종류		설계	재료	배합	시공				비고
					배근 피복	거푸집	부어넣기 다지기	양생	
균열	활(온도)	◎		◎	○		◎	○	
	사 (건조·침하)	◎	○ 시멘트 알칼리 반응	◎	○		◎	○	
공동					○		◎		
스크닝					◎		○		
누수(수밀성)		◎		◎			◎		균열, 곰보 침하 공동
강재의 부식			◎ 염분		◎		◎		균열, 곰보 중성화
표면 상태	기포						◎		
	박리					◎	○		
	색얼룩		○			◎			
	페이스트 유출			◎		◎	○		블리딩
정밀도	위치					◎ 먹매김			
	형상 치수					◎			
	요철(凹凸)					◎ 강성			

주) ◎ : 관계 큼, ○ : 관계 있음, 외는 관계 적음

(2) 곰보의 보수

(a) 곰보의 원인

콘크리트 결함의 대표적인 것의 하나가 「곰보」이며 이것은 콘크리트의 재료 분리로 생긴다.

콘크리트는 분리를 잘 일으키지 않아야 한다. 레미콘이 표준품일 경우는 사용 실적이 많으므로 배합에 기인하는 분리는 적다고 생각되지만 특별 주문품의 경우는 시험 비비기시에 분리되기 쉬운지 여부를 확인해야 한다. 이것은 슬럼프 테스트 후에 슬럼프대를 두들겨 콘크리트가 플로(flow)하는 상태나 콘크리트의 표면을 지렛대로 두들기거나 뒤섞어 그 유동하는 상태를 보아 워커빌리티가 풍부하면서 반죽질기(consistency)가 양호한지 여부를 판정하여 적절하지 않을 때는 보정을 해야 한다.

재료로서의 콘크리트가 잘 분리되지 않더라도 시공이 적절하지 않으면 분리를 일으키게 된다. 시공에 의거하는 원인으로는 부어넣기 높이의 과대, 과도한 유출, 거푸집에서 모르터분의 유출, 바이브레이터질의 지나침 등이 있다. 콘크리트 부어넣기시에는 이들의 결함이 생기지 않도록 주의해야 하는 것은 당연하지만 가끔 분리되어 곰보가 생기는 경우가 자주 있다. 이들은

구조 내력을 저하시킴과 동시에 콘크리트의 중성화를 빠르게 하며 그 영향도는 곰보의 정도가 클수록 커진다.

(b) 곰보의 정도

종래의 연구는 곰보의 정도를 나타내는 데 콘크리트의 단위 용적 중 공극(V)과 시멘트량(c)의 절대 용적비(V/c : 공극 시멘트비)를 사용하는 경우가 많다. 곰보의 정도에 따른 V/c의 값이 어느 정도인지는 **사진 7.1**(문헌 96)에서 인용)을 보기 바란다. 사진 아래에 각기의 V/c의 값이 기입되어 있다. 이로써 결함 정도를 대충 짐작할 수 있다.

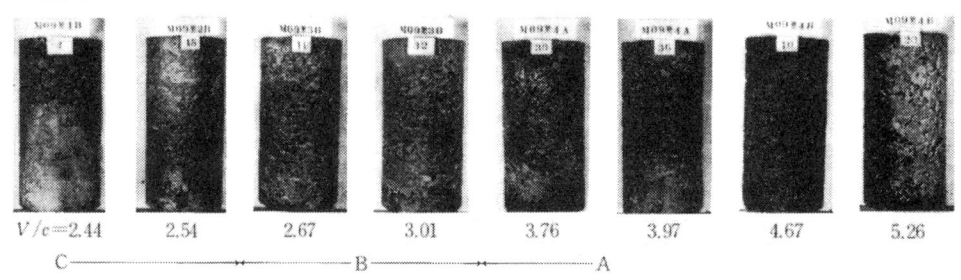

사진 7.1 곰보로서의 V/c의 관계

표 7.9 콘크리트의 배합 예

호칭 강도 (kg/cm^2)	슬럼프 (cm)	굵은 골재의 최대 치수 (mm)	공기량 (%)	W/c (%)	s/a (%)	배합(kg/m^3)				
						시멘트	물	모래	자갈	혼화제
240	18	20	4	55	46.2	349	192	788	944	PS 0.70

V/c의 값을, 예를 들면 **표 7.9**에 나타낸 배합의 콘크리트에 대해서 시산하면 콘크리트의 단위 용적 중 시멘트 용적은 시멘트의 비중을 3.15라고 하면 다음과 같다.

$$c = \frac{\text{단위 용적 중 시멘트 중량}}{\text{시멘트의 비중}} = \frac{349}{3.15 \times 10^3} = 0.111$$

콘크리트의 단위 용적 중 물 용적은 물의 비중이 1.00이므로

$$w = \frac{\text{단위 용적 중 물 중량}}{\text{물의 비중}} = \frac{192}{1.00 \times 10^3} = 0.192$$

콘크리트의 단위 용적 중 모래 용적은 모래의 비중을 2.56이라고 하면

$$s = \frac{\text{단위 용적 중 모래 중량}}{\text{모래의 비중}} = \frac{788}{2.56 \times 10^3} = 0.308$$

콘크리트의 단위 용적 중 자갈 용적은 자갈의 비중을 2.63이라고 하면

결함의 종류		설계	재료	배합	시공				비고
					배근 피복	거푸집	부어넣기 다지기	양생	
균열	활(온도)	◎		◎	○		◎	○	
	사 (건조·침하)	◎	○ 시멘트 알칼리 반응	◎	○		◎	○	
공동					○		◎		
스크리닝					◎		○		
누수(수밀성)		◎		◎			◎		균열, 곰보 침하 공동
강재의 부식			◎ 염분		◎		◎		균열, 곰보 중성화
표면 상태	기포						◎		
	박리					◎	○		
	색얼룩		○			◎			
	페이스트 유출				◎	○			블리딩
정밀도	위치					◎ 먹매김			
	형상 치수					◎			
	요철(凹凸)					◎ 강성			

주) ◎ : 관계 큼, ○ : 관계 있음, 외는 관계 적음

(2) 곰보의 보수

(a) 곰보의 원인

콘크리트 결함의 대표적인 것의 하나가 「곰보」이며 이것은 콘크리트의 재료 분리로 생긴다. 콘크리트는 분리를 잘 일으키지 않아야 한다. 레미콘이 표준품일 경우는 사용 실적이 많으므로 배합에 기인하는 분리는 적다고 생각되지만 특별 주문품의 경우는 시험 비비기시에 분리되기 쉬운지 여부를 확인해야 한다. 이것은 슬럼프 테스트 후에 슬럼프대를 두들겨 콘크리트가 플로(flow)하는 상태나 콘크리트의 표면을 지렛대로 두들기거나 뒤섞어 그 유동하는 상태를 보아 워커빌리티가 풍부하면서 반죽질기(consistency)가 양호한지 여부를 판정하여 적절하지 않을 때는 보정을 해야 한다.

재료로서의 콘크리트가 잘 분리되지 않더라도 시공이 적절하지 않으면 분리를 일으키게 된다. 시공에 의거하는 원인으로는 부어넣기 높이의 과대, 과도한 유출, 거푸집에서 모르터분의 유출, 바이브레이터질의 지나침 등이 있다. 콘크리트 부어넣기시에는 이들의 결함이 생기지 않도록 주의해야 하는 것은 당연하지만 가끔 분리되어 곰보가 생기는 경우가 자주 있다. 이들은

구조 내력을 저하시킴과 동시에 콘크리트의 중성화를 빠르게 하며 그 영향도는 곰보의 정도가 클수록 커진다.

(b) 곰보의 정도

종래의 연구는 곰보의 정도를 나타내는 데 콘크리트의 단위 용적 중 공극(V)과 시멘트량(c)의 절대 용적비(V/c : 공극 시멘트비)를 사용하는 경우가 많다. 곰보의 정도에 따른 V/c의 값이 어느 정도인지는 **사진 7.1**(문헌 96에서 인용)을 보기 바란다. 사진 아래에 각기의 V/c의 값이 기입되어 있다. 이로써 결함 정도를 대충 짐작할 수 있다.

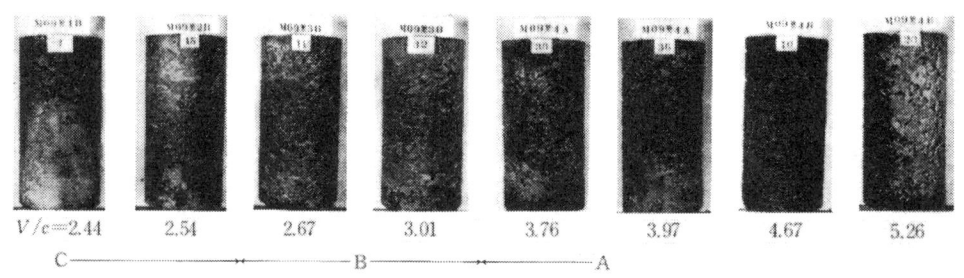

사진 7.1 곰보로서의 V/c의 관계

표 7.9 콘크리트의 배합 예

호칭 강도 (kg/cm^2)	슬럼프 (cm)	굵은 골재의 최대 치수 (mm)	공기량 (%)	W/c (%)	s/a (%)	배합(kg/m^3)				
						시멘트	물	모래	자갈	혼화제
240	18	20	4	55	46.2	349	192	788	944	PS 0.70

V/c의 값을, 예를 들면 **표 7.9**에 나타낸 배합의 콘크리트에 대해서 시산하면 콘크리트의 단위 용적 중 시멘트 용적은 시멘트의 비중을 3.15라고 하면 다음과 같다.

$$c = \frac{\text{단위 용적 중 시멘트 중량}}{\text{시멘트의 비중}} = \frac{349}{3.15 \times 10^3} = 0.111$$

콘크리트의 단위 용적 중 물 용적은 물의 비중이 1.00이므로

$$w = \frac{\text{단위 용적 중 물 중량}}{\text{물의 비중}} = \frac{192}{1.00 \times 10^3} = 0.192$$

콘크리트의 단위 용적 중 모래 용적은 모래의 비중을 2.56이라고 하면

$$s = \frac{\text{단위 용적 중 모래 중량}}{\text{모래의 비중}} = \frac{788}{2.56 \times 10^3} = 0.308$$

콘크리트의 단위 용적 중 자갈 용적은 자갈의 비중을 2.63이라고 하면

$$g = \frac{\text{단위 용적 중 자갈 중량}}{\text{자갈의 비중}} = \frac{944}{2.63 \times 10^3} = 0.359$$

만약 콘크리트의 분리가 심하여 자갈뿐이고 모르터분이 전혀 없는 경우인 V/c의 값은 다음과 같다.

$$V/c = \frac{1.000 - g}{c} = \frac{1.000 - 0.359}{0.111} = \underline{5.77}$$

곰보가 전혀 없고 밀실한 콘크리트일 때의 V/c의 값은(물은 수화 반응에 필요한 양을 포함하여 사용 수량의 1/2이 콘크리트 내에 잔류한 것이라고 가정하여) 다음과 같다.

$$V/c = \frac{1.000 - (c + w/2 + s + g)}{c}$$

$$= \frac{(1 - 0.111 - 0.192/2 - 0.308 - 0.359)}{0.111} = \underline{1.14}$$

앞에 기술한 바와 같이 언더라인을 친 정도의 수치가 곰보의 공극 시멘트비(V/c)의 최대값, 최소값이라고 생각할 수 있다.

표 7.10에 V/c의 값과 곰보 정도의 관계를 나타낸다[96]. 분류의 A, B, C는 곰보의 정도를 크게 분류한 것으로 표 7.11에 나타낸 바와 같은 정도를 생각하고 있다[97]. 사진 7.1 아래에 이 분류를 나타낸다.

콘크리트를 다지는 것은 V/c의 감소에 대단히 유효하다. 배합이 다소 나쁜 콘크리트라도 잘 다지면 곰보가 생기지 않지만 좋은 배합의 콘크리트라도 다지기가 불충분하면 곰보가 생기기 쉽다.

표 7.10 곰보의 정도와 보수 방법

분류	V/c의 값	곰 보 의 정 도	강도	보 수 방 법
	2.20 이하	곰보는 생기지 않는다.	100으로 한다.	
C	2.20~2.60	생기지 않는 것도 있지만 생기더라도 표면적인 것으로 경미하다. 자갈은 두들겨도 떨어지는 것은 없다.	80 정도	모르터를 표면의 공극에 정성들여 충전한다. 강도는 90 정도로 회복한다.
B	2.60~3.50	표면은 상당히 심하지만 내부에는 큰 공극은 없다. 자갈은 두들기면 떨어지는 것도 있지만 서로 상당히 강하게 들러붙어 있다. 자갈이 연쇄적으로 흐슬부슬 떨어지는 것은 없다.	60~40	모르터 충전 외에 주입할 필요가 있다. 작은 것은 주입기 등으로, 큰 것은 그라우트하는 방법이 좋다. 보수 효과는 10~20% 강도를 회복한다.
A	3.50 이상	내부에도 공극이 많아진다. 자갈은 시멘트 풀로 온통 처발라진 상태로 노출하고, 자갈은 표면에서 내부까지 서로 겨우 들러붙어 있다.	30 이하	근본적인 보수를 해야 한다. 모르터 충전 등으로는 효과가 없다. 쳐서 바로잡기를 해야 한다.

표 7.11 곰보의 분류와 정도

분류	곰 보 의 정 도
A	철근이 노출하고 있는 것. 철골까지 관통하고 있다고 인정되는 것. 자갈 주위에 시멘트 풀이 붙어 있는 정도이고 자갈 사이에는 모르터가 거의 없는 것. 완전히 공동으로 되어 있는 것. 이들과 유사한 것.
B	A정도는 아니지만 표면에 자갈 크기 정도의 요철(凹凸)이 있는 것으로 자갈 상호에는 공극이 있으나 세게 두들겨도 흩어지지는 않는 것.
C	B만큼 심하지 않고 표면에만 인정되는 것. 이어붓기층에 공극이 있는 것.

(c) 곰보의 보수 방법

곰보의 보수 방법에는 모르터 충전, 주입, 쳐서 바로잡기의 3가지 공법이 있다. 모르터 충전은 곰보 표면에서 모르터를 공극에 될 수 있는 한 충전하듯이 손으로 바르는 것이다. 주입은 내부 공극에 시멘트계 주입재 또는 에폭시 수지를 주입하는 것이며, 쳐서 바로잡기는 곰보 부분을 제거한 다음 무수축 콘크리트 또는 팽창 콘크리트를 다시 부어넣는 것으로 상당히 깊은 곳까지 이른 뚜렷한 곰보에 적용한다. 이같은 보수 공법은 주로 강도의 회복을 목적으로 곰보의 정도·부위에 따라서 선정한다.

모르터 충전 공법은 콘크리트의 표면에만 생긴 가벼운 정도의 곰보에 적용하는 것으로 표면만 보수하는 데 지나지 않으므로 깊숙한 곰보에 대해서는 적당하지 않고 강도 회복은 거의 바랄 수 없다. 그러나 밀실하게 모르터를 바른 것으로 균열 등이 생기지 않은 경우에는 중성화 진행 억제에 효과가 있다.

주입 공법은 상당히 깊은 곳까지 이른 곰보에 대해서 적용하는 것으로 적정하게 주입할 수 있으면 강도는 상당히 회복된다. 주입재로는 시멘트계 무수축 모르터나 에폭시 수지이며, 곰보의 표면을 모르터로 막은 다음에 통상 수동 그리스 펌프 등으로 주입한다. 주입 효과의 확인은 초음파 검사로 할 수 있다. 앞에서 기술한 모르터 충전의 경우에도 초음파를 사용하면 충전 상황을 확인할 수 있다.

쳐서 바로잡기 공법은 곰보 부분을 완전히 제거한 다음에 무수축 콘크리트를 쳐서 바로잡는 것인데, 쳐서 바로잡기 부분 상부의 형상을 「역이어붓기」로 하는 한편 물매를 지어 두지 않으면 상부 이어붓기부에 틈이 생길 우려가 있다(「제3장 3.3 역타부의 이어붓기」 참조). 만약 틈이 생긴 경우는 이 부분에 주입 공법을 병용해야 한다.

표 7.10에 곰보의 분류·정도에 따른 보수 방법을 정리하여 나타낸다[96].

곰보는 본래 현장 기술자에게 있어서 자랑거리가 아니므로 견학자 등 외부 사람의 눈에 띄지 않는 가운데 빨리 손질해야 한다는 마음으로 서둘러 보수 지시를 해버리는 경우가 있다. 이런 경우에는 단순히 표면에 모르터를 바르기만 하면 된다는 식인데 이것은 기술자로서의 적절한 조치가 아니다. 개개 곰보에 대해서 그 정도에 따른 보수 방법을 정하고 구체적으로 지시를 내려야 한다. 순조롭게 공사가 진행될 때는 개개 기술자의 역량에 큰 차이는 나지 않지만 실패 또는 불비한 곳의 수정 대응에 큰 차이를 발휘하는 것이므로 이럴 때에 기술자로서의 양심 또는 성의를 묻는 것이다.

(d) 곰보의 보수 효과

공극 시멘트비와 콘크리트의 압축 강도의 관계를 나타낸 것으로 **그림 7.17, 표 7.12**가 있다 [96), 98)]. 이것에서 V/c의 증가로 강도는 상당히 급격하게 저하하고 곰보가 없는 정상적인 콘크리트의 강도를 100으로 하면 $V/c=2.6$에서 77, 3.5에서 40으로 되는 것을 나타내고 있다.

실시 구조물의 조사에서 마감재 밑에서 뚜렷한 곰보와 부적절한 보수 흔적을 발견하고 차례로 해체·개축의 원인의 하나가 된 예가 있다. 이 건물에 대해서 곰보가 있는 기둥을 잘라내 공시체로 하고 휨 전단 시험을 한 바 모두 곰보 부분의 전단으로 파괴되어 전혀 끈기가 없는 거동을 보였다. 이 곰보는 표면의 자갈이 쉽게 박락되는 정도이며 공극률은 공시체 체적의 13~8%에 이른다고 보고되어 있다 [99)].

모르터 충전으로 보수한 것의 압축 강도를 나타낸 것으로 **그림 7.18, 표 7.13**이 있다 [96), 98)]. 보수한 것의 V/c는 보수하지 않은 전의 값으로 나타내고 있다. 이에 따르면 V/c가 3.5 정도 이하에서는 모르터에 따른 보수 효과를 볼 수 있어 약 10~30%의 강도를 회복하고 있으나 그 이상의 V/c에서는 효과를 거의 볼 수 없다. 당연하지만 모르터 충전에서는 표면만의 보수이

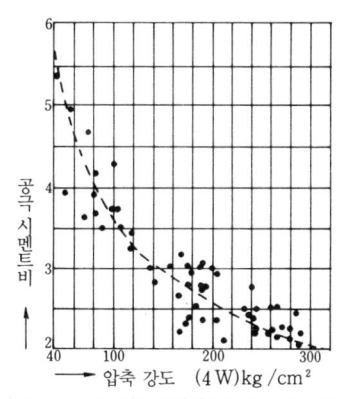

그림 7.17 공극 시멘트비와 콘크리트의 압축 강도

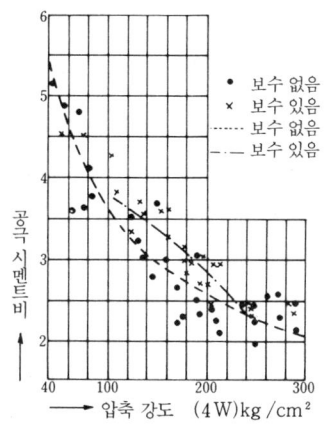

그림 7.18 공극 시멘트비와 보수 전후의 압축 강도

표 7.12 공극 시멘트비와 콘크리트의 압축 강도

V/c	압축 강도 (kg/cm²)	비율 (%)
2.2	260	100
2.6	200	77
3.0	150	58
3.5	105	40
4.0	80	31
4.5	65	25
5.0	55	21

표 7.13 공극 시멘트비와 보수 전후의 압축 강도

V/c	강도 kg/cm²		소정 강도 에 대해 %	
	보강 전	보강 후		
2.2	260		100	
2.7	180	210	80	내부에 다소 공극 있음
3.0	150	185	71	
3.5	105	135	52	내부 공극 있음
4.0	80	80	31	내부 공극 많음, 증강 없음

강도 증가 : 곰보의 자갈이 가압으로 옆으로 겉도는 것을 보수 모르타가 구속하므로 다소 효과는 있으나 소정 강도에는 이르지 못한다.

므로 내부 공극까지는 충전되지 않는다는 것을 나타내고 있다.

표 7.13에 보수 효과의 개략적인 값을 정리하여 나타낸다[96]. 또한 기둥의 쳐서 바로잡기 보수의 경우 존재 축력은 모두 정상 부분의 콘크리트가 부담하여 쳐서 바로잡은 콘크리트에는 축력 부담이 없다고 생각할 수 있다. 그래서 보수 후 기둥으로서의 일체성에 대해서 실험적으로 연구한 결과 휨 파괴에 대해서는 영향이 적다는($p_t < p_{tb}$일 때가 많다) 보고가 있다[97].

(3) 균열의 보수

(a) 균열에 따른 영향

건물의 성능을 저해하는 그런 균열(빗물의 침입 등)이나 외관상 보기 흉한 균열(백화 등)은 시공상의 잘못이 없는 경우라도 보증 기간 중에는 하자의 대상이 되므로 무상으로 보수해야 한다. 보수에는 적지 않은 노력과 비용이 따르므로 설계·시공 최초부터 균열 대책을 해야 하며 이에 대해서는 「제7장 7.2 균열 대책」에서 상세하게 기술하였다.

현재 우리들이 상용하고 있는 콘크리트는 유감스럽지만 균열 발생을 피할 수 없다. 그래서 이 균열을 조정하여 될 수 있는 한 유해하지 않은 균열이 되도록 대책을 강구하는 것이 「균열 대책」이다. 이를테면, 균열로 일어나는 장해가 가장 많은 외벽에 대해서는 유발 줄눈(수축 줄눈)을 만들어 될 수 있는 한 무해한 균열이 되도록 하고 있다. 그러나 유발 줄눈 간격을 3.0 m 정도로 하고 단면 결손율을 1/4~1/5로 해도 역시 균열의 30% 정도(이하)는 유발 줄눈 이외 부분에 생긴다는 것도 이미 기술한 바 있다.

콘크리트에 균열이 생기면 공기가 유통되어 균열면에서도 중성화가 진행되어 철근의 방청 능력을 소멸시킨다. 또 뚜렷한 균열은 구조 강도에 영향을 끼친다. 그러나 건물의 구조 강도나 구조적 내구성과 균열의 상관성이나 철근의 부식 관계에 대해서는 충분히 파악된 바 없다. 그래서 일본 건축 학회(건설교통부 제정 「건축 공사 표준 시방서」)에서는 일단의 표준으로서 「제 7장 7.2 균열 대책 (2) 허용 균열 폭」에서 기술한 바와 같이 0.3 mm를 허용 한계로 하고 이 이하의 것에 대해서는 구조 강도나 철근의 부식에 영향이 적은 것으로 보고 있다. 이 값을 넘는 뚜렷한 균열은 건물의 내구성이나 구조 내력을 저하시킬 우려가 있으므로 앞에서 기술한 누수 등과 함께 보수를 해야 한다. 또한 0.3 mm 이하의 균열에서도 환경에 따라서는 철근에 뚜렷한 부식을 생기게 한 예가 있다.

(b) 균열의 조사

균열을 보수하기 위해서는 우선 그 실태를 조사하여 특징을 파악하고 원인을 추정해야 한다. 원인에 따라서 보수 방법이 다르기 때문이다.

이미 기술한(「제7장 7.2 균열 대책 (1) 균열의 원인과 형태」) 바와 같이 콘크리트 균열에는 많은 원인이 있는데 그 형태에는 원인에 따라서 각기 특징이 있다. 따라서 건물 전반에 걸쳐서 상세하게 균열을 관찰·기록하고 그 발생 경향을 파악하면 균열의 원인을 추정할 수 있다. 균열에는 원인이 복합되어 있는 경우가 많아 반드시 명쾌하게 판정할 수는 없지만 대충 판정할 수 있는 것이다.

기록에는 기능 장해의 유무·정도, 다른 콘크리트 결함 등을 아울러 기입해 두고, 이들 기록으로 원인을 추정함과 동시에 균열이 갖는 뜻을 고찰하고 종합 판단을 하여 보수의 필요 여부·방법을 선정한다.

일반적으로 균열 조사시에는 다음과 같은 항목을 관찰하여 기록한다.

1) 균열 발생 시기
2) 균열 성장
3) 균열 폭 변동

공사 중에는 콘크리트면을 정기적(격일~주 1회 정도)으로 관찰하여 균열을 발견한 날, 균열의 선단 위치, 주요 위치에서의 균열 폭을 기록한다. 기록은 균열 옆 콘크리트면에 직접 기입해 두면 편리하다. 준공 후의 균열 조사에서는 균열의 상황이나 마감재의 상황 등에서 그 발생 시기를 추정해야 한다. 균열 폭 측정에는 확대경, 크랙 게이지 등을 사용한다. 마감한 부분에는 균열로 인한 마감의 들뜸을 조사하기 위해서 작은 테스트 해머(작은 나무망치 등)가 필요하다. 3)은 균열이 온도 응력으로 생기는 경우이며, 균열 폭은 기온의 일간 변동, 계절간 변동에 연동

(連動)하여 변동하므로 이것을 확인하기 위함이다. 측정에는 크랙 게이지를 이용하든지 방수 테이프 등을 붙여 그 변화를 관찰한다.

이런 조사로 균열의 특징을 판별하여 다음과 같은 3가지로 분류하고 보수 방법을 선정한다.

a. 균열 성장 $\begin{cases} \text{완전히 멈춤} \cdots\cdots\cdots\cdots ① \\ \text{진전 중} \cdots\cdots\cdots\cdots ② \end{cases}$

b. 균열 폭 변동 $\begin{cases} \text{변동 없음} \cdots\cdots\cdots ① \\ \text{변동 있음} \cdots\cdots\cdots ③ \end{cases}$

이 밖에,

④ 균열에서의 누수가 있는지, 수압이 있는지?(지하 외벽 등)

⑤ 보수 후 외관을 중시하는지?

에 따라서, 또 균열 폭에 따라서 보수 재료나 방법이 달라진다. 또한 균열 정도나 원인에 따라서는 더욱 광범위한 조사, 예를 들면 설계 도서, 콘크리트 재료의 시험 기록, 콘크리트의 배합·시험 기록, 시공 기록 등의 조사도 해야 하는 경우가 있다.

(c) 균열의 보수

①의 경우는 건조 수축으로 인한 균열이 많고 뒤에 기술하는 「활균열(活龜裂)」에 대해서 「사균열(死龜裂)」이다. 건조 수축으로 인한 균열은 일반적으로 콘크리트 치기 후 6개월~1년 경과하고 나서 발생하기 시작하지만 그 90~95% 정도를 완료하는 데 3~5년을 요한다고 하므로 사균열의 보수는 될 수 있는 한 늦은 시기에 하면 효과가 있다. 그러나 하자 보상의 대상이 되는 보수는 통상의 보증 기한(하자 담보 책임 기간)에 임박(약 2년째)하여 하는 경우가 많고 이 시점에서는 균열이 아직 진행 중이고 70~80% 정도가 완료되었다는 것을 알아둘 필요가 있다.

시멘트 수화열의 축적·상승에 따라서 일어나는 온도 균열도 「사균열」이다. 이것은 매스 콘크리트와 같은 큰 단면의 기초보나 방열면(放熱面)이 한쪽만 되는 지하 외벽 등에 많고 매우 조기에 생겨 거푸집 제거 단계에서 발견되는 경우가 많다. 통상 이 균열은 건조 수축에 따른 것과 복합되어 있으므로 건조 수축에 따른 균열과 마찬가지로 다루면 된다. **그림 7.19**에 「사균열」의 보수 방법 예를 나타낸다.

②는 균열이 성장 중에 있는 경우로 이때는 성장이 멈추기까지 보수를 기다리는 것이 바람직하고 그 시점에서 다시 판별하여 대책을 강구하는 것이 좋다.

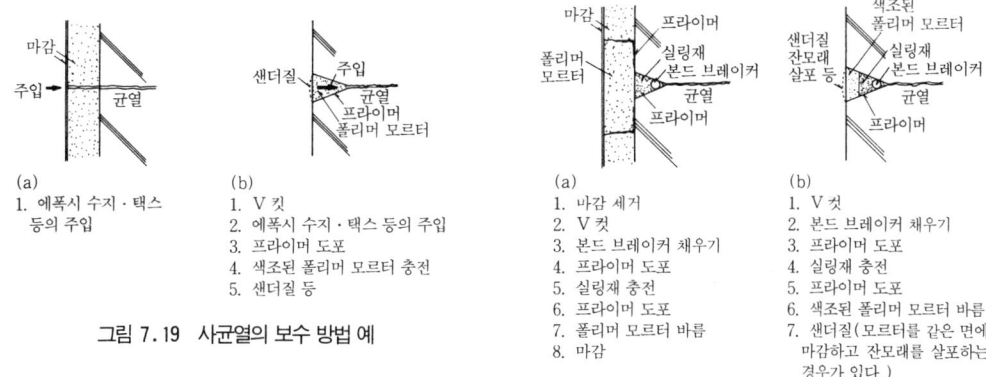

(a)
1. 에폭시 수지 · 택스 등의 주입

(b)
1. V 컷
2. 에폭시 수지 · 택스 등의 주입
3. 프라이머 도포
4. 색조된 폴리머 모르터 충전
5. 샌더질 등

그림 7.19 사균열의 보수 방법 예

(a)
1. 마감 세거
2. V 컷
3. 본드 브레이커 채우기
4. 프라이머 도포
5. 실링재 충전
6. 프라이머 도포
7. 폴리머 모르터 바름
8. 마감

(b)
1. V 컷
2. 본드 브레이커 채우기
3. 프라이머 도포
4. 실링재 충전
5. 프라이머 도포
6. 색조된 폴리머 모르터 바름
7. 샌더질(모르터를 같은 면에 마감하고 잔모래를 살포하는 경우가 있다.)

그림 7.20 활균열의 보수 방법 예

③의 경우는 「활균열」이므로 보수가 가장 귀찮다. 낮과 밤의 온도차, 계절간 기온 변화에 따라서 균열 폭이 변동하므로 보수를 몇 번 반복해도 균열은 없앨 수 없다. 따라서 균열 폭의 변동에 추종할 수 있는 마감재를 사용하는 등 다른 방법을 병용하여 대처해야 한다. 외벽에 생긴 균열에는 「활균열」이 많고 내벽의 경우에서도 긴 건물 최상층에 이런 균열이 생긴 예가 있다. 그림 7.20에 「활균열」의 보수 방법 예를 나타낸다.

보수 후 외관을 중요시하는 경우는 보수부를 포함하여 그 면 전체를 재마감할 수밖에 없다. 도장 등의 부분 보수는 신중히 색조를 해도 색상이나 명도 · 채도가 약간 차이가 나고 바탕 차이 등으로 보수 흔적이 눈에 띄는 경우가 많다. 도장 재료는 적은 변형에 어느 정도 추종할 수 있는 것을 선택해야 한다. 내벽 마감에는 클로스 붙이기 등 균열에 대응하기 쉬운 재료가 바람직하다. 균열에서 누수할 경우는 우선 지수 처리를 한 다음 앞에서 기술한 방법으로 보수한다.

외벽에 생긴 균열에 코킹재를 바르거나 합성 수지 에멀션이나 용제형 도포 방수를 하여 보수 흔적이 변색되어 보기 흉하게 된 예를 본 경우가 있는데, 이들은 외관을 훼손하고 내후성도 기대할 수 없으므로 이런 보수를 해서는 안된다.

앞에서 기술한 보수 방법은 균열을 메워 기밀성 · 수밀성을 회복하고 중성화의 진행을 방지하는 것이 목적이므로 균열 내부에 주입을 병용할 필요는 없다. 그러나 균열 폭이 큰 경우나 구조재(내력벽이나 보 등)의 균열에는 구조 내력 저하를 방지하기 위해 주입할 필요가 있다. 주입에 관해서는 「제3장 3.3 역타부의 이어붓기 (1) (b) 주입법」에서 기술한 바와 같으며, 주로 에폭시 수지를 사용하지만 균열 폭이 클 때는 시멘트계 주입제를 사용할 수도 있다.

주입제의 충전 정도는 균열 폭, 주입제의 입도 · 점도, 주입압에 관계되므로 균열 정도에 따라서 적절한 주입제와 주입 조건을 선정해야 한다. 에폭시 수지는 저점도의 것을 사용하면 균열 폭 0.1 mm 이상의 것에 적용할 수 있으나 균열 폭이 큰 경우는 흘러내리거나(처지거나) 유출할 우려가 있다. 시멘트계 주입제는 균열 폭 0.8 mm 정도 이하의 것에 적용하면 충전율이 나빠 효과가 적다. 주입압은 2~3 kg/cm² 이상, 4~8 kg/cm² 정도가 적당하다고 한다. 균열면에는 미소한 분진이 부착되어 주입제의 접착을 방해하는 경우가 있으므로 주입에 앞서 공기 또는 물을 압송하여 주입면을 청소하면 좋다.

(4) 중성화에 대해서

(a) 중성화 속도

콘크리트의 알칼리성은 시멘트의 수화 반응으로 생기는 수산화칼슘($Ca(OH)_2$)이 알칼리성을 드러내기 때문이다. 수산화칼슘은 공기 속 탄산가스(CO_2)와 결합하면 탄산칼슘($CaCO_3$)이 되는데 이것은 중성이므로 콘크리트는 알칼리성을 잃게 된다. 이 반응을 중성화(탄산화) 현상이라고 하며 화학식은 다음과 같다.

$$Ca(OH)_2 + CO_2 \rightarrow CaCO_3 + H_2O$$

콘크리트는 표면에서 서서히 중성화가 진행하여 그것이 철근의 깊이까지 이르면 곧 철근이 녹슬게 된다. 철은 녹슬면 팽창하므로 콘크리트를 갈라지게 하고 피복 콘크리트를 밀고 나와 박리하게 된다. 이런 상태가 되면 철근 콘크리트는 구조적 수명에 이르렀다고 생각되지만 이런 상태가 되기 전에 뭔가 새롭게(refresh) 조치하면 다시 수명을 연장할 수 있다.

이제까지의 연구에 따르면 콘크리트가 표면에서 중성화해 가는 깊이와 경과 연수 사이에는 다음과 같은 관계가 있다.

$$t = k \cdot c^2 \quad \cdots\cdots\cdots\cdots\cdots\cdots\cdots\cdots\cdots\cdots\cdots\cdots\cdots\cdots\cdots\cdots\cdots\cdots\cdots (7.2)$$

이때, t : 경과 연수(년)

c : 중성화 깊이(cm)

k : 콘크리트의 품질, 마감재의 종류, 환경 조건에 따라서 정해지는 정수(년/cm²)

콘크리트의 품질에 따른 정수는 시멘트의 종류, 골재의 종류, 물시멘트비, 혼화제의 종류 등에 따라서 결정된다. 마감재의 종류에 따른 정수는 중성화 억제에 유효한 것(투기성이 작은 것, 모르터 바르기, 타일 붙이기 등)은 큰 값이 되므로 환경 조건에 따른 정수는 옥외 환경보다도 옥내 환경 쪽이 작게 된다. 보통 포틀랜드 시멘트를 사용한 건축용 통상 콘크리트에서 마감없이 옥외 환경으로 하면 $k=7.3$이 되므로 식(7.2)는 다음과 같다.

$$t=7.3c^2 \quad\quad\quad\quad\quad\quad\quad\quad\quad\quad\quad\quad\quad\quad\quad\quad\quad\quad\quad\quad\quad\quad\quad\quad\quad\quad\quad\quad\quad\quad\quad (7.3)$$

표면에서 1 cm가 중성화하는 데 7.3년이 걸린다는 것을 나타내고 있다.

사진 7.2는 일반 실험의 일부로 혼화제의 영향을 비교하는 목적의 것이다. 사진은 콘크리트 부어넣기 후 7년 경과한 공시체에 대해서 압축 시험 후에 할렬하고 중앙에서 파단하여 페놀프탈레인으로 중성화 깊이를 조사하였다. 사진 상단은 지중에 묻어둔 것, 중단은 지상에 방치해 둔 것, 하단은 비닐 필름으로 봉함 양생한 것인데 비닐 필름은 7년 동안에 노화하여 봉함 효과가 상당히 저하했다고 볼 수 있다. 각각 5개는 플레인 콘크리트(plain concrete)와 혼화제의 종류를 바꾼 것이다.

사진에서 알 수 있듯이 지중에 묻어둔 것(상단)의 중성화는 매우 적은 0.5~2 mm, 평균 1 mm 정도, 지상에 방치한 것(중단)의 중성화 깊이는 8~14 mm, 평균 8 mm 정도, 봉함한 것(하단)은 균열이 생겨 부분적으로는 20 mm에 이른 것이 있는데 일반적으로 5~10 mm, 평균 6 mm 정도를 나타내고, 지상에 방치한 것의 중성화 깊이는 식(7.3)의 결과와 비교적 잘 일치하고 있다. 또한 세로로 할렬된 시험편에 대한 시험에서는 높이 30 cm의 공시체 상부와 하부에서는 중성화 정도가 달라져 상부 쪽이 하부보다 큰 경향을 보였다. 이것은 높이가 겨우 30 cm의 콘크리트에서도 약간의 밀도차가 있는 데 따른 것이라고 생각되며 높이에 따라서 골재의 분포나 공극률의 분포가 달라 윗면 또는 아랫면에서 콘크리트를 이어붓기한 경우의 이어붓기 강도가 상당히 다르다는(상부<하부) 과거의 연구 결과[75],[98]와 공통한다고 볼 수 있다.

(b) 피복 두께의 중요성

식(7.3)에서 피복 두께의 최소값을 3 cm 확보하면 이것이 모두 중성화하는 데 약 65년을 요한다는 것을 알 수 있다. 만약 시공 정밀도가 나쁘기 때문에 피복 두께가 적어져 1 cm의 부분이 있다고 하면 이 부분은 약 7년에서 중성화하므로 중성화가 철근 깊이까지 이르는 기간은 약 1/9로 되어 그만큼 건물의 구조적 내구성이 짧아지게 된다.

제치장 콘크리트 외벽에서 건물 완성 후 아직 세월이 일천한데 녹슨 철근이 콘크리트를 박리시켜 노출된 것을 가끔 볼 수 있는 경우가 있는데 피복 두께가 적은 데 따른 것이며, 뚜렷한 시공 결함이다. 철근 콘크리트조에 대한 피복 두께 확보는 그 내구성에 매우 중요한 요인이며, 만약 주요 구조부에 이러한 결함이 있으면 건물의 구조적 수명이 뚜렷하게 단축된다.

(c) 곰보에서 일어나는 중성화

이와 같은 것을 곰보 부분에 대해서도 말할 수 있다. 예를 들면, 피복 두께가 3 cm이었다고 해도 곰보로 인한 공극층이 2 cm이면 피복 두께가 1 cm로 된 것과 같으므로 중성화가 철근 위치까지 이르는 데 요하는 연수는 약 1/9로 단축되게 된다. 만약 곰보로 인한 공극이 상당히 깊이 철근 위치까지 이르고 있는 경우는 콘크리트로 인한 철근의 방청 효과는 전혀 기대할 수 없다.

이렇게 곰보는 콘크리트의 강도의 면에서나 내구성의 면에서도 매우 유해하므로, 예를 들면 깊이가 얕은 가벼운 정도의 곰보라도 정성들여 보수해야 한다. 곰보의 보수는 「(2) 곰보의 보수」에서 기술한 곰보의 분류에 따라서 적절하게 해야 하며 이로써 강도 회복을 도모함과 동시에 기밀성도 회복시켜야 한다.

(d) 균열에서 일어나는 중성화

균열은 발생 원인에 따라서 콘크리트 표면 부근에만 생기는 것이 있는가 하면 상당히 내부까지 이르는 것도 있으며 뚜렷한 것은 벽 전체 두께를 관통하는 것도 있다. 이같은 균열은 매우 미세한 것을 제외하고 어느 것이나 통기성이 있으므로 균열면에서 중성화를 진행하게 한다. 또, 철근이 직접 외기에 접하므로 여기서 녹을 발생할 가능성이 크다.

사진 7.3은 **사진 7.2**와 동시에 한 실험의 일부로 콘크리트의 4주 할렬 인장 강도를 구한 후 공시체를 다시 완전하게 끼워 맞춘 상태로 지상에 7년간 방치하여 파단시킨 것의 단면 중성화 시험 결과이다. 할렬면은 거의 틈이 없도록 단단히 결합하였는데도 할렬면에서 일어나는 중성화가 바깥 표면의 것과 똑같이 진행하고 있다. 실제 구조물에서 중성화를 측정한 경험에서도 균열 주변이나 곰보 부분에서 중성화가 뚜렷이 진행하고 있는 상황을 자주 볼 수 있다.

식(7.2)에 따른 중성화 속도는 결함이 없는 부분의 콘크리트에 대한 것이며, 철근 콘크리트조의 내용 연수는 오히려 콘크리트 결함부에 따라서 결정되므로 곰보, 균열, 콜드 조인트 외에

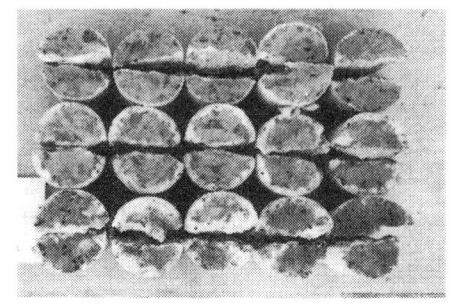

사진 7.2 중성화 시험 결과

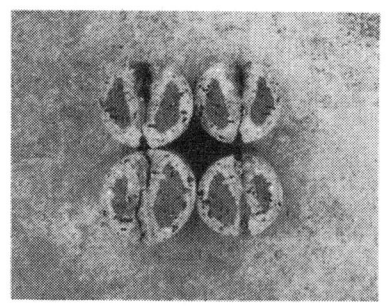

사진 7.3 할렬 시험편의 중성화

다음 항에서 기술하는 이어붓기부 등의 결함이 노후화의 발단이 되어 철근 콘크리트의 내구성을 상당히 저해한다. 따라서 시공 정밀도를 좋게 하여 결함이 없는 구조체를 축조하는 것과 만약 결함이 생긴 경우는 적정한 보수를 하는 것이 매우 중요하다.

(e) 이어붓기부에서 일어나는 중성화

콘크리트의 이어붓기를 처리하지 않은 그대로 하면 이어붓기 강도가 현저히 저하한다는 것은 「제7장 7.1 콘크리트의 이어붓기」에서 기술하였다. 이것은 이어붓기부에 레이턴스가 끼어 있기 때문이지만 레이턴스 뿐만 아니라 쓰레기, 톱밥 등이 개재하면 이어붓기 강도의 저하 뿐만 아니라 여기서 중성화가 진행한다.

이어붓기부의 중성화 시험은 항온·항습의 탄산가스 분위기 속에서 하는 촉진 시험과 옥외 자연 폭로 시험이 있으며 종래부터 많이 행해져 왔다[79), 101]. 이에 따르면 수평 시공 이음에서의 중성화는 그림 7.21과 같이 먼저 치기 콘크리트 상부에 많이 들어가고, 또 콘크리트 표면에 가까울수록 크게 되고 있다. 이것은 레이턴스층에 따

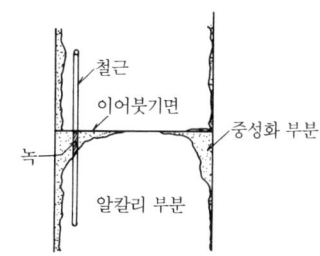

그림 7.21 시공 이음 중성화의 대표적인 형

른 영향과 콘크리트의 상부는 물시멘트비가 크게 되기 때문이라고 생각한다.

레이턴스를 제거하지 않은 경우는 모르터를 흘려넣어도 거의 효과가 없으며 레이턴스층만이 이어붓기면 전면에 걸쳐서 중성화하고 있다. 또 이 부분에서는 철근이 부식한다. 철이 녹스는 데에는 물(습기)과 산소가 필요한데 레이턴스층이나 먼지층은 흡습성이나 투기성도 크다. 이들의 이것에서도 이어붓기부의 처리는 철근에 대한 피복 두께의 확보와 함께 철근 콘크리트조의 강도와 내구성이 매우 중요하다.

1994년에는 건설교통부 제정 「건축 공사 표준 시방서」 제5장과 KS F 4009(레디믹스트 콘크리트)의 개정이 있었다. 이것은 「근래 건축물의 내구성 향상에 대한 사회 일반의 요청」에서 콘크리트 속의 염화물량, 알칼리 골재 반응의 문제 등을 포함하여 철근 콘크리트조의 내구성과 전체적인 품질 향상을 주목표로 하여 전면적으로 재평가한 것이다.

참 고 문 헌

75) 國分正胤 ; 新舊コンクリートの打繼目に關する硏究 : 土木學會論文集 No. 8(S. 25. 12)

79) 岸谷孝一 ; 鐵筋コンクリート造における水平打繼目の耐久性に關する硏究 : 日本建築學會論文報告集 No. 60(S. 33. 10)

96) 星野一郞 ; 豆板の補修效果 : 建築技術(S. 30. 7)

97) 龜田泰弘 ; コンクリートの補修 : 建築技術(S. 32. 9)

98) 北川吉夫 ; 豆板コンクリートの補修對策 : 建築技術(S. 55. 10)

99) 木村秀雄・大和田義正ほか ; ジャンカのある鐵筋コンクリート部材の曲げせん斷實驗 : 日本建築學會大會學術講演梗槪集(北陸) 2600, (S. 58. 9)

100) 內藤崇之・重倉祐光ほか ; RC部材の補修工法に關する硏究 : 日本建築學會大會學術講演梗槪集(關東) 1094, (S. 63. 10)

101) 和泉意登志・藤井堅二ほか ; 鐵筋コンクリート造における打繼ぎの諸問題に關する實驗的硏究 その7 打繼ぎ部の耐久性に關する實驗 : 日本建築學會大會學術講演梗槪集(關東) 1242, (S. 63. 10)

7.4 양생 중인 콘크리트와 진동

(1) 진동원

이 항에서는 참고로 일본의 실례를 들어보기로 한다.

1977년 8월 어느날 홋카이도(北海道)의 우스야마(有珠山)가 폭발하여 상당히 장기에 걸쳐서 여러 번의 작은 지진이 발생하였을 때 바로 곁에서는 관광 호텔이 3건(SRC $-1+8+2$ 10,521 m^2, SRC, RC $+8+1$ 5,046 m^2, SRC, S $-1+9+1$ 25,336m^2)이나 골조 공사 중이었다.

이런 레저 시설은 공사 기간이 짧은 것이 보통이므로 경영자는 하루라도 빨리 완성시켜 손님을 맞이하고 싶다고 하므로 공사는 지진 초기를 제외하고 쉬지 않고 계속한 듯하다. 이 경우와 같이 부어넣고 아직 충분히 강도가 발현되지 않은 짧은 재령시의 콘크리트에 외부에서 진동이 가해진 경우는 어떤 영향을 받는가에 대해서 생각해 볼 필요가 있다.

건설교통부 제정「건축 공사 표준 시방서」제5장「진동이나 외력으로부터의 보호」에서는 다음과 같이 규정하고 있다.

「콘크리트를 부어넣은 후 3일간은 원칙적으로 그 위를 보행하거나 공사 기구 및 기타 중량물을 올려놓아서는 안되며, 부득이한 경우에는 1일간 보행 등을 금지하도록 한다. 불가피하게 보행이나 작업을 하여야 하는 경우에는 담당자의 지시를 받는다. 또 그 후일지라도 경화 중인 콘크리트에 해로운 충격 등을 주지 않도록 주의하여야 한다.」라고 되어 있다.

그럼 일본의 경우를 보자. 일본 건축 학회의 JASS 5에는 「경화 초기의 콘크리트가 유해한 진동이나 외력으로 인한 나쁜 영향을 받지 않도록 주변에 대한 작업 관리를 한다. 콘크리트 부어넣기 후 적어도 1일간은 그 위를 보행하거나 작업을 해서는 안된다. (後略)」고 되어 있다. 재령 1일의 콘크리트 강도는 보통 포틀랜드 시멘트의 경우 4주 압축 강도의 10~15%에 이르는데 지나지 않으므로 보행하거나 작업을 하지 않는 기간을 될 수 있는 한 3일간 정도로 하기 바란다고 해설에 기술되어 있다. 또 건축법 시행령에서는 「콘크리트 부어넣기 중 및 부어넣기 후 5일간은 (中略) 건조, 진동 등으로 콘크리트의 응결 및 경화가 방해받지 않도록 양생해야 한다. (後略)」라고 규정하고 있다.

양생 중인 콘크리트에 타동적으로 진동을 주는 그런 상황은 다음과 같은 여러 가지 경우를 생각할 수 있다.

① 교통량이 많은 장소에서 하는 공사
② 철도의 고가화 공사
③ 교량의 확폭 공사
④ 지진·화산 활동

공사 대지 내에 대한 진동원으로서는 다음의 4종류를 생각할 수 있다.

⑤ 말뚝 박기 작업
⑥ 시공 기계(중기)의 가동
⑦ 콘크리트 압송관의 진동
⑧ 크레인의 진동(현장 조립 후 철골로부터 스테이를 취한 때)

이 중 ①, ②, ④~⑥과 ③, ⑦, ⑧은 양생 중인 콘크리트에 주는 진동의 성질이 달라지고 있다. ①, ②, ④~⑥은 지반을 전파해 가는 진동이므로 거푸집·콘크리트·철근을 일체로 하여 진동시키는 데 대해서 ③과 ⑧은 콘크리트에 묻히는 철근이나 철골에만 진동이 전해지고, ⑦은 진동원이 매우 근접해 있는 데다가 충격적·계속적이다.

(2) 진동의 크기

양생 중인 콘크리트에 진동을 준 경우의 영향은 그 진동 레벨에 따라서 달라지는 것은 당연하나 이들에 대한 자료는 충분하지 않다. 우리 주위에 있는 2~3가지 데이터에 대해서 기술하면 먼저 앞에서 기술한 일본의 우스야마(有珠山)의 분화(噴火)에 대해서는 진동 실태를 파악하기 위해 지진 관측을 하였는데 이에 따르면 지진 특징은 다음과 같았다 [102].

a. 지진 횟수는 날에 따라서 다르지만 대개 1일 40회 전후이고, 대부분은 진도 Ⅰ~Ⅲ, 드물게 진도 Ⅳ를 기록한 것이 있다.

b. 지진의 가속도는 우스야마의 방향 성분이 그와 직교 방향 성분보다 10~20% 크고, 상하 성분은 직교 방향과 거의 같은 정도이다.

c. 1회 진동의 계속 시간은 5~6초이다.

표 7.14는 진도 계급이다. 진도는 지진의 세기를 나타내는 것으로 0~Ⅶ의 8단계로 되어 있다. 각기 진도에 상당하는 진동 가속도의 값을 아울러 나타냈다.

현장에서 시공 기계로 발생하는 진동에 대해서는 **그림 7.22**와 같은 것이 있다(건설 공사에 따른 소음 진동에 관한 조사 연구) [102]. 그림 우단에 기입한 진도 계급은 가속도 레벨(dB)을 평탄 특성을 사용하여 환산한 것이다. 그림에 나타낸 바와 같이 다음과 같은 것을 생각할 수 있다.

a. 시공 기계에서 나오는 진동은 발생원에서 10~20 m 정도 떨어진 점에서 진도 Ⅰ~Ⅲ을 나타내고 거리 5 m 정도에서는 진도 Ⅳ에 이르는 것도 있다. 그러나 진동의 전체 에너지가

표 7.14 진도 계급

진도	명 칭	기 사	지진 가속도의 최대값(gal)
0	무감각 지진(no feeling)	인체에는 느껴지지 않으나 지진계에 기록됨.	0.8 이하
Ⅰ	미진(slight)	정지하고 있는 사람이나, 특히 지진에 주의 깊은 사람만이 느낌.	0.8~2.5
Ⅱ	경진(weak)	여러 사람이 느끼며, 창문이 약간 흔들림.	2.5~8.0
Ⅲ	약진(rather strong)	가옥이 흔들리고 창문이 덜커덩거리며, 전등 따위 매달린 물건이 상당히 흔들리고, 그릇 안의 수면이 흔들림.	8~25
Ⅳ	중진(strong)	가옥이 심하게 흔들리고, 안정도가 낮은 꽃병 등이 쓰러지며, 그릇 안의 물이 엎질러짐. 또 걷고 있는 사람도 느낄 수 있어 많은 사람이 집 밖으로 뛰어 나옴.	25~80
Ⅴ	강진(very strong)	벽에 금이 가고 묘석·석 등이 쓰러지며, 굴뚝·담 등이 파손됨.	80~250
Ⅵ	열진(disastrous)	가옥이 무너지는 것이 30% 이하이고 산사태가 일어나며, 땅이 갈라지고 많은 사람이 서 있을 수 없음.	250~400
Ⅶ	격진(very disastrous)	가옥이 무너지는 것이 30% 이상이고 산사태가 발생하며, 땅이 갈라지고 단층이 생김.	400 이상

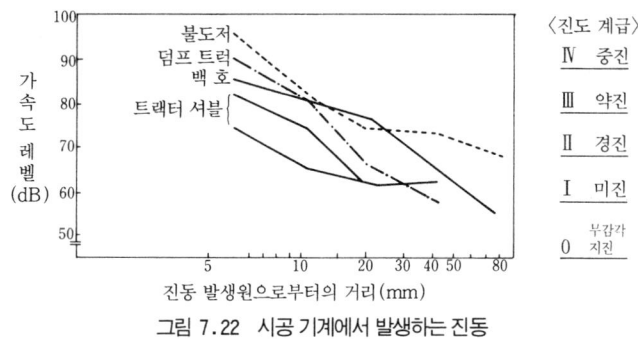

그림 7.22 시공 기계에서 발생하는 진동

표 7.15 RC 라멘교에 대한 진동 측정 결과

측정 항목		측정 개소	내 림 방 향				오 름 방 향			
			라 멘		중간 세 로 거더	매단 바닥판	라 멘		중간 세 로 거더	매단 바닥판
			지간 중앙	게르버 힌지			지간 중앙	게르버 힌지		
진동수 (c/s)	실측값		19.0	12.5	25.2	—	15.4	13.3	17.1	10.8
	이론값		28.4	28.4	23.1	21.0	28.4	28.4	23.1	21.0
처짐 (mm)	실측값		1.05	0.76	1.26	—	1.09	1.50	0.94	2.14
	이론값		1.55	0.64	0.72	0.56	1.55	0.64	0.72	0.56
처짐도수(%)	1.0 mm 이상 0.75~1.0 mm 0.50~0.75 mm 0.50 mm 이하		게르버 힌지 [내림 방향과 오름 방향의 계]		2 8 25 65		지간 중앙 [내림 방향과 오름 방향의 계]		5 5 20 70	

작으므로 이에 따른 건물의 진동은 그 값보다도 상당히 작아지는 것으로 볼 수 있다.

b. 발생 빈도는 작업 시간 내를 통한 것이므로 상당히 많다고 생각할 수 있다.

RC 라멘교(1등교)의 확폭 공사시에 교상 교통(橋上 交通)에 따른 진동의 실태를 관측한 자료를 표 7.15에 나타낸다[103]. 이에 따르면 다음과 같은 값을 구할 수 있다.

a. 진동수는 10~25 Hz이고 이론값에 대해서 라멘 부분은 0.44~0.67, 평균 0.53, 중간 거더는 0.74~1.09, 평균 0.92, 슬래브에서는 0.51 정도로 되었다.

b. 처짐은 0.5 mm 이하인 것의 발생 빈도가 65~70%이었으나 최대 처짐은 2.1 mm에 이르고 있다.

표 7.15에는 가속도 자료가 나타내져 있지 않지만 도로 교통이므로 앞에서 기술한 시공 기계에 따른 것보다도 크다고 추정된다.

이 확폭 공사에 앞서 양생 중인 콘크리트에 계속 진동이 가해졌을 경우의 영향에 대해서 실험적으로 연구된 자료가 있으므로[103] 좀 오래된 것이지만 다음에 소개한다. 실험의 진동 조건은 실제 진동에 될 수 있는 한 가깝게 설정하기 위해 표 7.15에 의거하여 정하고, 이러한 계속적인 진동이 콘크리트의 여러 성질, 철근의 부착 강도, 이어붓기부의 성상 등에 끼치는 영향에 대해서 구하고 있다.

(3) 콘크리트 강도에 끼치는 진동의 영향

실험에 쓰인 콘크리트는 슬럼프 12 cm의 것이고 시멘트는 보통 포틀랜드 시멘트와 초조강 포틀랜드 시멘트를 사용하고, 물시멘트비는 보통 포틀랜드 시멘트에서는 51.7%, 초조강 포틀랜드 시멘트에서는 55.3%의 것이다.

실험은 콘크리트를 소정 거푸집에 충전하여 테이블 진동기에 고정하고 진동수 20 Hz, 진폭 1 mm의 진동을 6시간에 걸쳐서 계속하여 준 후 표준 조건에서 수중 양생을 하고 재령 3일, 7일, 28일에서 압축 시험, 휨 시험을 하였다.

또한 성형 후 6시간을 경과한 콘크리트는 이미 응결이 완료되고 보통 포틀랜드 시멘트에서는 2 kg/cm² 정도, 초조강 포틀랜드 시멘트에서는 10 kg/cm²의 압축 강도에 이르고 있다는 것이 확인되었다. 따라서 성형 후 6시간에 걸친 진동은 응결 과정에 있는 콘크리트에 줄곧 진동을 주었다는 것을 뜻한다.

실험 결과의 개요를 표 7.16에 나타낸다. 이 결과로 다음과 같은 것을 구할 수 있다.

a. 계속적인 진동을 준 공시체의 압축 강도 및 휨 강도는 어느 것이나 무진동의 것보다 증가하고 있어 진동으로 인한 나쁜 영향은 인정되지 않는다.

b. 계속 진동에 따른 강도 증가의 비율은 시멘트의 종류 및 재령에 따라서 달라 보통 포틀랜드 시멘트의 경우는 재령 7일의 증가율이 재령 28일의 것보다도 크지만, 초조강 포틀랜

표 7.16 압축 강도 및 휨 강도에 끼치는 진동의 영향

시 멘 트	진동의 유무	압축 강도(kg/cm²)			휨 강도(kg/cm²)		
		3일	7일	28일	3일	7일	28일
보 통	없음	152 (1.00)	224 (1.00)	398 (1.00)	29.2 (1.00)	36.4 (1.00)	55.8 (1.00)
	있음	–	248 (1.11)	410 (1.03)	–	45.5 (1.25)	57.7 (1.04)
초 조 강	없음	246 (1.00)	312 (1.00)	331 (1.00)	43.4 (1.00)	50.0 (1.00)	51.7 (1.00)
	있음	–	310 (0.99)	370 (1.12)	–	51.0 (1.02)	52.5 (1.02)

주) 압축 강도 및 휨 강도는 2개의 평균

드 시멘트의 경우는 그 차이가 뚜렷하지 않다.

통상 도로 교통에 기초를 둔 정도의 진동 조건에 대해서는 콘크리트에 나쁜 영향이 없다고 할 수 있다.

앞에서 기술한 일본의 우스야마의 공사에서는 부어넣은 콘크리트에 크랙 발생 등 이상한 뭔가는 발견되지 않았지만 다음과 같은 대책을 하였다.

a. 콘크리트의 젊은 재령시 강도를 증진시키기 위해 혼화제 또는 조강 시멘트를 사용하였다.
b. 콘크리트 부어넣기시의 측압이 증대한다고 생각되므로 거푸집 강도를 늘렸다.

(4) 철근과의 부착 강도에 끼치는 진동의 영향

(a) 철근과 콘크리트를 동시에 진동시키는 경우

실험은 D19 이형 철근의 한 끝을 삽입·고정한 콘크리트 공시체를 테이블 진동기에 설치하고 진동수 20 Hz, 진폭 1 mm의 진동을 6시간 동안 가한 후 표준 조건에서 수중 양생을 하고 재령 7일에서 철근의 인발 시험을 하였다. 시험 결과의 일부를 **그림 7.23**에 나타낸다.

시험 결과 계속 진동을 받은 콘크리트와 철근의 부착 성상은 무진동에 비하여 다음과 같이 뚜렷이 개선되었다. 즉,

a. 진동을 받은 공시체의 자유단(自由端) 미끄럼량이 대단히 적다.
b. 진동을 받은 공시체의 최대 부착 응력은 진동을 받지 않은 것에 비하여 보통 시멘트에서 약 2배, 초조강 시멘트에서 약 1.1배로 증가하고 있다. 자유단 미끄럼량 0.1 mm 점에서 비교하면 보통 시멘트에서 약 3배, 초조강 시멘트에서 약 2배로 증가하고 있다.

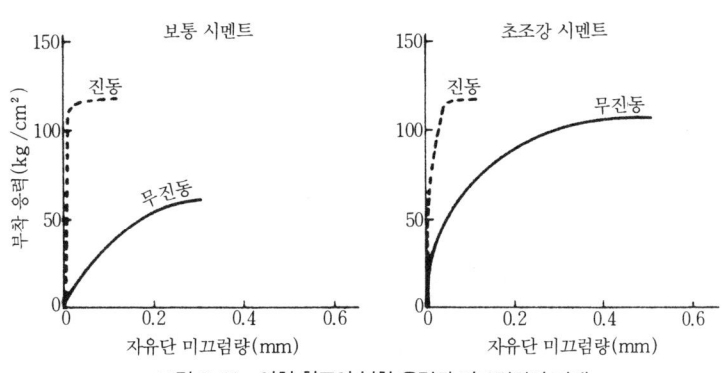

그림 7.23 이형 철근의 부착 응력과 미끄럼량의 관계

c. 무진동의 경우에는 초조강 시멘트의 최대 부착 응력은 보통 시멘트의 약 2배이지만 계속 진동의 경우는 둘 다 거의 같다.

이와 같이 콘크리트와 철근이 동시에 진동하는 경우는 장시간의 진동에서도 부착 강도에 나쁜 영향은 주지 않고 오히려 대폭적인 개선을 볼 수 있다. 또 일반적으로 부착 강도는 압축 강도에 비례하는 것이지만 이번 진동 시험에 따른 부착 강도의 증가율은 앞 항에서 기술한 압축 강도의 증가율보다도 크게 되었다.

(b) 콘크리트를 진동시키는 경우

이형 철근의 한 끝을 콘크리트에 삽입·고정한 공시체를 캔틸레버 보식 시험대 위에 수평으로 올리고 콘크리트의 자유단측에 진동수 4.2 Hz, 진폭 0.5 mm 정도의 진동을 6시간에 걸쳐서 가한 후 표준 조건에서 수중 양생을 하고 재령 7일에서 인발 시험을 하였다.

이 결과 콘크리트에 진동을 가하여 이것을 철근에 전달하는 경우의 실험 결과는 무진동의 경우와 거의 같으며 계속하여 가한 진동은 부착 강도에 나쁜 영향을 주지 않는다고 할 수 있다.

이상의 (a), (b)와 같이 콘크리트에 진동을 주고 철근이 이와 일체로 되어 진동할 때의 부착 성능은 진동으로 나쁜 영향을 주지 않고 오히려 개선되었다고 볼 수 있다.

(c) 철근만을 진동시키는 경우

철근 하부를 콘크리트에 삽입·지지한 공시체를 정치(靜置)하고 철근만 진동시키는 실험이다. 진동수 20 Hz, 진폭 약 1 mm의 진동을 철근에만 6시간에 걸쳐서 가한 후 표준 조건에서 수중 양생을 하고 재령 7일에서 인발 시험을 하였다.

시험 결과는 **그림 7.24**에 나타낸 바와 같이 부착 성능이 뚜렷이 훼손된 경우가 많고, 또 실험값의 편차가 크다. 이것은 콘크리트가 응결함에 따라서 진동으로 철근 주위에 공극이 생긴 것

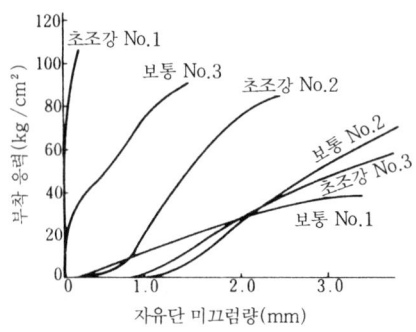

그림 7.24 철근만 진동시켰을 경우의 부착 응력과 미끄럼량의 관계

이다. 이와 같이 철근만을 콘크리트 내부에 진동시킨 경우는 부착 성능에 유해한 영향을 준다는 것이 밝혀졌다.

「(1) 진동원」에서 기술한 바와 같이 진동원 중 크레인의 가동으로 인한 철골의 진동과 교량 확폭 공사의 경우가 이 경우에 상당하므로 실제 시공시에는 반드시 주의해야 한다. 크레인의 스테이를 철골에서 취한 경우는 콘크리트 부어넣기 후 적어도 1~2일간은 크레인의 사용을 정지하든지 아주 조용히 가동시키는 것을 고려해야 한다. 또 교량 확폭 공사에서 기설 부분의 철근을 연장하여 신설 콘크리트에 정착시킬 경우에는 신설 부분의 거푸집을 기설 부분에 튼튼하게 결합하는 등으로서 철근과 콘크리트가 동시에 함께 진동하도록 하는 것이 중요하다.

(5) 수직 이어붓기 강도에 끼치는 진동의 영향

(a) 무근 콘크리트 보에 수직 진동을 주는 경우

이어붓기 재령 14일의 콘크리트 보 공시체를 테이블 진동기에 고정하고 진동수 20 Hz, 진폭 1 mm의 진동을 6시간에 걸쳐서 준 후 표준 조건에서 수중 양생을 하고 시험 재령 3일, 7일, 28일에서 3등분점 재하로 한 휨 시험을 하였다. 이어붓기면은 와이어 브러시로 가볍게 레이턴스를 제거할 뿐 다른 특별한 처리는 하지 않았다. 시험 결과는 **표 7.17**에 나타낸 바와 같으며 [103], 다음과 같은 것을 생각할 수 있다.

a. 수직 이어붓기 강도는 진동을 가함으로써 감소하여 무진동에 대하여 시험 재령 7일에서 87%, 시험 재령 28일에서 67%가 되었다. 이어붓기 강도의 감소는 진동으로 촉진된 블리딩 물이 이어붓기면에 따라서 상승하는 것과 신구(新舊) 콘크리트의 접착이 경화 초기의 진동으로 방해받는 등 때문이라고 생각할 수 있다.

표 7.17 무근 콘크리트 보의 휨 강도에 미치는 세로 진동의 영향

종 별	시 멘 트	진동의 유무	휨 강도(kg/cm²)		
			3일	7일	28일
시공 이음이 없는 공시체	보통	없음	29.2	36.4	55.8
		있음	–	45.5	57.7
	초조강	없음	43.4	50.0	51.7
		있음	–	51.0	52.5
수직 시공 이음이 있는 공시체	구콘크리트 : 보통	없음	18.6	27.0 (1.00)	34.6 (1.00)
	신콘크리트 : 초조강	있음	–	23.4 (0.87)	23.2 (0.67)

b. 진동을 가했을 때의 수직 이어붓기 강도는 재령 7일과 28일에서 거의 같으며 경화 초기에 생긴 이어붓기면의 결함은 시멘트의 수화 반응 진행에 따라서는 개선되지 않는 성질의 것이라는 것을 알았다.

c. 진동을 가하지 않은 경우의 수직 이어붓기 강도는 진동을 가한 경우보다도 크지만 시공 이음이 없는 일체 치기 공시체의 휨 강도보다는 적어 재령과는 관계없이 60~70%의 값이 되었다. 또 진동을 가하지 않은 경우의 수직 이어붓기 강도는 재령 7일에서 28일에 걸쳐서 증가하고 있어 진동을 가한 경우와 달라졌다.

d. 수직 시공 이음에서 파단한 다음 양측부의 절편(折片)으로 압축 시험을 한 결과에서는 진동을 가한 것은 재령과 함께 강도가 증가하고 있고, 또 무진동의 것보다 진동을 가한 쪽이 크게 되었다. 따라서 진동을 가한 것의 수직 이어붓기 강도는 콘크리트 자체의 강도와 관계없는 성질을 나타냈다고 한다.

(b) 철근 콘크리트 보에 처짐 진동을 주는 경우

이어붓기 재령 14일의 철근 콘크리트 보 공시체를 캔틸레버 보식 시험대 위에 올리고 진동수 4.2 Hz, 공시체의 캔틸레버 보 선단측에서 진폭 1.1 mm(이어붓기부에서는 0.54 mm)의 진동을 6시간에 걸쳐서 준 다음 표준 조건에서 수중 양생을 하고 시험 재령 7일에서 3등분점 재하에 따른 휨 시험을 하였다. 시험 결과는 표 7.18에 나타낸 바와 같고[103], 다음과 같은 것을 생각할 수 있다.

표 7.18 무근 콘크리트 보의 휨 강도에 미치는 처짐 진동의 영향

종 별	균열 하중(t)		파괴 하중(t)	
이어붓기 없는 공시체	0.63 0.55 0.50	0.56	3.00 3.13 3.13	3.09
무진동 이어붓기 공시체	0.63 0.75 0.88	0.75	3.00 3.00 3.00	3.00
진동 이어붓기 공시체	0.60 0.55 0.45	0.53	1.86 2.63 2.75	2.41

a. 시공 이음이 있는 공시체에 진동을 준 것을 무진동의 것과 비교하면 균열 하중에서 71%, 파괴 하중에서 81%로 저하하고 있다.

b. 이것은 수직 시공 이음이 있는 철근 콘크리트 보의 강도는 이어붓기부에 철근이 있어도

무근 콘크리트 보의 경우와 마찬가지로 장시간의 계속 진동으로 유해한 영향을 받는 것을 나타내고 있다.

c. 시공 이음이 있는 공시체에서 무진동의 것과 이어붓기가 없는 일체 치기의 것을 비교하면 휨 파괴 하중에는 거의 차이가 없다.

이와 같이 수직 이어붓기 강도는 신구 콘크리트가 철근으로 결합되어 있어도 진동을 받음으로써 저하하므로 이어붓기부의 정성들인 처리나 재진동 다짐 등으로 이어붓기부의 전단 저항을 증가시킬 필요가 있다. 또 수직 시공 이음은 될 수 있는 한 전단력이 작은 개소에 마련하도록 해야 한다.

(6) 수평 이어붓기 강도에 끼치는 진동의 영향

이어붓기 재령 14일의 수평 이어붓기를 한 보 공시체(먼저 치기는 철근 콘크리트, 나중 치기는 무근 콘크리트)를 작성하고 진동수 4.2 Hz로 단순보 형식의 처짐 진동을 6시간에 걸쳐서 주었다. 스팬 센터에 대한 진폭은 최초는 0.3 mm 정도이었으나 콘크리트의 응결이 진행함에 따라서 감소하여 5시간 후에는 0.1 mm 정도로 감소하여 정상화되었다. 이것은 공시체의 강성 증가에 따른 것이라고 생각할 수 있다. 그후 표준 조건에서 수중 양생을 하고 시험 재령 7일에서 3등분점 재하로 휨 시험을 하였다. 시험 결과를 **표 7.19**[103]에 나타낸다. 이에 따르면 다음과 같은 것을 생각할 수 있다.

a. 균열 하중 및 극한 하중은 진동을 가한 것이 무진동의 것보다 20% 정도 크고 엇갈림 하중 및 전단 강도도 50% 정도 크다. 이것은 이어붓기시에 진동을 줌으로써 이어붓기면의 부착 성능이 개선된 것에 따른 것이라고 생각할 수 있다.

표 7.19 수평 이어붓기 공시체의 재하 시험 결과

공시체 종별		관찰에 따른 균열 하중 P'_{cr} (t)	처짐 곡선에서 추정한 초기 균열 하중 P_{cr} (t)	엇갈림 곡선에서 추정한 엇갈림 곡선 P_{st} (t)	엇갈림 발생시의 수평 전단 강도 τ_u (kg/cm²)	극한 하중 P_u (t)
무진동 이어붓기	1 2 3	5.5 4.5 } 5.2 5.5 (1.00)	4.0 3.5 } 4.2 5.0 (1.00)	5.5 6.5 } 6.0 6.0 (1.00)	7.3 8.7 } 7.8 8.0 (1.00)	8.0 7.5 } 7.8 8.0 (1.00)
진동 이어붓기	1 2 3	4.0 5.5 } 5.0 5.5 (0.98)	5.0 5.5 } 5.2 5.0 (1.24)	4.0 10.5 } 9.3 — (1.55)	10.6 14.0 } 12.3 — (1.54)	8.5 11.0 } 9.3 8.4 (1.19)

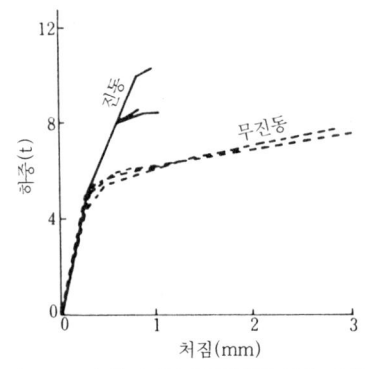

그림 7.25 수평 이어붓기 공시체의 하중-처짐 곡선

b. 그림 7.25는 스팬 센터에 대한 하중과 처짐의 관계를 나타낸 것으로 진동을 준 것과 무진동의 것에서는 처짐 곡선에 분명한 차이가 있으며 무진동 쪽이 큰 처짐을 나타내고 있다.

c. 부재 단부에 대한 시공 이음의 엇갈림은 하중이 상당히 증가한 후에 발생하지만 엇갈림 발생이 현저하게 되는 하중값은 무진동의 것보다도 진동을 준 쪽이 크다. 이것으로도 이어붓기시에 진동을 가하는 것은 이어붓기면의 부착 성상이 개선되어 전단 저항이 늘어나는 것이라고 생각할 수 있다.

참 고 문 헌

102) 日經アーキテクチュア；噴火・群發小地震・工期ロスの三重苦乗り超え工事進む(1978. 1. 9)
103) 山下宜博・平野實ほか；養生中に継続振動をうけるコンクリートの諸性質について：セメント・コンクリート No. 287(1971. 1)

7.5 임시 서포트의 효과

(1) 시공 방법이 가구 응력에 끼치는 영향

그림 7.26에 나타낸 바와 같이 옆에 세우는 기둥이 있는 스팬이 큰 가구를 시공하는 경우는 이 하부에 임시 서포트를 설치하여 가구를 완성하기까지의 시공시 하중을 부담케 하여 두드러진 처짐 발생을 방지하는 시공법으로 하는 경우가 많다. 이때 임시 서포트의 단면 성능이나 설치하는 시기 등을 어떻게 선택하는지에 대해서 연구[65], [104]한 것을 소개한다.

이 연구는 시공 순서나 시공 방법이 가구 응력에 끼치는 영향을 고찰하는 것을 주목적으로 한 것이다. 우리들이 설계시에 하는 수직 응력 해석은 통상 완성된 골조 모델에 대해서 하중을 일제히 작용케 하는 방법(이하, 이 방법을 통상 해석이라고 한다)으로 구하고 있다. 말하자면 가구를 무중력 상태로 만들어 두고 완성 후 일제히 중력을 가하도록 하는 방법이다.

그러나 실제 시공은 일반적으로 밑에서 1층씩 차례로 쌓아올려 나가는 방법이므로 하중은 그때마다 가해진다. 이로써 설계시에 구한 가구 응력은 상당히 달라지게 될지도 모른다. 게다가 임시 서포트를 사용하는 시공법도 가구의 응력 분포에 영향을 준다는 것을 생각할 수 있다. 그러나 이들의 영향 정도를 알 수 없어 큰 값이 아닐 것이라고 추정하여 특별한 구조 이외에는 무시하고 있는 것이 현실정이다. 그러나 이 연구에서 문제삼은 옆에 세우는 기둥을 가진 가구에서는 이 영향을 무시할 수 없을 정도로 크게 될 가능성이 있는 것이다.

연구에는 이론적 연구·실험적 연구·실증적 연구의 3가지 형태가 있는데 이 중 실증적 연구는 우리 실무자들이 연구하기 좋은 기회이다. 앞으로 이런 연구가 많이 행해져 많은 데이터가 축적되기를 열망한다.

실증적 연구는 실시 구조물을 대상으로 하여 공사 시공에 병행하여 행하는 것이므로 측정 기회는 1회뿐이기 때문에 다시 한다는 것은 있을 수 없다. 또 연구자가 현장에 상주해 있지 않은 경우가 많고 연구를 위해 공정을 늦출 수 없으므로 공사의 뜻밖의 진척 때문에 관찰 시기를 잃

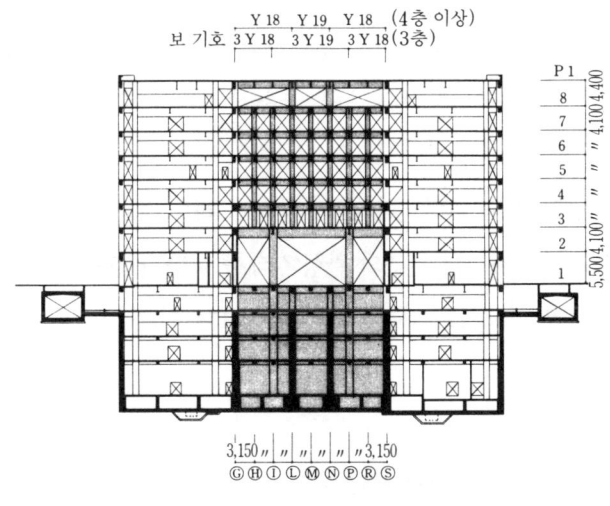

그림 7.26 프레임워크도

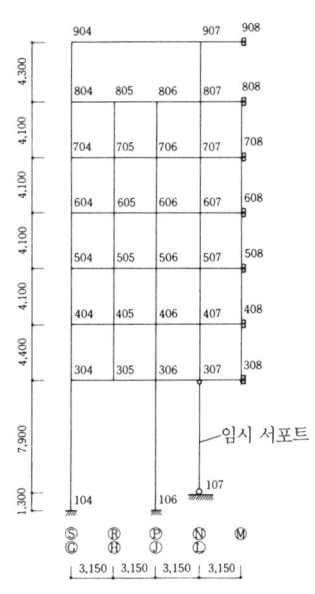

그림 7.27 가구 모델도

거나 분쟁 때문에 측정·관찰이 불충분하게 되기도 한다. 특히 공정의 다소 변경에도 대응할 수 있는 신중한 계획을 요하는 바이다.

(2) 가구 모델

연구 대상으로 받아들인 가구는 SRC조로 **그림 7.26**에 나타낸 바와 같이 지하 4층, 지상 8층이며 지하층은 튼튼한 내진벽(지하 외벽) 가구이다. 지상은 몇 열의 옆에 세우는 기둥을 가진 6층의 비렌딜(Vierendeel) 가구이다. 1·2층 중앙 스팬은 12.60 m, 양쪽 스팬은 6.30 m이고, 3층부터 위의 기둥은 옆에 세우는 기둥을 포함하여 3.15 m 피치로 설치하고 있다.

이것을 해석하기 위한 가구 모델을 **그림 7.27**에 나타낸다. 가구는 좌우 대칭이므로 모델화는 가구의 왼쪽 반분을 받아들여 그림에 나타낸 바와 같이 절점(節點) 번호를 매겼다.

이 가구의 철골을 조립하고 거기다 콘크리트를 부어넣을 때의 시공시 하중을 지지하기 위해 모델 그림의 절점 107~307 사이에 임시 서포트를 사용하였다. 중앙의 절점 108~308에도 임시 서포트가 요구된 곳이지만 작업 동선을 확보하기 위해 사용하지 않았다. 양쪽 절점 105~305 사이는 중앙 스팬의 휨 모멘트가 큰 영향을 받아 중앙의 정휨 모멘트가 작아진다고 생각되므로 사용할 필요가 없다고 보았다.

(3) 해석

해석은 시공 순서를 고려하고 컴퓨터를 사용하여 하고(이하, 실정 해석이라고 한다) 통상 해석 결과와 비교하였다. 또 실제 가구에서 공사 진척 단계마다 응력 및 처짐 측정을 하여 해석 결과와 비교하였다.

해석시의 하중 조건과 가구의 상태를 **표 7.20**에 나타낸다. 표의 종축은 하중 조건에서 공사의 진척 단계를 나타내고 가구 상태는 각기 단계마다의 골조의 완성 상태를 나타내었다. 콘크리트 부어넣기 전의 부재는 철골(S)조로 하고 콘크리트 부어넣기시의 층보다 아래층의 부재는 철골 철근 콘크리트(SRC)조로 하였다.

해석은 다음 6가지 사례에 대해서 하였다.

사례 N : 통상 해석. 완성된 골조에 전체 하중을 동시에 가한 경우이다.

사례 A1 : 표 7.20에 나타낸 하중 조건과 가구 상태하에 각 하중 조건마다에 응력과 변형을 산정하여 차례로 가산해 나가는 것으로 LC-3의 단계에서 **그림 7.27**에 나타낸

표 7.20 하중 조건과 가구 상태

하중 조건	공 정 개 요	보	RFL	8FL	7FL	6FL	5FL	4FL	3FL	비고
		기둥	8FL	7FL	6FL	5FL	4FL	3FL	2~1FL	
LC-1	철골 현장 조립 완료, 4절 본조이기 미완료		S	S	S	S	S	S	S	10/24
LC-2	4, 5, 6, 7FL 바닥 먼저 치기 완료, 4절 본조이기 완료		S	S	S	S	S	S	S	11/8
LC-3	임시 서포트 설치 완료 3FL GPC 설치 완료		S	S	S	S	S	S	S	12/14
LC-4	3FL SRC 완료(치기)		S	S	S	S	S	S	S	12/22
LC-5	8, RFL 바닥 먼저 치기 완료 4FL SRC 완료. 4FL GPC		S	S	S	S	S	S	SRC	2/1
LC-6	5FL SRC 완료, 6FL GPC 완료		S	S	S	S	S	SRC	SRC	3/11
LC-7	6FL SRC 완료, 7FL GPC 완료		S	S	S	S	SRC	SRC	SRC	4/1
LC-8	7FL SRC 완료		S	S	S	SRC	SRC	SRC	SRC	4/19
LC-9	8FL SRC 완료, 8FL GRC 완료		S	S	SRC	SRC	SRC	SRC	SRC	5/29
LC-10	RFL SRC 완료, RFL GPC 완료		S	SRC	SRC	SRC	SRC	SRC	SRC	6/18
LC-11	pergola만 RFL 마감 완료 (적재 없음)		SRC	SRC	SRC	SRC	SRC	SRC	SRC	6/24
LC-12	임시 서포트 철거		SRC	SRC	SRC	SRC	SRC	SRC	SRC	6/26
LC-13	LC-11 이외의 마감 (적재 없음)		SRC	SRC	SRC	SRC	SRC	SRC	SRC	7/8
LC-14	적재 하중		SRC	SRC	SRC	SRC	SRC	SRC	SRC	3/1

주) 임시 서포트를 LC-3의 시공 단계에서 설치한 것은 PC 슬래브 설치가 있으므로 설치 후의 변형을 적게 하기 위해 어느 정도 변형을 진행하게 한다는 의도가 있었기 때문이다.

임시 서포트(H-400·400·13·21)를 핀 지지로 설치하였다. 실제로 채용된 사례이다.

사례 A0 : 사례 A1과 마찬가지이지만 임시 서포트를 설치하지 않은 경우이다.

사례 A2, A4 : 사례 A1과 마찬가지이지만 임시 서포트의 단면적을 각각 A1의 2배, 4배로 하고 단면적 크기의 영향을 조사한 것이다.

사례 B1 : 사례 A1과 같은 단면적의 임시 서포트로 LC-1의 단계에서 설치하고 같은 하중 조건에서 차례로 산정해 가산해 가는 것이다.

(4) 해석 결과

각 사례의 최종 단계에 대한 가구의 응력을 **그림 7.28**에 나타낸다. 또 각기 사례의 각 시공 단계에 대한 3층 보 중앙(절점 308)의 상대 처짐·임시 서포트 축력의 경시 변화의 해석값과 이들에 대한 현장 실측 결과를 **그림 7.29**에 나타낸다. 그림의 횡축은 하중 조건, 즉 공사의 진

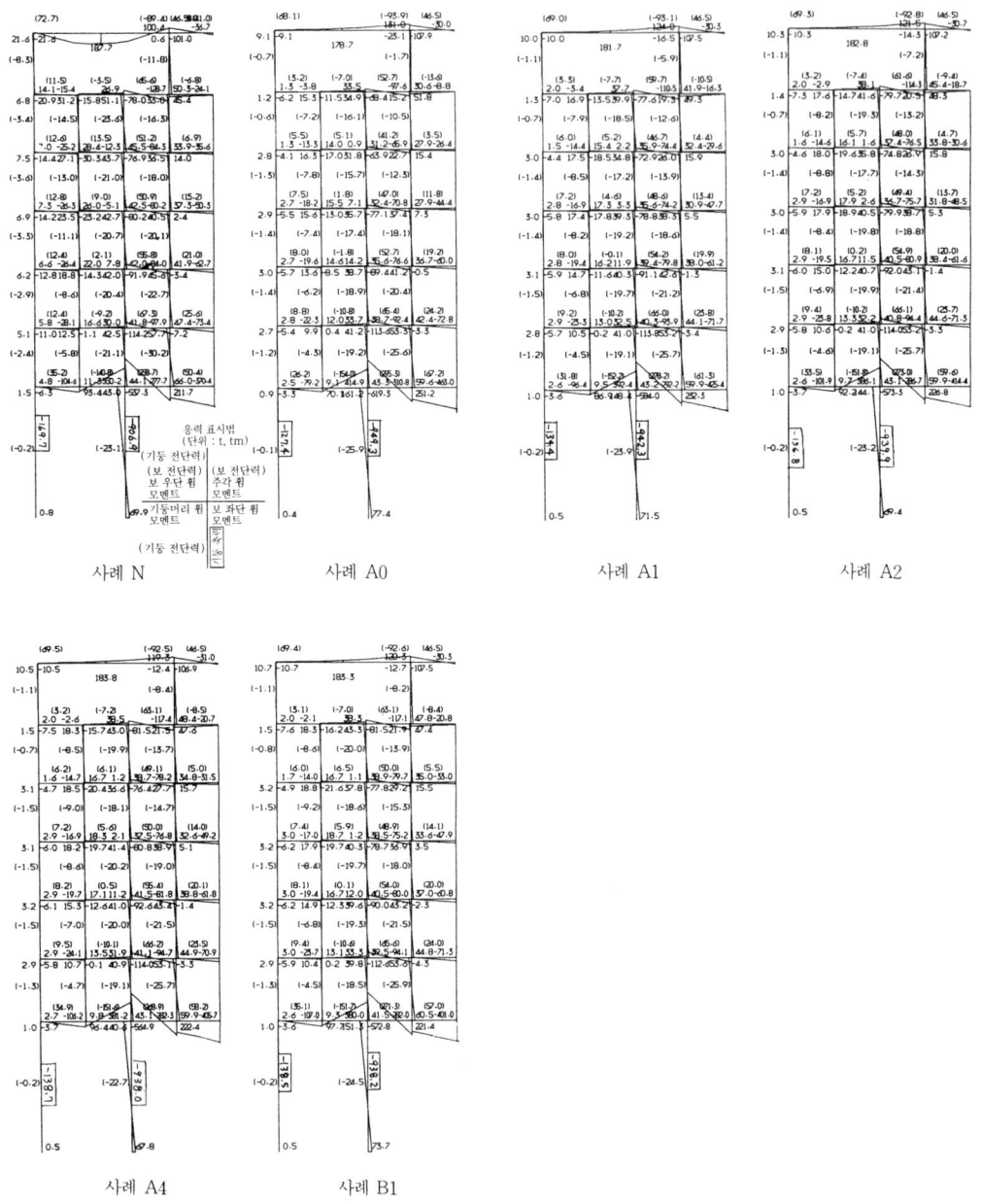

그림 7.28 최종 단계의 각 가구 응력도

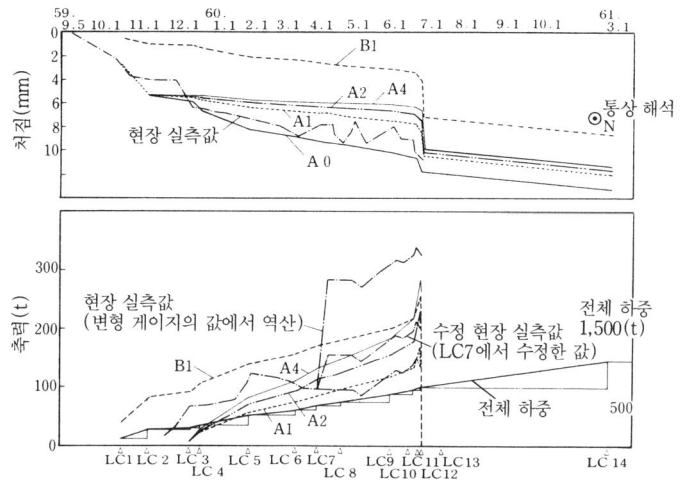

그림 7.29 3층 보 중앙(절점 308)의 처짐과 가설 기둥 축력

척 단계를 나타낸 것인데 그래프가 불연속으로 되어 있는 LC-12 단계는 임시 서포트를 철거한 시기이다.

최종 단계에 대한 해석값에 대해서 각 사례의 사례 N에 대한 응력비를 구하고 이 중 ㉮ ~ ㉯, ㉯ ~ ㉰, ㉰ ~ ㉱ 일직선 사이의 보 및 ㉰ 일직선 기둥의 휨 모멘트비를 그림 7.30, 7.31에 나타낸다(응력비는 ○를 한 절점측의 응력비를 나타낸다). 마찬가지로 ㉯ 일직선 및

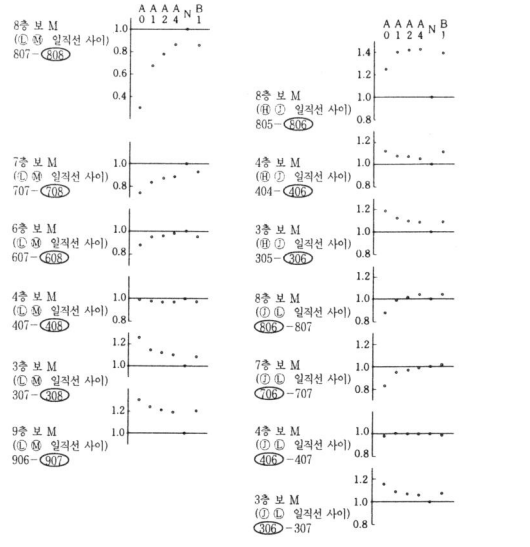

그림 7.30 보의 휨 모멘트비(사례 N과의 비)

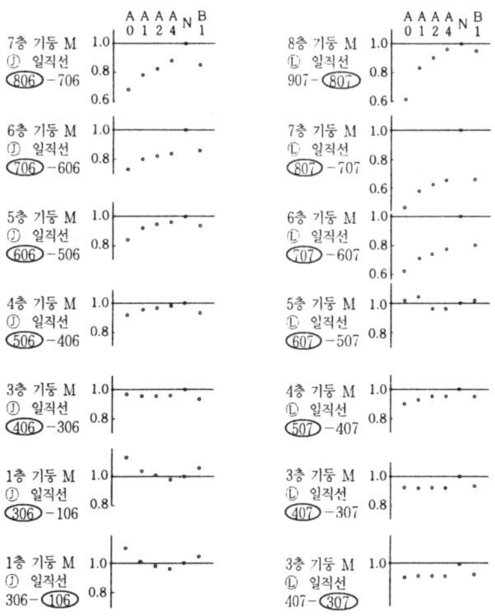

그림 7.31 기둥의 휨 모멘트비(사례 N과의 비)

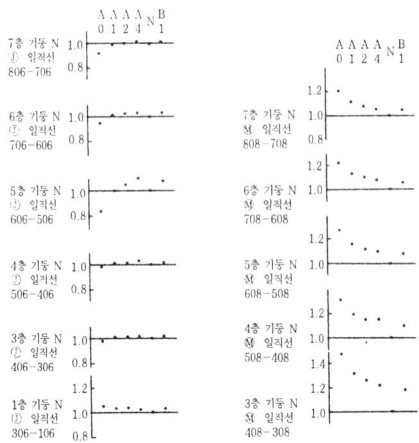

그림 7.32 기둥의 축력비(사례 N과의 비)

Ⓜ 일직선 기둥의 축력비를 그림 7.32에 나타낸다.

(5) 임시 서포트의 효과

해석과 현장 실측 결과에서 다음과 같은 것을 알았다.

a. 시공 방법·순서가 가구 응력에 끼치는 영향은 여기서 받아들인 가구에서는 무시할 수 없으므로 시공 실적에 맞는 해석을 하는 것이 바람직하다는 것.

b. 임시 서포트의 설치 시기와 그 단면 성능이 중요하다는 것.

또 임시 서포트에 관해서 다음과 같은 것을 알 수 있다.

a. 임시 서포트를 설치함으로써 보의 처짐을 작게 할 수 있다. 그러나 설치 시기가 늦으면 철골조로서의 변형이 진행되어 버리기 때문에 그 효과는 작아진다.

b. 임시 서포트를 설치하지 않은 경우(사례 A0)는 통상 골조 해석(사례 N)에 비해서 휨모멘트가 3층 보에서 약 15% 증가한다. 임시 서포트의 단면적을 크게 하면 증가 정도는 작아지지만 이것도 설치 시기의 영향을 받는다.

c. 중앙 주열(M 일직선 기둥)의 축력비는 다음과 같다.

 1. 위층에서 아래층으로 내려감에 따라서 점증한다.
 2. 임시 서포트의 단면적이 클수록 작다.
 3. 임시 서포트의 설치 시기가 빠를수록 작다.

  이로써 임시 서포트의 단면적이 클수록, 설치 시기가 빠를수록 통상 해석 응력값에 가깝

d. 일반적으로 비렌딜 가구의 실정 해석 응력은 통상 해석 응력보다 아래층은 크고 위층은 작아지는 경향이 있다. 이번의 경우는 3층 보의 휨 강성이 크므로(4층 이상 보의 약 6배, 기둥의 16~19배) 3층 보의 휨 모멘트값의 증가는 약 15%이었다. 상하층 보의 강성이 같은 정도라면 응력비는 더욱 커지게 될 것이다.

e. 현장 실측값을 실정 해석값(사례 A1)과 비교하면 보의 처짐은 상당히 잘 대응하고 있으나 임시 서포트의 축력은 전체적으로 실정 해석값보다도 큰 값으로 추이되고 있다.

요즘은 컴퓨터의 이용으로 구조 이론이나 계산 기술이 진보되어 설계시에도 고도한 이론을 적용하여 해석하는 경우가 많다. 그것은 그래서 의미가 있는 것이며 결코 부정한 것이 아니지만 실제 건물에서 그 존재 응력을 측정하고 이 결과를 해석 이론에 반영하여 해석 방법의 신뢰성을 높이는 것이 앞으로의 중요한 과제라고 본다.

실제 건물에서는 이 밖에 온도 변화나 건조 수축으로 인한 자기 변형 응력, 부동 침하 응력, 크리프 등으로 구조 해석으로 구한 가구 응력과는 상당히 다른 응력 분포로 되버리는 경우가 있으므로 정밀한 계산으로 혼란에 빠지지 말고 구조 설계의 대국을 잘 보고 때때로 반성의 기회를 가질 필요가 있을 것이다.

참 고 문 헌

65) 拙著 ; 大阪市廳舍新築工事における施工と構造の接点 : 大阪府建築士會・講習會テキスト(S. 62. 3)

104) 拙著(共著者・三宅勝ほか) ; 施工順序が架構應力に及ぼす影響(フィーレンデール架構について) : 日本建築學會近畿支部研究報告 2081(S. 62. 5)

7.6 각 부분 디테일

(1) 가설 개구

철근 콘크리트의 바닥 슬래브에는 짐신기용이나 크레인 샤프트 등을 위해 가설 개구를 마련해야 하는 경우가 있다.

이때 개구 위치·크기를 결정하기 위한 검토 사항으로서는 다음과 같은 것이 있다.

① 폐쇄 시기, 후속 작업과의 관계
② 짐싣기·짐부리기 등의 작업성
③ 적당한 크기(폭·길이)
④ 구조적인 고려

이 중 ①은 폐쇄 시기가 늦어질 것으로 예상되는 경우에는 앞으로 작업량이 많아질 장소를 피하고 설비 관련 공사도 주의해야 한다. ③의 가설 개구의 크기는 너무 커도 너무 작아도 좋지 않으며, ④의 구조적인 고려란 개구부 주위는 콘크리트의 이어붓기가 되는 장소이므로 전단력이 작은 곳으로 하는 등 앞 항에서 기술한 이어붓기 위치 선정의 주의 사항을 지켜야 하며 남은 슬래브의 구조 강도를 체크해야 한다. 슬래브에 큰 개구를 내면 그 응력 상태는 개구가 없는 것과 완전히 달라지게 된다.

개구의 위치·크기 검토시에는 통상 이들 모두를 만족시킬 수 없는 경우가 많다. 그때 우선 순위는 위에 기술한 ①→④로 하고 그 때문에 생긴 문제점은 따로 해결해야 한다. 이 밖에 낙하 방지의 안전 대책, 관계자의 승인을 받아야 한다.

(a) **구조적인 조치**

1) 남은 슬래브의 구조 강도 검토

그림 7.33과 같은 가설 개구를 계획할 경우 남은 슬래브의 ①부분은 3변 고정 1변 자유 슬래브, ②부분은 2변 고정, 2변 자유 슬래브(캔틸레버 슬래브로 해도 좋다)로 하여 시공시 하중에 대해서 구조 내력을 확인한다. 개구부 주위에는 하물을 받아들일 때에 집중 하중이 가해지는 경우가 있으므로 실정에 따라서 고려한다. 그림 중 점선 부분에 작은보를 설치해야 하는 경우도 있다.

개구 우각부에는 개구 보강 철근을 넣는다(그림의 경우는 Ⓐ, Ⓑ의 두 군데만으로 좋다.

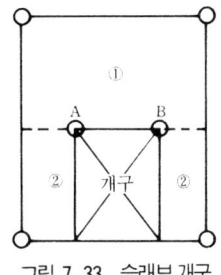

그림 7.33 슬래브 개구

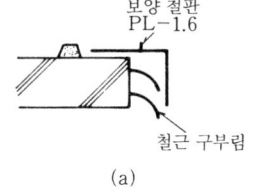
(a)

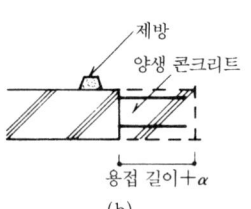
(b)

그림 7.34 슬래브 철근의 보양

만약 점선 부분에 작은보를 넣은 경우는 여기도 보강 철근은 필요없다). 위에 기술한 두 항은 설비 덕트나 파이프 등을 이용한 바닥 관통구의 검토에 대해서도 마찬가지이다.

2) 콘크리트의 이어붓기부

가설 개구부는 콘크리트가 나중 치기가 되므로 개구부 주위는 이어붓기에 대한 일반적인 주의를 지키면 되지만 이 밖에 다음과 같은 것이 있다.

이어붓기부에서 나온 철근은 **그림 7.34**와 같이 보양한다. 구부릴 때는 될 수 있는 한 크게 구부린다. 보양을 하지 않으면 하물이 닿아 손상이 심하거나 똑바로 되돌릴 수 없게 된다. 이런 상태에서 콘크리트를 부어넣어 마무리를 끝내면 나중에 이어붓기부에 균열이 크게 되고 바닥 마감에서도 균열이 생기는 경우가 있다. 마감에 방수층이 있으면 누수의 원인이 된다.

이어붓기부의 철근은 손상되기 쉽고, 또 철근을 되구부리면 품질이 열화하는(계속하여 다음 (3)항 참조) 데다가 정규 높이보다 내려가기 쉬우므로 상단 철근에 대해서 철근량을 1.5배로 늘려 배근하는 것이 좋다.

비 올 때 등에 개구부에서 더러운 물이 떨어지지 않도록 주위에 둑을 만들어 두면 좋다. 이어붓기부의 오물은 나중 콘크리트 치기시에 와이어 브러시 등으로 깨끗이 청소한다.

(2) 철근의 용접

철근의 용접에는 이음 용접과 조립 용접이 있으며, 이음 용접에는 겹침 이음과 맞대기 이음이 있다.

(a) 이음 용접

1) 겹침 이음

철근의 겹침 이음 용접은 플레어 그루브(flare groove) 용접이며, 그 용접 길이는 다음과 같다.

편면 용접일 때 $10d$ 이상(d는 원형강의 지름, 이형 철근의 호칭명)
양면 용접일 때 $5d$ 이상

용접 형상은 **그림 7.35**에 나타낸 바와 같이 비드가 약간 볼록형(凸形)이고, 더돋기의 높이는 철근 두 개의 표면을 잇는 선보다도 나와야 한다. 더돋기를 하지 않으면 목 두께가 부족하게 되지만 너무 나와도 좋지 않으므로 3 mm 이하로 한다. 언더컷은 있어서는 안되므로 뚜렷한 것은 고쳐 둔다.

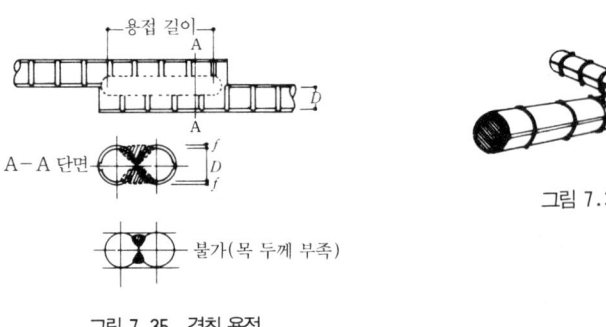

그림 7.35 겹침 용접

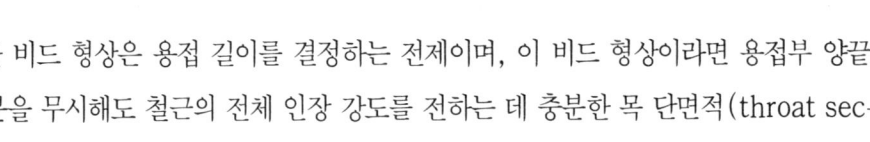

그림 7.36 교점 용접

위에 기술한 비드 형상은 용접 길이를 결정하는 전제이며, 이 비드 형상이라면 용접부 양끝의 여유 길이분을 무시해도 철근의 전체 인장 강도를 전하는 데 충분한 목 단면적(throat section area)을 가지고 있다.

2) 맞대기 이음

철근의 맞대기 용접은 지름이 큰 철근에 적용하는 것으로 통상 가스 압접이나 겹침 용접을 할 수 없는 개소에 사용하는 경우가 많다. 이것에는 2~3가지 공법이 개발되어 있으나 어느 것이나 상당히 고도한 기량을 요하므로 채용할 때는 용접공의 선정, 작업 환경의 확보 등에 대해서 충분한 배려를 해야 한다. 기계적인 접합 방법의 적용도 생각해 볼 필요가 있을 것이다.

(b) 조립 용접(교점 용접)

철근을 조립하고 그 위치를 유지하는 방법은 통상 결속선을 이용하는데 결속선으로는 약해 그 위치를 유지할 수 없는 경우가 있다. 기초보 앵커 볼트의 묻어넣기 고정 등이 그 예이다. 이럴 때에는 용접을 하여 위치를 유지하게 되는데 철근의 조립 용접(교점 용접, **그림 7.36** 참조)에는 문제점이 많으므로 부득이한 경우 외에는 함부로 사용해서는 안된다.

현재 철근은 거의 SD30, SD35의 이형 철근을 사용하는데 이들은 전로(電爐) 제품이 많고, 용접성을 고려하여 제조된 것은 적다. 전로 제품은 원료가 모두 스크랩(scrap)이므로 제품의 품질은 스크랩의 품질에 따라서 결정되어 버려 화학 성분의 편차가 크다. 또 유황(S), 동(Cu), 크롬(Cr) 등 용접에 유해한 성분을 많이 포함하고 있고 탄소 당량(C_{eq}, 「제8장 8.2 철골 용접의 요점 (3) (b) 용접 열영향부의 재질 변화, 경화·취화」 참조)이 0.45를 넘는 것도 많아 용접으로 인한 열영향부의 경화성이 크다. 그러므로 교점 용접한 철근에 대해서 인장 시험·휨 시험을 하면 여기서 취성적(脆性的)으로 파단하는 경우가 있다.

용접 열영향부의 경화성은 모재의 화학 성분과 냉각 속도에 관계한다. 우선 모재의 화학 성분을 C_{eq}로 나타내면 이 값이 클수록 경화성이 크고, 작을수록 경화성이 작다. C_{eq}가 0.35 이하(SR24류)이면 경화성은 작지만 이것을 넘으면 서서히 커져 0.40을 넘으면 용접시에 반드시 주의해야 한다. SD30이나 SD35에는 C_{eq}가 0.45를 넘는 것이 상당히 있어 경화성은 매우 커진다. 다음에 냉각 속도가 빠를수록 경화성이 크고, 늦을수록 작아진다. 냉각 속도는 용접 입열이 작을수록, 모재의 열용량이 클수록 빨라진다. 용접 입열은 앞에서 기술한 겹침 이음 정도의 용접 길이가 있으면 되지만 교점 용접은 쇼트 비드(short bead)이므로 용접 입열이 매우 적다. 모재의 열용량은 철근 지름이 굵을수록 커지며 냉각 속도가 빨라진다.

철근 조립에 교점 용접을 해야 할 경우는 이상 기술한 특성을 이해한 다음에 다음과 같은 조치를 하면 된다.

① 용접 비드 길이를 될 수 있는 한 길게 한다(철근을 둘러싸듯이).
② 2층·3층으로 겹쳐 용접한다.
③ 예열을 하거나 직후열(直後熱)을 가하거나 한다.
④ 아크 스트라이크(arc strike)는 경화성이 가장 크므로 절대로 해서는 안된다.

이 중 ①~③은 용접 입열을 적당히 크게 하기 위한 수단이다. 철근의 용접은 될 수 있는 한 적은 것이 좋다고 하는데 이것은 잘못된 생각이다.

그림 7.37은 교점 용접한 철근을 휨 시험한 결과[105]이다. 이에 따르면 SR24 이외의

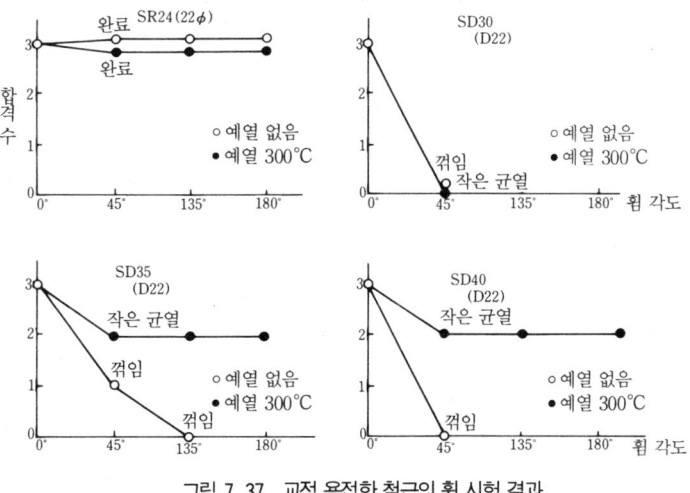

그림 7.37 교점 용접한 철근의 휨 시험 결과

「아크 스트라이크」: 용접을 시작할 때 모재의 용접부 이외 부분에 순간적으로 아크를 쏘아 바로 자르는 것. 아크 스트라이크를 한 부분은 냉각 속도가 매우 빨라져 뚜렷하게 경화하여 모재가 고장력강 등의 경우에는 이 부분에서 갈라질 위험성이 있다.

SD30·35·40은 예열하지 않은 경우 거의 휨 각도 45°에서 꺾어지고 있다. 예열 300℃의 경우도 크랙이 발생하고 있다. 동종으로 다시 실험(예열 없음)해 봐도 같은 결과를 얻었다.

예열이나 직후열은 산소-아세틸렌 등의 가스를 사용하는데 이 온도 관리는 그 온도용 온도 초크(choke)를 사용하는 것이 편리하다. 이것은 크레용상(crayon狀)의 것으로 철근에 조금 발라 두면 그 온도가 되었을 때에 녹아 나오도록 되어 있다. 앞서 기술한 실험에서는 예열 온도를 300℃로 하였으나 더욱 낮게 150~100℃ 정도로 해도 된다고 생각한다. 용접부를 아세틸렌 가스로 10초 전후 가열하는 만큼 효과가 있다는 보고[106]도 있다. 그러나 예열이나 후열을 모든 교점 용접부에 하는 것은 실제 문제로서 쉽지 않다.

(3) 철근 되구부리기

이어붓기부의 철근은 시공상의 사정으로 일단 구부려 두고 나중 치기 시공 배근시에 원상태로 되구부리는 경우가 있다. 이때 상당한 기간을 경과할 때가 많다. 철근이 이런 상태로 되구부리기 가공을 받게 되면 재질이 변하고 뚜렷한 경우는 절손되거나 표면에 균열이 생긴다.

표 7.21은 철근의 되구부리기 가공성을 연구한 시험 결과의 일부이다[107]. 철근은 SD30·SD35, D10~D32, 전로재(電爐材), 여름철과 가을에 구입한 것을 사용하였다. 표에 나타낸 바와 같이 가공 조건으로서 가공 온도, 구부림 지름, 구부림 각도의 짜맞추기를 선정하고 각각 3개씩 2회 반복하여 시험하였다. 동 표에 나타낸 파단비(n/N)란 파단 개수(n)와 시험 개수(N)의 비이며, 또 가공할 때마다 균열 폭을 실측하여 최대 균열 폭(W_{max})과 합계 균열 폭

표 7.21 되구부리기 시험 결과

No.	가 공 조 건			파단비 n/N		최대 균열 폭비 W_{max}/d		합계 균열 폭비 $W_t/3d$		인장 강도비 σ_b/σ_{b0}	신장비 δ/δ_0
	가공 온도	구부림 지름	구부림 각도	1회째	2회째	1회째	2회째	1회째	2회째		
1	0℃	1d	135°	0.98	1.00	0.966	0.992	0.965	0.993	0.00	0.00
2	0℃	2d	90°	0.76	0.94	0.777	0.943	0.770	0.942	0.06	0.02
3	0℃	4d	45°	0.05	0.07	0.056	0.088	0.052	0.083	0.94	0.40
4	20℃	1d	90°	0.71	0.88	0.746	0.885	0.727	0.864	0.10	0.02
5	20℃	2d	45°	0.11	0.21	0.128	0.266	0.119	0.259	0.74	0.31
6	20℃	4d	135°	0.06	0.07	0.068	0.102	0.071	0.123	0.94	0.14
7	750℃	1d	45°	0.00	0.00	0.007	0.012	0.002	0.005	0.97	0.68
8	750℃	2d	135°	0.00	0.00	0.032	0.054	0.011	0.067	0.97	0.66
9	750℃	4d	90°	0.00	0.00	0.003	0.007	0.001	0.009	0.98	0.74

(W_t)을 구하고 이것과 철근 공칭 지름(d)의 비를 가지고 최대 균열 폭비(W_{max}/d)와 합계 균열 폭비($W_t/3d$)를 산출하였다. 파단된 시험편은 어느 것이나 1.0으로 하였다. 또 가공재의 인장 강도(σ_b)와 신장(δ)을 구하고 가공 전 각기 값(σ_{b0}, δ_0)의 비를 가지고 인장 강도비(σ_b/σ_{b0}), 신장비(δ/δ_0)를 계산하였다. 파단된 시험편은 모두 0으로 하였다.

시험 결과에서 철근의 되구부리기로 인한 품질에 대한 영향은 가공 온도가 가장 크고, 0°C에서 한 가공은 약 60%가 파단하고 있다. 구부림 지름은 $2d$ 이하는 피하는 것이 좋다고 한다. 또 상온 가공을 한 경우 구부림 가공 후에 어떤 기간을 방치해 두면 변형 시효(時效)에 따라서 되구부리기시에 균열이 생기는데 방치 기간이 길수록 균열 폭이 커지는 경향이 있다[107]고 보고되고 있다.

이와 같이 철근의 되구부리기 가공은 될 수 있는 한 피하는 편이 좋으며, **그림 7.34**에서는 (a)보다도 (b) 쪽이 바람직하다.

1층 바닥을 작업 바닥으로서 사용할 경우에 나중 시공이 되는 칸막이 콘크리트벽 등의 세로 철근이 나오는 경우가 있다. 이들 철근에 대해서도 될 수 있는 한 완만하게 구부려 젖힌 다음 작업 바닥으로서 사용하기 전에 콘크리트로 보호해 두어야 한다(**그림 7.38**). 보호 콘크리트는 부득이 좀 높아지게 되어 있다. 구부림 반경을 작게 하거나 보호를 하

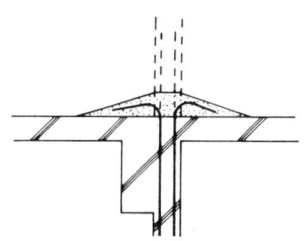

그림 7.38 벽 철근의 보양

지 않고 방치해 두면 차량에 짓밟혀 꺾이듯이 구부려져 나중 시공시에 되구부리기할 수 없거나 철근이 거의 꺾어지게 된다.

(4) 보 관통 구멍

보에 관통 구멍을 내면 그 부분의 전단 저항이 저하하므로 이같은 관통 구멍 위치는 일반적으로 보의 전단력이 큰 부분(전단 영역, **그림 7.4** 참조)을 피하여 구부림 영역으로 하는 것이 좋지만 실정은 반드시 그렇게 계획할 수 없는 경우가 있다. 그래서 전단 영역에 마련한 관통 구멍 부분에 대해서는 남은 단면에 대해서 전단 응력 검토를 필요로 하게 된다.

「변형 시효」: 상온 가공한 금속을 방치하면 시간의 경과와 함께 경도나 항복 강도가 늘어나 연성(延性)이나 충격값이 감소하는 현상을 말한다.

연강 등을 항복점을 초과하여 인장한 후 하중을 없애고 바로 재부하하면 항복 현상은 나타나지 않지만 제하 후 장시간 방치하고 나서 재부하하면 변형 시효 때문에 다시 항복 현상이 나타나게 된다.

관통 구멍의 형상은 원형이 좋다. 관통 구멍의 크기(파이프나 덕트의 支管用 등)는 구부림 영역에 마련하는 경우는 철근 콘크리트 보에서는 콘크리트 보 춤의 1/4 정도 이내, 철골 철근 콘크리트 보에서는 1/2.5 정도 이내로 해도 되지만, 전단 영역에 마련하는 경우는 철근 콘크리트 보에서는 1/5 정도 이내, 철골 철근 콘크리트 보에서는 콘크리트 보 춤의 1/3 정도 이내로 하기 바란다.

각형 관통 구멍은 우각부에 응력 집중이 생기므로 철근 콘크리트 보에서는 사용해서는 안 된다. 철골 철근 콘크리트 보에서도 될 수 있는 한 피하지만 부득이한 경우는 그 높이를 콘크리트 보 춤의 1/4 정도 이내, 폭을 1/4~1/3 정도 이내로 억제하기 바란다.

어느 경우나 철근 보강은 필요하다. 보강 정도의 표준은 관통 구멍이 없는 경우와 같은 강도로 한다. 철골 철근 콘크리트 보의 전단 영역에 마련한 관통 구멍에 대해서는 철골 보강도 필요로 할 때가 많다.

내진벽에 포함되어 있는 보의 경우는 앞에서 기술한 제한 치수에 따르지 않아도 된다. 이 경우 상당히 큰 관통 구멍(main duct 용 등)을 내는 경우가 있는데 이 경우는 유공(有孔) 내진벽으로서의 응력 계산을 하게 된다. 당연히 관통 구멍도 보강해야 한다.

(5) 배근

무슨 일이든 원리 원칙이 있고 이것을 아는 것은 전문가로서의 기본이다. 우리들이 일상 다루고 있는 재료나 공법에 대해서도 표면적으로는 아주 다른 것처럼 보여도 그 근저(根底)에 있는 기본적인 것, 기초적인 것은 뜻밖에도 공통되어 있다. 전문가로서는 우선 이것을 이해하고 소화하는 것이 필수 요건이다.

게다가 전문가라면 임기 응변 조치를 정확하고 신속히 할 수 있어야 한다. 사건에는 모두 인(원인)과 연(조건)이 있으며 원인이 같더라도 조건이 다르면 결과가 달라지게 된다. 이때 무엇이 기본적인지 무엇이 기초적인지를 이해해 두면 조건이 바뀐 경우라도 실수없이 정확히 대응할 수 있다.

배근에 대해서도 기본적인 방식이 있으므로 이에 대해서 기술해 보기로 한다.

(a) 정착의 기본 방식

정착의 기본은 다음과 같다.

① 그 부재를 지지하는 부재 내부에, 정착 테일(tail)은 상대 부재 중심에서 맞은편에 넣는

다.
② 콘크리트의 인장측에서 정착하는 경우(예를 들면, 캔틸레버 슬래브의 고정단)는 90° 갈고리를 만든다. 갈고리 방향은 재 두께 방향으로 향하게 한다.
③ 휨 강성이 커 변형을 무시할 수 있을 정도의 작은 부분에 정착한다. 이것은 이어붓기부에 대한 삽입 철근을 잊어버린 경우 등에 적용할 수 있다.

(b) 이음 위치의 기본 방식

이음을 다음과 같은 장소로 하는 것이 원칙이다.
① 압축 응력 부분
② 될 수 있는 한 응력이 작은 곳
③ 이음은 한군데에 집중시키지 말고 될 수 있는 한 흩어지게 한다(일반 정착 길이 L 이상 뗀다).

(c) 갈고리를 필요로 하는 곳

철근 말단부에 갈고리를 만드는 장소는 다음과 같으며 그 목적을 ( ) 속에 나타낸다. 갈고리를 만드는 목적을 이해하면 개개의 경우도 판단하는 데 갈피를 못잡는 일은 없을 것이다. 갈고리의 방향은 재 중심 방향으로 향해야 한다. 이것은 갈고리가 재 내부에 박혀 있으면 피복 콘크리트가 박락한 경우라도 철근이 유효하게 작용한다는 생각에 기초를 둔 것이다.

① 원형강(부착력 작음), ② 띠철근·스터럽(전단 보강), ③ 기둥·보의 모서리 부분(불의 피해), ④ 굴뚝의 철근(불의 피해), ⑤ 단순보의 지지단, 캔틸레버 보, 캔틸레버 슬래브 상단 철근의 선단(정착 불능).

- 보의 갈고리는 불의 피해가 목적이므로 기초보에 대해서는 필요없다.
- 기둥 최하부는 기초 슬래브에 들어가 있고 최상부도 슬래브가 있으면 모서리가 되지 않으므로 불의 피해를 잘 받지 않기 때문에 갈고리가 필요없다. 다만, 슬래브가 없는 경우도 있으므로 일본 건축 학회 지침[108]에서는 사방에 슬래브가 있는 경우에 대해서 갈고리가 필요없다고 하고 있다.
- 기둥에 측벽(또는 담장벽)이 있으면 모서리가 되지 않지만 벽이 일반벽이면 장래 철거될 가능성이 있으므로 갈고리를 만들어 두면 좋다. 보에 대해서도 마찬가지이다.
- 불의 피해를 중요시하는 것이면 벽 모서리 부분, 슬래브 하단 철근에도 갈고리를 만드는 것이 바람직하다.

(d) 갈고리의 배치

보 춤에 단이 있는 경우나 보 상단에 단이 있는 경우의 갈고리 배치는 X·Y 방향에 대한 맞춤 패널부(그림 7.39에서 hatch 한 부분)를 동시에 생각하여 양방향에 중복된 부분이 p_1 피치, 기타 부분은 표준 p_0 피치로 한다. 또한 기초 슬래브(기둥보다 폭이 큰 기초보를 포함) 내의 띠철근은 p_2 피치로 해도 된다.

p_0 : 표준 피치
p_1 : 표준의 1.5배 피치
p_2 : 표준의 2.0배 피치

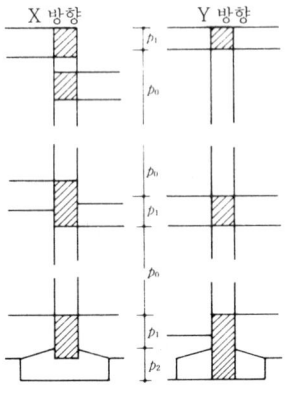

그림 7.39 맞춤 패널부

(e) 스터럽

지하 외벽·내진벽·금고벽 등이 설치되는 보에서는 보의 스터럽이나 복부 철근의 철근량이 벽의 철근량보다도 적어 약점이 되는 경우가 있으므로 주의해야 한다.

춤이 큰 기초보(높이 2 m 정도 이상)에서는 배근 시공상 스터럽을 30 cm 이상의 피치로 해 두어야 한다. 이것은 작업 중 보 가운데를 사람이 가로질러 다닐 수 있도록 하기 위해서다. 그렇게 하지 않으면 작업을 위해 사다리를 사용하여 일일이 타고 넘어야 하게 되어 작업성이 나쁘다. 전단 보강 철근량은 스터럽 1줄에 늘어 세우고 개수로 조절하면 된다.

(f) 철근의 피복 두께

철근에 대한 콘크리트의 피복 두께를 건교부 제정 건축 공사 표준 시방서 제5장 및 철근 콘크리트 배근 지침의 해당 사항에서 정리하여 표 7.22에 나타낸다. 경량 콘크리트의 경우도 이 표에 따른다.

- 스터럽이나 띠철근의 가공 치수는 이 표의 수치에 따라서 결정해도 되지만 가공 정밀도를 ±5 mm 이내로 한다.
- 피복 두께의 최소값은 이 표의 값에서 −10 mm로 한다. 흙에 접하지 않는 부분의 바닥 슬래브, 지붕 슬래브에 대해서는 슬래브 두께가 작고 단면 성능에 끼치는 영향이 크므로 −5 mm로 한다.
- D29 이상의 굵은 철근의 피복 두께는 주철근에 대해서 1.5 D 이상으로 한다.
- 마감(마무리)이란 중성화의 억제, 내화성 향상에 유효한 것으로 모르터, 콘크리트 또는

표 7.22 철근의 피복 두께

부위			피복 두께(mm)	
			마감 없음	마감 있음
흙에 접하지 않는 부분	바닥 슬래브	옥내	30	20
	지붕 슬래브	옥외	30	20
	기둥·보·벽	옥내	40	40
		옥외	50	40
	굴뚝		60	60
흙에 접하는 부분	기둥·보·벽·바닥슬래브·옹벽		50	50
	기초·온통기초의 보 하단·옹벽기초		70	70
	굴뚝		70	70
벽 개구보강의 철근 격자		옥내	30	30
		옥외	40	30

주) 건설교통부 제정 「건축 공사 표준 시방서(1999. 전면 개정) 05000 철근 콘크리트 공사」 보통 콘크리트 피복 두께 표 05010.12 및 고내구성 콘크리트 피복두께 표 05050.5를 참고하기 바란다.

그들을 바탕으로 하는 것 등을 말한다.

- 균열 유발 줄눈 등의 경우도 최소 피복 두께를 확보한다. 줄눈 실링재는 중성화 억제에 유효한 마감으로 보면 된다.
- 일반벽의 피복 두께는 바닥 슬래브, 지붕 슬래브와 같아도 되지만 내력벽과 일반벽의 구별을 도시하지 않은 경우는 모두 내력벽으로서 다루고 보·기둥과 같게 하였다.
- 부위가 변화하기 때문에 같은 철근에서 피복 두께가 다를 경우(예를 들면, 흙에 접하지 않는 부분이 흙에 접하게 된다)는 원칙적으로 철근을 구부리지 말고 콘크리트를 덧치기한다.
- 콘크리트 속에 함유하고 있는 염화물량이 $0.3\,kg/m^3$를 넘을 때는 바닥 슬래브·지붕 슬래브 아래쪽의 피복을 30 mm 이하로 해야 하므로 허용차를 $-5\,mm$로 하면 피복을 35 mm로 할 필요가 있다.

(g) 인서트

인서트 철물은 강제를 원칙으로 하고 콘크리트에 묻어넣는 깊이는 50 mm 이상으로 한다. 주철제 중에는 굽을 간단히 꺾을 수 있는 것도 있고, 강제라도 굽이 짧은 것은 만약 콘크리트에 표면 결함이 있으면 쉽게 빠져 나오는 경우가 있다. 배관 지지용 등 특수한 것은 각기 필요한 강도에 대해서 충분한 강도를 가진 특제품을 사용한다.

강도에 대한 안전율은 실험 또는 계산에 따른 최대 내력값에 대해서 장기 하중의 경우 5, 단기 하중의 경우 3, 진동(water hammer를 포함)을 수반할 경우 7~10으로 한다.

　인서트에는 여러 가지 색의 것이 있으므로 용도에 따라서 적절히 구분하여 사용하면 된다. 예를 들면, 건축용은 흰색, 전기용은 적색, 공기 조화용은 청색·녹색, 위생용은 황색 등으로 하여 각 현장 모두 통일해 두면 실수가 없다.

참 고 문 헌

105)　鋼材俱楽部・高張力異形鐵筋アーク溶接研究委員會 ; 鐵筋のアーク溶接設計施工指針・同解説 (1967. 7)

106)　木村富夫・八木勇洹 ; 鐵筋の交点溶接が主筋に及ぼす影響について : 日本建築學會大會學術講演梗概集(北海道) 21029(S. 61. 8)

107)　竹內賢次・鶴岡孝輔ほか ; 鐵筋コンクリート造における打繼ぎ面の諸問題に關する實驗的研究, その1 鐵筋の曲げ戻し加工性 : 日本建築學會大會學術講演梗概集(近畿) 2835(S. 62. 10), その6 自然時効に關する檢討 : 日本建築學會大會學術講演梗概集(關東) 1241(S. 63. 10)

108)　日本建築學會 ; 鐵筋コンクリート造配筋指針・同解説(1986)

제 8 장   철골 공사

8.1 부분 용입 용접의 활용

(1) 용접부의 허용 응력

용접 이음은 맞대기 용접(또는 맞댄 용접), 필릿 용접(일명, 모살 용접), 부분 용입 용접의 3가지로 크게 나눌 수 있다. 맞대기 용접은 완전 용입 용접이고 주로 축방향력을 전하는 이음에 쓰이고, 필릿 용접은 주로 전단력을 전하는 이음에 쓰인다. 부분 용입 용접은 필릿 용접과 같은 목적으로 쓰이며, 필릿 용접에서는 용접량(脚長)이 아주 큰 경우에 사용하면 유효하다.

각기 허용 응력에 대해서 건축법 구조 내력에 관한 기준 제 49조, 제 58조와 일본 학회 규준[35])에 따르면 고도의 품질을 확보할 수 있는 작업 방법에 따를 경우*[1])는 SWS520급 이하의 강재에 대해서 맞대기 용접에서는 압축·인장·전단 모두 모재와 같은 값을 취할 수 있으나 필릿 용접과 부분 용입 용접은 전단 응력만 인정되고 있다.

그러나 부분 용입 용접 중 적당한 형상의 그루브(개선 또는 앞벌림이라고도 한다)를 양쪽에 대칭적으로 가진 것은 정적으로는 맞대기 용접에 가까운 역학 성상을 가지고 있다. 반면에 변형량은 맞대기 용접에 비하여 적으므로 이 특성을 살린 여러 가지 이용법을 생각할 수 있다.

예를 들면, 빌딩 철골에 대한 기둥·보 맞춤 내부의 수평 리브·스티프너 등의 양끝의 용접은 통상은 맞대기 용접으로 하는 경우가 많다. 이때 이 맞대기 용접을 선행하면 기둥이나 보 플랜지에 각변형(角變形)이 생겨 다음 공정인 L형 맞대기 용접의 그루브 치수 정밀도를 나쁘게 하므로 바람직하지 않다. 그래서 이 부분의 변형을 구속하는 상태로 용접하게 되는데 여기서는 잔류 응력이 크게 되어 이것이 현저한 경우는 용착 금속이나 용접 열영향부에 구속 균열이 생길 우려가 있다. 따라서 이러한 구속이 큰 부분에 부분 용입 용접을 적용하면 맞대기 용접과 동등한 접합 강도를 얻을 수 있음과 동시에 용착 금속량을 줄일 수 있으므로 잔류 응력이나 재질 변화 등 모든 용접 열영향을 작게 할 수 있어 경제성을 높일 수 있다.

(2) 부분 용입 용접의 강도

일반적으로 부분 용입 용접은 보강 필릿을 수반하고 있으며, 이들의 치수 관계에 따라서 그림 8.1 (a), (b)와 같은 형상이 있다. 이러한 용접 이음에 인장력이 작용하였을 때의 역학 성상은 용입량이 적은 경우는 십자형(+) 필릿 이음과 흡사한 성상을 나타내지만 용입량이 커지면($\theta_p > 22.3°$) 맞대기 용접의 성상에 가깝다. 부분 용입 용접 이음의 목 두께를 루트부에서 필릿 표면에 대한 최단 거리라고 정의하고 목 단면 평균 강도에 끼치는 용입량의 영향을 구한 것으로 그림 8.2가 있다[109]. 그림 중 A-type은 목 두께 a를 일정($a=20$ mm)하게 하고 용입량 p와 다리 길이(脚長) f를 변화시킨 경우, B-type은 다리 길이 f를 일정($f=10$ mm)하게 하고 용입량 p를 변화시킨 경우의 결과를 나타낸 것이다.

그림에 나타낸 바와 같이 부분 용입 용접 이음의 강도는 θ_p (그림 8.1 참조)에 따라서 정리할 수 있어 θ_p가 크게 될수록 커지며, 특히 θ_p가 45°를 넘으면($p>f$) 강도의 증가가 뚜렷해진다. 또한 같은 θ_p에 대해서 A-type의 인장 강도가 B-type의 것보다 작은 값을 나타내는 것은 필릿 용접 이음의 강도는 다리 길이가 크게 됨에 따라서 저하함에 따른 것이다.

일반적으로 부분 용입 용접 이음의 용접 마감 형상은 그림 8.3 (a)와 같은 것이지만 이것을 동 그림 (b)와 같이 생각하고, 또 보강 필릿은 등각(等脚) 용접($\theta_f = 45°$)과 근사하면 목 두께 a는 다음 식과 같다.

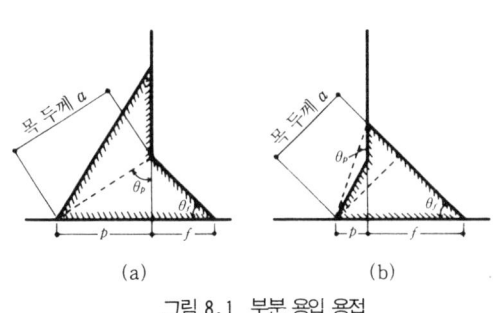

그림 8.1 부분 용입 용접

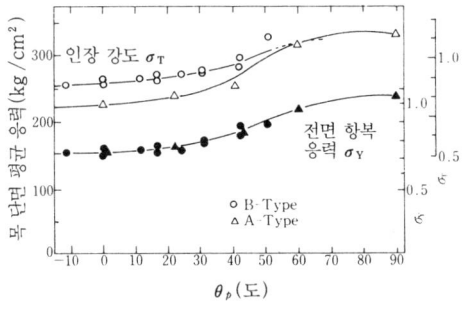

그림 8.2 부분 용입 용접 이음의 강도에 끼치는 용입량의 영향

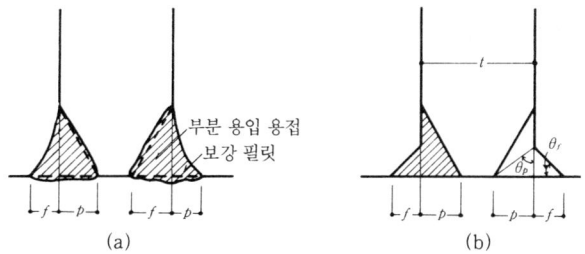

그림 8.3 부분 용입 용접의 형상

$$a = \frac{p}{\sin \theta_p} = \sqrt{p^2 + f^2} \quad \cdots\cdots (8.1)$$

또 인장력을 받는 부분 용입 용접 이음의 강도 σ_J는 $p > f$일 때 다음 식으로 나타낼 수 있다[109].

$$\sigma_J = \sqrt{\frac{4p^2 + f^2}{3(p^2 + f^2)}} \times \sigma_W \quad \cdots\cdots (8.2)$$

이때, σ_W : 용착 금속의 인장 강도

따라서 이음 강도를 모재 강도와 같게 하기 위해서는

$$\sigma_J \times a \times 2 = \sigma_t \times t \quad \cdots\cdots (8.3)$$

이때, σ_t : 모재의 인장 강도

　　 t : 모재의 두께

이므로 식(8.2)와 식(8.3)에서 다음 식(8.4)를 구할 수 있다.

$$\frac{3}{4}\left(\frac{\sigma_t}{\sigma_W}\right)^2 = 4\left(\frac{p^2}{t^2}\right) + \left(\frac{f^2}{t^2}\right) \quad \cdots\cdots (8.4)$$

식(8.4)에서 모재의 강도와 같은 정적 강도를 가진 부분 용입 용접의 그루브 형상과 보강 필릿 용접의 다리 길이를 구할 수 있다. 또한 그루브 각도가 작으면 루트부까지 충분히 용입되지 않는다는 것을 생각할 수 있으므로 그루브 각도 60° 미만일 때는 루트 깊이에서 3 mm를 줄인 것을 p로 한다. 또 유효 목 두께는 $2\sqrt{t}$ 이상으로 해야 한다[35]. 예를 들면, $\sigma_W = \sigma_t$라고 하였을 때 $t = 25$ mm, $p = 10$ mm라고 하면

$$\frac{3}{4} = 4\left(\frac{10}{25}\right)^2 + \left(\frac{f}{25}\right)^2$$

에서 $f = 8.3$ mm를 구할 수 있다. 또 $f = 10$ mm라고 하면

$$\frac{3}{4}=4\left(\frac{p}{25}\right)^2+\left(\frac{10}{25}\right)^2$$

에서 $p=9.6$ mm를 구할 수 있다. 만약 $\sigma_w=1.2\sigma_t$이면 위에 기술한 처음 예에서는 $f=0$, 나중 예에서는 식(8.2)의 조건에는 어긋나지만 $p=7.5$ mm로 해도 된다.

또한 용착 금속 강도가 모재 강도에 비하여 대단히 큰 경우에는 필러 플레이트의 열영향부를 따라서 박리 파괴되는 경우가 있으므로 이것을 방지하기 위해서는 다음을 만족하게 해두어야 한다.

$$2(p+f)\times\sigma_z \geq t\times\sigma_t \quad\cdots\cdots\cdots\cdots(8.5)$$

이때, σ_z : 필러 플레이트의 판 두께 방향 인장 강도

여기서 $\sigma_z=\sigma_t$와 근사하게 하면 다음과 같다.

$$2(p+f)\geq t$$

또 T형 맞대기 용접에 준하여 다음과 같은 제한에도 따라 두는 것이 좋다.

$$f\geq t/4,\ \text{또한 10 mm 이하}$$

이상 기술한 바와 같이 부분 용입 용접은 비교적 적은 용착 금속으로 이음 효율 100%의 이음을 구할 수 있다. 그러나 부분 용입 용접은 여기서 받아들인 예와 같은 구속이 큰 용접부에 사용하는 것이 적당하고, 기둥·보 맞춤부의 보 플랜지나 기둥 플랜지 등과 같은 중요한 용접부에는 사용해서는 안된다. 또 필릿 용접과 마찬가지로 반복 하중을 받으므로 피로를 고려해야 하는 용접부에는 사용해서는 안된다.

또한 예를 들면, 기둥 플랜지 관통 형식의 기둥·보 맞춤 내부의 수평 스티프너일 경우 보 플랜지의 응력은 상당한 양이 기둥 웨브에 직접 전달되므로 [110] 수평 스티프너의 형상과 그루브 치수를 잘 선택하면 맞대기 용접의 허용 응력을 필요로 하지 않는 경우가 있다. 보 플랜지 관통 형식에 대한 기둥 플랜지의 세로 스티프너 양끝 용접에 대해서도 마찬가지이다.

참 고 문 헌

35) 日本建築學會 ; 鋼構造設計規準(1970)

109) 佐藤邦彦·豊田政男 ほか ; 溶接構造要覽 : 黑木出版社(1988. 3)

110) 日本建築學會 ; 鐵骨鐵筋コンクリート構造計算規準·同解說(1987)

8.2 철골 용접의 요점

(1) 용접이 갖는 결점

건축 철골에서나 교량에서도 용접은 철골 가공에 없어서는 안되는 것이다. 이와 같이 많이 쓰이게 되어 온 것은 용접의 기술적·경제적 이점이 널리 인정되고, 또 용접이 갖는 결점에도 충분히 대처할 수 있게 되어 용접에 대한 신뢰성이 향상되었기 때문이다.

콘크리트의 장에서도 기술한 바와 같이 어떤 재료나 공법에서도 장·단점이 있기 마련이지 장점만 있는 것은 아니다. 우리 기술자는 이 점을 판별해 두는 것이 중요하다. 카탈로그나 메이커의 기술 자료에는 자주 장점만 강조되고 단점은 언급하고 있지 않은 경우가 많다. 그러나 우리들은 설계에서나 시공시에도 재료나 공법의 장점이 드러나고 단점이 드러나지 않게 되는 결점을 커버하는 사용법·만드는 법을 연구하는 것이 중요하다. 이 뜻은 장점보다도 단점을 바르게 이해해야 한다는 것이다. 용접도 몇 가지 장·단점을 가지고 있는데 설계나 시공시에 항상 이것을 의식하는 데 바탕이 되게 하기 위해 건축 철골에 용접을 사용하는 경우에 생각할 수 있는 주요한 단점에 대해서 기술한다.

① 용접성
② 용접 열영향
③ 용접 기술 레벨
④ 비파괴 검사의 신뢰성

(2) 용접성

용접성이란 작업성·시공성 등과 마찬가지로 용접 시공의 난이함과 용접 결과의 양부 두 가지 관점에서 말하는 표현이다. 그다지 주의하지 않고 용접해도 용접 결과가 좋은 경우는 "용접성이 좋다"고 말하고, 세심한 예열 관리를 하는 등 상당한 주의를 하여 용접하지 않으면 좋은 결과를 얻을 수 없는 경우는 "용접성이 나쁘다"고 말한다.

용접성은 일반적으로 모재의 인장 강도가 크게 될수록, 또 판 두께가 두꺼워질수록 나빠진다. 이것은 어느 것이나 모재의 합금 성분이 많게 되어 탄소 당량(C_{eq}, 뒤에 기술)이 높아지는 것에 기초를 둔 것이다.

용접 구조용 압연 강재(SWS재)는 강도나 연성을 확보하면서 될 수 있는 한 용접성을 저해하지 않도록 모재의 화학 성분을 조정한 것이다. 최근 TMCP강(Thermo-Mechanical-Control-Process)이라고 하는 SWS520급 건축용 강재로 판 두께가 40 mm를 넘는 경우에도 C_{eq}가 작은 강재가 개발되었다. 이것은 강재의 합금 성분을 매우 작게 조정하는 것과 압연과정에서 온도 제어를 적정하게 함으로써 동일 강도를 얻는 데 필요한 C_{eq}를 대폭적으로 적게 할 수 있게 한 것($C_{eq} \leq 0.35\%$ 이하)으로 이로써 종래 강에 비해서 용접성이 매우 좋은 인성도 확보할 수 있다.

(3) 용접 열영향

(a) 변형과 잔류 응력

용접은 국부적으로 다량의 열을 주고, 또 급속히 냉각하므로 모재가 불균일하게 팽창 수축한다. 이 결과 모재에 변형과 내부 응력을 잔류케 한다.

변형과 잔류 응력은 용접에서는 피할 수 없는 것이고, 또한 양자는 불가분의 관계에 있다. 동일 조건에서는 어느 한쪽을 적게 하고자 하면 다른 한쪽이 늘어나게 되어 양쪽을 동시에 적게 하기란 불가능하다. 예를 들면, 구속을 가하여 용접하면 변형이 작은 대신에 잔류 응력이 많게 되어 자유 변형을 허용하면 잔류 응력은 적지만 변형이 크게 된다.

용접으로 인한 변형은 직접 눈에 띄므로 제품의 외관, 마무리 정밀도, 다른 재와의 접합 관계 등에서 자주 문제가 된다. 용접시에는 변형 대책을 하고 될 수 있는 한 변형이 적게 되는 그런 공작을 해야 하지만 제품으로서 보기 흉한 변형·구조 강도에 영향을 끼치는 변형은 변형 바로 잡기를 하여 교정해야 한다. 그 이외의 변형은 그대로 두어도 지장은 없다.

용접으로 인한 잔류 응력의 값은 상당히 커 구조용 강재에서는 $20 \sim 30 \, kg/mm^2$에 이르는 것이 있으며 재료의 항복점을 넘는 값을 측정한 예도 있다. 이러한 허용 응력을 넘는 잔류 응력이 구조 강도에 어떤 영향을 끼치는지에 대해서 우리들이 다루는 연강재(軟鋼材)에 관해서는 일반적으로 다음과 같이 말할 수 있다.

I형이나 박스형으로 구성되어 있는 부재의 잔류 응력 단면 내의 분포는 **그림 8.4**에 나타낸 바와 같이 용접부를 포함하여 그 주변에 인장 응력, 다른 부분에 압축 응력이 잔류하지만 재료에 연성이 있어 충분한 소성 변형을 나타내는 경우는 정적 인장 강도에 대해서 거의 영향을 주지 않는다. 또 휨 내력에 대해서는 횡좌굴이나 국부 좌굴이 없는 경우는 변형이 약간 증가하지

만 종국 내력에는 영향이 적다[111]. 그러나 인장 응력의 경우에서도 만약 용접 결함(특히 面狀 결함)이 있거나 용접 열영향부의 취화(脆化)가 크면 취성적으로 저응력에서 파단된다고 한다. 또 압축재에서는 그림 8.4에 나타낸 바와 같이 용접 집성된 재(材)의 자유연(自由緣)에는 압축 응력이 잔류하므로 좌굴 내력에 영향을 끼쳐 종국 내력을 저하시킨다[109].

이와 같이 잔류 응력이나 변형은 용접에서 피할 수 없는 것이라고 해도 구조물에 있어서 적으면 적을수록 좋다고 하므로 이 양자가 모두 적게 되는 그런 용접 설계·용접 시공을 하도록 노력해야 한다(「제8장 8.6 각 부분 디테일 (2) 용접 변형·잔류 응력 대책」참조).

잔류 응력과 변형은 용접 이외의 원인으로도 생기는데 예를 들면 다음과 같다.

1) 강재 압연시의 잔류 응력과 변형

강재는 압연 그 상태 그대로라도 변형과 잔류 응력이 존재한다. 이것은 단면 내 각 부분의 냉각 속도가 다르기 때문이고 냉각이 빠른 부분에는 압축 응력이, 늦는 부분에는 인장 응력이 잔류한다. 강판과 같은 형상의 것이더라도 각 부분의 냉각 속도는 한결같지 않다. 또 잔류 변형은 사용하기에 앞서 변형 바로잡기 롤러로 교정하므로 내부 응력은 다시 증가하는 경향이 있다.

2) 압연 강재의 절단 가공으로 인한 잔류 응력 변동

압연재는 앞에서 기술한 바와 같이 응력과 변형이 잔류한다. 예를 들면, H형강의 경우는 웨브와 플랜지 교점 부근에 인장 응력, 플랜지 양단과 웨브의 대부분에 압축 응력이 잔류하는데, 대형 H형강에서는 잔류 응력의 값도 크다. 이에 절단 가공을 하게 되면 잔류 응력 분포가 변동하고 절단 노치(notch)부에 응력 집중이 생겨 SS400이나 SWS490재에서도 재질의 열화나 온도 조건 등이 상승(相乘)하면 외력이 가해지지 않더라도 취성 파괴가 생길 수 있다는 연구가 있다[112].

3) 가스 절단으로 인한 잔류 응력과 변형

가스 절단 가장자리 가까이에는 절단 방향으로 항복점에 가까운 응력이 잔류하고 있다. 판이

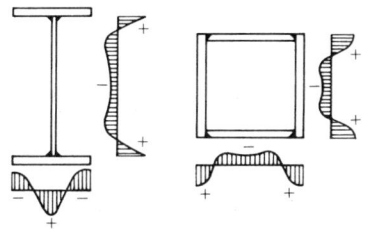

그림 8.4 용접에 따른 잔류 응력의 분포

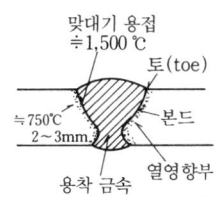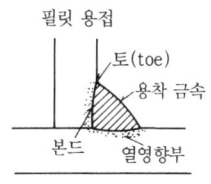

그림 8.5 용접 열영향부

얇은 경우에는 이 응력으로 좌굴 변형이 생기는 경우가 있다.

4) 가공 조립 정밀도 불량에 의거한 잔류 응력과 변형

조립 테이블이 수평으로 되어 있지 않거나 비틀어져 있으면 이 때문에 변형과 응력이 생긴다. 또 각 재(材)의 가공 조립 정밀도가 나쁘면 여분의 용접이 필요하게 되거나 전체의 균형이 깨져 이 때문에 변형이나 응력이 생긴다.

5) 운반시에 생기는 변형과 잔류 응력

소재나 조립재를 운반할 때 지지 방법이 나쁘면 큰 휨 응력이 생기므로 이 때문에 변형이나 응력이 남는 경우가 있다.

6) 변형 바로잡기 작업으로 인한 잔류 응력

제품으로서 지장이 되는 변형은 용접 완료 후 변형 바로잡기를 하는데 어떤 방법으로도 변형이 감소하는 대신에 여분의 잔류 응력이 국부적으로 발생한다.

그러나 이로써 생기는 변형이나 잔류 응력의 정도는 일반적으로 용접에 의한 것에 비하면 상당히 작다.

(b) 용접 열영향부의 재질 변화, 경화·취화

용접이라고 하면 보통 아크 용접을 말하는데 아크열(최대 약 6,000°C)을 사용하여 모재와 용접 재료를 용융시켜서 접합한다. 우리들이 건축에 사용하는 강재는 저탄소강(軟鋼)으로 이 범주의 강재(탄소 함유량 0.15~0.20% 정도)는 용융 온도가 약 1,500°C이다. 따라서 용접부의 모재가 녹든지 녹지 않은 경계(bond, 즉 용융 금속과 열영향부의 경계선)는 약 1,500°C 까지 가열되고 다시 이 온도에서 냉각된 것을 뜻한다.

이와 같이 용접은 뚜렷한 가열 냉각을 동반하는 것이므로 용접부 부근의 모재는 이 급격한 온도 변화 때문에 열영향을 받는다. 즉, 용착 금속에 닿는 모재의 각 점은 용착 금속에서의 거리에 따라서 약 1,500°C에서 실온까지 급열 급랭된다. 이 결과 모재는 재질이 변화하여 경화·취화·균열 등의 열영향이 생긴다.

그림 8.5는 용접 열영향으로 재질이 변화된 부분을 나타낸 것인데 손용접의 경우 이것은 일반적으로 본드(bond)에서 불과 2~3 mm 범위에 지나지 않는다. 그러나 이 부분 중 본드에 가까운 약 1,500~1,250°C로 가열된 부분은 결정립(結晶粒)이 거칠고 큼(粗大化)과 동시에 담금질(quenching) 효과를 내 강도는 증가하지만 신장이 감소하여 약하고 깨지기 쉬워진다. 계속하여 약 1,250~900°C로 가열된 부분은 어닐링(annealing) 효과를 내 재결정되고 결정립

이 미세화하여 연성과 인성이 늘어나게 된다. 이어서 약 900~750℃로 가열된 부분은 중간 조직이 되며 경도가 증가하고 인성이 열화한다. 이것은 C_{eq}가 클수록 크다. 이상의 범위가 용접 열영향부 부분인데, 이에 인접하는 모재 중 약 750~200℃로 가열된 부분은 준열영향부라고 하며 조직의 변화는 없지만 기계적 성질의 변화가 약간 인정된다. 또 연강에서는 이 부분에도 노치 인성의 저하가 인정되는 경우가 있다.

이와 같이 본드 부근에는 경도의 불연속이 생기고 이것이 뚜렷한 경우는 균열이 생기거나 야금적(冶金的) 노치가 된다. 열영향부의 최고 경도는 그 값이 클수록 약해지는 것을 나타내므로 될 수 있는 한 낮은 쪽이 좋고 보통 $H_v < 350(\sim 300)$이 되도록 노력한다(H_v : 비커스 경도, KS B 0811 비커스 경도 시험 방법).

열영향부의 최고 경도는 여러 가지 인자에 관계하지만 주로 모재의 화학 성분과 최고 가열 온도에서의 540℃ 부근에 대한 냉각 속도로 정한다. 모재의 화학 성분은 탄소 당량 C_{eq}가 되는 개념을 도입하여 실험한 다음과 같은 식이 있다.

$$C_{eq} = C + \frac{1}{6}Mn + \frac{1}{24}Si + \frac{1}{40}Ni + \frac{1}{5}Cr + \frac{1}{4}Mo + \frac{1}{14}V$$

$$(+\frac{1}{13}Cu + \frac{1}{2}P)\,(\%) \quad\cdots\cdots\cdots\cdots\cdots\cdots\cdots\cdots(8.6)$$

적용 범위

C<0.6, Mn<1.6, Ni<3.3, Cr<1.0, Mo<0.6, Cu=0.5~1.0, P=0.05~0.15(%)

이 식(8.6)의 의미는 최고 경도에 끼치는 화학 성분의 영향은 탄소를 1이라고 하면 망간은 그 1/6, 규소는 1/24, ……이라는 것이다. C_{eq}의 산정식은 연구자에 따라서 각종의 식이 제안되고 있다. 식(8.6) 중 우변 제1항의 C에서 제7항 V까지의 식은 KS D 3515「용접 구조용 압연 강재」에 쓰이고 있다.

C_{eq}와 용접 열영향부의 최고 경도 H_{max}와의 관계식도 몇 가지 제안되고 있는데 그 하나로서 실험적으로[113] 다음과 같은 식이 있다.

$$H_{max} = a \cdot C_{eq} + b$$

이때, a, b : 냉각 속도에만 관계되는 상수

예를 들면, 20 mm 비드 용접, 170 A, 28 V, 15 cm/min일 때

$$H_{v(10)max} = 666 \cdot C_{eq} + 40 \quad (\pm 40)$$

으로 나타낼 수 있다. ( )는 편차이다.

냉각 속도도 여러 가지 요인에 좌우되지만 주로 관계되는 것은 판 두께 t, 용접 입열 EI/v (용접 전압 E는 그다지 관계없고 보통 I/v를 사용한다. I는 용접 전류, v는 용접 속도), 예열 T_0 또는 직후열(直後熱), 이음 형상이다. 이들에 대해서는 실험적으로 상당히 깊이 연구되어 현재는 용접 조건에 따른 경화 정도의 예측, 반대로 말하면 적정 용접 조건의 예측 방법이 계통적으로 조립되어 있다. **그림 8.6, 8.7**은 그 일례이며 [113], **그림 8.6**에서 용접 조건에 대응하는 냉각 속도를 추정하고 **그림 8.7**에서 냉각 속도에 따른 최고 경도와 C_{eq}의 관계를 구한다. 이 반대의 조작을 하면 적정 용접 조건을 예측할 수 있다.

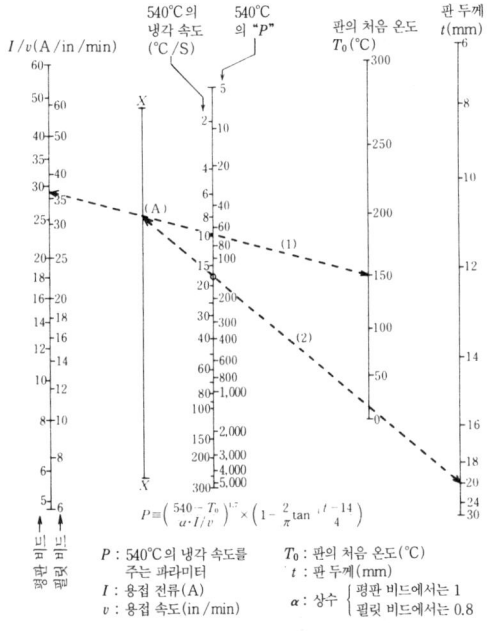

그림 8.6 용접 조건에서 용접 본드 540°C의 냉각 속도 및 파라미터 P 값을 구하는 모노그래프(비드 길이 35 mm 이상)

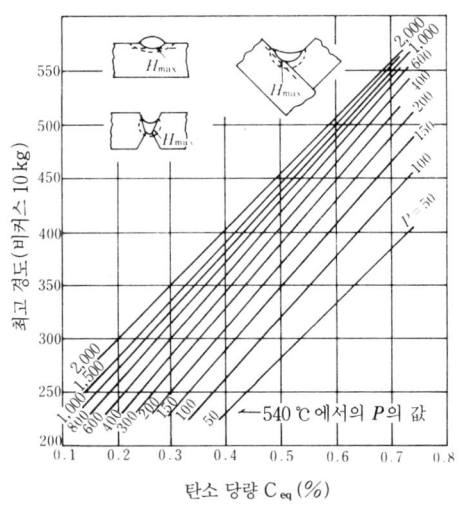

그림 8.7 용접부의 최고 경도에 대한 탄소 당량과 파라미터 P의 영향

(c) 균열

용접 열영향부는 앞에서 기술한 바와 같이 경화하여 연성이 감소하므로 용착 금속 가까이에 육안으로 볼 수 있는 균열이나 현미경으로 볼 수 있는 균열이 생기는 경우가 있다. 이런 균열에는 비교적 고온(약 550°C 이상)에서 발생하는 고온 균열과 비교적 저온(약 200°C 이하)에서 발생하는 저온 균열이 있다. 고온 균열은 강의 결정립계(結晶粒界)에 개재하는 저융점 불순물

이 원인이며, 일반적으로 파면(破面)이 산화되어 변색한다. 저온 균열은 용접 직후부터 몇 시간 후에 발생하는 것으로 구속과 용융 금속 중에 침입한 수소가 원인이며, 용접 후 몇 개월 경과하여 일어나는 것도 있다고 한다.

저온 균열에 대해서는 모재의 합금 성분의 균열에 대한 영향도를 균열 감수성 조성 P_{CM}으로서 구하고 다시 용접 금속 중의 확산성 수소량, 이음 구속도를 가미한 균열 감수성 지수 P_W가 제안되고 있다. 이들에 대해서도 연구자에 따라서 몇 가지 제안이 있는데[109] 우리들이 다루는 강재에 대해서도 가장 타당하다고 인정되는 것은 다음 식과 같다.

$$P_W = P_{CM} + \frac{H}{60} + \frac{K}{40,000} \; (\%) \quad \cdots\cdots\cdots\cdots\cdots (8.7)$$

$$P_{CM} = C + \frac{1}{20}Mn + \frac{1}{30}Si + \frac{1}{20}Cu + \frac{1}{60}Ni + \frac{1}{20}Cr + \frac{1}{15}Mo + \frac{1}{10}V + 5B(\%)$$

$$\cdots\cdots\cdots\cdots\cdots\cdots\cdots\cdots\cdots (8.8)$$

이때, H : 용착 금속의 확산성 수소량(cc/100 g)

K : 이음 구속도(kg/mm·mm)

판 두께 19~50 mm에서는 $H = 1.0 \sim 5.0$ cc/100 g

$K = 500 \sim 3{,}300$ kg/mm·mm

적용 범위

C : 0.07~0.22 Mn : 0.40~1.40 Si : 0~0.60 Cu : 0~0.50

「확산성 수소(擴散性 水素)」: 아크 선단의 용강(溶鋼) 속에는 공기 중의 산소·질소나 수소가 용해하기 쉽다. 아크 분위기는 아크를 보호하고 용강 속으로의 이들의 침입을 방지하는 것인데 용접봉에 포함된 수분이나 모재 표면의 습기로 오는 수소의 침입은 저지할 수 없다. 용강 속에 용해된 수소는 온도가 낮아지면 용해도가 저하하므로 상온에서도 서서히 외부로 방출된다. 이 수소를 확산성 수소라고 한다.

강은 수소를 함유하면 취화(脆化)하고 그 정도는 수소량이 많을수록 뚜렷하다. 또 강 속 비금속 개재물의 주변이나 입계(粒界)에는 수소가 모이기 쉬운데 여기에 잔류하여(비확산성 수소라고 한다. 상온에서는 방출되지 않는다) 미크로 균열의 원인이 된다. 모재 표면이나 용접 재료의 건조, 저수소계 용접봉의 사용 등은 이 때문에 중요하다.

「이음의 구속도」: 인장 구속도란 「이음부의 루트 간격을 단위 길이만큼 줄이는 데 요하는 단위 용접 길이당의 힘」을 말한다.

$K = E \cdot t / l$

이때, K : 이음의 구속도(kg/mm²)

E : 영계수(kg/mm²)

t : 판 두께(mm)

l : 구속 거리(mm)

$$\text{Ni} : 0\sim1.20 \quad \text{Cr} : 0\sim1.20 \quad \text{Mo} : 0\sim0.70 \quad \text{V} : 0\sim0.12$$
$$\text{B} : 0\sim0.005 \quad \text{Ti} : 0\sim0.05 \quad \text{Nb} : 0\sim0.04$$

식 (8.7)의 제 3항은 이음 구속도에 관한 항으로 실제 구조물에 대한 인장 구속도는 판 두께의 40배보다는 작다고 하므로 이것을 $t/1,000$ (t : 판 두께 mm)로 할 수도 있다.

균열이 생기지 않게 하기 위한 예열 온도 T_0와 균열 감수성 지수 P_w 사이에는, 예를 들면 용접 조건이 170A, 25V, 15 cm/min 일 때 다음과 같은 관계가 성립한다.

$$T_0 = 1,440 P_w - 392(℃)$$

이와 같이 우리들이 다루는 강재에 관해서는 계통적으로 상당히 깊이 연구되어 열영향부의 경화나 균열 발생 예방에 대한 적정 용접 조건의 예측 방법이 조립되어 있다.

(4) 용접 기술 레벨

(a) 철골의 설계와 시공

철골 구조 설계에서는 설계 시점에서 제작을 담당하는 공장을 결정하지 않는 것이 보통이다. 그래서 설계자는 어떤 기술 레벨의 철공소를 상정하여 이 클래스의 철공소가 제작하게 되는 것을 전제로 이에 어울리는 내용의 설계를 한 다음 이것을 시방서에 특기하는 것이다. 따라서 이 전제가 실행되어야 하며 설계시에 상정된 기술 레벨의 철공소가 제작하는 것이면 그 철골 공사의 품질은 거의 만족된다고 해도 좋을 정도이다. 반면에 이 전제가 깨진 경우는 품질·정밀도 등에 문제가 생기는 경우가 아주 많다.

설계시에 하는 철공소의 기술 레벨 상정은 건물의 규모·구조적 특수성·지역성·철골의 수급 상황 등을 감안하여 가장 어울리는 철공소의 기술 레벨을 선정해야 함부로 기술 레벨의 상급 지향으로 치우쳐서는 안된다. 예를 들면, 지방에 건설되는 소규모 철골에 대해서 규모가 큰 철공소를 상정하는 등은 피해야 한다. 이런 철골에 대해서는 그 지방 철공소에서 제작할 수 있는 기술 레벨의 내용으로 설계해야 하는 것이다. 따라서 설계자는 철골을 설계할 때나 시방서에 철골 제작 공장을 특기할 때도 관계되는 철공소의 기술 레벨을 잘 알아 두어야 하지만 모든 철공소에 대해서 그 개략을 아는 것은 쉽지 않다. 그래서 이를 위한 방책의 하나로 인정받는 공장을 이용하면 된다. 그 개략을 살펴 보면 고도한 품질을 확보할 수 있는 작업 조건을 갖춘 공장에서는 SWS급 이하의 강재에 대해서 용접부의 허용 응력을 모재와 동등하게 해야 하며, 이외의 공장에서는 용접부의 허용 응력을 모재의 0.9배로 해야 한다. 이렇게 하기 위해 보 맞춤 부분에 커버 플레이트를 댄 설계를 하는 것을 볼 수 있는데 이 디테일은 용접 결함을 남길 가능성이 높으므로 피하는 것이 좋다. 또 이외의 공장에서도 SS400, SWS400급의 강재에 대해서는 회전 지그, 포지셔너(positioner) 등 항상 하향으로 용접할 수 있는 설비를 갖추고 작업할 때는 용접의 허용 응력을 모재와 동등하게 해야 하는데 이런 설비를 갖추지 않은 곳이 많다. 용접부의 허용 응력을 모재와 동등하게 할 수 있는 것은 공장의 공작 설비가 정비되고 용접공의 기량이나 지그 활용 등 작업 전반의 용접 시공 관리가 잘 행해지며 용접 결과의 신뢰성이 높은 전제에 따른 것이므로 그 취지에 따라 노력해야 한다.

(b) 등급류별 이미지

이 항에서는 철골 제작 공장의 등급을 임의대로 매겨 보기로 한다. 다만, 참고하기 바란다.

특급 : 국제적 레벨에 있는 공장으로 초고층 빌딩을 비롯하여 아주 두꺼운 판을 사용하는 초대형 공사 등과 같이 고도한 기술을 요하는 것이더라도 자주적인 판단으로 적절한 품질의 것을 제작할 수 있는 태세를 갖추고 있는 것. 또 품질 관리에 대해서 충분한 체제와 능력을 갖추고 제작 도중에 생기는 문제에 대해서도 자주적으로 이것을 해결하는 능력을 가지고 있는 것.

기술 개발진을 갖추고 신재료·신공법에도 적절하게 대처하는 능력을 갖고 있는 것. 제작 능력은 1,200톤/월 이상, 이 중에서 건축 철골은 4,800톤/년 이상.

A급 : 고층(15층 정도 이하) 건축물을 설계 도서의 의도를 올바르게 파악하여 적절한 조치를 하고 건설교통부 제정 「건축 공사 표준 시방서」 제8장 철골 공사에 나타낸 품질 레벨의 것을 자주적으로 제작할 수 있다. 이것을 넘는 규모나 좀더 고도한 기술 레벨을 요하는 경우에도 설계자·발주자의 적절한 지시를 얻을 수 있고 자주적인 판단을 가하여 요구된 품질의 것을 제작할 수 있는 태세를 갖추고 있는 것.

또 용접 공작을 수반하는 주요한 부재에 대해서는 $41\,kg/cm^2$, $50\,kg/cm^2$급의 강재이고 판 두께 $50\,mm$ 이하의 것을 적정히 다룰 수 있는 태세를 갖춘 것. 용접부의 허용 응력은 위에 기술한 강재에 대해서 모재와 동등하게 할 수 있는 태세를 갖추고 있는 것. 평균적인 공장 규모는 제작 능력 500~800톤/월 정도, 종업원 100명 정도.

B급 : 중층(9층 정도 이하)의 일반적인 건축물을 설계 도서의 의도를 올바르게 파악하여 적절한 조치를 하고 건설교통부 제정 「건축 공사 표준시방서」 제8장 철골 공사에 나타낸 품질 레벨의 것을 자주적으로 제작할 수 있다. 이것을 넘는 규모나 좀더 고도한 기술 레벨을 요하는 경우에도 설계자·발주자 외에 거기에 어울리는 기량을 가진자의 적절한 지도·지시를 받는

것으로 요구된 품질을 제작할 수 있는 태세를 갖춘 것.

용접 공작을 수반하는 주요한 부재에 대해서는 41 kg/cm²급의 강재로 판 두께 32 mm 이하, 50 kg/cm²급의 강재로 판 두께 25 mm 이하의 것을 적정하게 다룰 수 있는 태세를 갖춘 것. 용접부의 허용 응력은 위에 기술한 강재에 대해서 모재와 동등하게 할 수 있는 태세를 갖추고 있는 것.

평균적인 공장 규모는 제작 능력 200~250톤/월 정도, 종업원 40명 정도.

C급 : 저층(3층 정도 이하)의 일반적인 건축물을 완비한 설계 도서에 따라 적절한 조치를 하고 건설교통부 제정 「건축 공사 표준 시방서」 제8장 철골 공사에 나타낸 품질 레벨을 제작할 수 있다. 이것을 넘는 규모나 좀더 고도한 기술을 요하는 건물에 대해서는 설계자·발주자 외에 거기에 어울리는 기량을 가진자의 적절한 지도나 지시를 받는 것으로 요구된 품질을 제작할 수 있는 태세를 갖춘 것.

용접 공작을 수반하는 주요한 부재에 대해서는 41 kg/cm², 50 kg/cm²급의 강재로 어느 것이나 판 두께 16 mm 이하의 것을 적정하게 다룰 수 있는 태세를 갖추고 있는 것. 용접부의 허용 응력은 위에 기술한 범위의 강재에 대해서 모재와 동등하게 할 수 있는 태세를 갖춘 것.

평균적인 공장 규모는 제작 능력 50~100톤/월 정도, 종업원 15명 정도.

D급 : C급에 준하는 공장으로 소규모 철골을 적정하게 제작할 수 있다고 인정되는 것.

이상 몇 가지를 등급별로 개략하였는데 A급이라도 B급에 가까운 공장, B급이라도 C급에 가까운 공장이 많고 규모가 작은 B급이라도 A급보다 우수한 공장도 있으므로 이것을 고려하고 될 수 있는 한 철저히 조사하여 신중히 선정하는 것이 바람직하다.

또 이상 등급을 매겨 보았는데 이것은 각각 나타낸 범위의 강재를 사용하여 각기 범위의 건물 철골을 제작하는 태세를 갖추고 있다는 것을 인정하는 것이지 제작된 철골의 품질을 인정한 것은 아니다. 따라서 개개 제품의 품질은 그때마다 검사하여 확인해야 한다.

(c) 용접 시공 계획

철골 제작 공장의 기술 레벨에서 가장 중요한 것은 용접 기술에 대해서이다. 이것은 용접 기술자·용접공·용접 설비(관련되는 공장 설비를 포함)의 종합적인 힘으로서 나타나는 것이며, 이 중 어느 것이 불충분해도 좋은 용접 결과를 얻을 수 없다. 앞서 기술한 공장 등급은 이들 모두에 걸쳐서 하드, 소프트의 양면에서 임의로 객관적으로 평가하여 판정해 본 것이다.

실제 용접은 용접공이 하는 것이므로 용접공의 기량이 용접 결과에 드러나는 것은 당연하지

표 8.1 용접 공사 작업 계획서

1. 건축물 용접 공사 개요	가. 공사 명칭					나. 주요 용도	
	다. 구조 종별				라. 처마 높이 m	마. 최대 스팬	m
	바. 연면적	m²	사. 건축 면적	m²	아. 층수		
	자. 가구 형식		카. 주요 강종	SS	SWS		
	차. 용접 길이	m	및 중량	t	t	t	t

2. 공사 관계자 주소·성명 등	가. 설계자	주소 성명 ㊞ 전화( )
	나. 구조 담당 설계자	주소 성명 ㊞ 전화( )
	다. 공사 관리자	주소 성명 전화( )
	라. 공사 시공자	주소 성명 전화( )
	마. 철골 가공 업자	주소 대표자 성명 명칭 전화( )
	바. 용접 관리 책임자	소속 성명 자격
	사. 용접 검사 책임자	소속 성명 자격

3. 주요 부재의 형상	가. 기둥	
	나. 보	
	다. 기타	

4. 접합부의 공작·검사 요령		사용 부위	강종	용접봉	작업 장소	자세	검 사 방 법	특기 사항
	가. 맞대기							
	나. 필릿							
	다. 기타							

5. 규준 준칙	검사 기준		공작 규준	

6. 첨부 자료	가. 건설교통부 장관 인정서(사본)	다. 사용하는 공작 규준
	나. 사용하는 검사 규준	라. 기타( )

7. 비고	

만, 용접 결과는 용접공의 기량에만 따르는 것이 아니고 용접 기술자가 입안하는 용접 계획에 힘입는 바도 매우 크다. 본래 설계도는 특정 철공소를 대상으로 작성한 것이 아니므로 용접 기술자는 자사(自社)가 그 철골 제작을 담당하기로 결정한 단계에서 설계 도서에 기초를 두고 설계 의도를 충분히 이해하여 그 내용을 파악한 다음에 용접 세부를 시공적인 관점에서 검토하고 용접 계획을 입안해야 한다.

용접 기술자는 끊임없이 새로운 재료나 공법에 관한 연구를 하여 기술의 개선·합리화에 노력하면서 원가 절감과 함께 신뢰성 확보에 유의해야 할 것이다. 따라서 자사의 기술적인 특성이나 경험을 충분히 살리기 위해 필요한 경우는 그루브 형상이나 시공 방법 등에 대해서 세부 설계 수정을 제안하는 경우가 있다. 이것은 설계 취지를 왜곡하지 않는 범위이면 허용되는 것이다. 이럴 때는 설계자나 감리자는 이에 귀를 기울이고 서로 검토하면서 협력하여 뛰어난 용접 구조물을 만들도록 노력해야 한다.

이와 같이 공장 제작을 개시하기에 앞서 사용하는 용접 재료, 지그 사용, 조립 순서, 변형 대책 등 소재의 절단에서 마감에 이르기까지 각 공정에 걸쳐서 시공 요령을 상세히 검토해 두는 것은 용접 시공을 원활하게 진행하는 데 필수 조건이다. 그리고 이것을 용접 시공 요령서로서 정리하여 공장의 반장급까지 배포하도록 한다(다음 절에서 기술하는 시공 계획서나 시공 요령서의 사고 방식은 이 용접 시공 요령서에서 비롯한 것이다). 또 요령서에 의거한 실지 지도나 교육을 충분히 해야 하는 것은 말할 나위도 없다.

공장 실태 조사시 공장 내를 순회할 때는 작업 중인 철골에 대해서 임시 용접이 적정하게 되고 있는지, 아크 스트라이크를 하고 있지 않는지 여부에 주의한다. 이것은 한눈에 보면 알 수 있는 것으로 이들이 적정하면 다른 모두도 양호하다고 봐도 우선 틀리지는 않는다. 용접공에 대한 지도·교육이 충분하게 되어 있다는 증거이며 다른 것도 같다고 생각할 수 있기 때문이다. 공장 심사의 바로미터의 하나라고 해도 좋다.

(5) 비파괴 검사의 신뢰성

건축 철골에서 가장 큰 응력이 생기는 부분은 기둥·보 접합부이다. 이 부분(보 플랜지, 기둥 플랜지 등)에는 L형 맞대기 용접을 이용하는데, 이러한 강도상 중요한 부분에 용접을 이용하는 것은 용접의 역학적 품질을 신뢰하기 때문이며 그 배후에는 용접 재료, 용접 공법의 진보 외에 비파괴 검사 기술의 향상이 있다. 그러나 비파괴 검사는 어떤 방법도 각기 결함 검출 능력에 한계가 있어 하나의 방법만으로 만능은 아니다. 또 중요한 용접 부분에서도 적당한 비파괴 검사 방법이 없는 경우가 있다. 예를 들면, 박스 유리 구조 기둥의 맞대기 용접부의 우각부는 X 방향의 응력과 Y 방향의 응력이 합성되는 부분이므로 응력적으로 중요한 곳이지만 내부 결함에 대한 확실한 비파괴 검사 방법이 없다.

(a) 비파괴 검사법의 특징

현재 건축 철골에 적용하고 있는 비파괴 검사법에는 초음파 탐상 시험(Ultrasonic Testing, UT), 방사선 투과 시험(Radiographic Test, RT), 투과 탐상 시험(Permeate Testing, PT)의 3종류가 있다. **표 8.2**는 이 중 RT와 UT(斜角 探傷)에 대해서 그 특징을 비교한 것이다[114].

동 표에 대해서 설명을 덧붙이면 먼저 면상 결함·선상 결함은 RT나 UT도 결함 방향에 따라서 검출 정밀도가 다르다. 특히 RT로는 방사선의 조사 방향에 평행한 결함은 선명하게 검출되지만 평행하지 않은 것은 검출이 곤란하다. 이에 대해서 UT로는 초음파의 입사 방향에 평행한 결함은 작은 결함으로서 검출되지만 입사 방향에 직각인 결함은 확실히 검출된다. 또 표면 부근에 있는 결함은 UT의 수직 탐상·사각 탐상에서는 검출이 곤란하지만 RT는 표면 결함

표 8.2 건축에 사용하는 비파괴 검사법(RT·UT)의 비교

항 목	방사선 탐상(RT)	초음파 탐상(UT)	비 고
면 상 결 함 의 검 출 능 력	○	◎	결함 방향에 따라서 정밀도가 달라진다.
선 상 결 함 의 검 출 능 력	○	◎	위와 같음
구 상 결 함 의 검 출 능 력	◎	◎	
표 면 결 함 의 검 출 능 력	◎	×	표면 부근의 결함을 포함
내 부 결 함 의 검 출 능 력	◎	◎	
결 함 종 류 의 판 별	◎	△	
결 함 길 이 의 정 밀 도	◎	○	결함 방향에 따라서 정밀도가 달라진다.
결 함 위 치 의 정 밀 도	◎	○	
결 함 높 이 의 정 밀 도	×	○	
T형 이음에 대한 적용성	△	◎	모서리 이음도 같음
두꺼운 판에 대한 적용성	△	◎	
편 면 으 로 의 적 용 성	×	◎	
탐 상 면 의 평 활 도	◎	△	
시 험 결 과 의 기 록 성	◎	△	
시험 기기 취급의 간편성	△	◎	
시 험 의 신 속 성	△	◎	
시 험 비 용	△	◎	

이나 내부 결함도 검출할 수 있다. 결함 종별의 판별은 RT는 필름 위에 결함의 음영(陰影)이 비치므로 결함 판별 정확도가 높지만 UT는 상당한 숙련이 필요하다. 두꺼운 판에 대한 적용은 RT의 보통급을 이용한 결함 검출 능력은 검사하는 부분의 총 판 두께의 2% 이상이므로, 예를 들면 총 판 두께 50 mm일 때는 1 mm 미만의 결함은 사실 검출할 수 없다. 탐상면의 평활도는 UT에서는 탐촉자가 닿는 면이 어느 정도 평활해야 한다. 시험의 안전성에서 RT를 다룰 때는 X선에 대해서는 유자격자인 "X선 작업 책임자", γ선에 대해서는 "방사선 취급 책임자"의 관리 지도하에 해야 하고, 또 촬영시에는 주변의 작업자를 철수시켜야 한다.

다음에 PT는 다루기가 간편하고 값이 싸지만 표면이 벌어져 있는 결함만을 검출할 수 있으므로 적어도 내부에 있는 결함에는 적용할 수 없다.

이와 같이 어떤 방법도 결함의 종류와 방향에 대해서 적합성이 있으며, 또 결함의 분포 상태나 시험 조건에 따라서도 결함 검출 능력이 변화한다. 그러나 건축 철골의 중요 용접부인 기둥 보 접합부의 L형 맞대기 용접은 T형 이음이므로 RT는 거의 적용할 수 없으며 UT의 1탐촉자법을 이용한 사각 탐상만을 적용할 수 있다.

(b) 결함의 검출 정밀도와 검출 확률

그림 8.8~8.9는 UT를 이용한 결함 검출 정밀도를 구한 실험 결과의 일부이다[109]. 실험은 용접부에 발생하기 쉬운 결함(용입 불량, 용접 균열, 슬래그 혼입(slag inclusion))을 포함한

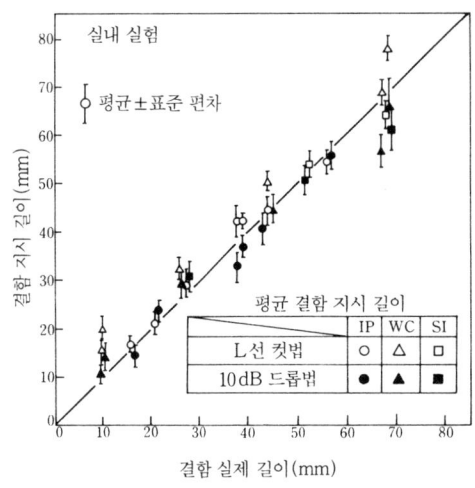

그림 8.8 UT에 따른 결함 실제 길이와 결함 지시 길이의 관계

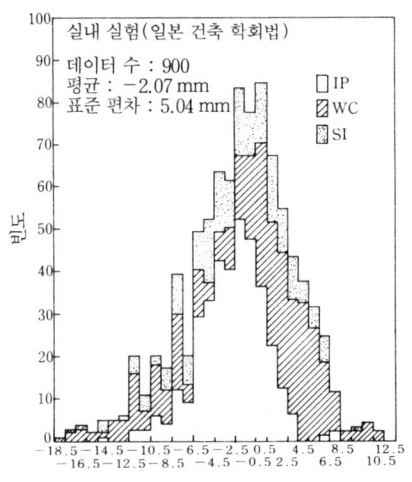

(c) 일본 건축 학회법

그림 8.9 UT에 따른 결함 지시 길이의 측정 오차 빈도 분포

3종류의 시험편을 사용하고 검사원, 탐상기, 결함 길이 측정 방법을 바꾸어 결함 길이를 반복 측정하여 구한 것이며, 실험 후에 시험편을 절단하고 결함 실제 길이를 측정하여 탐상 치수와 비교하였다. 결함 길이 측정 방법은 KS B 0896(강 용접부의 초음파 탐상 시험 방법 및 시험 결과의 등급 분류 방법)에 따른 L선 컷법, 10 dB 드롭(drop)법으로 하였다. 일본에서는 이외에 「강구조 건축 용접부의 초음파 탐상 검사 규준·동해설」(일본 건축 학회편, 1979)에 따라 하기도 한다.

그림 8.8은 실험 데이터에서 결함 지시 치수와 결함 실제 치수의 대응을 나타낸 것이다. 그림에서 알 수 있듯이 결함 지시 치수는 결함 실제 치수와 잘 대응하고 있어 그 편차 정도는 결함 실제 치수의 크기에 관계없이 거의 일정하다.

그림 8.9는 위에 든 일본 건축 학회 탐상 검사 규준에 따른 측정 결과에 대해서 결함 지시 치수와 결함 실제 치수의 차이, 즉 측정 오차 분포를 나타낸 것이다. 이에 따르면 그 분포는 거의 정규 분포이며, 또 결함 지시 치수는 결함 실제 치수와 일치하지 않는 것도 많지만 그들 평균값의 차이는 상당히 작다고 할 수 있다. 다른 측정 방법에 따른 결과도 거의 같은 경향을 보이고 있다.

그림 8.10은 UT를 이용한 결함 검출 확률을 조사한 것[109]으로 실제 건물의 기둥 보 접합부와 기둥의 접합부에 대해서 자동 탐상과 수동 탐상의 두 가지 방법으로 검출한 결함 지시 길이와 그 수량에서 수동 탐상의 결함 지시 치수에 대한 결함 검출 확률을 구한 것이다. 이에 따르면 기둥 보 접합부와 기둥의 접합부 사이에는 특별히 우려할 만한 차이가 확인되지 않지만 어느 것이나 결함 길이가 짧으면 검출 확률이 저하하고, 결함 길이가 긴 경우에도 80~90% 정도의 검출 확률을 보인다.

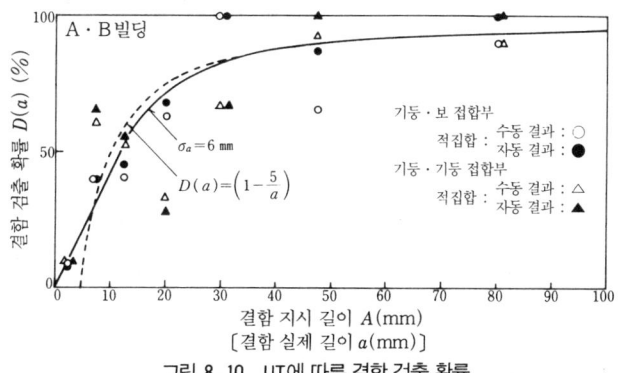

그림 8.10 UT에 따른 결함 검출 확률

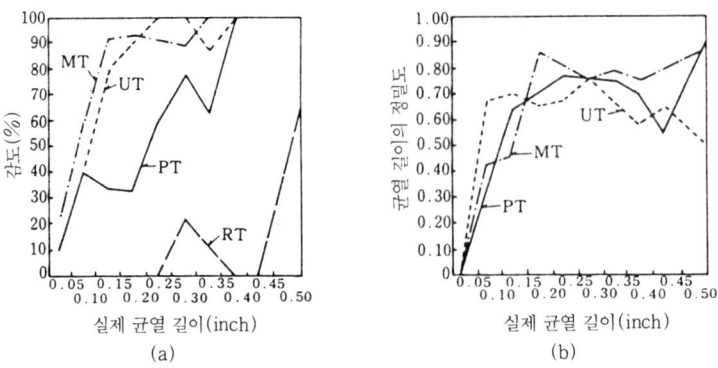

그림 8.11 표면 균열이 생긴 강의 비파괴 검사에 따른 감도와 정밀도(Packman)

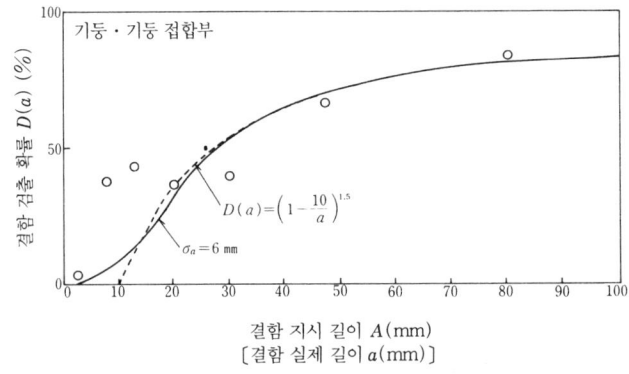

그림 8.12 UT의 검사 속도를 빠르게 하였을 때의 결함 검출 확률 예

그림 8.11은 표면에 피로 균열이 있는 강에 대해서 각종 비파괴 시험을 적용하였을 때의 검출 감도와 검출 정밀도를 나타낸 것이다[115]. 동 그림 (a)에 따르면 이러한 피로 균열을 90% 이상의 확률로 검출할 수 있는 최소 균열 길이는 UT에서 약 5 mm, PT에서 약 9 mm이므로 RT에서는 감도가 상당히 나쁘다고 할 수 있다. 또 동 그림 (b)에 따르면 위에 기술한 최소 균열 길이 이상의 균열 길이에 대해서는 어떤 비파괴 검사법에서도 정밀도는 60~80% 정도이며 균열 지시 치수는 균열 실제 치수에 대해 ±20~40% 정도의 오차를 포함하는 것을 나타내고 있다.

결함 검출의 확률이나 정밀도는 시험의 종류와 방법이나 결함 종류 외에 검사원에 따라서도 달라진다는 것을 생각할 수 있다. 또 하루 내 변동도 인정되고 피로도의 변화에 따라서 검출 확률도 변화하는 데다가 검사 속도를 빨리하면 검출 확률이 저하한다는 것도 보고되고 있다. 그림 8.12는 UT를 이용한 그 일례[109]이며, 검출 확률이 상당히 저하하고 결함 지시 길이 40~50

mm의 경우에서도 60% 정도의 검출 확률에 그친다는 것을 나타내고 있다.

(c) 육안 검사의 중요성

이와 같이 비파괴 검사의 신뢰성에는 한계가 있으므로 검사 결과만을 과신해서는 안된다. 검사를 좀더 정성들여 하거나 두 종류 이상의 검사를 병용하거나 하면 검사의 신뢰성을 높일 수 있지만 건축 철골에 허용할 수 있는 검사 비용에는 한도가 있는 관계로 공정상의 제약도 있다. 또, 용접부의 품질은 내부 결함의 유무·정도 뿐만 아니라 외관·형상도 중요하므로 육안에 따른 외관 검사를 태만히 해서는 안된다. 내부 결함에 대한 비파괴 검사도 대단히 중요하지만 육안 검사 쪽을 좀더 중시해야 한다. 판 두께 25 mm 정도 이하의 맞대기 용접(L형을 포함)에서는 경험이 풍부한 검사원이면 외관 검사로 내부의 상태를 대개 추정할 수 있다.

비파괴 검사는 철골 제작 후에 하는 품질 확인에 불과한 것이지 검사를 함으로써 품질의 절대값이 향상되는 것은 아니다. 오히려 공작 각 공정에 대한 품질 관리, 특히 맞대기 그루브의 형상 치수 관리를 철저히 하는 등으로서 결함이 없도록 노력하는 것이 중요하다.

참 고 문 헌

109) 佐藤邦彦·豊田政男ほか；溶接構造便覽：黑木出版社(1988. 3)

111) 佐藤邦彦；建築溶接の諸問題 ： 日本建築學會近畿支部 建築における最近の溶接技術講習會テキスト(S. 47. 11)

112) 中山昭夫·金多潔；壓延H形鋼の機械的切斷に伴う殘留應力の變動(壓延H形鋼の殘留應力と破壞靭性 その1)：日本建築學會構造系論文報告集 No. 399(1989. 5)

113) 鈴木春義；最新溶接ハンドブック：山海堂(S. 38. 5)

114) 鋼材俱樂部；受入れ檢査のための鐵骨工事檢査の手引(S. 54. 4)

115) 佐藤邦彦；繼手性能確保のための設計と溶接欠陷の評價の問題点：溶接學會關西支部 構造物の溶接欠陷を考えるシンポジウムテキスト(S. 53. 12)

116) 中辻照幸·藤森紀明ほか；建築鐵骨現場溶接部の欠陷發生狀況の調査研究：日本建築學會論文報告集 No. 314(S. 57. 4)

8.3 고력 볼트 마찰 접합

고력 볼트 마찰 접합은 고력 볼트의 큰 조임력으로 접합 부재 접촉면에 마찰력을 생기게 하여 이로써 응력을 전하는 것이다. 그 접합 내력을 지배하는 요점은 다음과 같은 4항목으로 나눌 수 있다.

① 세트의 제품 정밀도
② 마찰면 상태
③ 조립 정밀도
④ 조이기 정밀도

고력 볼트에는 정해진 조임력을 주어야 하는데 볼트에 생기는 축력(조임력)을 직접 측정할 수 없으므로 조이기 수단으로서 각각 간접적으로 구하는 방법에 따르고 있다. 고력 볼트의 조이기 방법에는 토크 컨트롤법, 너트 회전각법, 내력점(耐力點) 검출법 등이 있다.

토크 컨트롤법은 너트를 회전시키는 토크값으로 볼트에 생기는 축력을 구하는 것이다. 너트 회전각법은 너트의 회전량과 볼트에 도입되는 축력은 비례 관계에 있으므로 한번 조인 후의 너트 회전량(120° 정도)으로 볼트 축력을 구하는 것이다. 내력점 검출법은 조이기 중에 볼트 축력이 내력점에 이른 것을 전기적(電氣的)으로 검출하고 여기서 조이기를 종료하는 것이다. 이 중 가장 많이 쓰이는 것은 토크 컨트롤법이므로 다음에 이들에 대해서 기술한다.

(1) 세트의 제품 정밀도

고력 볼트의 축력을 조이기 토크로 확인하는 방법이다. 조이기 토크와 축력의 관계는 다음과 같다.

$$N = \frac{T}{k \times d} \quad \cdots\cdots\cdots\cdots\cdots\cdots\cdots\cdots\cdots\cdots\cdots\cdots\cdots\cdots\cdots\cdots\cdots\cdots (8.9)$$

이때, N : 고력 볼트의 축력(kg)
T : 토크(너트를 조이는 모멘트)(kg·cm)
k : 토크 계수값
d : 고력 볼트의 나사 바깥 지름의 기준 치수(cm)

볼트 축력은 조이기 토크값에 비례하고 토크 계수에 역비례하는 관계에 있다. 토크 계수는 볼트와 너트의 나사 정밀도, 와셔나 너트면의 표면 처리 등에 관계하므로 메이커의 제조 과정에서의 품질 관리가 부담하는 바가 크다.

이 점에 대해서는 KS 표시 허가를 받은 메이커의 최근 제품은 정밀도상 문제가 되는 것은 거의 없어 안심하고 채용할 수 있는 경우가 많다. 또한 KS B 1010(마찰 접합용 고장력 6각 볼트·6각 너트·평와셔의 세트)에서는 토크 계수값에 따른 세트의 종류로서 A(0.110~0.150)와 B(0.150~0.190)의 두 종류가 있는데 통상 A를 사용한다. 또 토크 계수에는 온도 의존성이 있어 기온에 따라서 변동하여 기온이 높아지면 작게 되고, 기온이 낮아지면 크게 되는 성질이 있으나 요즘 제품은 통상 연간 기온 변동의 범위에서는 거의 영향이 없는 처리를 한 제품이므로 이 점에서도 안심하고 사용할 수 있다.

제품 정밀도 유지에서 주의해야 하는 것은 현장에서의 취급이다. 현장에서는 세트를 정성들여 다뤄야 한다. 볼트를 볼트 구멍에 두들겨 박아 나사산을 손상하거나 비나 이슬을 맞춰 녹슬게 하거나 하면 토크 계수값이 증대하여 소정의 조임력을 얻을 수 없으므로 주의해야 한다.

고력 볼트는 일반적으로 F10T(기계적 성질에 따른 종류, 인장 강도 $\sigma_B=10 \sim 12\,\mathrm{t/cm^2}$)의 것을 사용한다. 다음에 기술하는 토크 시어(torque shear : T.S)형 고력 볼트는 S10T라고 하지만 F10T와 거의 같은 것이다. F11T, S11T($\sigma_B=11 \sim 13\,\mathrm{t/cm^2}$)의 것은 지연 파괴의 우려가 있으므로 사용하지 않는다. F8T, S8T($\sigma_B=8 \sim 10\,\mathrm{t/cm^2}$)의 것은 도입 축력이 작으므로 아연 도금 고력 볼트 등 특수한 용도 외에는 사용하지 않는다.

(2) 마찰면의 처리

마찰 접합부의 접합 내력 $P(\mathrm{kg})$는 다음 식으로 구할 수 있다.

$$P = N \times \mu \times n \quad \cdots\cdots\cdots\cdots\cdots\cdots\cdots\cdots\cdots\cdots\cdots\cdots\cdots\cdots (8.10)$$

이때, N : 고력 볼트의 조임력(축력), (kg)

μ : 미끄럼 계수

n : 마찰면의 수

미끄럼 계수는 보통 마찰 계수와 같은 것이지만 마찰 접합에서는 보통 마찰 상태와는 약간 다르므로 미끄럼 계수(sliding factor 또는 coefficient of slip)라고 한다. 미끄럼 계수는 표 8.3에 나타낸 바와 같이 마찰면의 상태에 따라서 다르지만 보통 0.46 이상을 필요로 한다.

이 미끄럼 계수를 구하기 위한 마찰면의 상태로 가장 바람직한 것은 얇게 1면에 생긴 붉은

표 8.3 각종 마찰면의 미끄럼 계수

도 장 면	0.05~0.25
도 금 면	0.10~0.30
밀 스 케 일 면	0.20~0.40
연 마 면	0.25~0.30
산 화 염 뿜 칠 면	0.25~0.60
붉 은 녹 면	0.45~0.70
샌 드 블 라 스 트	0.40~0.70

녹 상태이고, 통칭 "적(赤)"이라고 하며, 미끄럼 계수가 높고 또 안정하다. 이 상태를 빨리 얻기 위해서는 샌드블라스트(sandblast), 숏블라스트(shotblast), 연마질(grinder) 등으로 강재 압연시에 표면에 생긴 밀 스케일(mill scale, 일명 黑皮)을 제거해야 한다.

샌드블라스트 마무리, 숏블라스트 마무리에서 아직 녹이 슬지 않은 상태는 통칭 "백(白)"이라고 하며, 미끄럼 계수값은 양호하나 약간 편차가 크다. 처리하지 않은 밀 스케일 그대로는 통칭 "흑(黑)"이라고 하며, 미끄럼 계수는 작고 편차가 크다. 마찰면에 기름, 페인트, 먼지 등이 붙어 있으면 미끄럼 계수는 매우 작게 되어 소정의 접합 내력을 얻을 수 없게 된다. 철골에 방청 도장을 할 때는 마찰면이 되는 부분 주위 바깥쪽 1~1.5 cm 위치에서 마스킹을 하는 등으로 하고 방청 페인트를 너무 바르지 않도록 주의해야 한다. 만약 실수로 너무 많이 발랐을 때, 특히 시일이 경과한 경우는 페인트를 제거하기가 상당히 곤란하다.

일반적으로 부재 본체의 마찰면은 연마질 처리, 이음 첨판 등 작은 물건은 숏블라스트 등의 처리를 하는 경우가 많은데, 이 짜맞춤에 따라서 "적"-"적", "적"-"백" 등이라고 한다. 첨판 두께가 12 mm 정도 이하의 경우는 볼트 구멍 주위에만 연마질을 해도 지장은 없다. 이것은 속칭 "박스 문지르기"라고 하는데 박스(box)의 크기는 사용하는 와셔 지름의 2배 이상, 즉 볼트 지름의 4배 이상으로 한다. 이렇게 하면 인접하는 박스는 외주가 중복하게 된다. 박스 부분은 볼트의 조임력이 가장 강하게 작용해 미끄럼 내력을 생기게 하는 주요한 부분이므로 박스 문지르기는 가볍게 하도록 하고 너무 깊이 깎이지 않도록 주의해야 한다. 두께 16 mm를 넘는 첨판은 박스 문지르기를 하지 말고 전면 처리를 하는 것이 바람직하다.

마찰면 처리 후 현장 조이기까지 날짜가 적어 붉은 녹 발생을 기대할 수 없는 경우는 녹 발생을 촉진하는 약제를 사용하는 경우가 있다. 이같은 약제에는 염소계나 산성계가 많으므로 녹 발생 후는 깨끗이 씻는 등 뒤처리를 하는 것이 바람직하다.

철골을 현장으로 발송할 때는 각 접합부에 사용하는 첨판을 분실하거나 오용하지 않도록 각기 접합부에 볼트로 임시 고정해 두는 경우가 많다. 이때 첨판을 모재에 밀착시켜 버리면 만약 마찰면이 "백"의 상태이면 녹 발생을 저해하고 빗물의 침입으로 붉은 녹이 아닌 검은 녹 상태로 되어 마찰면 상태를 나쁘게 하므로 결속선(annealing wire, #8 정도)을 삽입하는 등으로서 약간 틈을 내 공기의 유통을 도모해야 한다. 만약 녹 발생이 너무 진행하여 뜬녹 상태로 되었을 때는 와이어 브러시로 제거해야 한다.

(3) 조립 정밀도

부재의 마찰 접합부가 되는 부분은 접합부 좌우 부재에 대해서 모재와 첨판이 밀착되어야 한다. 밀착성이 나쁘면 접합 내력을 저하시킨다. 만약 좌우 모재 판면에 1 mm 이상의 차이가 생길 때는 필러 플레이트(filler plate)를 사용하여 조정한다. 필러 플레이트 양면도 마찰면이 되는 것이므로 모재와 마찬가지로 마찰면 처리를 해야 한다. 판면차(板面差)가 1 mm 미만일 경우는 미끄럼 내력에 뚜렷한 저하가 없으므로 필러 플레이트를 사용하지 않아도 된다.

접합부에 대한 모재와 첨판의 밀착성을 저해하는 요인에는 다음과 같은 것이 있다.

(a) 재료의 공차

강판의 판 두께 공차는 작으므로 이로써 접합 내력상의 문제가 생긴 예는 그다지 없다. 그러나 형강의 판 두께 공차는 상당히 크고, 특히 H형강은 플랜지 두께, 전체 춤, 웨브 위치, 플랜지의 전도 등의 공차가 커 자주 문제가 된다.

(b) 가공(절단·조립) 정밀도

조립 집성재의 경우 금긋기·절단 정밀도, 소조립시 정밀도가 나쁘면 부재 단면에 치수 오차가 생긴다. 예를 들면, I형 조립재의 경우는 전체 춤·웨브 위치 등의 치수 정밀도가 있다. 절단 정밀도가 나쁜 개재(個材)를 마무리 치수 확보를 위해 필릿 용접 부분을 밀착시키지 않거나 맞대기 용접 그루브 치수를 크게 하여 조립해 두면 용접 시공시에 수축량이 크게 되어 치수 오차가 생긴다.

대조립시(大組立時)에 부재의 설치 위치·설치 각도에 오차가 있으면 현장 접합부의 정밀도를 나쁘게 한다.

(c) 현장 조립 정밀도

공장 제작이 소정 정밀도를 확보하더라도 현장 조립시에 현장 접합부에 오차가 생길 때가 많다. 이 원인으로는 베이스 모르터의 상단 정밀도, 기둥의 전체 길이, 기둥 부착 보 브래킷 길이, 보의 길이가 있다. 일반적으로 용접 구조물에서 길이 오차는 (−)의 경향이 있으며, 현장 조립시에 이것이 누적된다. 건물의 스팬 수가 많은 경우는 건물 전체 길이의 단축량은 상당한 양이 되는 경우가 있는데 다시 세우기를 하더라도 수직성이 훼손되어 접합부가 어긋나게 된다.

(a)∼(c)의 원인에 따른 경우는 좌우 모재 판면에 1 mm 이상의 차이가 나면 필러 플레이트로 보정해야 한다. 이 경우 필러 플레이트는 제작 후 현장 반입까지 날짜가 짧지만 마찰면에 필요한 붉은 녹을 생기게 하는 것이 바람직하다.

(d) 용접 변형

예를 들면, I형 용접 조립의 경우 플랜지와 웨브의 필릿 용접으로 플랜지에 각변형이 생긴다. 이 변형이 뚜렷하지 않은 경우는 일반 부분은 변형을 교정하지 않고 그대로 두어도 지장은 없으나 마찰 접합부가 되는 부분은 적은 변형이라도 완전히 수정하여 첨판이 밀착되도록 해두어야 한다. 플랜지와 웨브 직각도도 체크하여 틀어진 경우는 수정해 두어야 한다. 웨브에도 휨변형이 생기는 경우가 있으므로 필요에 따라서 수정한다.

플랜지에 생기는 각변형에 대한 대책으로서 역변형을 잡아 용접한다. 이 경우에도 변형 바로잡기를 전혀 없게 할 수는 없지만 변형 바로잡기 작업을 적게 하든지 매우 쉽게 할 수 있다.

(e) 플랜지에 닿아 구부러짐

공장 제작이 완료된 기둥 철골을 운반 중이나 가대를 사용하지 않고 수평으로 둔 경우에 철골이 지면이나 물건에 부딪치고 플랜지의 선단 우각부에 닿아 구부러지는 경우가 있다. 이 구부러짐은 현장에서 수정하기가 곤란하므로 공장으로 다시 가져가 교정해야 하는 경우가 많다.

(4) 조이기 정밀도

고력 볼트에는 소정의 조임력을 고르게 주어야 하는데 이렇게 하기 위해서는 두 번 조이기하는 것이 가장 확실하다. 첫 번째는 표 8.4에 나타낸 토크에 따라서 조이고, 두 번째에 각기 100%로 조인다. 조이기 순서는 일군(一郡)의 볼트에 대해서 중앙에서 단부로 조여 나간다. 표 8.4에 나타낸 첫 번째 조이기 토크값은 약간 큰 스패너를 이용해 인력으로 힘껏 조인 정도의 값이다. 예를 들면, 토크값 1,500 kgcm란 50 cm 붐의 스패너를 이용해 30 kg의 힘으로 조이는 경우의 값이다.

볼트 조이기는 각기 종류에 따른 전용 조이기 기구를 사용하는데, 최근에는 소음이 적은 전

표 8.4 1차 조이기 토크값(kg cm)

볼트의 호칭 지름	1차 조이기 토크값
M22	약 500
M16	약 1,000
M20, M22	약 1,500
M24	약 2,000

주) M27, M30은 특기 시방에 따른다.

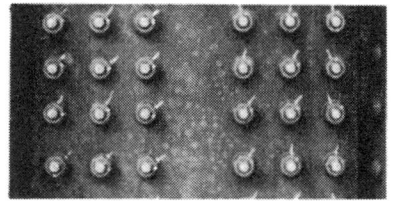

사진 8.1 고력 볼트의 마킹

동식이 많다. 이들 중에는 설정 토크에 대해서 편차가 있는 것이 있으므로 1년에 1회 이상은 구경 측정(calibration)을 하고 늘 정비해 두어야 한다. 게다가 조이기 작업을 하는 날 아침 작업 개시시에는 고력 볼트를 축력계로 조이고 그 값으로 토크값을 조정하여 확인한다. 편차 정도에 따라서는 낮 작업 개시시와 저녁 때 작업 종료시에도 확인하는 것이 바람직하다.

고력 볼트는 조이기를 잊어버릴 경우를 생각할 수 있으므로 한 번 조이기 완료 후 **그림 8.13**과 같이 마킹을 하고 두 번 조이기를 할 것인지 여부를 너트 회전 유무로 확인한다.

KS형 육각 볼트를 사용한 경우의 조이기 검사는 일군 볼트에 대해서 1/10 이상, 또한 2개 이상을 임의로 선정하여 토크 렌치로 추가 조이기 방향에 토크값을 확인하고 만약 부족하면 추가 조이기한다. 만약 너무 조여졌다고 판단되는, 즉 한계 범위를 넘어서 조여진 볼트는 이상이 있는 것으로 보고 신품으로 교체한다.

이상과 같이 고력 볼트 마찰 접합의 접합 내력을 지배하는 요인은 4가지 항목으로 나누어 생각할 수 있으나 이 중 조이기 정밀도에 관해서 그 관리를 매우 쉽게 한 토크 시어형 고력 볼트, 즉 특수 고력 볼트가 있다. 이것은 **그림 8.14**와 같이 볼트 선단에 핀 테일(pin tail)을 만들어 이에 홈 가공한 것이며 조이기시는 핀 테일에 반력(反力)을 가지고 너트를 회전시키면 이 토크에 따라서 홈 부분이 비틀려 잘려 나가는 것이다. 조이기 토크값은 볼트의 재질과 제작 정밀도에 따른 것으로 상당히 높은 정밀도로 유지할 수 있다. 조이기 검사는 핀 테일이 잘려질 것, 너트 회전량에 뚜렷한 차이가 없을 것(60~90°), 너트와 볼트가 함께 돌지 않을 것(첫 번째 조이

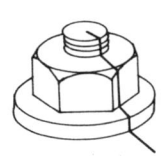

그림 8.13 마킹

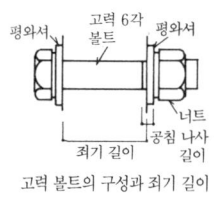

(a) KS형

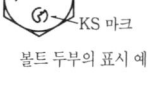

볼트 두부의 표시 예

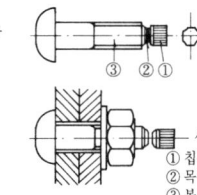

(b) 토크 시어형

주) 너트는 표시 기호가 있는 쪽이 바깥쪽이고, 와셔는 면치기(모따기)가 있는 쪽이 바깥쪽이다.

그림 8.14 고력 볼트

기 후 마킹으로 확인), 볼트의 여유 길이가 적정할 것(나사 2~3산분)의 4가지 점을 눈으로 확인하는 것만으로도 된다는 이점이 있다. 만약 이들이 적정하지 않은 경우는 그 부분에 대해서 토크 렌치로 확인하면 된다. 이와 같이 토크 시어형 고력 볼트는 현장에서의 관리가 매우 쉬우므로 고력 볼트라고 하면 토크 시어 볼트라고 할 정도로 널리 보급되고 있다.

참 고 문 헌

117) 日本建築學會 ; 鐵骨工事技術指針·工事現場施工編(1987)

8.4 주각 베이스 모르터

(1) 베이스 모르터의 3공법

철골조나 철골 철근 콘크리트조에 대한 철골 베이스 플레이트 아래의 깔모르터(베이스 모르터) 시공법에는 **그림 8.15**와 같이 (a) 중심 바름 나중 채우기 공법, (b) 전면 마감 바르기 공법, (c) 전면 나중 채우기 공법의 3방법이 있다.

(a)의 중심 바름 나중 채우기 공법은 반구식(半球式) 방법으로 베이스 플레이트 거의 중앙 부분에 모르터를 하부의 지름 20~30 cm, 높이 5 cm 정도의 반구상(半球狀)으로 쌓아올린 것으로 정부에는 평탄한 면이 적으므로 베이스 플레이트는 베이스 모르터와 아주 작은 면적에 닿아 있게 된다. 다시 말하면 반구식이란 철골 기둥 높이를 소정 위치에 설치하기 위해 최하부 기둥 아래에 깐 모르터이다. 변형을 바로잡기 쉽도록 철골 베이스 플레이트보다 작게 원형으로 모르터를 쌓아올려 만든 것이다.

철골 현장 조립시는 베이스 플레이트 주위에 쐐기를 먹여 수직 정밀도를 조정하면서 안정시

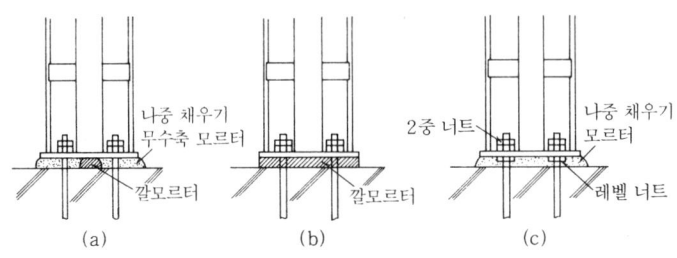

그림 8.15 주각 베이스 모르터의 시공법

표 8.5 주각 베이스 모르터 공법의 특징

항 목	중심 바름 나중 채우기 공법 「만두식」	전면 마감 바르기 공법 「방석식」
현장 조립시 기둥의 안정성	안정하지 않음	안정함
베이스 플레이트 하부의 틈	없음	남음
높이 조정	쉬움	할 수 없음
공정(공사비)	1공정 많음	적음

켜 바로 세운 후 베이스 플레이트 아래에 무수축 모르터를 채워넣어 밀착시킨다.

(b)의 전면 마감 바르기 공법은 방석식 공법으로 베이스 플레이트 크기 전면에 걸쳐서 모르터를 정규 높이까지 평평하게 바르는 것으로 현장 조립시에는 베이스 플레이트 전면적이 베이스 모르터에 닿게 한다는 사고 방식이다.

(c)의 전면 나중 채우기 공법은 앵커 볼트에 레벨 너트를 사용하여 높이를 조정하고 베이스 플레이트를 지지하여 세우기 교정 완료 후에 베이스 플레이트 아래에 모르터를 채워넣는 것으로 철골 현장 조립시의 안정성에서는 「전면 마감 바르기 공법」, 베이스 플레이트 아래에 생기는 틈의 점에서는 「중심 바름 나중 채우기 공법」과 마찬가지이다.

앞에 기술한 것 중 (a)와 (b)의 두 가지 공법에 대해서 표 8.5에 그 특징을 나타낸다. 표에 나타낸 바와 같이 다음과 같은 장단점이 있다.

① 현장 조립시에 철골 기둥을 세울 때 「반구식」은 쐐기로 안정시키므로 쐐기의 고정이 불충분하면 안정성이 나쁘지만 「방석식」은 그대로 안정성이 좋다.

② 「반구식」은 세우기 교정 완료 후 베이스 플레이트 주위에서 된비빔의 무수축 모르터를 두들겨 넣듯이 하여 채우므로 베이스 플레이트 아래에 틈이 생기지는 않는다. 한편 「방석식」은 베이스 모르터의 상단이나 베이스 플레이트 하단도 정확한 평면이 아니므로(모두 최대 ±2 mm 정도의 요철이 있다) 밀착되지 않는 데다가 철골 세우기 교정으로 기둥의 수직을 수정하므로 베이스 플레이트 아래의 틈을 증대하게 되어 이런 상태에서는 하중 전달이 명확하게 되지 않는다. 게다가 철골의 전단력은 일반적으로 베이스 플레이트와 베이스 모르터와의 마찰로 콘크리트에 전달되는 것이라고 생각하지만 틈이 있으면 이 전달 기구(機構)는 성립되지 않는다.

③ 베이스 모르터의 상단 높이의 시공 정밀도는 철골 제작 정밀도와 같은 정도로 할 필요가 있으나 정밀도가 나쁜 경우가 많다. 그래서 철골 현장 조립에 앞서 베이스 모르터의 상단

높이를 재측정하여 오차에 따라서 깔 플레이트를 조정하는 것이 본래의 공법이다. 이 조정은 「반구식」의 경우는 가능하지만 「방석식」의 경우는 불가능하다.

최근에는 철골 현장 조립시의 안전성을 중시하여 「방석식」을 채용하는 경우가 많아졌다. 이것은 현장에서 생기는 재해를 미연에 방지하는 데 의의가 있으므로 반대하는 것은 아니지만 이 공법을 채용했을 경우에 생기는 결점은 별도의 수단으로 보충해 두는 것을 잊어서는 안된다.

(2) 베이스 플레이트 아래의 틈

그림 8.16, 8.17은 주각 베이스 모르터를 「방석식」으로 하였기 때문에 베이스 플레이트 아래의 틈에 에폭시 수지 주입을 한 때의 데이터이다. 기입하지 않은 기둥은 RC 기둥이다. 이에 따르면 각 주각에 틈이 거의 0으로 판단된 것이므로 틈이 11.0 mm에 미치는 것이며 전체 주각의 평균 틈은 3.1 mm에 이른다. 이 수치는 에폭시 수지의 주입량과 베이스 플레이트의 크기

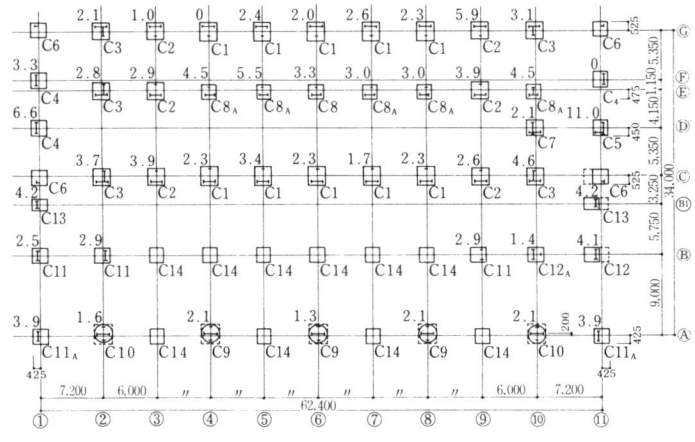

그림 8.16 베이스 플레이트 아래의 틈

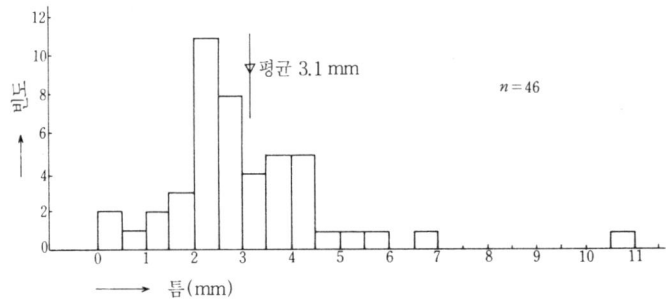

그림 8.17 베이스 플레이트 아래의 틈 히스토그램

로 계산한 것으로 주입시에 넘친 액량(液量)을 포함하므로 약간 큰 값이 된 것으로 보이지만 전체로서 예산한 것보다도 커 의외의 결과가 나왔다. 이러한 틈은 주각에 대한 힘의 전달을 명확하게 하지 않아 구조적 약점을 만들 우려가 있으므로 「방석식」을 채용했을 경우는 베이스 플레이트 아래의 주입은 반드시 해야 한다.

또한 「반구식」과 「방석식」의 중간적인 방법으로서 베이스 모르터의 크기를 30 cm×30 cm 정도로 작게 하고 상단을 평평하게 마감해 버리는 방법을 채용하는 예가 있다. 이 공법은 앞서 기술한 두 가지 공법의 장점과 단점을 아울러 가지게 되므로 베이스 플레이트 아래의 틈에 주입하기 위해서는 미리 베이스 플레이트 중앙 부근에 주입 구멍과 공기 빼기 구멍을 뚫어 두어야 한다.

참 고 문 헌

117) 日本建築學會 ; 鐵骨工事技術指針・工事現場施工編(1987)

8.5 합성보 구조[118]

스팬이 큰 보를 철골 철근 콘크리트(SRC)조로 설계하면 자중에 따른 응력이 크게 되어 상당히 큰 단면으로 하지 않으면 안되는 경우가 많다. 그래서 이 부분의 보를 **그림 8.18**에 나타낸 바와 같은 합성보로 하면 경제적으로 설계할 수 있다.

합성보는 일반적으로 스팬이 큰 보에 사용되며, 또한 SRC조 보에 비하여 휨 강성이 작으므로 바닥의 진동 특성을 검토하고 고유 진동수와 가속도・속도・처짐량 등 진동량의 관계에서 진동 장해가 생기는지 여부를 조사해야 한다. 또 SRC조에 비하여 보의 강비(剛比)가 작아지므로 수평 하중에 대한 가구로서의 강성이 작고 변형이 크게 되는 점에도 주의해야 한다.

(1) 스터드 커넥터

합성보에서는 철골보와 바닥 콘크리트 사이에 큰 전단력이 작용하므로 철골보 상부 플랜지에 시어 커넥터를 설치하여 이 전단력에 대처함과 동시에 철골과 콘크리트가 일체가 되도록 긴결하여야 한다. 통상은 스터드 다월을 설치하여 콘크리트에 매립시키는 방법에 따르고 있다. 스터

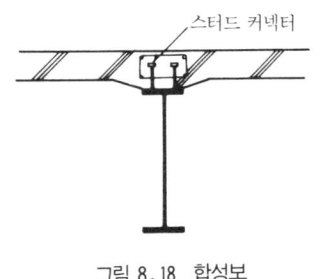

그림 8.18 합성보

사진 8.2 덱 플레이트 관통의 스탠드 시험(Z_n 부착량은 양면에서 380 g/m², 편면은 190 g/m², 두께 22.6 μ)

드 커넥터의 전단 내력이나 소요 개수 등의 계산에 대해서는 「제 3 장 3.2 선시공 철골 기둥 구조 (4) (h) c. 스터드 다월의 전단 내력」에서 기술한 바 있고 「각종 합성 구조 설계 지침」(일본 건축 학회편, 1985)[49]에 자세히 기술되어 있다.

스터드 커넥터 설치는 시공 조건의 안전성에서 말하면 공장에서 시공해 두는 것이 바람직하지만 요즘은 현장 작업의 안전성을 중시하여 바닥 콘크리트 시공 직전에 현장에서 설치하는 경우가 많다. 이 단계에서는 고력 볼트의 조이기가 이미 완료되어 있으므로 스터드 커넥터 설치시의 열로 고력 볼트에 영향을 주지 않기 위해 고력 볼트에서 50 mm 정도 이상 떼어 설치한다. 또 스터드 커넥터는 철골보의 현장 이음 첨판 부분에는 설치하지 않는 경우가 많으므로 이 부분을 제외하고 필요한 개수를 배열한다.

바닥 콘크리트에 덱 플레이트(deck plate)를 사용할 경우 덱 플레이트를 건너지르는 방식에는 철골보에서 보로 단순보로서 사용하는 형식과 연속보로서 사용하는 형식이 있다. 연속보 형식으로 하는 경우 스터드 커넥터는 덱 플레이트를 관통하여 설치하는 부분이 되는데(당연히 현장 작업이 된다) 이 경우 설치하는 조건은 덱 플레이트 두께에 관계하는 데다가 철골 상부 플랜지 윗면에도 방청 도장이 되어 있어(도장 종류와 두께에도 관계한다) 덱 플레이트가 철골에 밀착되어 있지 않은 경우가 많기 때문에 스터드 커넥터 설치가 매우 나빠진다. 게다가 아연 도금된 덱 플레이트는 아연이 설치에 나쁜 영향을 주는데 아연 도금 두께가 클수록 영향이 크다. 그러므로 이 경우 스터드 커넥터 설치에는 특히 주의해야 하며, 실제 조건을 충실히 재현한 정확성 시험을 미리 하여 설치 조건(溶植 電流, 아크 타임 등)을 선정함과 동시에 설치 완료 후 검사를 충분히 해야 한다. 또한 이런 경우에서 스터드 커넥터 설치에 신뢰성이 적을 때는 미리 덱 플레이트의 설치 부분에 구멍 뚫기 가공을 해두든지 연속보 형식을 단순보 형식으로 변경해야 한다.

(2) 처짐과 캠버

스팬이 큰 합성보에서는 자중으로 인한 처짐·적재 하중으로 인한 처짐이 크게 되므로 보 철골 제작시에 "캠버(camber)"를 붙여 여기에 대응해야 한다. 이 캠버에 대한 사고 방식은 시공법과 관련하여 다음과 같은 두 가지 방법이 있다.

(a) 매단 거푸집 공법

슬래브 콘크리트 부어넣기시에 보나 슬래브 아래에 받침 기둥(지주)를 설치하지 않는 공법이다. 슬래브 콘크리트 자중이나 시공시 하중(거푸집 자중이나 작업 하중 등)은 철골보로 지지하도록 하고 콘크리트를 부어넣는 것으로 콘크리트 자중이나 철골보 자중은 철골보만으로 부담하고 그후 마감 중량과 적재 하중에 대해서만 합성보로서 저항하게 한 것이다.

(b) 받침 기둥 공법

슬래브 콘크리트 부어넣기시에 보나 슬래브 아래에 받침 기둥을 설치하는 공법으로 받침 기둥은 콘크리트의 강도가 나고 나서 제거한다. 즉, 모든 자중과 적재 하중에 대해서 합성보로서 저항하게 하는 것이다.

일반적으로 합성보 단면으로서의 단면 2차 모멘트는 철골보만의 단면 2차 모멘트의 2.0~3.0배나 되므로 처짐량은 그에 반비례하여 적어진다. 따라서 어느 쪽의 시공법으로 할 것인지를 설계시에 상정하여 그것을 설계 도서에 확실히 기입해 두어야 한다.

보의 처짐량 계산은 양단 고정도를 될 수 있는 한 정확히 파악한 다음에 상정한 시공법(받침 기둥의 유무)에 따라서 하고 이것을 철골 제작시 캠버 치수에 반영시킨다. 이 값도 설계도에 나타내 두어야 한다.

시공법은 일반적으로 「(a) 매단 거푸집 공법」에 따르는 경우가 많다. 이때 처짐량은 (b)의 공법에 따르는 경우보다도 크지만 처짐량의 대부분은 슬래브 콘크리트 부어넣기시에 생긴다. 그러나 그 뒤에도 천장 자중, 덕트·파이프 등의 천장 달하중, 바닥 마감 자중 외에 바닥 적재 하중 때문에 약간 증가한다. 요즘은 사무실 공간의 유연성을 추구한 계획이 많아 칸막이는 가동 칸막이를 채용하는 경우가 많으므로 실제 사용시에 바닥과 천장은 될 수 있는 한 수평이고, 또한 평행해야 한다. 그러므로 바닥에 통상 적재 하중(지진력용 적재 하중의 1.5배 정도)이 실린 상태에서 바닥이 거의 평행하게 되도록 바닥 상단 마감(콘크리트 또는 모르터의 상단)시에는 역시 약간의 캠버를 붙여 두어야 한다.

시공법을 (b)「받침 기둥 공법」으로 할 경우는 침하나 처짐이 없도록 견고하게 지지한 다음 콘크리트의 강도가 충분히 발현될 때까지 받침 기둥을 제거해서는 안된다. 마감 자중이나 적재 하중에 대한 대응은 (a)의 경우와 마찬가지이다. 또한 고층 빌딩 등의 연층(連層)의 합성보 구조에서는 받침 기둥의 침하를 완전히 방지하기는 곤란하므로 (a)의 시공법에 따라야 한다.

어떤 시공법을 이용한 경우도 시공 진행에 따라서 실제 처짐량을 측정하고 이것을 설계시에 상정한 값과 비교 검토하면서 다음 공정에 반영시키도록 한다. 또한 합성보 구조 철골 하부 플랜지는 순철골조에 가까운 성상을 가지므로 횡좌굴할 염려가 있는 경우는 이것을 방지하기 위한 직교 방향 연결(작은보)이 필요하다. 또 처짐량이 가장 큰 스팬 중앙 부근에 직교 방향의 작은보를 설치하는 것은 충격적인 하중이나 적재 하중의 국부적인 집중에 대해서 진동 대상 질량과 저항 강성을 크게 하므로 진동량이나 처짐량을 작게 하는 효과가 크다. 이 목적으로 설치하는 작은보의 단부는 다스팬(多span) 연속보 맞춤 디테일로 해야 한다.

(3) 진동 특성 [119]

합성보의 바닥 구조는 스팬이 큰 데다가 통상 SRC조에 비하면 강성이 작고, 또한 설정 층 높이에 따라서 보 춤에 제한을 받으므로 고유 진동수가 작아지는 경향이 있어 진동 장해가 생기기 쉽다.

진동에 대한 사람의 감각이나 반응에 대해서는 기계·차량 등의 공학 외에 의학·심리학 등의 분야에서도 연구가 행해지고 있다. 예를 들면, 인체는 4~10 Hz 범위의 진동으로 공진 영역(共振 領域)을 가지고 있으나 이 수치는 대스팬 바닥보의 고유 진동수와 거의 일치하고 있다. 사람의 진동에 대한 감각은 가속도에 대응한다는 설(說) 외에 진동수 영역에 따라서 달라 진동수가 작은 범위에서는 가속도로, 진동수가 크게 되면 속도로 변위에 반응한다는 설이 있으며, 또 변위(振幅)만에 대응한다는 설도 있다. 그러나 진동의 서한도(恕限度)에 대해서는 대상으로 하는 진동이나 그 여러 특성에 따라서 사람의 반응이 달라지므로 상당히 복잡·난해하고 개인차도 커 일리있다고는 하기 어렵다. 예를 들면, 건물은 본래「움직이지 않는 것」이라는 인식이 일반적이므로 전차의 진동은 걱정이 되지 않아도 건물의 진동에는 상당히 민감하게 반응하는 경향이 있다. 따라서 바닥보의 진동으로 거주자에게 불쾌감이나 불안감을 주지 않도록 적당한 정도의 강성을 확보하는 설계 판단이 필요하다.

(a) 보의 고유 진동수

보의 고유 진동수 n의 산정은 다음 식으로 한다.

$$n=\frac{\alpha}{\sqrt{\delta_0}} \quad\quad\quad (8.11)$$

이때, α : 양단의 고정 조건으로 정해지는 상수($\text{cm}^{1/2}/\text{s}$)

        양단 단순 지지의 경우 $\alpha=5.62$

        양단 고정의 경우 $\alpha=5.70$

δ_0 : 자중으로 인한 처짐(cm)

        양단 단순 지지의 경우 $\delta_0=\dfrac{5w \cdot l^4}{384 EI}$ (8.12)

        양단 고정의 경우 $\delta_0=\dfrac{w \cdot l^4}{384 EI}$ (8.13)

   l : 보의 스팬(cm)

   w : 등분포 하중(자중 모두)(kg/cm)

   E : 보의 영계수(kg/cm^2)

   I : 보의 등가 단면 2차 모멘트(cm^4)

또 고유 주기 T는 다음 식으로 구한다.

$$T=\frac{1}{n} \quad\quad\quad (8.14)$$

합성보에 대한 콘크리트 슬래브의 유효 폭 산정은 「철근 콘크리트 구조 계산 규준」(일본 건축 학회편, 1988)[120]의 T형 보 유효 폭의 사고 방식(단순보의 경우)을 준용하고 영계수비를 10으로 하여 구하면 실용적으로 지장이 없다고 볼 수 있다. 또 스터드 커넥터와 콘크리트의 엇갈림 현상으로 강성이 저하하는 것을 생각할 수 있지만 미소한 증가 변형이므로 무시해도 될 것이다.

콘크리트 슬래브의 유효 폭 B_e는 **그림 8.19**에서 양쪽에 슬래브가 있는 경우 다음 식으로 구할 수 있다.

$B_e = 2 \cdot b_a + B$

$b_a = (0.5 - 0.3 a/l) \cdot a$ {$a<l$일 때}

$b_a = 0.2 \cdot l$ {$a \geq l$일 때}

이때, B : 보 철골 상부 플랜지부 콘크리트 폭

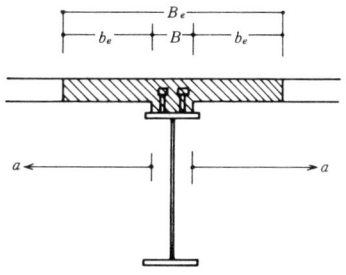

그림 8.19 콘크리트 슬래브의 유효 폭

a : T형 부분의 측면에서 상린(相隣)하는 재(材)의 T형 부분의 측면까지의 거리

l : 단순보의 스팬

자중으로 인한 처짐 δ는 양단의 지지 조건에 따라서 크게 다르므로 보의 고정도를 될 수 있는 한 정확하게 평가해야 한다. 통상 지지 조건은 고정과 단순 지지의 중간이므로 그 상태에 따라서 고정 조건을 판정한다.

(b) 보의 동처짐

충격력으로 인한 보의 동처짐은 양단 지지일 때 다음 식으로 구한다.

$$\delta_d = \delta_{st} + \sqrt{\delta_{st}^2 + 2h\,\delta_{st}\,\frac{1}{1+\frac{17W_1}{35W}}} \quad \cdots\cdots (8.15)$$

양단 고정일 때는 다음 식으로 구한다.

$$\delta_d = \delta_{st} + \sqrt{\delta_{st}^2 + 2h\,\delta_{st}\,\frac{1}{1+\frac{13W_1}{35W}}} \quad \cdots\cdots (8.16)$$

이때, δ_d : 충격으로 인한 동처짐

δ_{st} : 낙하물로 인한 보의 정적 처짐

h : 낙하 높이

W_1 : 보의 전체 중량

W : 낙하물의 중량

식(8.15), (8.16)의 가정 조건은 다음과 같다.

① 충격으로 휜 보의 처짐 곡선은 보를 정적으로 휘게 한 경우와 같다.
② 보와 충돌하는 물체는 충돌 후는 보와 일체가 되어 운동한다.
③ 보의 중량은 충돌물의 그것에 비하여 상당히 작은 것으로 한다.

실제 사용 상태나 진동 측정에 대한 가진 방법(加振 方法)은 뒤에 기술하는 바와 같은 방법이므로 가정 조건의 ①, ②에 대한 오차의 정도는 명확하지 않지만 실용적으로 지장이 없는 것으로 볼 수 있다. 그러나 가정 조건 ③에 대해서는 분명히 달라 여기서 생각하는 바닥 진동은 보의 중량이 반대로 현격히 크게 된다는 문제점을 안고 있다. 이들 식은 최대 처짐에 대해서는 아주 근사하지만 곡률에 대해서는 보와 낙하물의 중량비가 크게 될수록 오차가 커진다고 한다.

(c) 충격력

충격력에 대해서는 대스팬 합성보 구조가 채용되는 것은 사무실 공간일 때가 많고, 이 경우 바닥보의 진동으로 장해가 되는 것은 통상 사람의 보행이다. 그러나 사람의 보행은 개인차가 뚜렷한 데다가 동일인이라도 그때의 정신 상태 등에 따라서도 같지 않으므로 이것을 정량적으로 받아들이기는 좀 곤란하다.

사람의 보행에 따른 바닥에 대한 충격력에 대해서 이것을 물체의 자연 낙하 충격으로서 받아들인 연구[121]가 있다. 이에 따르면 사람의 보행은 3 kg의 물체를 5 cm의 높이에서 낙하시키는 에너지와 거의 같다고 한다. 그러므로 사무실 공간에서는 2인 정도의 동시 보행을 상정하여 6 kg－5 cm의 충격 하중을 설정하는 것도 하나의 안(案)이다. 그러나 진동 측정의 파형 기록(波形 記錄)에서 직접, 진동수·감쇠 상수 등을 판독하기 위해서는 좀더 에너지가 큰 쪽이 편리하므로 30 kg들이 모래 포대를 사용하여 형태가 흐트러지지 않도록 단단히 결속하고 이것을 40 cm 높이에서 자유 낙하시키는 방법을 생각할 수 있다. 이 방법은 작성이나 취급하기가 편리하므로 일본의 니켄셋케이(日建設計)가 대스팬 바닥보의 진동 측정 방법으로 채용하고 있는 것[119]이며 많은 실적이 있다. 또한 문헌 119)는 이 회사에서 설계 감리한 대스팬 바닥 구조의 몇십 가지의 실례에 대해서 현장 실측 자료를 기본으로 진동 성상을 분석 정리하여 고찰을 덧붙인 것이다.

(4) 진동의 서한도

앞에서 기술한 바와 같이 진동의 서한도(恕限度)에 대해서는 대상으로 하는 진동의 종류나 진동수 영역·계속 시간 등에 따라서 다른 데다가 개인차가 크므로 일률적으로 정하기가 쉽지 않다. 더구나 진동에 대한 감쇠 성상도 크게 관계될 것이다.

그림 8.20은 마이스터(Meister)가 연구한 서한도 곡선인데 진동의 서한도를 변위 진폭에 따라 평가한 것이다. 그림의 A 곡선은 유감 한계 곡선(有感 限界 曲線)이며, C 곡선은 「좋은 느낌의 범위」의 하한(下限)이다. 그림 중 B 곡선은 일본 건축 학회·진동 분과회가 거실에 발생하는 진동에 관해서 기계 진동에 따른 몇 건의 장해 실례와 실측 조사 결과 마이스터의 A 곡선에 수정을 가한 것이다[122]. 미리 계산으로 구한 진동 성상을 이 그림에 플롯함으로써 진동 장해의 유무를 판단하는 데 일조를 할 수 있을 것이다.

그러나 문헌 119)에 따르면 대부분의 진동 성상 실측 결과 중에는 마이스터의 서한도 곡선

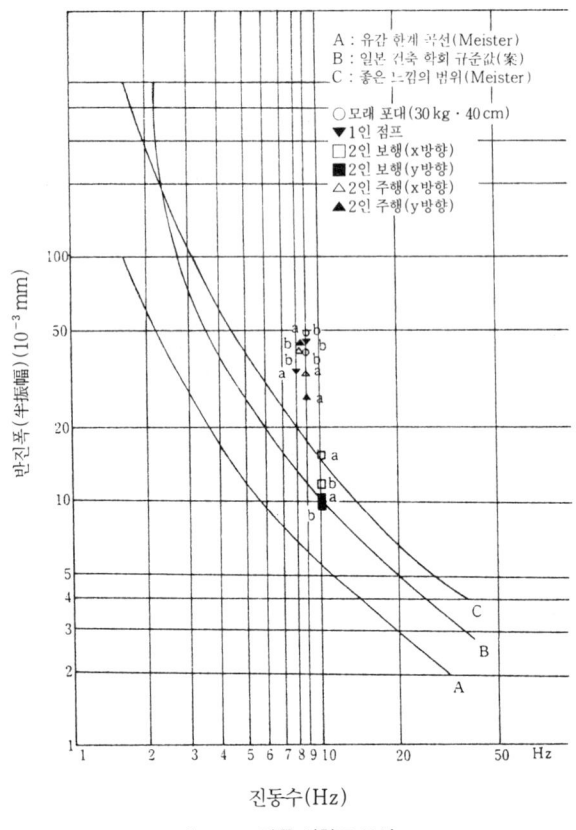

그림 8.20 진동 서한도 곡선

이나 일본 건축 학회의 규준 곡선에서 상당히 떨어져 있는 것이더라도 그들에 대해서 진동 장해 적인 폐를 끼치는 예가 하나도 없다고 보고되고 있다고 한다. 이와 같이 진동의 서한도에 대해서는 복잡한 요소를 안고 있어 단순하지가 않다. 특히 충격적인 진동에 대해서는 종래의 간편한 실용적 추정법만으로는 기준에 맞춰 다룰 수 없는 면이 있다. 또한 진동의 서한도를 속도에 의거하여 평가하는 제안이 있는데 문헌 119)에 소개되어 있으니 참조하기 바란다.

(5) 바닥보의 진동 측정

어떤 빌딩의 바닥 구조에 대해서 진동 측정을 하였다[123]. 바닥 구조는 **그림 8.21**에 나타낸 바와 같이 스팬 18.90 m의 합성보 구조인데 보 간격은 3.15 m이다. **그림 8.22**에 큰보·작은 보의 단면을 나타낸다. 가진 방법은 다음과 같다.

① 모래 포대 낙하

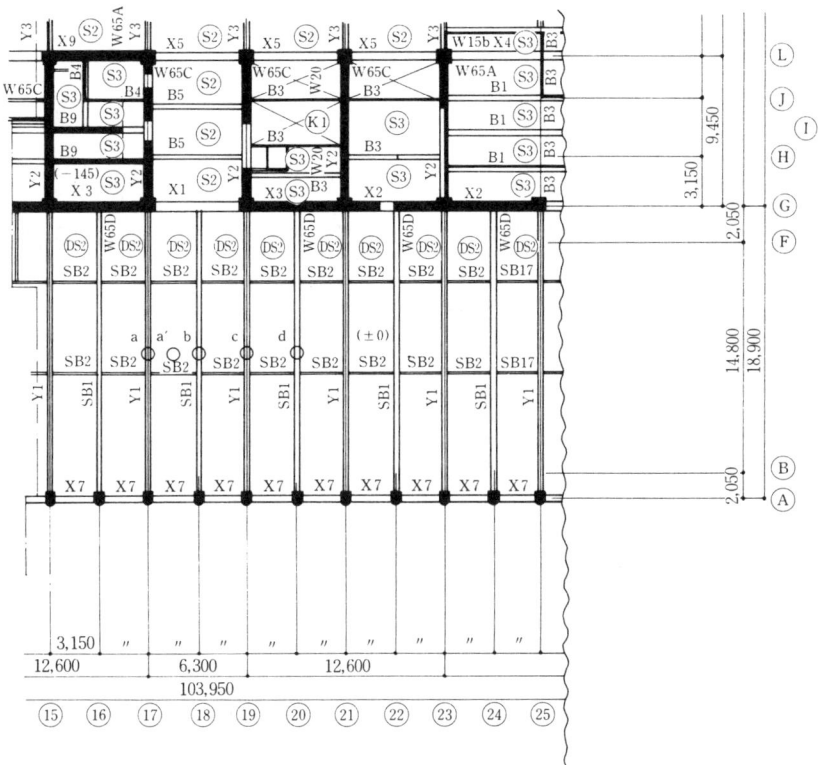

그림 8.21 바닥보 평면도 및 진동 측정 위치

	Y1			SB1		SB2
	Ⓐ Ⓨ 일직선 끝	중앙	Ⓖ Ⓢ 일직선 끝	Ⓐ Ⓨ ㉞ 일직선 끝	중앙, 타단(他端)	단부, 중앙
철골	WH－675×200 ×9×12	WH－850×300 ×9×$\frac{19}{28}$	WH－850×250 ×9×28	WH－675×200 ×9×12	WH－850×350 ×9×$\frac{19}{28}$	WH－650×160 ×9×16
상단 철근 하단 철근	WH－675×300 ×9×$\frac{19}{20}$		WH－850×300 ×9×25	WH－675×350 ×9×$\frac{19}{28}$		

그림 8.22 보 단면표

무게 30 kg들이 모래 포대를 40 cm 높이에서 자유 낙하시킨다.

② 2인 보행, 2인 주행(X, Y 양방향)

거의 같은 체격의 2인이 발맞추기를 일치하지 않은 정도로 왕복 보행, 왕복 주행

③ 1인 점프

1인이 약 20~30 cm 점프한다.

④ 평상시 미동

주위가 모두 정지한 상태에서 측정하되 각각에 대해서 변위·속도·가속도를 측정하였다. 가진 방법·가진점과 측정점의 짜맞춤을 표 8.6에 나타낸다. 예비 계산을 계산예 10 에 나타낸다.

표 8.6 진동 측정 짜맞추기

모래 포대 낙하점	측정점	주보행 구간	측정점	점프점	측정점
a	a	↔	a	a	a
a	a′	↔	b	b	b
b	b	—	—	—	—
b	c	—	—	—	—
b	d	—	—	—	—

계산예 10 합성보 구조의 진동 특성

그림 8.21에 나타낸 바닥 구조에 대해서 계산한다. 보 단면은 그림 8.22의 것이다.

(1) 합성보의 단면 성능(Y_1에 대해서)

　a. 콘크리트 슬래브의 유효 폭 B_e의 산정

　　보 스팬　　$l = 18.90 (m)$

　　보 간격　　$l' = 3.15 (m)$

　　콘크리트 슬래브의 T형 부분의 폭　$B = 0.20 (m)$

　　보의 안치수 간격　$a = l' - B$

　　　　　　　　　　$= 3.15 - 0.20$

　　　　　　　　　　$= 2.95 (m)$

　b. $a < l$이므로

　　$b_e = \left(0.5 - 0.3 \dfrac{a}{l}\right) a$

　　　　$= \left(0.5 - 0.3 \dfrac{2.95}{18.90}\right) \times 2.95$

　　　　$= 1.34 (m)$

　　$B_e = 2 \cdot b_e + B$

$$= 2 \times 1.34 + 0.20$$
$$= 2.88 (m)$$

    c. 위에 기술한 유효 폭을 사용하여 합성보의 단면 2차 모멘트 I를 계산한다.
       콘크리트를 철골로 바꾼다.

       영계수비 $n = 10$
       영계수 $E = 2,100 (t/cm^2)$
       단면 2차 모멘트 $I = 724,250 (cm^4)$ (계산 생략)

(2) 고유 진동수 $n(H_z)$의 산정

    a. 자중으로 인한 처짐의 계산
       보 양단의 고정도는 상대 강비를 감안하여 「완전 고정」에 가깝게 한다.
       보의 전체 자중 $W_1 = 28.1 (t)$ (계산 생략)
       식 (8.13)에서

$$\delta_0 = \frac{wl^4}{384 EI}$$
$$= \frac{W_1 l^3}{384 EI}$$
$$= \frac{28.1 \times 1,890^3}{384 \times 2,100 \times 724,250}$$
$$= 0.325 (cm)$$

    b. 고유 진동수의 계산
       식 (8.11)에서

$$\alpha = 5.70$$
$$n = \frac{\alpha}{\sqrt{\delta_0}}$$
$$= \frac{5.70}{\sqrt{0.325}}$$
$$= 10.00 (Hz)$$

(3) 동처짐의 계산

    a. 모래 포대 낙하의 경우(중앙 집중 하중)

$$W = 30 (kg)$$
$$h = 40 (cm)$$
$$\delta_{st} = \frac{Wl^3}{192 EI}$$

$$= \frac{0.03 \times 1,890^3}{192 \times 2,100 \times 724,250}$$

$$= 6.94 \times 10^{-4} \text{(cm)}$$

식(8.16)에서

$$\delta_d = \delta_{st} + \sqrt{\delta_{st}^2 + 2h\delta_{st} \frac{1}{1+\frac{13W_1}{35W}}}$$

$$= 6.94 \times 10^{-4} + \sqrt{(6.94 \times 10^{-4})^2 + \left(2 \times 40 \times 6.94 \times 10^{-4} \times \frac{1}{1+\frac{13 \times 28.1}{35 \times 0.03}}\right)}$$

$$= 133.3 \times 10^{-4} \text{(cm)}$$

b. 2인 보행의 경우(중앙 집중이라고 가정)

$W = 6\text{(kg)}$

$h = 5\text{(cm)}$

$$\delta_{st} = \delta_{st}(\text{a. 모래 포대}) \times \frac{W(b)}{W(a)}$$

$$= 6.94 \times \frac{6}{30} \times 10^{-4} = 1.39 \times 10^{-4} \text{(cm)}$$

식(8.16)에서

$$\delta_d = 1.39 \times 10^{-4} + \sqrt{(1.39 \times 10^{-4})^2 + \left(2 \times 5 \times 1.39 \times 10^{-4} \times \frac{1}{1+\frac{13 \times 28.1}{35 \times 0.006}}\right)}$$

$$= 10.4 \times 10^{-4} \text{(cm)}$$

(4) 식(8.16)의 간략화

이 예와 같이 윗식의 우변 $\sqrt{}$ 내의 W_1/W가 매우 큰 값이 되는 경우는 다음과 같이 간략화할 수 있다.

$$\delta_d = \delta_{st} + \sqrt{\delta_{st}^2 + 2h\delta_{st}\frac{35W}{13W_1}} \quad \cdots\cdots (8.17)$$

또한 δ_{st}가 매우 작은 경우는

$$\delta_d = \delta_{st} + \sqrt{2h\delta_{st}\frac{35W}{13W_1}} \quad \cdots\cdots (8.18)$$

또,

$$\delta_d = \sqrt{2h\delta_{st}\frac{35W}{13W_1}} \quad \cdots\cdots (8.19)$$

라고 해도 δ_d에 큰 차이는 없다. 식(8.15)에 대해서도 마찬가지이다.

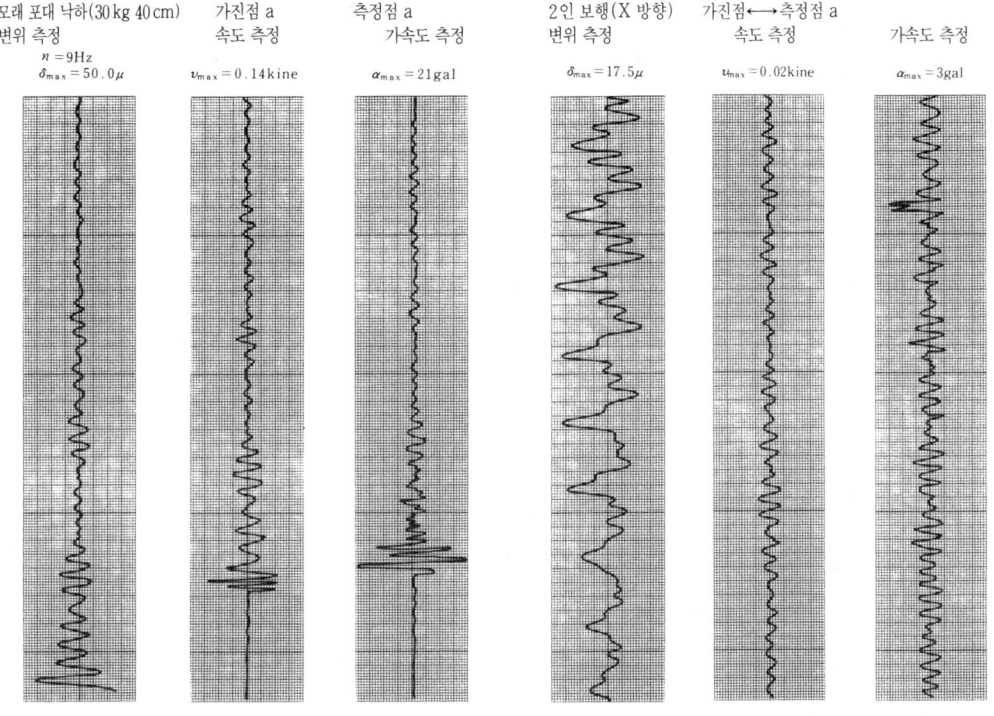

그림 8.23 측정 기록(모래 포대 낙하)　　　　그림 8.24 측정 기록(2인 보행·X 방향)

　측정 기록의 일부를 **그림 8.23, 8.24**에, 측정 결과를 **그림 8.20**의 서한도 곡선 그래프 가운데 나타낸다. 예비 계산의 결과에 따르면 이 바닥 구조의 고유 진동수는 10.0 Hz, 모래 포대 낙하인 경우의 진폭(片振幅)은 133.3 μ(미크론), 또 2인 보행의 경우(6 kg − 5 cm)는 10.4 μ 이었다. 다만, 합성보 양단은 고정과 흡사하다.

　이에 대해서 실측에 따른 고유 진동수는 가진 방법·측정점에 따라서 약간 편차가 있으나 8∼10 Hz이므로 계산값과 비교적 일치하고 있다. 진폭에 대해서 보면 모래 포대 낙하나 점프의 경우는 어느 것이나 「좋은 느낌의 범위」에 들어가지만 2인 보행의 경우는 「유감 한계 곡선」 사이에 있어 지금까지 측정한 많은 실례와 거의 같은 범위에 분포하고 있으므로 이 건물에 대해서도 진동 장해가 생기지 않는 것으로 판단하였다. 사무실로서 실제로 사용하고 있는 상태에서도 진동 장해적인 문제는 조금도 생기지 않는다.

　1인 점프의 경우나 2인 보행의 경우는 모래 포대 낙하(30 kg − 40 cm)의 경우와 거의 같은 가진력이 된다는 것을 나타내고 있다. 모래 포대 낙하인 경우의 진폭이 계산값보다도 상당히 작아지지만 이것은 직교하는 작은보의 강성 및 질량 증가의 효과가 크기 때문이라고 생각할 수 있다. 또 2인 보행인 경우 진폭이 계산값보다도 약간 크게 되지만 다른 많은 실례에서도 상당한 편차를 볼 수 있다. 이 원인은 분명하지 않지만 가진력의 평가에 따른 것이라고 생각할 수 있다.

참 고 문 헌

49) 日本建築學會 ; 各種合成構造設計指針・同解說(1985)

118) 拙著(共著者, 五十嵐定義ほか・委員會分担執筆) ; 建築鐵骨設計の要点 第7章 鐵骨鐵筋コンクリート造 : 鋼材俱樂部(S. 59. 6)

119) 靑柳司・內田直樹ほか ; 大スパン床ばりの振動性狀(上・下) : 建築技術(1977. 6~7)

120) 日本建築學會 ; 鐵筋コンクリート構造計算規準(1988)

121) 內田祥哉・宇野英隆ほか ; 床の硬さが人間に及ぼす影響について, その3, 硬さ測定器の設計 : 日本建築學會大會學術講演梗槪集(中國) 1114(S. 43. 10)

122) 日本建築學會, 構造標準委員會・振動分科會 ; 建築物の振動障害防止に關する設計規準値(案) : 建築雜誌(S. 34. 5)

123) 日建設計 ; 大阪市廳舍・床振動測定調査報告書(S. 56. 2)

8.6 각 부분 디테일

(1) 디테일의 선정 요인 [24]

강재는 제강 메이커에서 형강・강판 등의 소재 형태로 공급된다. 이것을 구조물로서 형성해 가기 위해서는 필요한 형태와 치수로 절단한 다음 설계도에 따라서 조립・접합해야 한다. 조립도 일종의 접합이라고 생각하면 철골 구조는 강재의 절단과 접합의 관계에 있다고 볼 수 있다. 그리고 이것을 어떻게 생각하고 처리하는가가 기술적인 면에서나 경제적인 면에서도 매우 중요한 문제이다. 특히 접합은 복잡한 문제를 많이 안고 있으므로 그 취급 여하에 따라서는 전체의 경제성에 크게 영향을 끼치고 기술적으로는 구조물로서의 안전성을 좌우하는 것이다.

접합부 설계에서는 부재 단면을 결정하고 나서 디테일을 생각하는 것이 아니고 접합부에 모이는 부재에 생기는 힘의 크기에 따라서 몇 종류의 채용 단면을 가정한 다음에 각각에 대해서 접합부의 디테일을 검토하여 가장 마감이 좋은 것을 선정하고 난 다음 부재 단면을 최종적으로 결정하는 순서로 해야 한다. 부재 단면의 산정은 힘의 크기와 단면 형상을 부여할 수 있으면 누구나 거의 같은 해답을 얻을 수 있으나 디테일 설계에는 설계자의 생각이 나타나는 것이고 이에 구조 설계자로서의 경험 차이가 생겨 그 모습이 자연히 드러나는 것이다.

접합부 설계에서 검토해야 할 사항은 다음과 같다.

(a) 구조의 연속성, (b) 국부 변형 방지, (c) 인성 확보, (d) 용접에 따른 제문제, (e) 치수 오차의 도피, (f) 다른 재와의 접합, (g) 시공 장소, (h) 시공성, (i) 작업 공간 확보, (j) 경제성, (k) 생산성 향상

(a) 구조의 연속성

구조의 연속성에 주의하여 힘의 전달을 원활하게 하고 뚜렷한 응력 집중이 생기는 장소를 만들지 않도록 해야 한다. 특히 기둥 보 접합 부분과 같이 응력이 큰 중요한 접합 부분에서는 평면적으로나 입면적으로도 구조의 연속성에 주의하고 디테일을 선정해야 한다.

응력 집중은 설계상의 문제 뿐만 아니라 시공면에 대해서도 그렇다고 볼 수 있다. 가스 절단 시에 홈을 만들거나 용접 시공시에 용입 불량, 균열 등을 생기게 하면 날카로운 노치가 되어 응력이 집중하게 된다.

(b) 국부 변형 방지

접합부에 국부 변형을 생기게 하면 예기치 않은 2차 응력이 생겨 접합 내력이나 강성을 저하시킨다. 특히 판 요소에 면외력을 가하면 뚜렷한 국부 변형이 생겨 힘의 전달이 원활하게 되지 않고 접합 내력이 저하할 뿐만 아니라 인성도 떨어진다. 이것은 고력 볼트를 이용한 인장 접합, 강관 등의 비교적 두께가 얇은 부재나 용접 접합부의 조립 오차(材軸의 엇물림) 등으로 일어나기 쉽다. 기둥 보 접합 부분의 수평 리브나 스티프너 설치 위치에 플랜지와의 엇물림이 생기기 쉬우므로 주의해야 한다.

(c) 인성 확보

인성은 구조물의 부착 강도를 나타내는 것이며, 구조물이 과부하에 견디는 능력을 좌우하는 것이다. 접합부에서는 응력 집중을 아주 없앨 수는 없으므로 될 수 있는 한 인성을 저하시키지 않는 디테일로 하여 응력 집중의 영향을 적게 하도록 노력함과 동시에 구조물 전체로서의 부착 강도를 확보하도록 항상 주의해야 한다.

(d) 용접에 따른 제문제

철골 구조는 용접없이는 생각할 수 없으므로 설계시나 시공시에도 용접에 관한 지식이 없이

는 확실히 대응할 수 없게 되어 있다. 재료의 용접성이나 용접 열영향, 용접 시공성, 변형·잔류 응력 대책이나 용접 결함 대책 등 미리 생각해 두어야 하는 문제점이 많다. 이들 중 용접이 갖는 결점에 대한 대책으로서 특히 중요한 사항에 대해서「제8장 8.2 철골 용접의 요점」에서 상세히 기술하였다. 또 다음 항에서는「용접 변형·잔류 응력 대책」에 대해서 기술한다.

(e) 치수 오차의 도피

제품의 치수 정밀도는 소재의 제조 과정에서 생기는 치수 오차, 철골 제작 각 공정에서 생기는 치수 오차 등 때문에 기술적으로 피할 수 없는 한계가 있다. 현장 접합부에서는 더구나 현장 조립 정밀도에 기초를 둔 오차도 포함하고 있다. 따라서 이 치수 오차를 구조물 전체로서 어딘가에 수렴할 수 있는 디테일로 해야 한다. 치수 정밀도를 통상의 한계 이상으로 요구하는 것은 경제성을 뚜렷이 저해한다.

(f) 다른 재와의 접합

1차적인 구조 요소와 2차적 부재, 더구나 마감재나 설비 관계 부재와의 관련에 따라 디테일에 제약을 받는 경우가 있다. 예를 들면, 철골 단계의 지지 부분과 이음이나 접합부 위치와의 관계, 바닥에 덱 플레이트를 사용한 경우의 보 이음부 관계, 보 관통 구멍과 작은보 위치와의 관계, 바닥 구조와 묻어넣기 설비 배관과의 관계 등 구조 이외 요소와의 관계도 검토하여 마감이 좋도록 해야 한다.

(g) 시공 장소

공장 접합이든 현장 접합이든지간에 같은 종류의 접합부라도 다른 디테일로 하는 편이 좋은 경우가 많다. 또 같은 현장 접합이라도 현장 지상 조립 접합과 현장 세우기 접합에서는 각각 알맞는 디테일로 해야 한다.

(h) 시공성

시공성이 좋을 것. 시공성이란 시공하기 쉬움과 시공한 결과의 신뢰성에서 말하는 상대적인 평가이다. 설계시에는 공작·조립·현장 세우기 등에 대해서 적어도 하나의 안(案)을 가진 바람직한 태도가 필요하며, 이들 공작 전반에 걸쳐서 시공성이 좋도록 항상 주의해야 한다. 시공성이 좋다는 것은 품질이 안정됨과 동시에 경제성이 좋다는 것이 하나의 원인이다.

특히 기둥 보 접합 부분은 디테일이 비교적 복잡하게 되기 쉬운 것이므로 조립 순서·용접 순서에 대해서도 하나의 안을 가지고 소재의 치수 오차·용접에 따른 수축 등에 대해서도 도피할 수 있도록 해두어야 한다. 부주의로 설계된 디테일은 큰 구속력이 생겨 용접부에 금이 가거나 용접이 곤란하게 되는 경우가 있다.

(i) 작업 공간 확보

어떤 용접 개소에서도 작업자가 용접선을 눈으로 확인하면서 바른 각도에서 용접 토치를 조작할 수 있을 정도의 작업 공간이 필요하다. 만약 뒷면 치핑을 동반하는 맞대기 용접 부분이라면 필요 작업 공간은 더욱 넓어진다. 보수를 위한 가우징(gouging) 작업에 대해서도 마찬가지이다. 요즘은 탄산가스 반자동 용접법이 널리 보급되고, 이 경우는 손용접에 비하여 용접 토치가 크므로 좀더 넓은 작업 공간을 필요로 한다. 부재의 단면 형상도 이 작업 공간의 검토에서 제약을 받는 경우가 자주 있다.

예를 들면, **그림 8.25**에 ※로 나타낸 부분은 작업 공간으로서 충분하지 않아 만족한 용접 작업을 기대할 수 없다. 또 동 그림 (b)에 나타낸 바와 같이 하나의 맞춤 블록에서 보 춤이나 보 설치 높이에 차이가 있는 경우는 맞춤 블록 내의 관계 치수에 주의해야 한다. 이 경우 어느 것이나 150 mm 이상의 치수가 필요하다(플랜지 폭 200~250 mm의 경우 안치수 100 mm 이상). 이들은 용접 작업 뿐만 아니라 현장 이음부의 디테일에도 관계된다. 고력 볼트나 용접의 현장 작업성이 좋지 않으면 접합 내력에도 영향을 끼칠지 모른다. 가새(brace) 등의 사재(斜

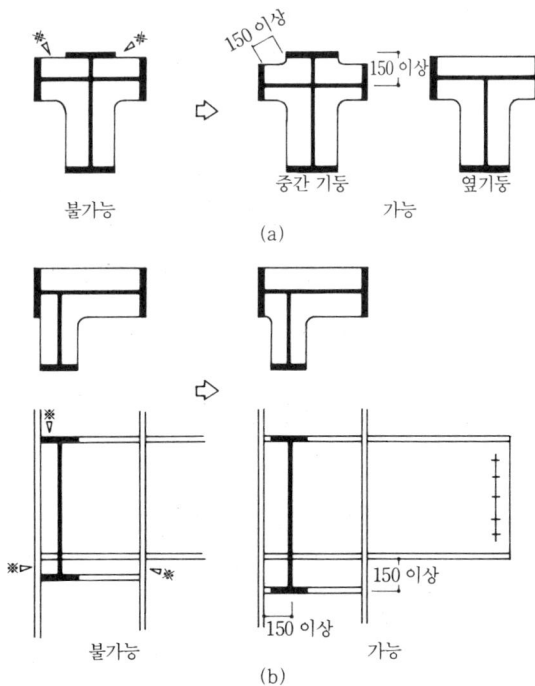

그림 8.25 작업 곤란한 디테일 예

材) 설치부의 고력 볼트 접합에서도 똑같으며 기구(器具) 치수에서 볼트 조이기 작업을 할 수 있는지 여부에 대해서 접합부의 공간적 검토를 태만히 해서는 안된다.

(j) 경제성

경제성의 추구는 기술적 문제의 추구와 마찬가지로 중요하므로 경제성을 무시하고 설계할 수는 없다. 경제성은 용접 구조의 경우 사용 강재량과 용접 공수(工數)가 큰 요소를 차지하므로 강재량의 저감 뿐만 아니라 종합적으로 원가가 적게 들도록 노력해야 한다.

철골 제작은 공장에 따라서 정해진 라인(흐름)이 있다. 설비나 기계는 이 라인에 의거하여 배치되고 있으므로 제작 공정은 이 라인에 따라서 진행한다. 조립·용접 공작에 대해서 말하면 통상은 소조립→용접→대조립→용접의 순서로 흘러가는 것이므로 이 흐름에 따르지 않고 반대로 흐르거나 더구나 라인이 늘어나는 공정을 요하는 디테일은 생산성을 저해하므로 피해야 한다.

접합부 설계시에 이러한 많은 검토 과정에서는 각각 득실에 상반되는 것이 생기는 경우가 많으나 여기에는 각기 중요성에 따라서 종합적으로 판단하면 자연히 문제에 따른 어떤 형태가 생기게 된다. 그 결과 남은 다른 문제점에 대해서는 별도로 해결하는 방법을 준비해야 한다. 철골 구조에서는 이러한 검토를 거쳐 단지 부재 단면만을 산정하는 것은 전혀 의미가 없는 듯하다.

(k) 생산성 향상

요즘 철골 구조의 추세가 다른 구조보다 많이 신장되고 있다. 이것은 철골 구조가 많이 발달했다는 증거이다. 즉, 구조 이론, 구조 재료, 공법, 공작법, 검사법, 경제성 등의 철골 구조를 지지하는 여러 가지 요인이 각기 서로 자극을 주면서 발전해 왔기 때문이다. 그러나 좀더 큰 발전을 기하기 위해서는 설계에서나 시공에서도 더욱 생산성 향상의 방책을 추구해야 한다.

표 8.7은 철골 공사의 원가를 지배하는 중요도의 비교이다[125]. 여기서는 철골 공사의 원가

표 8.7 철골 공사 원가를 지배하는 중요도의 비교

	(1) 원가의 구성비 (%)	(2) 각 원가를 좌우하는 비율 (%)			(3) 공사 원가를 지배하는 비율 [(1)×(2)=(3)] (%)		
		설계	FAB	현장	설계	FAB	현장
강재·가공부품비	60	97	3	0	58	2	0
공장제작비	30	70	30	0	21	9	0
운반현장조립비	10	0	80	20	0	8	2
(4) 합계					79	19	2

를 재료·공장 가공·현장 작업의 3가지로 대별하고 각기 구성비를 60 : 30 : 10이라고 가정하였다. 또 각기 원가가 발생하는 요인 중에서 설계자·철골 가공업자·현장 조건에 따라서 결정되는 비율을 동 표 (2)란과 같이 생각하면 철골 공사 원가 중 설계에 따라서 차지하는 비율은 79%, 가공업자가 차지하는 비율은 19%(동 표 (4)란*)이므로 설계가 차지하는 비율이 어쨌든 크다는 것을 알 수 있다. 이것은 어떤 철공소 경영자의 경험적인 수치라는 것을 밝혀 둔다. 그러나 철골의 생산성 향상에 다해야 할 설계 책임의 중요성을 나타낸 것으로서 흥미 깊다. 요즘은 노무비의 고등이 심하므로 공작·현장 공수(工數)에 기초를 둔 것의 비율이 약간 증대한다고 본다.

그러나 철골업계에는 그 생산성 향상 운동을 저해하는 관습이 횡행하고 있다. 가장 두드러진 것은「톤당 얼마」라고 거래하는 상습관(商習慣)이며, 코스트와 가격이 고리(link)를 이루고 있지 않다는 것이다. 도면을 보지도 않고 톤당 얼마라는 현재 방식은 아무리 생각해도 불합리하다. 지난날 리벳(rivet)으로 주로 하던 시대라면 공법이나 디테일을 대강 정하고 나서 이런 방식으로 해도 큰 잘못이 없었겠지만 현재와 같은 용접 구조에서는 설계 내용에 따라서 코스트가 크게 달라진다. 이러한 이른바 주먹구구식 가격 결정 방법으로는 나쁜 영향만 두드러진다.

먼저 설계에 관한 것인데 설계자는 본래 생산성이 높은 설계를 하고 싶을 것이다. 약간 톤수가 늘어나도 공수에 관계없는 설계를 하면 종합적으로 낮은 코스트가 되는 경우라도「톤당 얼마」라는 식에서는 톤수가 늘어난 분만큼 도리어 높아지게 된다. 오히려 공수가 많아도 톤수가 적은 설계가 바람직하고 이 편이 뛰어난 설계로 된다. 디테일의 표준화도 외치고 있다. 이 사고 방식은 종합적으로 생산성이 좋은 디테일을 찾아내는 것인데 이 움직임도 설계 전에는 제동이 걸려 버린다. 표준화가 진행되지 않은 것은 로봇 개발에도 장해가 되고 있다.

다음은 시공자에 대한 것이다. 코스트를 무시한 가격 결정은 품질을 떨어뜨려 가격 경쟁에만 치우치게 된다. 그 결과 출혈 수주가 되면 살기 위해 필요한 절차를 생략하거나 속임수를 써 품질 저하, 결함 철골로 이어진다. 시공자는 좀더 코스트에 대한 의식을 가져야 한다. 코스트를 인하하는 노력은 늘 해야 하지만 코스트를 할인하는 수주는 해서는 안된다. 설계 내용에 따른 최저 코스트의 주장을 좀더 강하게 해야 한다.

게다가 원도급자나 건축주 등 발주측이「싸면 된다. 값을 깎을 만큼 깎는다」고 하면 철골 품질의 중요성에 관한 인식이 매우 나빠진다.

이러한「톤당 얼마?」라는 방식의 모순에 대해서는 일찍부터 개선이 주장되어 왔으나 조금도 좋아지지 않았다. 그러나 이것은 철골에 관계하는 것 모두에 백해(百害)가 되어 하나의 이익도 없어 코스트와 가격의 정상화는 조급히 개선되어야 할 문제이다. 이러한 상습관에 따르고 있는 업계는 철골업계밖에 없지 않나 한다. 철골 구조의 정상적인 발달을 위해서는 코스트에 링크된 가격이 절대로 필요하다는 것을 끈기있게 계속 주장하면 반드시 알아줄 때가 올 것이다.

중소 철공소 중에는 「톤당 얼마?」라는 방식의 주먹구구식에서 탈피하여 코스트 관리를 중시한 좀더 합리적인 경영 수법을 도입하려고 노력하고 있는 곳이 있다는 말을 들었다. 믿을 만한 동향이며, 아무쪼록 성공하길 바라며 이 운동을 더욱 널리 관계자들이 이해할 수 있도록, 또 이 운동을 조장하도록 기대하는 바이다.

(2) 용접 변형 · 잔류 응력 대책 [126]

(a) 용접 변형의 종류

실제 철골 제품에 나타나는 변형은 매우 복잡하나 그 상태에서 다음과 같이 분류할 수 있다. 먼저 개재(個材)에 대해서는 면내 수축 변형과 면외 처짐 변형이 있다. 면내 수축 변형은 면내 온도 분포의 불균등에 의거하여 일어나며, 가로 수축, 세로 수축, 회전 변형이 있다. 면외 처짐 변형은 판 두께 방향의 온도차로 생기고 각변형, 세로 휨 변형, 좌굴 변형이 있다(**그림 8.26**). 또 외적 구속의 불균형으로도 변형이 생긴다.

구조물로서의 변형은 개재 변형과 그 짜맞춤으로 나타나는데 주된 것에는 큰 휨 변형, 비틀림 변형, 부풀어오름 변형, 치수 부족, 각도 불량(집성재의 직각도 불량, 보 브래킷의 설치 각도 어긋남 등), 위치 불량(설치 위치 오차) 등이 있다. 비틀림 변형과 부풀어오름 변형은 변형 바로잡기가 매우 곤란하다.

(b) 설계상의 변형 대책

용접 변형 대책만으로 본 설계상의 주의 사항으로서는 다음과 같은 것을 생각할 수 있다.

① 부재 단면 선정시는 될 수 있는 한 단순한 단면으로 함과 동시에 대칭적인 단면이 좋다. 용접량도 될 수 있는 한 대칭으로 한다. 비대칭 단면이나 용접량은 휨 변형이 생긴다(**그림 8.27**).

② 접합이나 이음 형식을 단순화하여 용접 개소를 될 수 있는 한 적게 한다. 그렇게 하기 위해서는 기성제 형강 이용이나 판 구부리기 방식도 생각해 본다. 단, 기성제 형강의 전체 단면 완전 맞대기 용접은 불용착부를 남길 우려가 높으므로 피하는 편이 좋다.

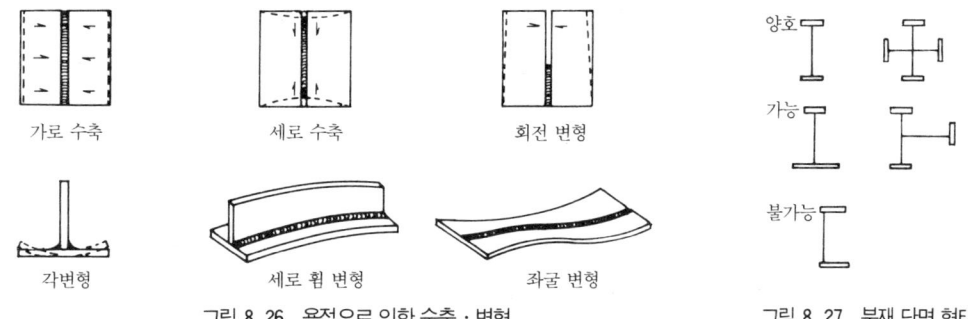

그림 8.26 용접으로 인한 수축·변형   그림 8.27 부재 단면 형태

③ 자동 용접을 많이 사용하도록 한다.
④ 용접 작업이 쉽도록 한다. 용접봉을 바른 각도에서 직접 눈으로 보면서 조작할 수 있도록 작업 공간에 여유를 둘 것.
⑤ 용착 금속량을 될 수 있는 한 적게 한다. 최소 용착량으로 완전한 용접을 할 수 있고, 양면 용접의 경우는 변형도 적은 그루브 형상을 선정한다. 그루브의 형상 치수는 시공 오차를 고려한 다음에 필요한 최소값을 확보할 것. 필릿 용접의 각장(脚長)도 필요 최소한으로 할 것. 과대한 용접은 유해 무익하다고 생각해야 한다.
⑥ 쓸데없는 용접을 하지 않는다. 맞대기 용접이 필요없는 개소는 함부로 맞대기로 하지 말고 필릿 용접으로 한다. 예를 들면, SRC조의 주각부는 RC조로서 설계하는 경우가 많은데 이 경우의 앵커 볼트는 철골 현장 조립시에 필요한 것이고 통상은 그다지 큰 사이즈의 것을 필요로 하지 않는다. 따라서 기둥 플랜지와 베이스 플레이트의 용접은 맞대기 용접은 필요없고 필릿 용접으로 충분하다.
⑦ 2차 부재의 배치나 설치법에 주의하고 변형이 눈에 띠지 않도록 한다.
⑧ 시공법과 관련하여 수축량이 큰 개소부터 용접할 수 있도록 조립 순서, 용접 순서를 선정하는 그런 소재 집성을 고려할 것. 치수 정밀도를 엄격히 요구하는 경우는 나중 금긋기가 쉬운 부재 형상일 것.

(c) 시공상의 변형 대책

용접 변형은 발생하는 조건·요소가 다양하고, 또 일반적으로 구조물의 형태도 단순하지 않으므로 발생할지도 모르는 변형의 모두를 정량적으로 파악하여 대책을 강구하기란 매우 곤란하다. 따라서 세심한 주의를 해도 수축 변형을 피할 수 없는 경우가 많아 변형 바로잡기를 요하는 경우가 많다. 그러나 변형 바로잡기를 피할 수 없다고 해서 변형 대책을 소홀히 해서는 안된다.

부주의한 용접 시공이 교정 곤란한 변형을 생기게 한 예도 있는가 하면 세심한 주의가 변형 바로잡기 작업을 전혀 없게 하거나 매우 쉽게 한 예도 많다. 변형 바로잡기에 필요한 공수(工數)가 많고 적음은 용접 시공 관리 양부의 바로미터이다.

용접 시공면에 생긴 변형 대책 방법에는 다음에 기술하는 것들을 생각할 수 있다. 다만, 이들 방법 중에는 조건에 따라서 구조상·용접 야금상 등에서의 검토를 요하는 것이 있다.

① 전체 공급 열량을 될 수 있는 한 적게 할 것. 설계 치수를 확보하는 것은 당연하지만 필요 이상의 용접을 하지 말 것. 시공법과 관련하여 그루브의 형상·치수를 재검토한다. 손 용접보다도 반자동 용접·자동 용접으로 한다. 작은 지름의 봉보다 큰 지름의 봉을 사용하여 용접 층수를 적게 한다. 불필요한 용입을 적게 한다. 구리 받침·수랭(水冷) 등의 도열법(導熱法)을 이용하여 공급 열량을 빨리 제거한다.

② 용접법에 관해서는 열량을 한군데에 집중시키지 말고 될 수 있는 한 분산시킨다. 중심에서 대칭으로 주변을 향하여 용접한다. 평행한 용접선에서는 용접 방향을 같게 한다. 될 수 있는 한 동시에 용접한다(비틀림에 대해서 유효).

③ 가공 조립 정밀도를 높일 것. 개재의 가공 정밀도를 높여 재편 집결시(材片 集結時)는 표면 붙이기를 잘한다. 필릿 용접은 될 수 있는 한 밀착시킨다. 가공 정밀도가 나쁘면, 예를 들면 필릿 용접의 표면 붙이기는 수축 변형을 크게 한다. 맞대기 이음의 루트 간격이 너무 크면 여분의 용착 금속을 필요로 하여 변형량을 크게 하고, 너무 작으면 용입 불량이 된다. 또 용입 불량을 막기 위해 뒷면 치핑량을 크게 하면 용착량이 늘어나거나 앞뒤 입열(入熱)의 균형이 깨져 여분의 변형을 생기게 한다.

잔류 응력이나 변형의 발생은 용접 그 자체보다도 정밀도 불량에 기인하는 것이 상당히 많으므로 주의해야 한다.

④ 조립·용접 순서에 관해서는 수축량이 큰 이음부터 용접한다. 회전 지그·포지셔너류를 활용하고 언제나 양호한 용접 자세를 취할 수 있도록 함과 동시에 용접 순서의 변화에 대응을 쉽게 한다. 이음을 될 수 있는 한 자유롭게 하여 변형을 피한다. 먼저 행한 용접으로 인한 변형을 나중 용접으로 없애도록 한다.

⑤ 역변형법. 용접으로 인한 자유 변형분의 역변형을 취하여 용접 완료 후 바른 형태가 되도록 한다.

⑥ 구속법. 탄성 역변형·스트롱 백(strong back)이나 그 밖의 지그를 이용하여 구속한

다.
⑦ 수축 여유를 예상한다. 과거의 측정 예로부터 수축량을 예상하여 원치수 단계에서 미리 예상해 두는 방법이다. 수축량은 때때로 측정하여 최초 예상과 틀리면 바로 보정 조치를 해야 한다.
⑧ 나중 금긋기법. 치수 정밀도를 엄격하게 요구하는 경우나 수축량을 예상하기가 곤란한 경우에 채용한다. 용접 완료 후 마감 절단을 하여 정규 치수로 한다.

(d) 변형 바로잡기

제품으로서 아주 보기 흉한 변형이나 다른 재와의 접합 부분(현장 접합부 등)에 지장을 주는 변형은 교정한다. 그 방법은 다음과 같다.
① 가스 불꽃으로 인한 것. 점가열법이나 선가열법이 있는데, 열을 가하여 급랭하는 것이므로 온도 관리에 주의해야 함과 동시에 강재에 따라서는 그 야금적(冶金的) 영향을 검토해야 한다.
② 기계적 방법. 프레스, 피닝, 해머링 등이 있다.
③ 치수 정밀도의 허용 한도를 넘는 것은 덧땜 용접(build-up welding, padding), 절단 보정 등의 방법으로 수정한다.

(e) 잔류 응력 대책

용접으로 인한 잔류 응력은 피할 수 없으나 여러 가지 경우에 대해서 잔류 응력의 영향을 고려하여 설계하기란 거의 불가능하다. 따라서 설계·시공에 걸쳐서 다음과 같은 사항에 주의해야 한다.
① 구조상의 불연속을 만들지 말 것.
② 중요한 강도 부재에서는 잔류 응력이 될 수 있는 한 적게 되는 시공법을 선정할 것. 이것은 용접 변형 대책과 공통되는 것으로서 생각한다.
③ 용접 결함(노치가 되는 것, 특히 면상 결함·균열)을 만들지 않도록 시공할 것.
④ 노치 인성이 뛰어난 재료를 사용하고 그 사용 온도 범위에서는 잔류 응력의 영향이 사실상 없게끔 할 것.
⑤ 경우에 따라서는 적당한 응력 완화를 베풀 것.

(f) 용접 결함 대책

용접은 아무리 주의하여 시공해도 결함 발생을 전혀 없게 할 수는 없다고 봐야 한다.

용접 결함이 이음 강도에 끼치는 영향에 대해서는 많은 연구가 있으나 결함의 종류·위치 등에 따라서 영향도가 달라지므로 일률적으로 다루고 싶은 점이 있다. 오히려 미지(未知)의 문제가 많다고 볼 수 있다. 그러나 디테일의 선정 방법에 따라서는 결함의 영향도를 작게 할 수 있는 경우가 있다.

예를 들면 **그림 8.28** (a), (b)와 같이 플랜지에 거싯 플레이트를 설치하는 경우의 거싯 플레이트의 방향은 (a)보다 (b) 쪽이 언더컷이 생겼을 때의 영향을 작게 할 수 있다. 철골 현장 조립시에 보 아래에 설치하는 파이프 행어(달비계용 틀)의 거싯 플레이트 방향은 현상태는 (a)이지만 이전 의미에서는 (b) 쪽이 우수하다. 파이프 행어 메이커는 빨리 이렇게 고치기를 바란다. 단면 내에 생기는 파이버 스트레스 방향에 직교하는 언더컷은 이 부분에 응력 집중을 생기게 하기 때문이며, 응력 집중 개소를 만들지 않는 디테일이 바람직하다.

이 밖에 중요 용접부에 대해서 비파괴 검사를 하기가 쉽도록, 또 결함이 생긴 경우에 보수하기 쉽도록 하는 고려도 필요하다. 이것은 용접을 위해 여유 있는 작업 공간을 확보하는 것과 공통 문제이다.

또 크레인의 런웨이 거더(runway girder, 주행로 거더) 등과 같이 반복 하중을 받는 부재는 피로 설계를 할 필요가 있다. 이때 **그림 8.28** (c)와 같이 웨브의 보강을 위해 설치하는 스티프너는 인장측이 되는 하부 플랜지에는 용접하지 않고 15~20 mm 간격을 마련해 두면 좋다. 필요없는 용접은 하지 않는 편이 바람직하고 용접하지 않으면 용접 결함이 생기지도 않는다.

그림 8.29 (a)와 같이 보 웨브에 작은보용 거싯 플레이트를 설치할 때는 웨브면과 상하 플랜지면에 필릿 용접을 하든지 거싯 플레이트의 설치 폭을 플랜지 가장자리에서 10~15 mm 정도 작게 해두어야 한다. 이 치수가 10 mm보다도 적은 경우는 돌림 용접을 할 때에 플랜지 가장자리에 용락(熔落, burn through, metal down)을 생기게 하여 단면 결손이 된다. 만약

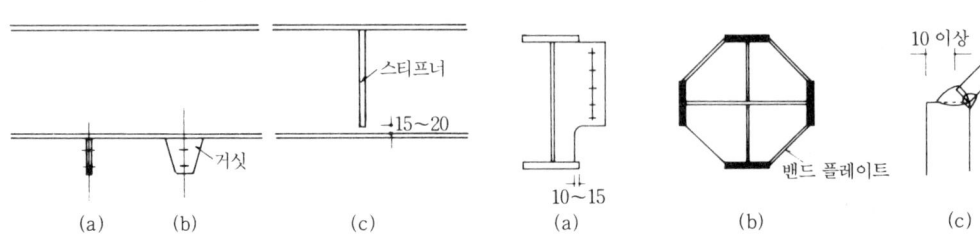

그림 8.28 용접 결함 대책을 고려한 설계(1)　　　그림 8.29 용접 결함 대책을 고려한 설계(2)

이렇게 되지 않을 때는 오히려 플랜지와 같은 폭으로 해두는 편이 단면 결손을 막기 쉽다. 또 동 그림 (b)와 같이 십자형 조립 기둥의 밴드 플레이트(band plate)를 기둥 플랜지에 설치하는 경우는 플랜지 바깥면에서 10 mm 정도 잡아끌어 설치할 수 있으면 기둥 플랜지에 용락이 잘 생기지 않는다(동 그림 (c)). 또한 이 경우에서도 밴드 플레이트 상하부의 돌림 용접으로 플랜지 우각부에 용락을 생기게 할 우려가 있다. 이러한 2차 부재를 설치할 때에는 언더컷이 생기기 쉬우므로 주의해야 한다. 만약 그림과 같은 치수 관계를 구할 수 없는 경우는 밴드 플레이트를 플랜지 내면 또는 외면 설치로 하면 된다. 플랜지 두께가 얇은 경우는 외면 설치로 하는 것이 바람직하고 내면 설치로 하면 필릿 용접 때문에「부풀어오름 변형」이 생겨 보기 흉하게 된다.

(3) 임시 용접

임시 용접은 Tack Welding이라고 하고 Tack Sewing을「가봉(假縫)」이라고 번역한 것에 따라 번역된 것인데 단어가 갖는 뉘앙스는 상당히 다르다. 가봉은 본봉(本縫)한 후에 제거해 버리지만 임시 용접은 본용접 속에 넣어 버리는 것이 대부분이기 때문이다. 그러나 "가(假)", 즉 임시라는 단어가 갖는 인상에서 안이하게 시공되고 있는 경우가 상당히 있는 듯하다.

임시 용접은 부재를 조립하고 이동시키기 위해 어느 정도 강도가 필요하게 되는 것은 자명하지만 열영향으로 인한 경화를 막는 고려를 해야 한다는 것은 뜻밖에도 이해가 되지 않는다. 비드 길이가 짧은 임시 용접은 총입열량이 적으므로 냉각 속도가 빨라지며 열영향부의 경화가 크게 되어 뚜렷한 경우는 금이 가고 이것이 본용접 속에 들어가므로 위험한 것이다.

그러므로 용접법과 판 두께에 따라서 필요한 임시 용접의 표준 길이가 정해져 있고(표 8.8)[127], 가령 작은 리브 플레이트의 경우라도 이 길이를 지키는 것이 중요하다. 동 표 중간 난(아크 손용접 등의 경우)의 수치는 이 이상 길이의 용접을 하면 모재의 열용량에 대해서 상당한 입열이 되므로 용접부의 최고 경도에 끼치는 온도 영역에서 냉각 속도의 영향(「제8장 8.2 철골 용

표 8.8 임시 용접 길이의 표준값

판 두께 (mm)	비드 길이(mm)	
	아크 손용접 · 가스 실드 아크 반자동 용접 · 논가스 실드 아크 반자동 용접의 경우	소모 노즐식 일렉트로 슬래그 용접 · 서브머지드 아크 자동 용접의 경우
$t \leqq 3.2$	30	40
$3.2 < t < 25$	40	50
$25 \leqq t$	50	70

접의 요점 (3) (b) 용접 열영향부의 재질 변화, 경화·취화」참조)이 거의 일정하게 되는데 기인하고 있다. SS400급 강재는 담금질(hardening) 경화성이 적은 것이 많으므로 임시 용접이 비교적 쇼트 비드이더라도 경화의 정도는 크게 되지 않으나 SWS490급 이상의 강재에 대해서는 반드시 주의해야 한다. 요즘은 중소 철공소에서도 SWS490재를 다루게 되어 있는 데다가 외관상은 SS400재와 구별이 되지 않으므로 모든 강재에 대해서 임시 용접의 필요 길이를 지키도록 습관화해야 한다. SWS490재에는 저수소계의 용접봉이나 탄산가스 반자동 용접으로 할 필요가 있다. 또 아크 스트라이크는 냉각 속도가 가장 빠른 것이므로 모재에는 절대로 해서는 안된다.

임시 용접을 하는 개소에도 주의해야 한다. 임시 용접은 그루브 속에는 하지 말고 받침쇠측 또는 가우징측에 하는 것이 원칙이다. 엔드 태브의 임시 용접은 받침쇠측에 해야 한다. 박스 칼럼의 맞대기 임시 용접을 그루브 내에 하는 것은 어쩔 수 없지만 우각부를 피하는 고려는 필요하다. 박스 칼럼의 맞대기 용접 우각부는 초음파 검사 대상이 아니므로(확실히 검사할 수 없기 때문에) 이 부분을 선정하여 임시 용접을 하는 경우를 볼 때가 있는데 본질을 망각한 나쁜 예이므로 용접 기술자의 자질을 의심받을 수 있다.

필자는 옛날부터 기회 있을 때마다 임시 용접이라고 부르는 것을 「조립 용접」으로 고쳐야 한다고 주장해 왔다[126]. 이와 같이 부르면 임시 용접의 중요한 것을 사정이야 어쨌든 자각하는 데 일조가 된다고 생각한 때문이다.

「철골 공사 기술 지침 해설」(일본 건축 학회편, 1989) 중에 「임시 용접은 조립 용접으로 해야 할 것이다」라는 표현을 하고 있다고 한다. 필자는 철골 제작 공장의 기술 레벨을 나타내는 바로미터로서 임시 용접과 아크 스트라이크에 주목하고 있는데 이것은 「제8장 8.2 철골 용접의 요점 (4) 용접 기술 레벨」말미에 이미 기술한 바 있다.

(4) 기둥 보 접합 부분 [118]

(a) 기둥 플랜지 관통 형식과 보 플랜지 관통 형식

건축 철골에서는 판 두께 방향에도 인장력이 가해지는 그런 것, 즉 3축 응력 상태가 되는 디테일을 피할 수 없다. 대표적인 예로서 기둥 보 접합 부분이 있는데 구조적으로 가장 중요한 부분이면서 대단히 복잡한 응력 상태가 된다. 예를 들면, 철골 철근 콘크리트조 기둥 보 접합 부분의 철골 조립법에는 그림 8.30에 나타낸 바와 같이 (a) 기둥 플랜지 관통 형식과 (b) 보 플랜

(a) 기둥 플랜지 관통 형식 (b) 보 플랜지 관통 형식

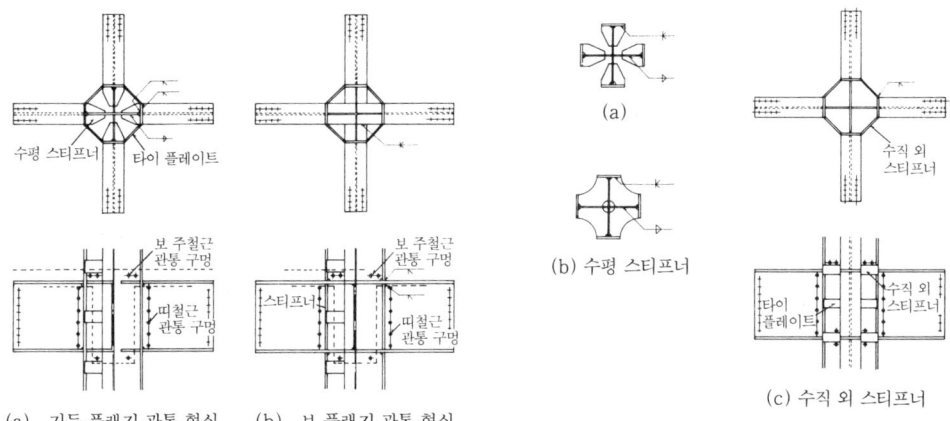

그림 8.30 기둥 플랜지 관통 형식과 보 플랜지 관통 형식

(a)

(b) 수평 스티프너

(c) 수직 외 스티프너

그림 8.31 기둥 플랜지 관통 형식의 스티프너

지 관통 형식이 있으며 어느 것이나 3축 응력 상태로 되는 부분을 피해야 한다. 기둥 플랜지 관통 형식인 경우의 수평 스티프너 또는 수직 외 스티프너의 사용법을 **그림 8.31** (a), (b) 및 (c)에 나타낸다. 한편 압연 강재의 기계적 성질에는 이방성(異方性)이 있는데 더구나 편석(偏析, segregation)이나 불순물 개재 등 재료 결함이 있으면 판 두께 방향으로 큰 힘을 받은 경우에 터지거나(開裂) 박리 현상을 일으키는 경우가 있다. 래미네이션(lamination) 균열이나 라멜라 테어(lamellar tear)가 이것이다.

이러한 재료 결함에 대해서는 설계면에서는 판 두께 방향의 응력을 저감하도록 유의해야 하고 공작면에서는 예열이나 용접 재료 · 용접 방법 선정, 용접봉의 건조 · 구속의 경감화 등에 노력해야 한다. 이런 뜻에서 보면 기둥에는 압축력이 작용하고 있으므로 보 플랜지 관통 형식 쪽이 판 두께 방향에 작용하는 힘을 경감할 수 있다. 또, 이 부분의 L형 맞대기 용접의 보강 필릿 사이즈를 크게 함과 동시에 판 두께 방향의 힘을 경감하는 데 유효하다(보강 필릿 다리 길이는

「래미네이션(lamination)」: 용강(溶鋼) 속에 개재하는 불순물은 응고시에 중앙 부근에 집중하여 편석(偏析)하는 경향이 있다. 이것은 그후의 압연 공정으로도 소실되지 않고 압연 방향에 따라서 평행하게 존재하는 층상(層狀) 조직이 되며 뚜렷한 것은 모재 결함을 낳는다. 이것을 래미네이션이라고 한다.

래미네이션이 있으면 판 두께 방향의 이방성(異方性)을 조장(組長)하고 용접열 또는 판 두께 방향에 작용하는 저응력에 의해서 박리 또는 갈라지는 경우가 있다. 이 현상을 래미네이션 균열이라고 한다.

「라멜라 테어(lamellar tear)」: 강재의 압연 평행면에 개재물이 존재하여 래미네이션이 만들어지면 용접열 또는 판 두께 방향의 구속력을 받는 경우에 현미경으로 겨우 구별할 정도의 금이 생긴다(현미경적 균열이라고 한다). 이것이 점차 성장하여 래미네이션에 따른 계단상 균열이 된다. 이것을 라멜라 테어라고 한다.

라멜라 테어는 유황 함유량이 많을수록 생기기 쉽고 수소는 그 발생을 조장한다. 일반적으로 래미네이션 균열은 매크로한 현상, 라멜라 테어는 미크로한 현상이라고 구별하여 부르는 경우가 많다.

맞대는 쪽 판 두께의 1/4 이상으로 하지만 10 mm를 초과해도 효과는 적다고 한다). 철골의 부담 휨 모멘트의 값이 큰 경우(통상 빌딩 철골에서 100 tm 정도 이상)는 보 플랜지 관통 형식 쪽이 적당하며 힘의 흐름도 명확하다. 이 경우 일반적으로 보 플랜지 판 두께 쪽이 기둥 플랜지보다 두꺼우므로 맞대기 용접의 용착량을 감소시킬 수 있다. 기둥의 단면 치수나 플랜지 폭·판 두께를 층마다 바꿀 수 있다. 이런 장점이 있는 한편 결점으로는 보의 설치 높이나 보 춤에 약간 차이가 있는 경우는 대응할 수 없다. 이 경우는 150 mm 이상의 차이가 나지 않으면 용접 시공이 곤란하다. 약간의 차이(몇 cm 정도)는 헌치 마감으로 하는 등 방법이 있는데 헌치부에 불용착부를 남길 우려가 크므로 바람직하지 않다.

공장 제작한 다음에 두 가지 형식을 비교하면 기둥 플랜지 관통 형식 쪽이 공작하기 쉽고, 또한 제작 정밀도를 확보하기 쉽다는 등의 보고가 있지만 [128] 한편으로는 어느 것이나 큰 차이가 없다는 설도 있다. 공장 제작에 대한 사고 방식은 철골 제작 공장의 보유 설비나 기술·습숙도(習熟度) 등에 따라서 차이는 있다고 본다. **표 8.9**에 이들에 대한 비교를 정리해 나타낸다.

보 플랜지 관통 형식의 경우 보 설치 높이에 차이가 있는 경우의 디테일은 **그림 8.32** (b)가 아니고 (a) 쪽이어야 한다. 동 그림 (b)는 보 플랜지 관통 형식과 기둥 플랜지 관통 형식의 디

표 8.9 기둥 플랜지 관통 형식과 보 플랜지 관통 형식의 비교

항 목	기둥 플랜지 관통 형식	보 플랜지 관통 형식
부 담 응 력 의 크 기	부담 응력이 비교적 작은 경우에 적용	큰 경우(M=100 tm 정도 이상)에 적용
힘 의 흐 름	전체로서 힘선(力線)에 명확도가 모자란다. 수평 스티프너를 크게 하면 된다.	명확
판 두 께 방 향 의 응 력	큼	약간 작음
철 골 단 면	층마다 변하는 것은 비교적 곤란함	쉬움
디 테 일	보 춤이나 설치 높이의 차이에 대한 대응은 약간 쉽다. 기둥 플랜지 폭≧보 플랜지 폭	150 mm 정도 이상의 차이가 필요 보 플랜지 폭≧기둥 플랜지 폭
철 근 과 의 관 계	수직 스티프너로 한 경우는 제약을 받음	양호
콘 크 리 트 의 충 전 성	수직 스티프너에서는 양호. 수평 스티프너가 작은 경우는 양호. 크게 하면 곤란함	약간 곤란함
가 공 · 조 립	비교적 쉬움	공수(工數)가 약간 늘어남. 기둥을 일치시키는 것이 중요
자 동 용 접 의 적 용	용접선이 길어 적용 가능	적당하지 않음
맞 춤 의 맞 대 기 용 접	용접량은 많으나 공정은 1회	왼쪽보다 적음. 공정은 2회
맞 춤 내 부 의 용 접	큰 수평 스티프너에서는 용접시 구속력이 큼	비교적 적음
치 수 · 정 밀 도	기둥 전체 길이는 양호. 보 방향은 약간 곤란. 전체로서 치수·정밀도 확보가 쉬움	기둥 전체 길이는 약간 곤란. 크게 구부림에 주의. 스팬 방향은 양호
비 파 괴 검 사	검사 공정은 1회	검사 공정이 2회가 됨

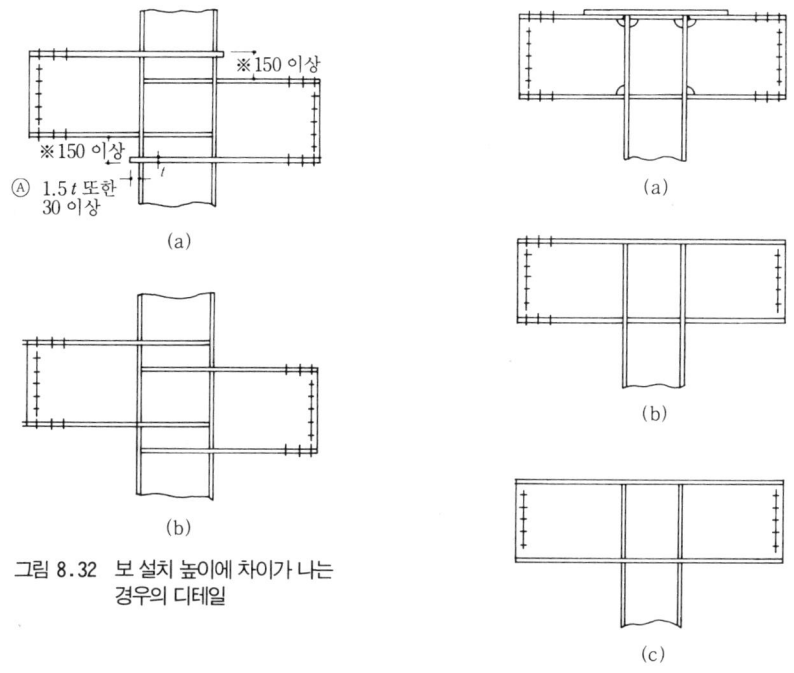

그림 8.32 보 설치 높이에 차이가 나는 경우의 디테일

그림 8.33 기둥머리의 디테일

테일이 섞여 있으므로 어느 쪽의 디테일로 통일하지 않으면 공장 내의 제작 흐름에 따를 수 없게 된다. 또한 앞에서 기술한 바와 같이 보 설치 높이에 차이가 나거나 보 춤이 다를 경우 동 그림 중 ※의 치수는 용접 작업 공간의 확보를 위해 150 mm 이상(안치수 100 mm 이상, 플랜지 폭 200~250 mm일 때)이 필요하다. 또 그림 중 Ⓐ부분의 내민 치수는 판 두께 방향의 응력을 완화하기 위해 $1.5\,t$(t는 판 두께), 또한 30 mm 이상으로 하는 것이 바람직하다. 또 **그림 8. 33** (a)와 같이 톱 플레이트가 있는 경우의 보 상부 플랜지 맞대기 그루브는 톱 플레이트를 받침쇠로 하여 안쪽에서 용접할 수 있는 디테일로 해야 한다. 또 앞에서 기술한 바와 같은 이유에서 동 그림 (b)보다도 (c) 쪽이 바람직하다고 할 수 있다.

(5) 주각[118]

철골 철근 콘크리트조 주각은 철근 콘크리트조로서 설계하는 경우가 많다. 이 경우에 철골 주각부의 마감으로서는 **그림 8.34** (a), (b)가 있다. 동 그림 (a)는 철골에 대한 콘크리트의 피복 치수가 120 mm 내외의 경우이며, 피복 치수가 150 mm 이상의 경우는 동 그림 (b)로 할 수도 있다. 일반적으로 피복 치수는 120~125 mm가 많으므로 (a)와 같이 철골을 좁혀야 한

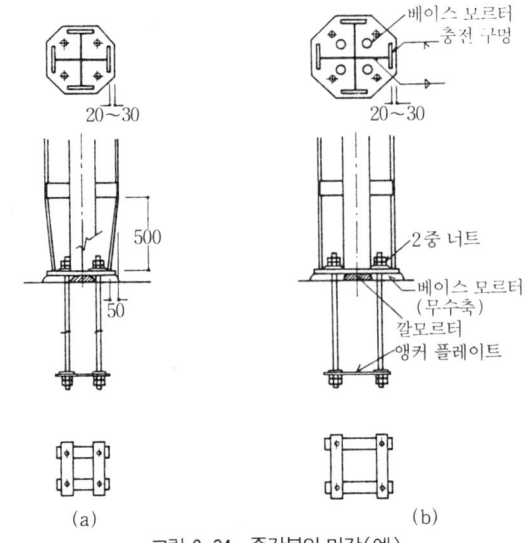

그림 8.34 주각부의 마감(예)

다. 좁힐 수 없는 경우는 150 mm 이상이 필요하다. 어느 것이나 베이스 플레이트는 기둥 주철근의 안쪽에 여유를 갖고 마감하도록 하여야 한다. 베이스 플레이트의 연단(緣端)은 기둥 플랜지와의 용접을 위해 플랜지 바깥쪽에서 20~30 mm는 필요하다. 이러한 철골과 콘크리트의 치수 관계는 밑감기 형식 주각의 경우에서나 묻어넣기 형식의 경우에서도 같다고 할 수 있다.

베이스 플레이트와 기둥 주철근 사이에 여유가 없으면 철골 현장 조립시에 주철근이 근원에서 극단적으로 구부려져 되구부릴 때 영향을 끼치고(「제 7 장 7.6 각 부분 디테일 (3) 철근의 되구부리기」 참조) 이것이 현저할 때는 다시 제대로 펼 수 없게 된다. 주각부에서는 철근 개수가 상부에 비하여 많아지므로 여유 있는 피복 치수를 확보함과 동시에 철근 위치를 정확하게 하고 현장 조립시에 주각 주철근을 급하게 구부리지 않도록 주의해야 한다.

앵커 볼트와 앵커 플레이트를 기초 콘크리트에 묻어넣을 때에는 그 위치와 볼트의 수직성, 볼트머리의 높이를 정확하게 시공한다. 이렇게 하기 위해서는 용접 등으로 앵커 플레이트 치수 관계가 어긋나지 않도록 형태를 고정함과 동시에 볼트 상부에는 베이스 플레이트와 같은 형태의 템플릿(template)을 사용하고, 또한 콘크리트 부어넣기시에 이동·경사지지 않도록 앵커 볼트의 상하 주위를 견고한 것으로 고정하도록 한다. 고정시에 철근의 교점 용접을 이용하는 경우는 「제 7 장 7.6 각 부분 디테일 (2) (b) 조립 용접(교점 용접)」에 기술한 것에 유의해야 한다. 앵커 볼트는 나사부를 상처나게 하지 않도록 주의하고, 또한 나사부가 콘크리트로 더럽혀지지 않도록 보양해 둔다.

기초보 속에 묻어넣는 형식의 묻어넣기식 주각에서는 기초보나 주각 배근보다도 철골 현장 조립을 선행할 수 있는 디테일로 해야 한다. 역시공 순서로 되는 경우는 철골 현장 조립시에는 이미 기초보 철근이나 주각 철근도 짜 올려져 있으므로 시공성이 아주 나빠진다. 폭이 넓은 기초보의 경우라도 현장 조립시나 베이스 모르터의 시공성에 대해서 충분히 검토하여 두어야 한다. 이런 경우에는 베이스 모르터 대신에 앵커 프레임을 사용하고 베이스 플레이트 아래와 콘크리트의 틈을 150~200 mm로 하여 상부 콘크리트 부어넣기시에 베이스 플레이트 아래도 콘크리트로 단번에 충전해 버리는 방법으로 시공한 예가 있다.

(6) 웨브 이음의 볼트 배열

철골 기둥 웨브의 현장 접합부를 고력 볼트 마찰 접합을 이용할 경우는 하나의 첨판 부분에 대해서 볼트 배열을 2열 이상으로 해야 한다. 기둥 단면 형상에 따라서는 조이기 기구 관계에서 2열로 할 수 없는 경우가 있으나(**그림 8.35**) 이때는 고력 볼트 접합에 따르지 말고 용접 등 다른 접합 방법을 검토하는 편이 좋다. **그림 8.36**은 용접 이음의 예인데 FB-6~9×50을 삽입하여 아래쪽을 공장 필릿 용접, 위쪽을 현장 필릿 용접으로 한 것이다. FB(flat steel bars, 평강)의 두께는 플랜지 이음의 틈 치수와 관계지어 결정한다. 또한 플랜지에 둘러싸인 속 부분이 큰 경우는 유니버설 어태치먼트(univerasl attachment)를 사용함으로써 고력 볼트 2열로 하더라도 조이기를 할 수 있으므로 이것도 검토하면 좋다.

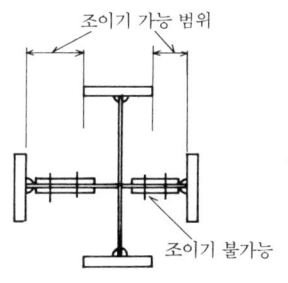

그림 8.35 기둥 웨브의 고력 볼트 이음

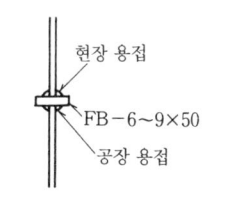

그림 8.36 기둥 웨브의 용접 이음

일반적으로 웨브 이음은 전단력에 대해서 설계하는데 그 전단력 전달 기구(機構)를 **그림 8.37** (a)에 나타내는 2열 2단 배치의 고력 볼트 이음에 대해서 생각해 본다. 그림에 나타낸 바와 같이 상하 볼트군 사이에는 편심 거리 e 때문에 편심 모멘트 $Q \cdot e$가 생겨 이에 대해서 $V \cdot g$가 되는 저항 모멘트가 생긴다. 즉,

$$Q \cdot e = V \cdot g$$

그러므로

$$V = Q \frac{e}{g}$$

따라서 고력 볼트는 Q와 V에 따른 복합 응력 S를 받으므로(동 그림 (b)) 이 힘에 대해서 설계해야 한다. 고력 볼트 1개가 받는 복합 응력 S는

$$S = \sqrt{\left(\frac{Q}{n}\right)^2 + \left(\frac{V}{n'}\right)^2}$$

이때, n : 이음의 위 또는 아래 부분의 고력 볼트 수

n' : 상하를 포함한 1열의 고력 볼트 수

(**그림 8.37** (a)의 경우는 $n=4$, $n'=4$)

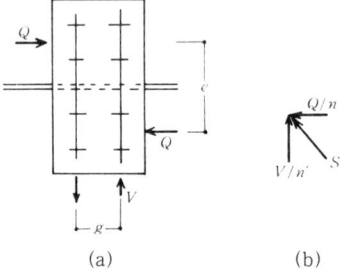

그림 8.37 2열 2단 배치의 경우

여기서, 예를 들면 $g=e$라고 하면

$$V = Q$$
$$S = \sqrt{2}\,Q$$

고력 볼트 1개의 미끄럼 내력 $_RS_1$은 정해졌으므로 고력 볼트 Q에 대한 허용 전단력 $_RQ_1$은

$$_RQ_1 = \frac{_RS_1}{\sqrt{2}}$$

즉, $g=e$ 정도의 경우는 고력 볼트의 허용력을 $1/1.5$ 정도로 저감하여 설계해 두어야 한다고 할 수 있다. g가 작으면 이 저감률은 커지므로 g는 될 수 있는 한 큰 쪽이 좋다. 만약 $g=e/2$ 정도의 경우에 대해서 계산하면 저감률은 약 $1/2.3$이 된다.

다음에 고력 볼트가 2단 1열 배치일 때(**그림 8.38** (a))는 편심 모멘트 $Q \cdot e$에 대해서 2열 박기의 경우와 같은 저항 모멘트는 발생하지 않으므로 동 그림 (b)와 같은 상하부에 생기는 저항 모멘트

$$_RM = 2H \cdot p$$

를 생각하고

$$Q \cdot e = 2H \cdot p$$

여기서, 예를 들면 $p=e/2$라고 하면

$$H = Q$$

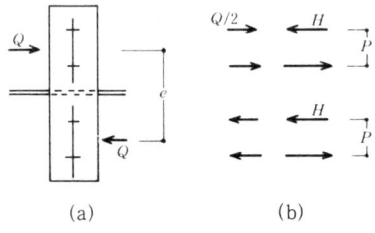

그림 8.38 1열 2단 배치의 경우

고력 볼트 1개에 생기는 복합 응력 S는

$$S = \frac{Q}{2} \pm H$$

$$= \frac{3}{2} Q \text{ (내측 볼트)}, \; -\frac{1}{2} Q \text{ (외측 볼트)}$$

즉, 고력 볼트 1개의 Q에 대한 허용 전단력 $_RQ_1$은

$$_RQ_1 = \frac{_RS_1}{3/2}$$

인데 외측 고력 볼트는 ($-$)값이어서 전단력에 대해서 전혀 움직이지 않고 내측 고력 볼트에만 저항하므로

$$_RQ_1 = \frac{_RS_1}{1+3/2} = \frac{_RS_1}{2.5}$$

즉, 고력 볼트의 허용력을 1/2.5로 저감하여 설계할 필요가 있다.

이와 같이 1열 박기의 경우는 전단력에 대한 고력 볼트의 허용력이 뚜렷이 저하하는 데다가 변형도 상당히 크게 되어 전단력 전달에 대해서 유효하게 작용하지 않는다고 생각할 수 있다. 2열 박기의 경우도 g가 작은 경우는 저하율이 크게 된다. 기둥 웨브 이음의 고력 볼트는 그 배치에 따라서 이와 같이 큰 편심 모멘트에 따른 부가 응력을 받으므로 g를 크게 하여 될 수 있는 한 부가 응력이 적어지는 디테일을 선정함과 동시에 웨브의 고력 볼트는 상당한 여유를 가지고 설계해 두어야 한다.

또한 기둥 이음은 일반적으로 메탈 터치의 도시(圖示)가 있는 경우가 많다. 강구조 설계 규준(일본 건축 학회편, 1970)[35]에 따르게 되면 이음 단면에 인장 응력이 생기지 않는 경우에 이음을 메탈 터치로 한 경우는 압축력·휨 모멘트의 각각 1/4은 접촉면을 통하여 직접 전달하는 것으로 보고 이음 설계를 해도 되게 되어 있으나 통상 시공에서는 절단 가공 오차, 현장 조립 오차 때문에 어딘가 1~2점이 접촉하는 것만으로 전체 단면이 똑같이 접촉하는 것으로 되므로 이음은 전체 존재 응력에 대해서 설계해 두어야 한다. 게다가 부재의 전체 보유 내력에 대해서 설계해 두는 것이 바람직하다. 이 경우 좀더 적극적으로 이음에 틈을 내두는 사고 방식도 성립되나 기둥에 대해서는 역시 메탈 터치 가공으로 해두기 바란다. 반면에 보 이음에 대해서는 5 mm 틈이 아니라 10 mm로 해도 아무 지장이 없다고 본다.

(7) 기타

(a) 보 철골의 세장비

철골 현장 조립이 끝나고 수직 교정한 다음 본조이기를 시작하기까지 외주에 시트 또는 네트를 쳐 볼트·너트나 공사용 재료의 비산 방지를 도모해야 한다. 이때 수직 교정(재손질 또는 바로 세우기)에 사용한 스테이 와이어(stay wire 또는 guy rope)는 본조이기 후에도 폭풍 대책으로 남겨 두는 경우가 많다. 이런 상태의 건물이 강풍을 받으면 외주에 네트를 쳐도 풍압력의 값은 상당히 크게 된다. 그리고 스테이 와이어가 인장재로, 보와 기둥이 압축재로 되어 이 풍압력에 저항한다.

철골조 건물이면 골조는 자중·적재 하중·풍압력(지진력) 등에 대해서 설계하고 있으므로 공사 중 풍압력에 대해서도 충분히 견딜 수 있으나 철골 철근 콘크리트조 건물에서는 압축재가 되는 보·기둥의 철골에 대해서 그 단면 성능을 체크해 두어야 한다. 특히 내진벽에 포함된 보는 철근 콘크리트의 단면적이 중요하므로 철골은 「현장 조립용 연결재」라고 하며 비교적 작은 멤버를 사용하는 경우가 있다. 이런 경우는 세장비가 매우 크게 되어 사소한 압축력에도 보가 좌굴하게 된다. 특히 건물 우각부 부근의 보재는 풍압력으로 상당히 큰 압축력을 받으므로 강풍 시에는 보가 좌굴하여 도괴할 우려가 있다. 만약 세장비가 큰 경우는 중간에 연결재를 사용하는 등으로서 좌굴 방지를 도모해야 한다. 보의 세장비에 대한 일단의 표준으로서 「보 길이/플랜지 폭」의 비가 30을 넘는 경우에 반드시 체크하도록 제안해 둔다.

현장 조립 후 철골 가구의 수평력에 대한 적당한 정도의 강도는 수직 교정 작업시에도 필요하다. 수직 교정하기 위해 스테이 와이어를 인장하면 기둥에는 압축력과 휨 모멘트(전단력)가, 보에는 압축력이 생긴다. 이때 세장비가 큰 멤버에서는 쉽게 좌굴하여 수직 교정도 효과가 없게 된다.

또한 태풍이 내습할 우려가 있을 때는 큰 풍압력을 받지 않도록 일시적으로 보양 시트나 네트를 철거하는 경우가 있다. 그러나 시트나 네트를 제거한 나철골(裸鐵骨)에서도 태풍시에는 상당히 큰 풍압력을 받으므로 스테이 와이어로 보강하는 등으로서 도괴 방지에 노력해야 한다. 또 각 부분에 있는 재료나 가설물의 상태를 확인하여 비산하는 일이 없도록 해야 한다.

(b) 마감재의 편심 재하

공장 생산 프리캐스트 콘크리트판 등의 내외벽을 보 철골에 설치하여 지지하는 경우 이 하중이 보에 대해서 편심 하중으로 되는 것은 좋은 것이다. 편심 하중으로 생기는 모멘트는 구조체 완성 후는 RC 슬래브나 RC보 등에 따라서 처리되는 경우라도 콘크리트 치기 전에 벽널을 설치하는 시공 순서에서는 일시적인 하중으로서의 편심 재하가 된다.

일반적으로 보 철골은 I형 단면이고 비틀림 강성이 작으므로 편심 모멘트로 비틀림 변형이 생기고 이것을 무시할 수 없을 만큼 커지는 경우가 있다. 특히 철골 철근 콘크리트조 보 철골은 단면이 작은 것이 많으므로 주의해야 한다. 비틀림 변형이 생기면 철골에 계산 외의 2차 응력이 발생하고 벽널 설치 위치가 어긋나 필요한 정밀도를 유지할 수 없게 된다.

이에 대해서는 비틀림 모멘트에 저항하도록 직교 작은보를 설치하거나(가설적으로 설치하는 것도 있다) 약산적으로 보 플랜지의 수평 반력으로 저항하게 한다. 후자의 검토법은 수직 하중에 대한 통상의 휨 모멘트(x축)에 따른 응력 외에 편심 모멘트 $M = P \cdot e$에 대해서 저항 모멘트 $_R M = H \cdot h$로 보아(그림 8.39)

$$M = {_R}M = H \cdot h$$

로 하고 이 수평력 H에 따라서 생기는 상·하부 플랜지의 휨 모멘트(y축)에 따른 응력을 구하고 앞에 기술한 x축의 응력과 합성하여 플랜지 단면을 체크하면 될 것이다. 좀더 정밀도가 높은 방법으로서는 「휨 비틀림을 받는 보」로서 다루는 문헌 68)의 방법이 있다(「제5장 5.2 정치식 크레인의 지지 계산예 9 크레인 지지부의 보강 계산」참조).

이와 같이 「마감」과 「구조」에 걸쳐 있는 사항은 다른 설비나 가설 관계 등과의 접점 영역 문제와 마찬가지로 때때로 맹점이 되는 경우가 있다. 문제를 생기게 하는 것은 이런 접점 영역인 것이 많으므로 주의해야 한다.

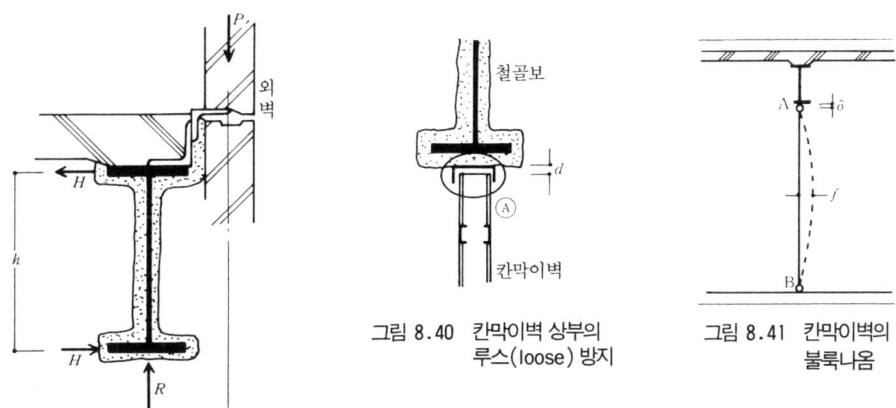

그림 8.39 휨 비틀림을 받는 보

그림 8.40 칸막이벽 상부의 루스(loose) 방지

그림 8.41 칸막이벽의 불룩나옴

(c) 보의 처짐 대책

철골조에서나 합성보 구조에서도 스팬이 큰 보에서는 처짐을 무시할 수 없다(「제8장 8.5 합성보 구조」참조). 이와 같은 처짐이 큰 보 아래에 칸막이벽을 설치하는 경우 칸막이벽의 면외 강성이 작으면 보의 처짐으로 칸막이벽이 만곡하는 경우가 있다. 이럴 때의 칸막이벽은 상부 고정점(**그림 8.40**, A부분)의 수직 방향을 여유있게 하여 「마감을 위한 여유」를 둘 필요가 있다. 이 「마감을 위한 여유」의 치수 d는 보의 처짐량에도 따르지만 적어도 10~15 mm 정도는 필요하다. 이 경우 보의 처짐량은 칸막이벽 설치 후에 보에 가해지는 칸막이 중량과 적재 하중에 따른 것이다.

만약 A점을 고정으로 한 경우 보에 $\delta=5$ mm의 처짐이 생겼다고 하면 벽의 부풀어오름량 f는 약 80 mm에 이르는 계산이 되므로(**그림 8.41**, 보 아래 2,700 mm, B점을 고정, 칸막이벽의 오그라듦을 무시하기로 가정) 안이하게 생각해서는 안된다.

처짐이 큰 보 위에 설치하는 칸막이벽에 대해서도 마찬가지이다. 칸막이벽이 바닥에 튼튼하게 결합되어 있으면 칸막이벽의 강성이 보의 처짐을 억제하므로 처짐량은 감소한다고 생각되나 앞서 기술한 바와 같이 칸막이벽 상부를 여유있게 해두는 것이 바람직하다.

(d) 논스캘럽(nonscallop) 공법

맞대기 용접에서나 필릿 용접에서도 용접선이 교차하는 개소에서는 스캘럽을 만들어 교차하지 않도록 하고 있다. 이것은 선용접부가 후용접으로 다시 급열 냉각되면 용착 금속에 균열이 생길 우려가 있기 때문이다.

그러나 기둥 보 접합 부분의 맞대기 용접부에 스캘럽을 만든 시험체에 대해서 반복 가력 실험을 하면 스캘럽이 부재 단면의 연속성을 저해하여 응력 집중 개소를 만들며 이 부분이 소성 영역에 이른 후에도 변형이 집중하여 균열이 생기고 드디어 여기서 파단하는 예가 오래 전에 발표된 바 있고[129] 그후에도 같은 현상이 많은 시험 예에서 보고되어 왔다[130]~[141].

설계면에서는 폭이 넓은 부재에서는 스캘럽에 따른 단면 결손의 영향은 작지만 폭이 좁은 부재에서는 그 영향이 크다. 예를 들면, **그림 8.31**의 수평 스티프너에서는 단면 결손율이 상당히 크게 되므로 설계시에 고려하기 바란다. 또 시공면에서는 스캘럽의 가공 작업은 꽤 번거로운 데다가 스캘럽 가공을 가스 절단으로 하면 노치가 될 우려가 있다.

그 결과 스캘럽을 사용하지 않는 공법이 몇 가지 제안되어 왔다. 보에 H형강이나 용접 H를 사용한 기둥 보 접합 부분에 대해서는 스캘럽을 만들지 않고 **그림 8.42**와 같은 디테일로 된 시

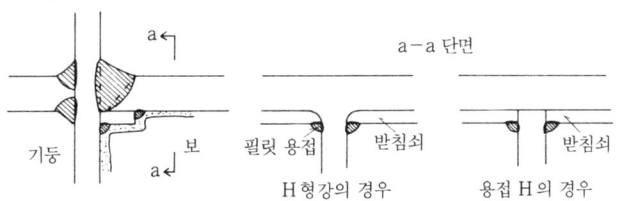

그림 8.42 스캘럽 없는 공법(기둥 플랜지 관통 형식의 경우)

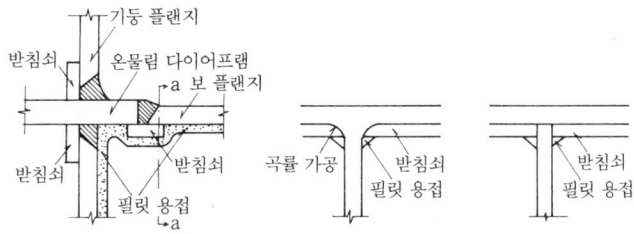

그림 8.43 스캘럽 없는 공법(온물림 다이어프램 형식의 경우)

험체에 대한 실험[133], [134]이 있다. 또 스캘럽을 요구하지 않도록 특수한 형상을 한 받침쇠를 고안한 이에 관한 실험[135]도 있다. 게다가 박스 칼럼의 온물림 다이어프램 형식의 기둥 보 접합 부분에 대해서는 **그림 8.43**에 나타낸 바와 같은 디테일에 대한 실험[137], [138]이 있다.

  어느 것이나 종래의 공법에 따라서 스캘럽을 만든 것과 스캘럽을 만들지 않는 새로 고안된 디테일을 실험적으로 비교 검토한 것이 많다. 스캘럽을 만든 것에서는 정적 가력에 대해서는 만들지 않은 것과 뚜렷한 차이는 없으나 반복 가력에 대해서는 분명한 차이가 나는데 변형 집중 영향에 따라서 거의 모든 시험체가 스캘럽 단부에서 균열이 생겨 파단에 이른다. 스캘럽을 만들지 않는 것에서는 변형 집중 개소가 생기지 않으므로 균열이 생기지 않고 보 플랜지의 좌굴로 종국 내력에 이르는 것이 많다. 종국 내력은 스캘럽이 있는 것에 비하면 크게 되며 인성도 뛰어나다.

  또한 위에 기술한 많은 실험에서는 스캘럽을 생략함으로써 용접선 교차부에 균열이 생긴다는 보고는 전혀 없다. 요즘의 용접 재료는 용접을 구조물에 적용하기 시작한 당초에서 보면 현격히 진보 개선되어 있으므로 처음에 기술한 용접선 교차로 인한 균열 발생 가능성은 전혀 없다고 봐도 된다. 스캘럽은 당초의 관습화된 공작법이 오늘날까지 그대로 답습되어 온 것이라고 본다. 지금까지의 많은 연구에서는 스캘럽을 만든 이유가 없어졌다고 보므로 앞으로는 논스캘럽 공법으로 이행될 것이다. 이렇게 되면 철골 제작 코스트 저감에도 기여할 수 있다.

  또한 처음에 기술한 기둥 보 접합부의 역학 성상에 관한 실험 결과 중에는 용접 비드의 플랜지 가장자리 토(toe)부에서 균열이 생긴 것이 있다[129), 132), 133), 142), 143)]. 이것은 토부에 뚜렷한 응력 집중이 생긴 것이며 언더컷, 더돋기의 과대, 비드의 불균형 등이 그 원인이라고 볼 수 있으므로 이러한 용접 결함에도 주의해야 한다.

롤 H형강의 플랜지 그루브 가공시에 웨브도 동시에 절단된 경우 논스캘럽의 특수한 받침쇠를 사용하는 경우라도 절단된 웨브의 삼각형 부분에 불용착부를 남기고 용착 금속부에 노치 개소를 만들게 된다. 만약 이 부분에 용접 내부 결함이 있으면 더욱 응력 집중이 생겨 이로부터 균열이 진행할 우려가 있으므로 주의해야 한다.

또한 롤 H형강의 웨브에 스티프너를 설치하는 경우는 종래에서도 **그림 8.44**와 같이 스캘럽을 만들 필요가 없어졌으나 만드는 경우가 많다. 이것은 용접 H형강에서 용접선의 교차를 피한다는 수법의 유용(流用)이며, 우각부의 R 자르기를 생략하기 위한 방법이다. 이 방법은 용

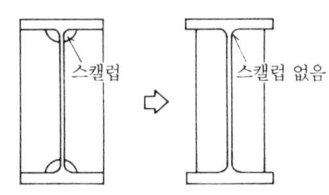

그림 8.44 롤 H형강의 스티프너

접의 처음과 끝의 단부가 배로 늘어나므로 바람직하지 않고 우각부를 R을 따라서 절단한 다음 필릿 용접을 연속하여 하는 것이 옳다.

(e) 엔드 태브

엔드 태브(end tab)는 용접의 처음과 끝에서는 아크가 불안정하게 되어 용접 결함이 되기 쉬우므로 이것을 필요한 용접선 밖에서 운봉(運棒) 조작하기 위해 사용하는 것이다. 엔드 태브의 설치 예를 **그림 8.45**에 나타낸다.

엔드 태브는 일반적으로 강재를 사용한다. 용접 완료 후는 다음과 같은 경우를 제외하고 그대로 남겨 두어도 된다[144)].

① 외관상 보기 흉한 경우
② 배근이나 마감시 방해가 되는 경우

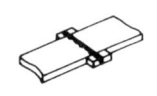 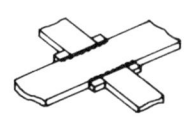 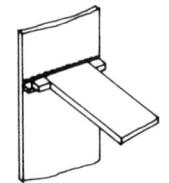 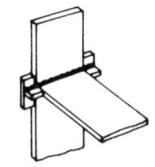

(a) 판의 맞대기 용접   (b) 접합 플랜지의 맞대기 용접   (c) 폭이 다른 기둥의 플랜지와 보 플랜지의 T형 이음   (d) 동일 폭의 기둥·보 플랜지의 T형 이음

그림 8.45 엔드 태브의 설치 예

그러나 잘라 없앨 때는 모재(母材)를 상하지 않도록 5 mm 정도를 남기고 가스 절단한다. 엔드 태브를 남겨 두면 여기에 생긴 용접 결함이 노치가 되어 균열 발단이 된다고 보므로 엔드 태브는 모두 절단하여 제거해야 한다는 설이 있었으나 연구 결과[145], [146]에서는 그런 현상이 생기지 않는다는 것이 확인되고 있다.

엔드 태브 절제는 부득이 수동 가스 절단으로 해야 하는 데다가 이 부분에는 불용착부를 피할 수 없으므로 가스 노치가 생기기 쉽고 자른 흔적이 보기 흉하게 되는 경향이 있다. 그래서 그라인더질이나 덧땜 용접을 이용해 마감하게 되는데 이는 상당한 품이 든다. 그러므로 절단하지 않고 처리하는 대체 엔드 태브 공법이나 엔드 태브 생략 공법이 고안되어 왔다. 고형 태브(flux tab, ceramic tab), 프레스 강판 태브(gauge tab)나 엔드 태브 생략 공법(단부 가우징, 용접 마감 공법)이 그것이다.

이에 따르면 당연하지만 용접의 처음과 끝은 필요한 용접선 속이 되므로 처음과 끝 단부에 발생하는 용접 결함도 용접부에 내장되게 되는 데다가 이러한 단부에 대해서는 초음파 탐상 검사를 적용하기가 곤란한 경우가 많다. 따라서 이같은 공법이 종래의 강제 엔드 태브 공법을 이용한 경우와 동등한 용접부 품질을 확보하기 위해서는 용접 시공 계획, 용접공의 기량 등에 대해서 이들 공법에 특유한 기술적 뒷받침이 필요하다. 한편 현장에서 사용하는 방법을 보면 경제성을 중시한 사고 방식이 강하여 기술적 배려가 모자란 채 보급된 느낌이 든다.

그래서 일본에서는 일본 강구조 협회가 위원회를 조직하고 이들 신공법의 문제점에 몰두하여 「신 엔드 태브 공법에 관한 표준화 방책」[147]을 발표하였다. 또 일본 철골 건설업 협회 간사이(關西) 지부에서는 이것을 받아들여 「고형 태브 사용 매뉴얼」[148]을 작성하였다. 이 신공법에 따르면 우선 이들 신공법은 당면한 SM50급(한국, SWS490급) 이하의 강재이고 고형 태브(플럭스 태브, 세라믹 태브)로 하며 아크의 집중성이 큰 가스 실드 타입의 반자동 용접(탄산가스 반자동 등)으로 받침쇠 부착 이음의 하향 용접, 또한 당분간은 공장 시공에만 적용하기로 하고 있다. 또 복잡한 장소, 좁은 곳에서는 피하는 것이 바람직하다고 하고 있다. 이것은 고형 태브를 설치한 경우에 그루브가 보이지 않아 운봉 조작을 충분히 할 수 없는 것에 따른 것이다. 하향 용접에 한정하고 있는 것은 수평 방향으로는 단부에 결함이 생기기 쉽기 때문이다. 또한 프레스 강판 태브에 대해서는 아직 일천(日淺)하므로 기술적 자료가 충분히 정비되어 있지 않으므로 매뉴얼에서 제외하였다.

매뉴얼에 따르면 내장되는 용접 결함에 대해서는 운봉 조작으로 대응하기로 하고, 백 스텝법으로 일단 생긴 용접 결함을 나중 용접으로 용접 소거하든지 용접 결함이 한군데로 모이지 않도록 용접의 처음과 끝 단부 위치를 분산하고 있다. 또 고형 태브 부근에서는 단부의 용입을 확보하기 위해 특수한 운봉법을 권장하고 있다.

이와 같이 신공법은 용접공의 기량에 맡기는 바가 상당히 크고 종래 공법과의 비교 실험 결과에서도 용접공의 기량 차이가 많은 영향을 끼친다[148]. 용접공에 대해서는 「용접공 기량 부가 시험」에 합격한 자에 한하여 종사하게 하는 것을 원칙으로 하고 있다[147].

프레스 강판 태브에 대해서는 문헌 149)에 꽤 상세한 실험 보고가 있다. 앞으로 자료 축적에 맞는 시공 규준·검사 규준이 확립되면 더욱 사용이 증가할 것이다. 그러나 고형 태브에서는 용접 후 태브를 제거하므로 용접 단부 상태를 눈으로 관찰할 수 있으나 이 공법에서는 태브를 제거할 수 없다. 용접 단부가 양호한 상태이어야 하는 것은 매우 중요하지만 이 상황을 확인할 수 없는 결점이 있다. 이에 대해서는 적정한 프레스 태브의 사용과 설치, 용접 조건을 엄격하게 설정할 것, 운봉에 주의할 것(고형 태브의 경우와는 다른 운봉법) 등으로 대처하기로 하고 있다.

엔드 태브 생략 공법(단부 가우징, 용접 마감 공법)은 받침쇠를 플랜지 폭보다도 늘려 두고 용접 단부 처리를 이 부분에서 돌림 용접의 요령으로 한 다음 가우징으로 제거하고 마감 용접을 하는 것이다. 용접 단부 처리는 통상 돌림 용접과 달리 상당히 고도한 기량을 요한다.

이들 신공법으로 할 때 검사는 일반 검사와 마찬가지로 외관 검사와 내부 결함 검사가 있다. 고형 태브를 사용할 때 외관 검사의 규준을 표 8.10[148]에 나타낸다. 이 밖에 크레이터(crater)부의 상태 등의 일반적인 검사 항목이 있다. 대체 엔드 태브 공법에서는 단부의 더돋기와 죽지 부분의 용락(熔落)이 중요한데 이들은 재단부에서 노치를 만들기 때문에 구조상 그리 바람직하지 않다.

표 8.10 외관 검사의 기준

검 사 항 목		검 사 기 준
외관 검사	단 부 의 더 돋 기	뚜렷한 부정(不整)이 있어서는 안된다.
	죽 지 의 용 락 (burn through)	0.3 mm를 넘어서는 안된다.
	언 더 컷	

(f) 보 관통 구멍 [118]

보에 만드는 관통 구멍의 크기 한계에 대해서는 「제7장 7.6 각 부분 디테일 (4) 보 관통 구멍」에서 기술하였는데 철골보에 마련되는 관통 구멍에 대해서도 관통 구멍부에 대한 잔존 웨브 단면적에 따라서 전단 응력을 계산하고 필요하다면 보강을 해야 한다. 관통 구멍 보강 요령은 다음과 같다.

① 관통 구멍 주변의 웨브 판 두께를 늘린다(덧댐판, caul).
② 관통 구멍에 슬리브를 붙인다.

웨브 잔존 단면적의 전단 내력이 부족할 때는 ①의 덧댐판 형식으로 한다. 덧댐판은 한쪽에만 하는 경우가 많다. 기타의 경우는 일반적으로 ②의 슬리브 형식을 사용하는 경우가 많다. 슬리브 재료는 원형의 경우는 강관, 각형의 경우는 플레이트를 구부려 사용한다. 강관을 사용하는 경우의 관통 구멍 지름은 강관의 규격 사이즈에 따르게 된다.

관통 구멍의 형상에는 원형, 각형이 있는데 역학적 성상에서 말하면 각형은 작은 것을 피하는 것이 좋다. 보 춤에 비하여 폭이 넓은 각형 관통 구멍은 전단력에 따른 2차 휨 모멘트의 영향을 무시할 수 없으므로 이에 대한 검토가 필요하다(**그림 8.46**). 관통 구멍이 원형일 경우도 보 춤에 비하여 지름이 굵은 관통 구멍에서는 2차 휨 모멘트의 영향을 검토해야 한다.

각형 관통 구멍의 경우에 우각부의 마감에 대해서는 주의하지 않으면 안되는 경우가 있다. 관통 구멍 가공은 가스 절단으로 하므로 우각부에 노치를 만들기 쉽다. 그래서 **그림 8.47** (a) 와 같이 우각부를 둥그스름하게 처리하고 슬리브의 이음매도 우각부를 피한 개소에 한다. 이 우각부는 응력 집중을 일으키는 개소이므로 동 그림 (b)와 같은 마감에서는 여기에서 균열이 진

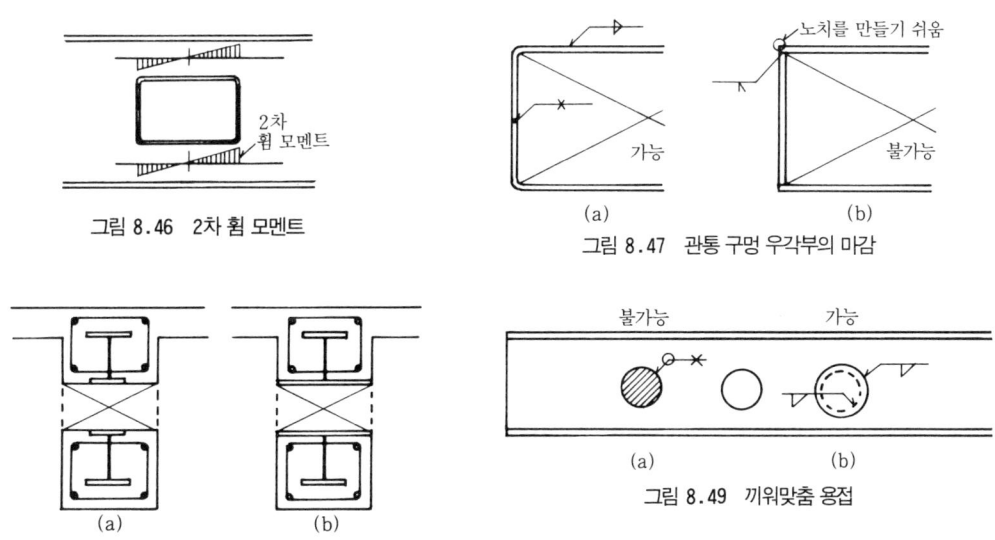

그림 8.46 2차 휨 모멘트

그림 8.47 관통 구멍 우각부의 마감

그림 8.48 관통 구멍 보강 길이

그림 8.49 끼워맞춤 용접

전될 우려가 있다.

슬리브 길이는 **그림 8.48** (a), (b)에 나타낸 바와 같이 다음과 같은 것이 있다.

① 유효한 폭 두께비의 범위에 그친다.

② 콘크리트의 보 폭 한껏으로 한다(SRC의 경우).

이 중 ①의 방법은 순철골보에 쓰인다. SRC의 경우 ①의 방법에서는 콘크리트 부어넣을 때 따로 거푸집을 만들어야 하므로 내진벽에 포함되는 보 등 큰 관통 구멍의 경우에 사용하는 경우가 많고, ②의 방법은 거푸집 겸용으로 일반 보 관통 구멍에 사용할 때가 많다. 이 경우 관통 구멍 보강으로서 유효한 부분은 제한 폭 두께비의 범위가 되는 것은 물론이다.

또한 필요없게 된 보 관통 구멍을 메우는 경우의 끼워넣기 용접은 **그림 8.49** (a)와 같이 하면 큰 구속 응력이 생겨 용접부에 균열이 생길 우려가 크다. 이런 경우는 1사이즈 큰 지름의 덧댐판을 사용하여 양면에서 필릿 용접을 이용한 덧판(첨판) 잇기 형식으로 하는 것(동 그림 (b))이 바람직하다.

참 고 문 헌

35) 日本建築學會；鋼構造設計規準(1970)

68) 木村衛；鋼構造物におよぼす振りモーメントの影響(部材の振り評價について)：日本建築學會論文報告集 No. 345(S. 59. 11)

118) 拙著(共著者, 五十嵐定義ほか. 委員會分担執筆)；建築鐵骨設計の要点 第7章 鐵骨鐵筋コンクリート造：鋼材俱樂部(S. 59. 6)

124) 拙著；鐵骨構造の要点：日建設計技報 No. 54(1971. 5)

125) 黑羽啓明(共著者, 五十嵐定義ほか・委員會分担執筆)：建築鐵骨設計の要点 第9章 施工と監理：鋼材俱樂部(S. 59. 6)

126) 拙著(共著者, 鷲尾健三ほか・委員會分担執筆)；鐵骨のデザイン 建築鐵骨の溶接設計；日本建築協會(S. 43. 1)

127) 日本建築學會；鐵骨工事技術指針・同解說(1977)

128) 有田秀世・柚原尙ほか ；建築鐵骨のディテールに關する提言(鐵骨鐵筋コンクリート造について)：橫河橋梁技報 No. 17(1988. 1)

129)　金多潔・甲津功夫ほか；繰返し曲げを受けるはり端部の挙動に關する實驗的研究(その1)：日本建築學會大會學術講演梗概集(北海道) 2388(S. 53. 9)

130)　金多潔・木原茂ほか；繰返し曲げを受ける鋼構造梁端部の挙動に關する實驗的研究(その2)：日本建築學會大會學術講演梗概集(關東) 2372(S. 54. 9), (その3)・(その4)：同(近畿) 2372, 2373 (S. 55. 9)

131)　金多潔・福井茂和ほか；大振幅の繰返し曲げを受ける梁端部の挙動の關する實驗的研究：日本建築學會大會學術講演梗概集(九州) 2689(S. 56. 9)

132)　兼光知己・藤原勝義；柱に接合されたH形鋼はりの耐力と變形能力の關する研究：日本建築學會大會學術講演梗概集(北海道) 21193(S. 61. 8)

133)　大谷康則・藤原勝義ほか；柱・はり接合部を有する溶接H形鋼はりの耐力と變形能力の關する研究－フランジにSM58を用いた場合－(その1)・(その2)：日本建築學會大會學術講演梗概集(近畿) 21177, 21178(S. 62. 10), (その3)；同(關東), 21199(S. 63. 10)

134)　上牧久二・鯨代仁朗ほか；スカラップ省略型柱・はり突合せ溶接繼目部の耐震性評價に關する實驗：日本建築學會大會學術講演梗概集(關東) 21200(S. 63. 10)

135)　田中淳夫・榎本憲正ほか；スカラップを必要としない特殊裏當金を用いたはり端溶接接合部の耐力に關する實驗：日本建築學會大會學術講演梗概集(東北) 2630(S. 57. 10)

136)　五十嵐定義・立山榮二ほか；通しダイヤフラム形式の角形鋼管柱・H形鋼はり接合部におけるはり應力の傳達機構に關する研究(その1)～(その3) ： 日本建築學會學術講演梗概集(東海) 21065～21067(S. 60. 10)

137)　五十嵐定義・松村弘道ほか；角形鋼管柱・H形鋼はり接合部におけるはり應力の傳達機構に及ぼすスカラップの影響について(その1)・(その2) ： 日本建築學會大會學術講演梗概集(北海道) 21144, 21145(S. 61. 8)

138)　泉満；技術Q&A ノンスカラップ：鐵構技術(1989. 4)

139)　脇山広三・立山榮二ほか ； ノンスカラップ方式の角形鋼管柱・H形鋼梁接合部の溶接性試驗：日本建築學會大會學術講演梗概集(近畿) 21260(S. 62. 10)

140)　坂本眞一・金谷弘ほか；高張力遠心鑄鋼管・H形はり接合部の耐力と剛性について：日本建築學會大會學術講演梗概集(東海) 21061(S. 60. 10)

141)　坂本眞一・金谷弘ほか；鋼管柱・はり溶接接合部の力學的性狀に与える接合部詳細の影響(そ

の1）：日本建築學會大會學術講演梗概集（北海道）21141(S. 61. 8)

142) 上場輝康・金谷弘ほか；鋼管柱・H形はり接合部の局部耐力についての實驗的研究（その6）：日本建築學會學術講演梗概集（關東）2367(S. 54. 9)

143) 上場輝康・金谷弘ほか；交番繰り返し荷重をうける鋼管柱接合部の局部破壞：日本建築學會大會學術講演梗概集（近畿）2428(S. 55. 9)

144) 日本建築學會；溶接工作規準Ⅶ ノンガスシールドアーク溶接・同解說(S. 50. 5)

145) 藤本盛久・中込忠男ほか；エンドタブ・裏當金を有する柱はり溶接部の破壞性狀に關する實驗的研究：日本建築學會論文報告集 No. 334(S. 58. 12)

146) 藤本盛久・橋本篤秀ほか；柱はり溶接接合部の破壞特性の檢討：日本建築學會構造系論文報告集 No. 349(S. 60. 3)

147) 日本鋼構造協會；新エンドタブ工法（代替エンドタブ工法及びエンドタブ省略工法）に關する標準方策(S. 63. 1)

148) 鐵骨建設業協會關西支部技術委員會；固形タブ使用マニュアル(S. 63. 12)

149) 吉村一夫・松村民久：溶接端部を省力化する'ゲージタブ'開發經緯と施工の實際：鐵構技術（1989. 6）

제 9 장 시공 계획과 시공 기록

　시공 계획서·시공 요령서는 시공도와 일련의 것이고 그 관계는 설계도와 시방서의 관계와 마찬가지로 공사의 시공 계획·시공 요령에 대해서 시공도만으로 표현할 수 없는 사항을 기술하는 것이다. 계획서·요령서는 공사 실시에 앞서 설계 도서를 잘 살펴 공사 내용을 검토하고 다른 관련 공사와의 조정도 고려하면서 시공의 방법·순서·공정 등을 기술한다. 이와 같이 시공에 앞서 상세하게 검토한 다음 이것을 문서로 정리하는 것은 문제점을 추출하는 데에 매우 유효하므로 공사를 원활하게 진척시키는 요체가 된다. 이렇게 하여 정리한 계획서·요령서는 공사 관계자에게 배포하며 그 공사에 대해서 관계자가 공통 인식을 가지고 사고 방식을 동일하게 하는 데 유용하다.

　시공 계획서와 시공 요령서는 내용적으로는 같은 것이지만 단독의 전문 공종(예를 들면, 철골의 공장 제작이나 철근 가공 등)에 관한 것을 시공 요령서라고 하고, 두 가지 이상의 전문 공종에 걸친 것(철골의 현장 조립, 철근 콘크리트 공사 등)을 시공 계획서라고 부른다. 다른 견해로 보면 시공 요령서는 각기 전문 공종의 하도급자가 작성하는 것이며, 시공 계획서는 원도급자가 전문 공종간의 조정을 포함하여 기술 작성하는 것이라고 할 수 있다.

　시공 계획서·요령서의 내용은 「공사를 이대로 시공한다」라고 공사 관계자에게 명시하는 것이므로 실행 가능한 내용이어야 함은 물론이다. 또 그 내용은 직장(職長) 클래스의 사람들에게도 배포하여 그들에게 시공 방법 등을 이해시켜야 하는 것이다. 요즘은 시공 계획서·요령서의 작성이 보급되어 온 결과 이따금 「제출용」이 되어 내용이 없는 것을 보는 경우가 있으나 본래는 그런 것이 아니다.

　공사는 계획서·요령서에 따라서 하지만 공사 중에는 그 경과를 잘 관찰한 다음에, 공사 완료 후에는 시공 기록으로서 공사의 요점을 정리해 둔다. 시공 기록은 공사의 품질 보증 근거가 되는 것이므로 정확하게 기록해야 한다. 정리는 단순한 기록에 그치는 것이 아니고 그 전제 조건이나 상황과 함께 정리하고 이에 이론을 달아 될 수 있는 한 객관적 데이터로서 분석하여 앞으로 참고가 되도록 해두는 것이 중요하다. 또한 공사 상황에 따라서는 계획을 변경해야 하는 경우가 자주 일어난다. 이때는 확실한 대응을 요하는 것은 물론이지만 중요한 것은 왜 계획을 변경해야 하는지를 반성해 두는 것이다.

　이렇게 하여 정리한 공사 기록은 앞으로 공사 계획의 귀중한 참고가 됨과 동시에 공사 도중의 변경에 대해서도 자신을 가지고 확실히 대응하는 데 유용하다. 필자는 「경험과 체험은 많이 다르다」고 기회 있을 때마다 주장하고 있다. 우리들은 일상 많은 것을 체험하지만 이에 이론적인 뒷받침을 해야 비로소 귀중한 경험이 되게 된다. 이론을 수반하지 않는 경험은 단순한 체험이며 체험으로 그쳐 버리면 모처럼의 기회를 살릴 수 없다. 전문가란 「원리 원칙」을 이해하는 것과 「임기 응변」의 조치를 확실히 할 수 있는 사람이다. 단순한 체험으로는 임시 조치를 잘못하기 마련이다.

　어떤 현장에서 자립형 간이 크레인의 도괴 사고가 있었다. 다행히 인사 사고는 없었으나 원인은 기초가 불충분하여 지내력 부족에 따른 경우라는 것이 판명되었다. 이 현장 주임은 이전에 담당한 현장에서 사용한 크레인과 동일 크레인을 이 현장에서도 사용하고 기초도 전 현장에서 축조된 것과 동일한 크기로 하였으나 지반이 전 현장에 대한 것에 비하여 연약하다는 것의 검토를 게을리하였다. 전 현장에서 아무 지장이 없었던 것이므로 이번 현장에서도 안전할 것이라고 단순하게 생각한 듯하다. 이 결과 크레인의 최대 모멘트시에 지지 지반이 파괴되어 도괴 사고로 이어진 것이다. 이것은 애써 한 체험에 이론적 뒷받침을 하지 않은 채 그쳤기 때문이다.

　공사의 시공 기록을 앞에서 기술한 바와 같은 객관적 데이터로서 정리해 두는 것은 그 사람의 귀중한 경험이 되는 것이며 단순한 체험으로 그쳐 버리는 것이 아니기 때문이다. 같은 체험에서도 조건이 같은 것이 많지 않으므로 이 의미에서도 같은 체험은 거의 없다고 할 수 있다. 자신의 체험에 이론적 뒷받침을 하는 것은 그런 뜻에서 중요하며, 신인(新人)의 경우 체험을 한 사람과 하지 않은 사람에게서 5년쯤 겪으면 전문가로서 기술력에 천양지차가 나게 되는 것은 신변에서 일어나고 있는 사실이다. 또 이러한 데이터는 후배 육성에도 유용하며, 이것을 이용함으로써 기술 습득 기간을 단축할 수 있다.

역자 소개

신경재(愼曝宰)

- 한양대학교 공과대학 건축공학과 졸업(공학사)
- 한양대학교 대학원 건축공학과 석사과정 졸업
  (공학석사, 구조공학 전공)
- University of Minnesota대학원 박사과정 졸업
  (Ph.D. 구조공학 전공)
- 건축구조기술사
- 한남대학교 건축공학과 부교수(현재)

이도범(李道範)

- 한양대학교 공과대학 건축공학과 졸업
- 한양대학교 대학원 공학박사
- 기술사(건축구조, 건축시공)
- 대림산업(주) 기술연구소 건축구조팀장(현재)
- 편역 : 도해 건축공사 진행방법(철근 콘크리트조, 철골조)
  콘크리트 구조물의 진단과 보수 외 다수

건축 구조와 시공의 만남

첫판 2쇄 펴낸 날 · 2007년 11월 5일

역자 · 신경재 · 이도범
펴낸이 · 전조연

펴낸곳 · 도서출판 건설도서
출판등록 · 1988년 1월 25일, 제 3-165호
주소 · 서울시 용산구 원효로 1가 46-5호
전화 · *(02)711-9990*(대)
팩시밀리 · *(02)711-9987*
http://www.gsds.co.kr
E-mail · ksdsksds@hitel.net

ⓒ 2000 by Gun Sul Do Seo Publishing Co.
  Printed in Korea

값 *25,000*원
ISBN 89-7706-101-6 93540

불법복사는 지적재산을 훔치는 범죄행위입니다.
저작권법 제97조의 5(권리의 침해죄)에 따라 위반자는 5년 이하의 징역
또는 5천만원 이하의 벌금에 처하거나 이를 병과할 수 있습니다.